21世纪高等院校信息与通信工程规划教材

21st Century University Planned Textbooks of Information and Communication Engineering

张玉艳 编著

现代移动通信技术与系统（第2版）

Modern Mobile Communication Technology and System (2nd Edition)

U0353234

人民邮电出版社
北京

精品系列

图书在版编目（CIP）数据

现代移动通信技术与系统 / 张玉艳编著. -- 2版
. -- 北京 : 人民邮电出版社，2016.1
21世纪高等院校信息与通信工程规划教材
ISBN 978-7-115-41051-1

Ⅰ. ①现… Ⅱ. ①张… Ⅲ. ①移动通信－通信技术－
高等学校－教材 Ⅳ. ①TN929.5

中国版本图书馆CIP数据核字(2015)第274047号

内 容 提 要

本书全面系统地介绍了第三代移动通信的基本理论和系统原理，介绍了第四代移动通信的基本理论和系统原理。全书共分 7 章，内容包括 3G、4G 及 5G 移动通信系统发展概述，第三代移动通信系统用到的基础理论和主要技术，WCDMA 网络结构与接口协议、空中接口各层原理和 WCDMA 系统主要工作过程， HSPA 网络结构及工作原理，第四代移动通信系统用到的基础理论和关键技术，LTE 的系统结构、空中接口各层原理，LTE 系统基本过程等内容。

本书可作为普通高等院校通信工程、电子信息等专业相关课程的教材，也可作为通信工程技术人员的参考书。

- ◆ 编　著　张玉艳
　　责任编辑　张孟玮
　　执行编辑　李　召
　　责任印制　沈　蓉　彭志环
- ◆ 人民邮电出版社出版发行　　北京市丰台区成寿寺路 11 号
　　邮编　100164　电子邮件　315@ptpress.com.cn
　　网址　http://www.ptpress.com.cn
　　北京圣夫亚美印刷有限公司印刷
- ◆ 开本：787×1092　1/16
　　印张：20　　　　　　　　　　2016 年 1 月第 2 版
　　字数：526 千字　　　　　　　2016 年 1 月北京第 1 次印刷

定价：52.00 元

读者服务热线：(010)81055256　印装质量热线：(010)81055316
反盗版热线：(010)81055315

第三代移动通信技术已在许多国家和地区得到广泛应用。我国于 2013 年年底正式发放第四代移动通信许可。面向未来，移动通信将渗透到物联网及各种行业领域，与工业设施、医疗仪器、交通工具等深度融合，有效满足工业、医疗、交通等垂直行业的多样化业务需求，实现真正的"万物互联"。移动通信技术、产业和市场的高速发展，激发了人们学习移动通信新技术的热情，也对移动通信领域的教学及教材提出了更新的要求。

作者于 2009 年所编写的《第三代移动通信》一书自出版以来，受到了广泛的欢迎。为了更好地适应移动通信技术的发展，作者结合近几年的教学科研工作和广大读者的反馈意见，在保留原书特色的基础上，对教材进行了全面的修订，这次修订的主要内容如下。

1. 内容紧扣移动通信发展的需求和未来移动通信的发展趋势，增加了第四代移动通信技术标准的内容，介绍了 5G 概念、关键技术及技术路线。

2. 考虑到 3G，4G，5G 移动通信技术标准的延续性，教材中删除了 TD-SCDMA 移动通信系统和 cdma2000 移动通信系统相关内容。3GPP 标准的发展作为贯穿教材的主线。

3. 增加了第四代移动通信系统用到的基础理论和关键技术，包括 OFDM 技术、MIMO 技术、调度和链路自适应、干扰抑制技术、自动化网络技术、载波聚合技术和无线中继技术。

4. 增加了 LTE 的系统结构、空中接口各层原理、物理层传输过程及 LTE 系统基本过程等内容。

全书共分 7 章，第 1 章讲述第三代移动通信标准、频谱分配、提供的业务，第四代移动通信标准，5G 的概念，5G 的技术路线；第 2 章讲述第三代移动通信系统的基础理论和主要技术，包括移动通信信道、扩频技术、数字调制技术、语音编码技术、信道编码技术、功率控制技术、发送接收技术和蜂窝组网技术等；第 3 章和第 4 章讲述 WCDMA 网络结构与接口协议、空中接口各层原理、WCDMA 系统的编号计划和 WCDMA 系统主要工作过程；第 5 章讲述 HSPA 网络结构及工作原理，HSPA 系统的演进（HSPA+）；第 6 章讲述第四代移动通信系统用到的基础理论和关键技术，包括 OFDM 技术、MIMO 技术、调度和链路自适应、干扰抑制技术、自动化网络技术、载波聚合技术和无线中继技术。第 7 章讲述 LTE 的系统结构、空中接口各层原理、物理层传输过程及 LTE 系统基本过程等内容。

本书由张玉艳主编。第 2 章由方莉编写。编者在教学及编写本书的过程中得到了方莉、王晋超、席雨、于翠波等的大力支持，在此表示诚挚的感谢。

编　者
2015 年 11 月

目 录

第 **1** 章 概述

第三代移动通信（简称 3G）技术已在许多国家和地区得到广泛应用，我国于 2013 年年底正式发布第四代移动通信许可，第五代移动通信的标准化工作已经启动。本章主要内容如下。

- 移动通信的标准化组织
- 移动通信技术标准
- 第三代移动通信系统的频谱分配
- 第三代移动通信系统的业务特点
- 第三代移动通信的演进（4G）
- 第五代移动通信

1.1 移动通信的标准化

1.1.1 第三代移动通信标准化组织

第三代移动通信系统（The Third Generation Mobile Communication），又被国际电信联盟（International Telecommunication Union，ITU）称为 IMT-2000，意指在 2000 年左右开始商用并工作在 2 000MHz 频段上的国际移动通信系统。IMT-2000 的标准化工作开始于 1985 年。第三代移动通信标准规范具体由第三代移动通信合作伙伴项目（3G Partnership Project，3GPP）和第三代移动通信合作伙伴项目二（3G Partnership Project 2，3GPP2）分别负责。3GPP 作为国际移动通信行业的主要标准组织，完成了第四代移动通信（简称 4G）的标准化工作，并承担第五代移动通信（简称 5G）国际标准技术内容的制定工作。

1. 第三代移动通信的目标

① 全球统一频谱、标准，实现全球无缝漫游。

② 更高的频谱效率，更低的建设成本。

③ 能提供较高的服务质量和保密性能。

④ 能提供足够的系统容量，方便 2G 系统的过渡和演进。

⑤ 能提供多种业务，适应多种环境。快速移动环境中最高传输速率可达 144kbit/s，室外到室内或步行环境中最高传输速率达到 384kbit/s，室内环境中最高传输速率达到 2Mbit/s。

2. 第三代移动通信的特征

相比于第二代移动通信，第三代移动通信具有如下特征。

① 3G 系统具有大容量语音、高速数据和图像传输的能力。IMT-2000 提供给用户的基本服务包括高质量的语音传输、消息服务、多媒体业务、Internet 访问、Web 浏览、视频会议和移动商务等。

② 3G 系统可以基于第二代移动通信系统平滑过渡和演进。

③ 3G 系统采用了新的通信技术。3G 系统普遍采用了无线宽带传输、复杂的编解码方案、高阶的调制解调算法、功率控制技术、新的切换算法、智能天线、分集技术等。

3. 第三代移动通信的标准化组织

（1）3GPP

① 3GPP 的组织机构。第三代移动通信合作伙伴项目（3GPP）是由欧洲电信标准化协会（ETSI）、日本无线工业及商贸联合会（ARIB）、日本电信技术委员会（TTC）、韩国电信技术协会（TTA）以及美国电信标准委员会（T1）等标准化组织在 1998 年底发起成立的，1998 年 12 月正式成立。中国无线通信标准化组织（China Wireless Telecommunication Standard Group，CWTS）于 1999 年在韩国正式签字加入 3GPP，成为 3GPP 的组织伙伴。

为了确保 3GPP 的高效运转，3GPP 建立了 4 个不同的技术规范组（Technical Specification Group，TSG），分别为核心网络和终端、业务和系统、无线接入网、GSM/EDGE 无线接入网，每组又被分为不同的工作组。3GPP 的组织机构如图 1-1 所示。

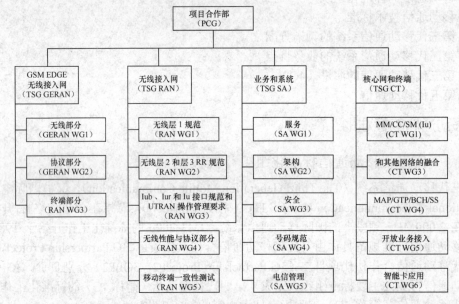

图 1-1　3GPP 组织机构

② 3GPP 工作。3GPP 的主要工作是研究制定并推广基于演进的 GSM 核心网络的 3G 标准，即制定以 GSM 移动应用部分（GSM Mobile Application Part，GSM MAP）为核心网，通用陆地无线接入（Universal Terrestrial Radio Access，UTRA）为无线接口的标准。

2000 年，有关 GSM 的标准工作从 ETSI 和其他组织正式转到 3GPP 组织，成立了 TSG GREAN 工作组，负责通用分组无线服务技术（General Packet Radio Service，GPRS）和增强型数据数率 GSM 演进技术（Enhanced Data Rate for GSM Evolution，EDGE）的标准化工作。

TSG RAN 的工作就是制定 UTRA 空中接口规范，5 个不同的工作组分别负责 UTRA 空中接口不同方面的标准化工作。该工作组除了负责制定 WCDMA 标准外，TD-SCDMA，HSPA 等的标准化工作也在 TSG RAN 中完成。

3GPP 制定了 WCDMA，CDMA-TDD（含 TD-SCDMA 和 UTRA-TDD，其中 TD-SCDMA 标准由中国提出），EDGE 等具有 3G 特征的标准。3GPP 的 3G 标准目前有多个版本，包括 R99，R4，R5，R6，R7，R8 等有关标准。

3GPP 的 R8 标准中推出了长期演进（Long Term Evolution，LTE）移动通信系统的第一版，在 R9 对 LTE 标准进行局部增强。LTE-A 的第一个版本 R10 已被 ITU 接纳为 4G 国际标准。之后 LTE-A 又相继形成 R11，R12 2个演进版本，R13 阶段已经启动，将继续向提升网络容量、增强业务能力、更灵活使用频谱等方面发展。

（2）3GPP2

① 3GPP2 的组织。第三代移动通信合作伙伴项目二（3GPP2）由美国独立电话联盟委员会（TIA）、日本 ARIB 和 TTC、韩国 TTA 等 4个标准化组织发起，1999年1月正式成立。CWTS 于 1999年6月在韩国正式签字加入 3GPP2，成为 3GPP2 的组织伙伴，在此之前，我国是以观察员的身份参与 3GPP2 的标准化活动。3GPP2 的组织机构如图 1-2 所示。

图 1-2 3GPP2 组织机构

② 3GPP2 工作。3GPP2 的主要工作是制定以 ANSI/IS-41 为核心网、cdma2000 为无线接口的 3G 标准。ANSI（American National Standards Institute）是美国国家标准学会，IS-41 协议是码分多址（Code Division Multiple，Access，CDMA）第二代数字蜂窝移动通信系统的核心网移动性管理协议。3GPP2 的标准化工作受到拥有多项 CDMA 关键技术专利的高通公司的较多支持。3GPP2 的标准化演进采用和 3GPP 类似的演进路径，面向数据通信的方向演进。

3GPP2 已制定了 cdma2000 标准，已发布 R0，RA，RB，RC，RD 等标准。LTE 提供了与 3GPP2 开发系统的互操作功能，允许使用 3GPP2 系统的网络运营商平滑向 LTE 演进。

1.1.2 第三代移动通信技术标准

1. 第三代移动通信标准的提出

第三代移动通信标准通常指无线接口的无线传输技术标准。截至 1998年6月30日，提交到 ITU 的陆地第三代移动通信无线传输技术标准共有 10 种。ITU 延续了在多址接入方面以 CDMA 为主，辅以时分多址（Time Division Multiple Access，TDMA）或者两者相结合的策略，1999年11月5日在芬兰赫尔辛基召开的 ITU TG8/1 第 18 次会议上最终确定了 5 种技术标准作为第三代移动通信的基础，见表 1-1。

表 1-1　　　　　　　　　　　IMT-2000 无线接口的 5 种技术标准

多址接入技术	正式名称	习惯称呼
CDMA	IMT-2000 CDMA-DS	WCDMA
	IMT-2000 CDMA-MC	cdma2000
	IMT-2000 CDMA-TDD	TD-SCDMA/UTRA-TDD
TDMA	IMT-2000 TDMA-SC	UWC-136
	IMT-2000 TDMA-MC	EP-DECT

采用 CDMA 接入技术的 3 种候选方案成为第三代移动通信的主流标准。3 种主流标准的工作方式分别为频分双工-直扩（FDD-DS）、频分双工-多载波（FDD-MC）和时分双工（TDD），对应的标准分别为 WCDMA，cdma2000 和 TD-SCDMA/UTRA-TDD。

（1）IMT-2000 CDMA-DS

IMT-2000 CDMA-DS 又称宽带码分多址（Wide band CDMA，WCDMA）。WCDMA 的核心网基于演进的 GSM/GPRS 网络技术，空中接口采用 DS-CDMA 多址方式。

WCDMA 技术可在同一个载频内对同一用户同时支持语音、数据和多媒体业务；基站收发信机之间可以不用全球定位系统（Global Positioning System，GPS）同步；优化的分组数据传输方式；支持不同载频之间的切换；上、下行快速功率控制；反向采用导频辅助的相干检测技术，解决了 CDMA 中反向信道容量受限的问题；还采用了自适应天线、多用户检测、分集接收和分层小区结构等技术。

（2）IMT-2000 CDMA-MC

IMT-2000 CDMA-MC 又称 cdma2000。cdma2000 是基于 IS-95 标准的各种 CDMA 制造厂家的产品和不同运营商的网络构成的一个家族概念，从 IS-95 演进而来的 cdma2000 标准是一个体系结构，称为 cdma2000 家族，它包含一系列子标准，经过融合后含多载波（Multi-Carrier，MC）方式，即单载波（1x）、三载波（3x）等方式。

cdma2000 可支持语音、分组和数据等业务，并且可实现 QoS 的协商。cdma2000 沿用了 IS-95 的主要技术和基本技术思路，如帧长为 20ms、软切换和功率控制技术、需要 GPS 同步等，同时也在提高性能和容量上做了一些实质性的改进。

（3）IMT-2000 CDMA-TDD

IMT-2000 CDMA-TDD 目前包括低码片速率 TD-SCDMA 和高码片速率 UTRA-TDD 2 个技术。TD-SCDMA（Time Division Synchronous CDMA）采用时分-同步码分多址技术。UTRA-TDD 采用通用陆地无线接入-时分双工技术。TD-SCDMA 是中国提出的国际标准，目前已经在我国国内建网，而 UTRA-TDD 标准制定现在已处于停顿状态，所以通常提到 IMT-2000 CDMA-TDD 即指 TD-SCDMA。

TD-SCDMA 采用时分双工（TDD）技术，频谱分配上更加容易；由于时隙等资源的灵活调配，在提供上、下行非对称的高速数据传输方面有很大的优势。TD-SCDMA 系统上、下行使用相同频率，上、下行链路的传播特性相同，易于引入智能天线、多用户检测等新技术，有利于提高无线频谱利用率。

2. 3 大主流技术标准性能对比

3G 的 3 大主流技术的网络基础、核心网、空中接口、码片速率、载频间隔、扩频方式、同步和功控速度等主要技术特点见表 1-2。

表 1-2　　　　　　　　　　3G 的主流标准性能对比

标准 性能指标	WCDMA	cdma2000	TD-SCDMA
核心网	GSM MAP	ANSI-41	GSM MAP
带宽	5MHz	1.25MHz	1.6MHz
多址方式	CDMA	CDMA	CDMA/TDMA
码片速率	3.84Mchip/s	1.228 8Mchip/s	1.28Mchip/s
双工方式	FDD/TDD	FDD	TDD
帧长	10ms/15 时隙/帧	5，10，20，40，80ms/16 时隙/帧	5×2ms/7×2 时隙/2 子帧/帧
语音编码	自适应多速率语音编码器（AMR）	可变速率声码器 IS-773，IS-127	自适应多速率语音编码器（AMR）

标准 性能指标	WCDMA	cdma2000	TD-SCDMA
信道编码	卷积码和 Turbo 码	卷积码和 Turbo 码	卷积码和 Turbo 码
信道化码	前向 OVSF，扩频因子 512～4 反向 OVSF，扩频因子 256～4	前向，Walsh 和长码 反向，Walsh 和准正交码	OVSF，扩频因子 16～1
扰码	前向：18 位 GOLD 码 反向：24 位 GOLD 码	长码和短 PN 码	长度固定为 16 的伪随机码
功率控制	开环+闭环	开环+闭环	开环+闭环
切换	软切换	软切换	接力切换
导频结构	上行专用导频 下行公共或专用导频	上行专用导频 下行公共或专用导频	下行公共导频 DwPTS 上行同步 UpPTS
基站同步	同步/异步	GPS 同步	同步

1.1.3 移动通信标准化进程

移动通信标准的制定主要由 2 个标准化组织 3GPP 和 3GPP2 负责。移动通信标准依靠不断增加新特性来增加自身的竞争力，使用并行版本体制。下面按照移动通信标准技术规范的不同版本，介绍移动通信 3G，4G，5G 的标准化进程。

1. 3GPP 技术规范的版本划分

（1）R99 版本

R99 版本的功能于 2000 年 3 月份确定，是 3GPP 制定完成的第一个 3G 正式版本，有时称为 UMTS 标准，后续版本不再以年份命名。

R99 版本的主要特征是在网络结构上继承了 2G 系统的 GSM/GPRS 核心网结构。R99 版本的电路域与 GSM 完全兼容，分组域采用了基于服务 GPRS 支撑节点（Serving GPRS Support Node，SGSN）和网关 GPRS 支撑节点（Gateway GPRS Support Node，GGSN）的网络结构。与 GPRS 不同的是，R99 版本扩大了系统带宽，增加了服务等级的概念，提高了分组域的业务质量保证能力。

R99 引入了全新的 UMTS 陆地无线接入网（UMTS Terrestrial Radio Access Network，UTRAN）概念，定义了全新的 WCDMA 技术，采用了功率控制、软切换等 CDMA 关键技术。基站只实现基带处理和扩频操作，接入系统由 RNC 统一管理，引入了适于分组数据传输的协议和机制，数据速率支持 144kbit/s，384kbit/s，理论上峰值速率可达 2Mbit/s。基站和 RNC 之间的 Iub 接口基于异步传输模式（ATM）实现，RNC 和核心网的电路交换（CS）域之间的 Iu-CS 接口、与分组交换（PS）域之间的 Iu-PS 接口则分别通过基于 ATM 自适应层类型 2（ATM AAL2）和基于 ATM 自适应层类型 5（ATM AAL5）完成。

（2）R4 版本

R4 版本功能于 2001 年 3 月确定。与 R99 版本相比，R4 版本在无线接入网络结构方面无明显变化，重要的改变是在核心网电路域方面，此外增加了一些接口协议的增强功能和特性。

R4 版本在电路域完全体现了下一代网络（Next Generation Network，NGN）的体系构架思想，引入了软交换的概念，实现了控制和承载分离。核心网的电路交换域被分成控制层和承载层 2 层，控制层负责呼叫的建立、进程的管理和计费等功能，承载层主要用来传输用户的数据。由于分层结构的引入，可以采用新的承载技术（如 ATM 和 IP）来传输电路域的话音和信令。由于分组交换域的传输也是建立在 ATM 或 IP 网络上，因而运营商可以用同一个网络来传输所有业务。

R4 版本与 R99 版本相比，增加了低码片速率的 TDD 模式，即 TD-SCDMA 系统的空中接口标准。

（3）R5 版本

R5 版本功能于 2002 年 6 月份确定。R5 版本在无线接入网方面做了如下改进。

① 提出高速下行分组接入（High Speed Downlink Packet Access，HSDPA）技术，使下行数据理论峰值速率可达 14.4Mbit/s。

② Iu，Iur，Iub 接口增加了基于 IP 的可选择传输方式，保证无线接入网能实现全 IP 化。

③ R5 版本在核心网（Core Network，CN）方面，在 R4 基础上增加了 IP 多媒体子系统（IP Multimedia Subsystem，IMS），完成了 IMS 子系统基本功能的描述。

IMS 是在基于 IP 的 PS 域的基础上构架的，IMS 控制平面信令采用基于 IP 的 SIP 信令。具有 IMS 功能的移动终端由 WCDMA 接入网（或其他无线接入网）接入网络，IMS 引发的数据传输直接由 GGSN 连接到外部应用服务器或数据网。R5 版本中 IMS 的引入，为开展基于 IP 技术的多媒体业务创造了条件。R5 主要提供端到端的 IP 多媒体业务，新增加了支持 SIP 业务的功能，如 IP 话音（Voice over IP，VoIP）、即时消息、多媒体信息业务（Multimedia Messaging Service，MMS）、在线游戏以及多媒体邮件等。

（4）R6 版本

R6 版本功能于 2004 年 12 月确定。与 R5 版本相比，R6 版本的网络结构没有太大的变动，主要是对已有功能的增强，增加了一些新的功能特性。R6 研究的主要内容如下。

① PS 域与承载无关的网络框架，研究是否在分组域也实行控制和承载的分离，将 SGSN 和 GGSN 分为 GSN Server 和媒体网关的形式。

② 在网络互操作方面，研究 IMS 与 PLMN/PSTN/ISDN 等网络的互操作，以实现 IMS 与其他网络的互连互通；研究无线局域网—通用移动通信系统（WLAN-UMTS）互通，保证用户使用不同的接入方式时切换不中断业务。

③ 在业务方面，研究包括多媒体广播/多播业务（Multimedia Broadcast and Multicast Service，MBMS）、Push 业务、Presence、PoC（Push-To-Talk over Cellular）业务、网上聊天业务及数字权限管理等。

④ 无线接入方面采用的新技术有正交频分复用调制（Orthogonal Frequency Division Multiplexing，OFDM）技术、多天线技术（Multiple-Input Multiple-Output，MIMO）、高阶调制技术和新的信道编码方案等，OFDM 和 MIMO 也是后 3G 的重点技术。

⑤ 引入用于提高上行分组域的数据速率的 HSUPA 技术，理论峰值数据速率可达 5.76Mbit/s；R6 的 HSDPA 技术，理论峰值数据速率可达 30Mbit/s。

（5）R7 版本

R7 版本除了完成一些 R6 版本未完成的工作（如 MIMO 技术的标准化）外，又增加了一些新的功能特性，或对已有的功能特性进行增强。另外，R7 版本中还花费大量精力开展了 LTE 的可行性研究和 HSPA 演进的研究。在 R7 版本中研究和标准化的主要内容包括以下方面。

① 无线接入方面新技术的研究，包括干扰消除技术、下行符号周期减小和高阶调制、延迟降低技术，用于 HSDPA 的 MIMO 技术，采用 OFDM 增强 HSDPA 和 HSUPA 的可行性

研究。

② 与 IMS 应用相关的研究，包括通过 CS 域承载 IMS 话音，支持 IMS 紧急呼叫，通过 IMS 支持电话会议组与信息组管理，为实时通信增强和优化 IMS，基于 WLAN 的 IMS 话音与 GSM 网络的电路域的互通等。

③ 业务的增强，包括位置业务的增强，在通用 3GPP IP 接入系统中支持短信息业务（SMS）和多媒体信息业务（MMS），MBMS 增强可视电话（Video Telephony）业务研究等。

④ LTE 的可行性研究。

⑤ FDD HSPA 演进工作范围研究。

⑥ 引入了先进全球导航卫星系统（Advanced Global Navigation Satellite System，AGNSS）的概念，分析了辅助 GPS（Assisted GPS，AGPS）的最小性能。

（6）R8 版本

R8 版本中开展了 2 项非常重要的演进标准化项目——LTE 和 SAE。SAE 指 3G 系统架构的演进。在完成 LTE 和 SAE 规范制定的同时，R8 还进行了一系列其他的增强和完善工作。在 R8 版本中研究和标准化的主要内容包括以下方面。

① 3G 长期演进（LTE）和 3G 系统架构演进（SAE）。

② 3G 家庭结点 B（Home Node B）与家庭演进型结点 B（Home eNode B）。

③ 网络互通方面，包括 LTE 和 3GPP2、移动全球微波互联接入（WiMAX）系统之间改进的网络控制移动性研究，3GPP WLAN 和 3GPP LTE 之间互操作和移动性的可行性研究，GERAN 侧对 GERAN/LTE 互操作的支持，针对 Home Node B 与自组织网络（Self Organizing Network，SON）相关的 O&M 接口，GSM 和 UMTS 系统中的机器间通信等。

④ 业务方面包括基于短信服务（SMS）的增值业务，地震与海啸报警系统，IP 多媒体子系统（IMS）多媒体电话与补充业务等。

（7）R9 版本

R9 版本研究和标准化工作主要包括以下内容。

① 网络互通方面包括对移动网络和 WLAN 之间的无缝漫游和业务连续性的需求研究；对 WiMAX/LTE 移动性的支持；对 WiMAX/UMTS 移动性的支持。

② 业务方面包括对 IMS 紧急呼叫的扩展性的支持，对 GPRS 和演进的分组系统（Evolved Packet System，EPS）中 IMS 紧急呼叫的支持，对 EPS 中增强话音业务的需求研究。

③ Home Node B 和 Home eNode B 安全性的研究。

④ LTE-ADVANCED 的研究等。

（8）R10 版本

R10 版本的 LTE-A 标准支持 100MHz 带宽，峰值速率超过 1Gbit/s，于 2010 年 9 月被 ITU 正式接受为 IMT-Advanced（4G）国际标准。R10 是 LTE-A 第一个版本，引入了载波聚合、中继 Relay 技术、异构网干扰消除等技术，并在 LTE 技术上增强了多天线技术，进一步提升了系统性能，最大支持 100MHZ 带宽，支持 8×8 天线配置，系统峰值吞吐量提高到 1Gbit/s 以上。其标准化工作于 2011 年 3 月完成。

（9）R11 版本

R11 版本在 R10 版本基础上进一步支持了协作多点传输 CoMP 技术，通过同小区不同扇区间协调调度或多个扇区协同传输提高系统吞吐量，特别是小区边缘用户的吞吐量。同时，设计了新的控制信道，实现了更高的多天线传输增益，并降低了异构网络中控制信道间干扰。通过对载波聚合技术的增强，支持了时隙配置不同的多个 TDD 载波间的聚合。

（10）R12 版本

R12 版本是 LTE-A 最新版本，主要标准化工作已完成。R12 版本针对室内外热点等场景进行了优化，称为 Small Cell，国内称为 LTE-Hi 或小小区增强。LTE--Hi 技术可以提升系统频谱效率和运维效率，采用的关键技术包括更高阶调制（256QAM）、小区快速开关和小区发现、基于空中接口的基站间同步增强、宏微融合的双连接技术、业务自适应的 TDD 动态时隙配置等。R12 还进一步优化了多天线技术，包括下行四天线传输技术增强、小区间多点协作技术增强等，并研究了二维多天线的传播信道模型，为后续垂直赋形和全维 MIMO 传输技术研究做了准备。R12 还支持了终端间直接通信，可以利用终端间高质量通信链路，提升系统性能。

（11）R13 版本

R13 版本刚刚启动，将继续向提升网络容量、增强业务能力、更灵活使用频谱等方面发展。目前，已确定 R13 将开展垂直赋形和全维 MIMO 传输技术、LTE 许可频谱辅助接入（LAA）、面向低成本低功耗广覆盖物联网优化等技术的研究和标准化工作。

2. 3GPP2 技术规范的发展历程

cdma2000 相关标准主要由 3GPP2 制定。cdma2000 标准体系主要分为无线网和核心网两大部分，无线网与核心网技术的演进是分阶段、各自独立进行的，而 WCDMA/TD-SCDMA 的演进则是无线网和核心网同时进行的。3GPP2 制定的标准侧重于无线技术，3GPP 制定的标准则包括无线侧和核心侧。

（1）cdma2000 无线技术的发展历程

CDMA 系统的无线接口经历了 IS-95，IS-95A，IS-95B，cdma2000，cdma2000 1xEV-DO 和 cdma2000 1xEV-DV 几个发展阶段。第一个大规模进入商用的版本是 IS-95A。IS-95A 的先进性和成熟性经过了时间的充分检验，直到现在，该系统仍然在广泛使用。

① cdma2000 1x 是 cdma2000 移动通信系统发展的第一阶段，对应 cdma2000 标准的 Rev.0，Rev.A，Rev.B 协议版本。

a. Rev.0 版本于 1999 年 6 月制定完成，提出的 cdma2000 1x 标准与 IS-95 标准后向兼容，使用了 IS-95B 的开销信道，增加了新的业务信道和补充信道。cdma2000 1x 系统中，语音和低速数据业务在基本信道（FCH）上传输，高速数据业务在补充信道（SCH）上传输。

b. Rev.A 版本于 2000 年 3 月由 3GPP2 制定完成，增加了新的开销信道和相应信令。

c. Rev.B 版本于 2002 年 4 月由 3GPP2 制定完成，增加了补救信道，提供了保持连接的能力。

② cdma2000 1xEV-DO 技术起源于美国 Qualcomm 公司提出的高速率数据（High Data Rate，HDR）技术。2000 年 3 月，3GPP2 专门成立了 HDR 工作组并开始标准化工作。2000 年 10 月，cdma2000 1xEV-DO 获得通过，标准编号 C.S0024，在 TIA/EIA 标准中编号为 IS-856。2001 年 12 月，cdma2000 1xEV-DO 作为 cdma2000 家族的一个分支被吸收为 IMT-2000 标准之一。3GPP2 已完成的 cdma2000 1xEV-DO 标准对应 HDR Rev.0 和 Rev.A 协议版本。

a. Rev.0 通过采用新技术，前、反向数据速率均有较大提升。

b. Rev.A 在 Rev.0 的基础上，增强了反向数据速率，提高了系统吞吐量。

③ cdma2000 1xEV-DV 综合了 cdma2000 1x 和 cdma2000 1xEV-DV 的优点，对应 Rev.C 和 Rev.D 协议版本。

a. Rev.C 版本于 2002 年 5 月由 3GPP2 制定完成，主要解决和增强了 cdma2000 1xEV-DV 前向链路的功能。

b. Rev.D 版本于 2004 年 3 月由 3GPP2 制定完成,主要解决和增强了 cdma2000 1xEV-DV 反向链路的功能。

(2) cdma2000 核心网发展历程

cdma2000 的核心网架构是基于 3GPP2 制定的全 IP 网络架构。全 IP 网络的演进共分为 4 个阶段。

① 阶段 0 基于传统的电路模式,核心网标准为 ANSI-41。

② 阶段 1 是向全 IP 网络演进过程中的增强型网络,分组网络能力扩大,接入网和分组网络信令和承载开始分离,信令用 IP 进行传输。

③ 阶段 2 引入软交换思想,信令和承载开始独立演变并采用 IP 进行传输,核心网和接入网也开始分离。引入了传统 MS 域(Legacy MS Domain,LMSD)概念,在 IP 核心网中支持传统的终端,以及多媒体域 IMS 的一些实体。

④ 阶段 3 也称为多媒体域,包括分组数据子系统(PDS)和 IP 多媒体子系统(IMS),目前正在研究。实现全 IP 网络及空中接口 IP 化是移动网络的最终目标。

1.2 第三代移动通信频谱分配

国际电信联盟对第三代移动通信系统划分了 230MHz 频带,即上行 1 885～2 025MHz、下行 2 110～2 200MHz。其中 1 980～2 010MHz 和 2 170～2 200MHz 用于移动卫星业务(Mobile Sutellite Service,MSS),其他频段上、下行不对称,考虑可采用 FDD 和 TDD 双工方式,此种频谱安排在 WRC1992 会议上通过。2000 年在 WRC2000 大会上,在 WRC 1992 基础上又批准了 519MHz 附加频段,即 806～960MHz,1 710～1 885MHz,2 500～2 690MHz,第三代移动通信系统频谱安排如图 1-3 所示。

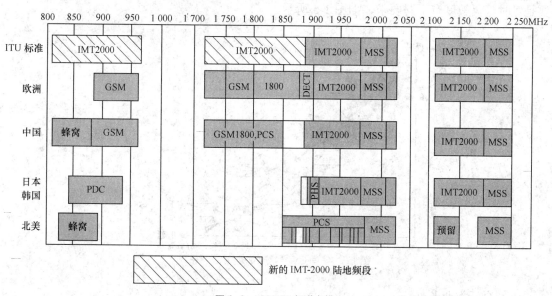

图 1-3 WRC2000 频谱安排

我国信息产业部在 2002 年 10 月公布了中国 3G 的频谱分配方案,如图 1-4 所示,其中 TDD 方式分配了 155MHz。

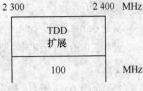

| 1 755 | 1 785 | | 1 850 | 1 880 | 1 920 | 1 980 | 2 010 | 2 025 | 2 110 | 2 170 | 2 300 | 2 400 MHz |

FDD 扩展上行	FDD 扩展下行	TDD 核心	FDD 核心上行	TDD 核心	FDD 核心下行	TDD 扩展
30	30	40	60	15	60	100 MHz

图 1-4　中国第三代移动通信系统频谱安排

1.3　第三代移动通信业务

第三代移动通信（3G）业务可以从不同的角度进行不同的分类，不同分类所属的各种业务可以是相互交叠的。基于 GSM 网络和固定网络数据业务的分类，UMTS 论坛将 3G 业务分为 6 类，即移动 Internet 接入、定制信息和娱乐业务、多媒体短消息业务、基于位置的业务、移动 Internet/Extranet 接入业务和增强语音（含可视电话服务）；按照应用层 QoS 的业务分类，3GPP 定义了 4 种基本业务类型，即会话类业务、流媒体业务、交互类业务和背景类业务；按照媒体的表现形式，3G 业务可以分为文本业务、视频业务和多媒体业务。下面根据应用层 QoS 的业务和用户体验来分类介绍 3G 业务。

1. 根据应用层 QoS 的 3G 业务分类

QoS 在 Internet 工程任务组（The Internet Engineering Task Force，IETF）中定义为网络在传输数据流要满足的一系列服务请求，具体可以量化为传输时延、抖动、丢失率、带宽要求、吞吐量等指标。IETF 是松散的、自律的、志愿的民间学术组织，成立于 1985 年底，其主要任务是负责 Internet 相关技术规范的研发和制定。

按照应用层 QoS 的业务分类，3GPP 定义了 4 种基本业务类型，各种业务类型的区别主要是对时延灵敏度有不同要求，如图 1-5 所示。

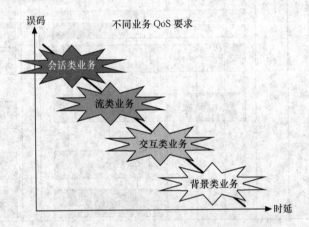

图 1-5　不同 QoS 要求时业务特点示意图

（1）会话类业务

会话类业务可以认为是对称的或近似对称的，对端到端的延时要求比较严格，通常由电路域 CS 承载。例如对于语音业务通常要求时延最大不能超过 400ms。

（2）流类业务

流类业务与会话类业务相比，区别在于对端到端的延时要求降低。流类业务对呼叫等待通常有较高的容忍度，可以提供呼叫排队机制。

（3）交互类业务

交互类业务是指用户从服务器请求数据的一类业务，需要终端用户的请求响应。交互类业务对时延有较大的容忍度。系统可以在忙时保存用户请求，等到信道空闲时响应。

（4）背景类业务

背景类业务与交互类业务主要用于传统的 IP 应用，两者都定义了一定的误码率要求。两者区别在于前者更多地用于后台业务，不需要接收端在一定时间内收到响应消息，而后者主要用于交互式场合，需要响应消息。

2. 根据用户体验的 3G 业务分类

（1）通信类业务

通信类业务通常包括基础语音业务、视像业务，以及利用手机终端进行即时通信的相关业务。视像业务是 3G 时代最引人关注的业务之一。通过 3G 终端的摄像装置以及 3G 网络高速的数据传输，电话两端的用户可以看见彼此的影像，真正做到音频、视频的随时随地交互式交流。同时，3G 的高带宽使 3G 终端与互联网的视频通话成为可能。Internet 用户只要拥有宽带网络及计算机视频通话软件，就可以与 3G 用户进行网上视频通话。

（2）娱乐类业务

娱乐类业务包括音乐、影视的点播，体育新闻的点播与体育赛事的精彩预告、回顾，图片、铃声下载以及互动游戏等。

（3）资讯类业务

资讯类业务包括新闻类资讯，财经类资讯、便民类资讯等。用户可以在手机屏幕上获取移动银行、电话簿、交通实况、黄页、票务预订、餐馆等服务。

（4）Internet 业务

3G 通常被认为是移动通信与 Internet 融合的一个典型运用。通过 3G 网络和服务，用户不仅可以在 3G 手机终端撰写、收发、保存、打印电子邮件，还可以与 MSN，QQ 等即时通信工具融合，收发文字、图片、动画、影像等多媒体信息。

（5）金融业务

金融业务是指利用手机终端访问电子商务网站，可实现网上支付。

（6）位置服务

位置服务是指通过 GPS 指引用户所在位置及给出所在位置附近的有用信息，利用位置服务跟踪车辆、特定个人等。

（7）监控服务

监控服务是指远程监控机器人或家用电器，实现远程控制，通过移动终端完成健康状况监测等。

1.4 第三代移动通信演进（4G）

1.4.1 第三代移动通信的演进路径

1. 第三代移动通信的演进路径

第三代移动通信（3G）网络的首次商用成功是在 2001 年 10 月，日本运营商 NTT DoCoMo 的 WCDMA 正式投产运营。目前经常提到的 3G 标准也不是特指 1999 年 11 月在芬兰赫尔辛基召开的 ITU TG8/1 第 18 次会议上最终确定的 WCDMA、cdma2000 和 TD-SCDMA 标准。由于 3G 技术的不断演进、不断完善和不断创新，3G 标准表现出不确定性。WCDMA 已经演进到

WCDMA HSPA（HSDPA/HSUPA）；而 cdma2000 也已经演进到 cdma2000 1xEV-DO/EV-DV；中国拥有自主知识产权的 TD-SCDMA 标准，也演进到了 TDD HSDPA/HSUPA 的技术标准方案。

宽带无线接入技术是指以无线传输方式向用户提供接入固定宽带网络的接入技术，其中 WiMAX 技术作为支持固定和一定移动性的城域宽带无线接入技术。与 WiMAX 有关的 IEEE 802.16 标准包括 IEEE 802.16d（IEEE 802.16-2004）和 IEEE 802.16e（IEEE 802.16-2005）两个空中接口规范。IEEE 802.16d 是固定宽带无线接入系统空中接口规范，2004 年 7 月通过，不支持移动环境。IEEE 802.16e 是固定和移动宽带无线接入系统空中接口规范，2005 年 12 月通过，支持固定、便携和移动环境。

WiMAX 应用了高阶调制、混合自动重传、自适应编码调制、信道质量反馈和快速分组调度等关键技术。另外，由于 WiMAX 系统的研发相对较晚，WiMAX 更加充分地利用了自己的后发优势，及时引入了先进的天线技术，如自适应天线系统（AAS）和多输入多输出（MIMO）技术。这些先进的天线技术可以极大地提高无线通信系统的频谱利用率。而且，WiMAX 继承了大量的互联网元素，能够更好地与 IP 化的互联网相融合。这使得 WiMAX 系统相对 3G 及其增强技术（如 WCDMA HSPA）具有了一定的技术优势。原来两种不同定位、处于不同领域的技术开始出现交叠和竞争。

按照 3GPP 组织的工作流程，3GPP LTE 标准化项目基本上可以分为 2 个阶段，2004 年 12 月到 2006 年 9 月为研究项目（Study Item，SI）阶段，进行技术可行性研究，并提交各种可行性研究报告。2006 年 9 月到 2007 年 9 月为工作项目（Work Item，WI）阶段，进行系统技术标准的具体制定和编写，完成核心技术的规范工作，并提交具体的技术规范。

3GPP LTE 地面无线接入网络技术规范被纳入 3GPP R8 版本中。为了实现 LTE 所需的大系统带宽，3GPP 不得不选择放弃长期采用的 CDMA 技术，选用新的核心传输技术，即 OFDM/FDMA 技术。在无线接入网（RAN）结构层面，为了降低用户面延迟，LTE 取消了重要的网元——无线网络控制器（RNC）。在核心网（CN）层面，和 LTE 相对应的 SAE（系统框架演进）项目正在大大改变系统框架。由 LTE/SAE 为标志的这次变革，与其说是 Evolution（演进），不如说是 Revolution（革命）。这场"革命"是系统不可避免的丧失了大部分后向兼容性，也就是说，从网络侧和终端侧都要做大规模的更新换代。3G LTE 的研究工作主要集中在物理层、空中接口协议和网络架构等方面。

无论是 WiMAX 还是 LTE，核心技术都是基于 OFDM 和 MIMO，只是由于不同组织的主要成员和产业背景不同，在系统设计某些细节上各有侧重。WiMAX 最初提供固定宽带无线接入，随着众多移动通信企业的加盟，WiMAX 技术在固定宽带无线接入基础上进一步增强，支持中低速移动用户，峰值速率达到 70Mbit/s。LTE 标准在设计多址方案时，3GPP 内大部分成员认为上行链路 OFDM 技术峰均比过高会影响终端的功放成本和电池寿命，因此 LTE 下行采用 OFDMA，上行采用较低峰均比 DFTS-OFDM。WiMAX802.16m 标准则面向 IMT-Advanced（4G），欲与 3G 演进的 LTE 争雄。3G 的演进如图 1-6 所示。

一是以 3GPP 为基础的技术轨迹，即从第二代的 GSM，2.5 代的 GPRS 到第三代的 WCDMA/TD-SCDMA、第三代增强型的 HSDPA/HSUPA，以及 LTE 发展路线，最后演进到 IMT-Advanced，即 4G。二是以 3GPP2 为基础的技术路线，即从第二代的 cdma2000 到 2.75 代 cdma2000 1x，再到第三代的 cdma2000 1xEV-DO/DV，3GPP2 与 3GPP 紧密合作，LTE 提供了与 3GPP2 开发系统的互操作功能，允许使用 3GPP2 系统的网络运营商平滑向 LTE 演进。这也是占世界绝大多数移动通信市场的路线。三是以 WiMAX 为基础的技术路线，是宽带无线接入技术向着高移动性、高服务质量的方向演进的结果。

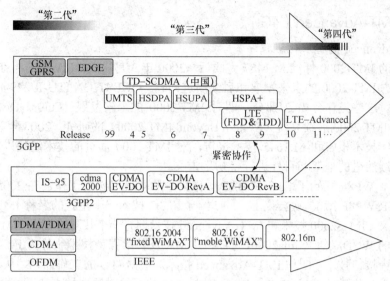

图 1-6 3G 的演进路径

LTE 和移动 WiMAX 虽然各有差别,但是它们也有一些共同之处,都采用 OFDM 和 MIMO 技术以提供更高的频谱利用率。在未来的发展演进过程中,哪一种技术路线胜出,将是各国政治、经济、科技与技术力量博弈的结果。但是 LTE、移动 WiMAX 严格来说并不属于第四代移动通信技术。

2. LTE 移动通信系统

3GPP R8 版本在 2007 年 12 月接近完成,第一个 LTE 商用系统于 2009 年在北欧部署。R8 版本的 LTE 关键性能指标见表 1-3。

表 1-3 　　　　　　　　　　　　　R8 版本的 LTE 关键性能指标

参数	下行	上行
峰值传输速率/Mbit/s	100	50
峰值频谱效率/bit/s/Hz	5	2.5
小区平均频谱效率/bit/s/Hz/cell	1.6~2.1	0.66~1
小区边缘频谱效率/bit/s/Hz/user	0.04~0.06	0.02~0.03
广播频谱效率/bit/s/Hz	1	
用户平面时延（双向无线时延）/ms	10	
连接建立时延/ms	100	
运行带宽/MHz	1.4~20	

从网络结构上来看,整个网络结构向着扁平化的方向发展,取消了原来的基站控制器的功能实体,整个网络只包括接入网和核心网 2 层结构。

R9 版本进一步完善了 LTE 标准。增强对不同市场和部署的适应性,支持基于单频网传输的广播模式,进一步发展了 MIMO 模式,将 R8 的波束赋形扩展为支持将两个正交的空间层传递给单个或多个用户。定义了特定的部署场景,对于毫微基站、家庭基站的需求。加强了对自优化网络的支持。

1.4.2　IMT-Advanced（4G）

1. ITU-Advanced 的标准化进程

第一版本的 IMT-2000 标准 M.1457 完成后，2000 年 3 月，ITU-R WP8F 组在日内瓦正式成立，平始考虑 IMT-2000 的未来发展和后续演进问题（QUESTION ITU-R 229-1/8），随后开始了相关工作。这些工作分为 2 部分，即对 IMT-2000 的未来发展（Future Development of IMT-2000）及 IMT-2000 后续系统（System Beyond IMT-2000）的研究。2003 年，WP8F 完成了 IMT.TREND 技术报告和 M.1645 技术报告，对 IMT-2000 演进的技术趋势以及 IMT-2000 未来发展和后续演进的框架和目标进行了初步定义。

2003 年后，WP8F 开始了 E3G 和 B3G 频率需求和频段候选的工作，在 2005 年 10 月 18 日结束的 ITU-R WP8F 第 17 次会议上，ITU 给了超 3G 技术一个正式的名称 IMT-Advanced。按照 ITU 的定义，IMT-2000 技术和 IMT-Advanced 技术拥有一个共同的前缀 "IMT"，表示移动通信；当前的 WCDMA，cdma2000，TD-SCDMA 及其增强型技术统称为 IMT-2000 技术；未来的新的空中接口技术，叫作 IMT-Advanced 技术。根据 ITU 的工作计划，从 2008 年年初开始公开征集下一代通信技术 IMT-Advanced 标准，并开始对候选技术和系统作出评估，最终选定相关技术作为 4G 标准。

关于 IMT-Advanced 系统的特征，ITU 认为，IMT-Advanced 是具有超过 IMT-2000 能力的新的移动通信系统，能够提供广泛的电信业务，包括由移动和固定网络支持的日益增加的基于分组传输的先进移动业务；系统应支持从低速到高速的移动性应用以及宽范围的数据速率，满足多种用户环境下用户和业务的需求。IMT-Advanced 系统还具有在广泛服务和平台下提供显著提升服务质量（Quality of Service，QoS）的高质量多媒体应用的能力。

IMT-Advanced 的关键特性包括：在保持成本效率的条件下，在支持灵活广泛的服务和应用的基础上，达到世界范围内的高度通用性；支持 IMT 业务和固定网络业务的能力；高质量的移动服务；用户终端适合全球使用；友好的应用、服务和设备；具有世界范围内的漫游能力；增强的峰值速率以支持新的业务和应用，高移动性下可支持 100Mbit/s，低移动性下支持 1Gbit/s。

WRC-07 为 4G 分配频谱频段为 3.4～3.6GHz，200MHz；2.3～2.4GHz，100MHz；698～806MHz，108MHz；450～470MHz，20MHz。

3GPP R10 之后的版本，习惯上称为 LTE-Advanced，设计目标用来满足移动运营商对于 LTE 演进的需求，部分超过 IMT-Advanced 的需求。R10 版本中 LTE-Advanced 关键性能指标见表 1-4。

表 1-4　　　　　　　　　　　　LTE-Advanced 关键性能指标

参数	下行	上行
峰值传输速率/Mbit/s	1 000	500
峰值频谱效率/bit/s/Hz	30	15
小区平均频谱效率/bit/s/Hz/cell	2.6	2
小区边缘频谱效率/bit/s/Hz/user	0.09	0.07
用户面时延/ms	10	
最大带宽/MHz	最高到 100	

2. LTE-Advanced 主要目标

R10 版本通过载波聚合增强了 LTE 的频谱灵活性，进一步扩展了多天线传输方案，引入了对中继的支持，并且提供了对异构网络部署下小区协调方面的改进。R11 版本在 R10 版本基础上进一步支持了协作多点传输 CoMP 技术，通过同小区不同扇区间协调调度或多个扇区协同传输提高系统吞吐量，特别是小区边缘用户的吞吐量。R12 版本针对室内外热点等场景进行了优化，称为 Small Cell，国内称为 LTE-Hi 或小小区增强。进一步优化了多天线技术，包括下行四天线传输技术增强、小区间多点协作技术增强等，并研究了二维多天线的传播信道模型，为后续垂直赋形和全维 MIMO 传输技术研究做了准备。R12 还支持了终端间直接通信。R13 版本刚刚启动，将继续向提升网络容量、增强业务能力、更灵活使用频谱等方面发展。

LTE-A 系统的几个主要目标如下。

① 在 LTE 系统设计的基础上进行平滑演进，使 LTE 与 LTE-A 之间实现两者的相互兼容。任何 1 个系统的用户都能够在这 2 个系统接入使用。

② 进一步增强系统性能。LTE-A 系统能够全面满足 ITU 提出的 IMT-Advanced 的技术性能要求，提供更快的峰值速率和更高的频谱效率，同时显著提升小区边缘性能。

③ 可以灵活配置系统使用的频谱和带宽，充分利用现有的离散频谱，将其整合为最大 100MHz 的带宽供系统使用。这些整合的离散频谱可以在 1 个频带内连续或者不连续，甚至是频带间的频段，这些频段的带宽同时也是 LTE 系统支持的传输带宽。

④ 网络自动化、自组织能力功能需要进一步加强。

1.5　第五代移动通信

第五代移动通信，简称 5G。对其介绍如下。

1. 5G 的研发现状

ITU 已经于 2014 年启动了关于 5G 的研究工作计划的讨论，这也标志着 5G 研究正式进入到国际标准化的流程，现在是 5G 研究的一个非常关键的时期。

目前，企业方面，国外爱立信、诺基亚、三星，国内华为、中兴、大唐还有电信研究院都做了大量 5G 方面的工作。很多公司都已经启动了 5G 技术研发和先期实验。研究组织方面，中国、欧洲、韩国和日本都成立了一些 5G 研究或推进组织，已经发布了一系列研究报告和白皮书等。ITU 在 5G 方面做了相当多的工作，特别是愿景、频谱、技术、工作计划等等，推动全球业界形成 5G 共识。

2012 年年初，工信部、发改委和科技部联合成立 IMT-2020（5G）推进组，还启动了重大专项和 863 计划的 5G 研发项目。IMT-2020（5G）推进组是我国 5G 技术研发及国际合作的基础平台，目前成员已经超过 50 家。重大专项于 2013 年启动后 IMT-Advanced 移动通信技术及发展策略研究，2015 年计划启动 IMT-2020 网络架构研究、IMT-2020 国际标准评估环境等一系列课题研究。IMT-2020（5G）推进组作了大量的工作，本节的主要内容来源于 IMT-2020（5G）推进组发布的白皮书。

2. 5G 的概念

面向 2020 年及未来，移动互联网和物联网业务将成为移动通信发展的主要驱动力。5G 将满足人们在居住、工作、休闲和交通等各种区域的多样化业务需求，即便在密集住宅区、办公室、体育场、露天集会、地铁、快速路、高铁和广域覆盖等具有超高流量密度、超高连接数密度、超高移动性特征的场景，也可以为用户提供超高清视频、虚拟现实、增强现实、云桌面、在线游戏等极致业务体验。与此同时，5G 还将渗透到物联网及各种行业领域，与工业设施、医疗仪器、交通工具等深度融合，有效满足工业、医疗、交通等垂直行业的多样化业务需求，实现真正的"万物互联"。

5G 概念可由"标志性能力指标"和"一组关键技术"来共同定义。其中，标志性能力指标为"Gbit/s 用户体验速率"，一组关键技术包括大规模天线阵列、超密集组网、新型多址、全频谱接入和新型网络架构。

3. 5G 主要场景与关键性能指标

5G 主要场景与关键性能指标见表 1-5。

表 1-5　　　　　　　　　　　　5G 主要场景与关键性能指标

场景	关键挑战
连续广域覆盖	100Mbit/s 用户体验速率
热点高容量	用户体验速率为 1Gbit/s 峰值速率为数十 Gbit/s 流量密度为数十 Tbit/s/km²
低功耗、大连接	连接数密度为 $10^6/km^2$ 超低功耗，超低成本
低时延、高可靠	空口时延为 1ms 端到端时延为 ms 量级 可靠性接近 100%

连续广域覆盖场景是移动通信最基本的覆盖方式，以保证用户的移动性和业务连续性为目标，为用户提供无缝的高速业务体验。该场景的主要挑战在于随时随地（包括小区边缘、高速移动等恶劣环境）为用户提供 100Mbit/s 以上的用户体验速率。

热点高容量场景主要面向局部热点区域，为用户提供极高的数据传输速率，满足网络极高的流量密度需求。1Gbit/s 用户体验速率、数十 Gbit/s 峰值速率和数十 Tbit/s/km² 的流量密度需求是该场景面临的主要挑战。

低功耗、大连接和低时延、高可靠场景主要面向物联网业务，是 5G 新拓展的场景，重点解决传统移动通信无法很好支持物联网及垂直行业应用。

低功耗、大连接场景主要面向智慧城市、环境监测、智能农业、森林防火等以传感和数据采集为目标的应用场景，具有小数据包、低功耗、海量连接等特点。这类终端分布范围广、数量众多，不仅要求网络具备超千亿连接的支持能力，满足 100 万/km² 连接数密度指标要求，而且还要保证终端的超低功耗和超低成本。

低时延高可靠场景主要面向车联网、工业控制等垂直行业的特殊应用需求，这类应用对时延和可靠性具有极高的指标要求，需要为用户提供毫秒级的端到端时延和接近 100% 的业务可靠性保证。

4. 5G 关键技术

5G 技术创新主要来源于无线技术和网络技术两方面。在无线技术领域，大规模天线阵列、超密集组网、新型多址和全频谱接入等技术已成为业界关注的焦点；在网络技术领域，基于软件定义网络（SDN）和网络功能虚拟化（NFV）的新型网络架构已取得广泛共识。此外，基于滤波的正交频分复用（F-OFDM）、滤波器组多载波（FBMC）、全双工、灵活双工、终端直通（D2D）、多元低密度奇偶检验（Q-ary LDPC）码、网络编码、极化码等也被认为是 5G 重要的潜在无线关键技术。

（1）5G 无线关键技术

大规模天线阵列在现有多天线基础上通过增加天线数可支持数十个独立的空间数据流，将数倍提升多用户系统的频谱效率，对满足 5G 系统容量与速率需求起到重要的支撑作用。大规模天线阵列应用于 5G 需解决信道测量与反馈、参考信号设计、天线阵列设计、低成本实现等关键问题。

超密集组网通过增加基站部署密度，可实现频率复用效率的巨大提升，但考虑到频率干扰、站址资源和部署成本，超密集组网可在局部热点区域实现百倍量级的容量提升。干扰管理与抑制、小区虚拟化技术、接入与回传联合设计等是超密集组网的重要研究方向。

新型多址技术通过发送信号在空/时/频/码域的叠加传输来实现多种场景下系统频谱效率和接入能力的显著提升。此外，新型多址技术可实现免调度传输，将显著降低信令开销，缩短接入时延，节省终端功耗。目前业界提出的技术方案主要包括基于多维调制和稀疏码扩频的稀疏码分多址（SCMA）技术，基于复数多元码及增强叠加编码的多用户共享接入（MUSA）技术基于非正交特征图样的图样分割多址（PDMA）技术以及基于功率叠加的非正交多址（NOMA）技术。

全频谱接入通过有效利用各类移动通信频谱（包含高低频段、授权与非授权频谱、对称与非对称频谱、连续与非连续频谱等）资源来提升数据传输速率和系统容量。6GHz 以下频段因其较好的信道传播特性可作为 5G 的优选频段，6～100GHz 高频段具有更加丰富的空闲频谱资源，可作为 5G 的辅助频段。信道测量与建模、低频和高频统一设计、高频接入回传一体化以及高频器件是全频谱接入技术面临的主要挑战。

（2）5G 网络关键技术

为了应对 5G 需求和场景对网络提出的挑战，并满足 5G 网络优质、灵活、智能、友好的整体发展趋势，5G 网络需要通过基础设施平台和网络架构两个方面的技术创新和协同发展，最终实现网络变革。

当前的电信基础设施平台是基于专用硬件实现的。5G 网络将通过引入互联网和虚拟化技术，设计实现基于通用硬件的新型基础设施平台，从而解决现有基础设施平台成本高、资源配置能力不强和业务上线周期长等问题。实现 5G 新型设施平台的基础是网络功能虚拟化（NFV）和软件定义网络（SDN）技术。NFV 技术通过软件与硬件的分离，为 5G 网络提供更具弹性的基础设施平台，组件化的网络功能模块实现控制面功能可重构。NFV 使网元功能与物理实体解耦，采用通用硬件取代专用硬件，可以方便快捷地把网元功能部署在网络中任意位置，同时对通用硬件资源实现按需分配和动态伸缩，以达到最优的资源利用率。SDN 技术实现控制功能和转发功能的分离。控制功能的抽离和聚合，有利于通过网络控制平面从全局视角来感知和调度网络资源，实现网络连接的可编程。

在网络架构方面，基于控制转发分离和控制功能重构的技术设计新型网络架构，提高接入网在面向 5G 复杂场景下的整体接入性能。简化核心网结构，提供灵活高效的控制转发功能，支持高智能运营，开放网络能力，提升全网整体服务水平。

NFV 和 SDN 技术在移动网络的引入和发展，将推动 5G 网络架构的革新，借鉴控制转发分离技术对网络功能进行重组，使得网络逻辑功能更加聚合，逻辑功能平面更加清晰。网络功能可以按需编排，运营商能根据不同场景和业务特征要求，灵活组合功能模块，按需定制网络资源和业务逻辑，增强网络弹性和自适应性。

5G 网络逻辑架构如图 1-7 所示。

新型 5G 网络架构包含接入、控制和转发三个功能平面。控制平面主要负责全局控制策略的生成，接入平面和转发平面主要负责策略执行。

- **接入平面：**包含各种类型基站和无线接入设备。基站间交互能力增强，组网拓扑形式丰富，能够实现快速灵活的无线接入协同控制和更高的无线资源利用率。

- **控制平面：**通过网络功能重构，实现集中的精致功能和简化的控制流程，以及接入和转发资源的全局调度。面向差异化业务需求，通过按需编排的网络功能，提供可定制的网络资源，以及友好的能力开放平台。

- **转发平面：**包含用户面下沉的分布式网关，集成边缘内容缓存和业务流加速等功能。在几种控制平面的统一控制下，数据转发效率和灵活性得到极大提升。

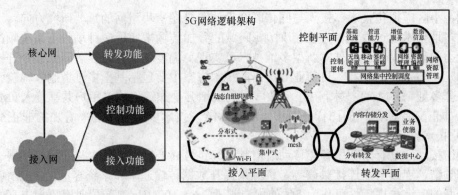

图 1-7　5G 网络逻辑架构

基于"三朵云"的新型 5G 网络架构是移动网络未来的发展方向，但实际网络发展在满足未来新业务和新场景需求的同时，也要充分考虑现有移动网络的演进途径。5G 网络架构的发展会存在局部变化到全网变革的中间阶段，通信技术与 IT 技术的融合会从核心网向无线接入网逐步延伸，最终形成网络架构的整体演变。

5. 5G 技术路线

从技术特征、标准演进和产业发展角度分析，5G 存在新空口和 4G 演进空口两条技术路线。

新空口路线主要面向新场景和新频段进行全新的空口设计，不考虑与 4G 框架的兼容，通过新的技术方案设计和引入创新技术来满足 4G 演进路线无法满足的业务需求及挑战，特别是各种物联网场景及高频段需求。

4G 演进路线通过在现有 4G 框架基础上引入增强型新技术，在保证兼容性的同时实现现有系统性能的进一步提升，在一定程度上满足 5G 场景与业务需求。

此外，WLAN 已成为移动通信的重要补充，主要在热点地区提供数据分流。下一代 WLAN 标准（802.11ax）制定工作已经于 2014 年初启动，预计将于 2019 年完成。面向 2020 年及未来，下一代 WLAN 将与 5G 深度融合，共同为用户提供服务。

当前，制定全球统一的 5G 标准已成为业界共同的呼声，ITU 已启动了面向 5G 标准的研究工作，并明确了 IMT-2020(5G)工作计划，2015 年将完成 IMT-2020 国际标准前期研究，2016 年将开展 5G 技术性能需求和评估方法研究，2017 年底启动 5G 候选方案征集，2020 年底完成标准制定。工作计划安排如图 1-8 所示。

图 1-8　5G 时间工作计划

3GPP 作为国际移动通信行业的主要标准组织，将承担 5G 国际标准技术内容的制定工作。3GPP R14 阶段被认为是启动 5G 标准研究的最佳时机，R15 阶段可启动 5G 标准工作项目，R16 及以后将对 5G 标准进行完善增强。

小　　结

1．第三代移动通信系统简称 3G，又被国际电联（ITU）称为 IMT-2000，是指在 2000 年左右开始商用并工作在 2 000MHz 频段上的国际移动通信系统。IMT-2000 的标准化工作开始于 1985 年。第三代移动通信标准规范具体由第三代移动通信合作伙伴项目（3GPP）和第三代移动通信合作伙伴项目二（3GPP2）分别负责。

2．第三代移动通信的主流标准为 WCDMA，cdma2000 和 TD-SCDMA/UTRA-TDD。3G 的 3 大主流技术标准，在网络基础、核心网、空中接口、码片速率、载频间隔、扩频方式、同步和功控速度等方面各有特点。

3．3G 业务按照不同的标准可以有不同的分类方法，按照应用层 QoS 的业务分类，3GPP 定义了会话类业务、流媒体业务、交互类业务和背景类业务；根据用户的体验，3G 业务可分为通信类业务、娱乐类业务、资讯类业务、互联网业务、金融业务、位置服务及监控服务等。

4．3G 的演进有 3 条路径。其一是以 3GPP 为基础的技术轨迹，即从第二代的 GSM、GPRS 到第三代的 WCDMA/TD-SCDMA、第三代增强型的 HSPA，以及 LTE 发展路线，演进到 IMT-Advanced，即 4G。其二是以 3GPP2 为基础的技术路线，即从第二代的 cdma2000 到 cdma2000 1x，再到第三代的 cdma2000 1xEV-DO/DV 及 LTE，最后演进到 IMT-Advanced，即 4G。其三是以 WiMAX 为基础的技术路线，是宽带无线接入技术向着高移动性、高服务质量的方向演进的结果。

5．2005 年 10 月在赫尔辛基举行的 ITU-R WP8F 第 17 次会议上，正式将 System Beyond IMT-2000 命名为 IMT-advanced，其高移动性下可支持 100Mbit/s，低移动性下支持 1Gbit/s。

6．ITU-Advanced 无线接口技术主要包括空中接口网络结构、无线信号传输的编码调制技术、多址技术、多天线技术、空中接口同步技术、无线链路自适应技术、无线资源调度技术等。下一代网络的研究将着眼于 IP 连通层面上的异构网络的融合、移动性和 QoS 管理、异构网络安全、网络的可扩展性等方面。

7．5G 概念可由"标志性能力指标"和"一组关键技术"来共同定义。其中，标志性能力指标为"Gbit/s 用户体验速率"，一组关键技术包括大规模天线阵列、超密集组网、新型多址、全频谱接入和新型网络架构。

8．5G 技术创新主要来源于无线技术和网络技术两方面。在无线技术领域，大规模天线阵列、超密集组网、新型多址和全频谱接入等技术已成为业界关注的焦点；在网络技术领域，基于软件定义网络（SDN）和网络功能虚拟化（NFV）的新型网络架构已取得广泛共识。

练　习　题

1．简述第三代移动通信的目标。

2．介绍 3G 的标准化组织。

3．介绍 3GPP 制定的移动通信主要标准。

4．比较 3G 的 3 种主流标准各自的性能特点。

5．介绍第三代移动通信系统业务的分类方法。

6．画图示意第三代移动通信的演进路径。

7．分析 LTE 和 LTE-A 移动通信系统的关系。

8．介绍 5G 的概念及采用的关键技术。

第 2 章 3G 关键技术

随着社会的不断进步、经济的飞速发展，对信息传输的需求越来越大，信息传输在工作、生活中的作用也越来越重要。"社会需求就是科学与技术发展的动力"，现代移动通信在经历了第一代模拟通信系统和第二代数字通信系统（以 GSM 和窄带 CDMA 为代表）之后，为适应市场发展的要求，由 ITU 主导协调，自 1996 年开始了第三代（3G）宽带数字通信系统的标准化进程。3G 系统采用了无线宽带传输技术、复杂的编译码技术、调制解调技术、快速功率控制技术、多用户检测技术、智能天线技术、蜂窝组网技术等。本章重点介绍 3G 的关键技术，主要包括以下几方面的内容。

- 移动通信信道
- 扩频通信系统
- 数字调制技术
- 信源编码技术
- 信道编码技术
- 功率控制技术
- 发送接收技术
- 蜂窝组网技术

2.1 移动通信信道

信道是信号的传输介质，可分为有线信道和无线信道两类。有线信道包括明线、对称电缆、同轴电缆及光缆等。无线信道有地波传播、短波电离层反射、超短波或微波视距中继、人造卫星中继以及各种散射信道等。移动通信采用无线通信方式，因此系统性能主要受无线信道的制约。无线传播环境中传播路径非常复杂，从简单的视距传播到遭遇各种复杂地物的非视距传播。信号传播的开放性，接收点地理环境的复杂性和多样性，以及通信用户的随机移动性是移动无线信道的固有特征。移动通信中的各种新技术，都是针对无线信道的特点，优化解决移动通信中的有效性、可靠性和安全性。所谓有效性，是指占用尽可能少的资源如频段、时隙和功率等传送尽可能多的信息，是通信的数量指标；所谓可靠性，主要是指在传输过程中对抗噪声和各类干扰的能力；所谓安全性，主要是指传输过程中的安全保密性能。可靠性和安全性是通信的质量指标。分析移动信道的特点是研究移动通信关键技术的前提，因此本节重点介绍移动通信信道中的无线电波传播、接收信号的特点、移动通信中的噪声和干扰以及信道的物理模型。

2.1.1 无线电波的传播

移动通信的重要基础是无线电波的传播，无线电波可以通过多种不同的方式从发射天线传播到接收天线，按照无线电波的波长，人为地把电波分为长波（波长 1 000m 以上）、中波（波长 100～1 000m）、短波（波长 10～100m）、超短波和微波（波长 10m 以下）等，见表 2-1。

表 2-1　　　　　　　　　　　　　　无线电波分类

波段		波长	频率	主要用途
长波		10～1km	30～300kHz	—
中波		1000～100m	0.3～3MHz	调幅无线电广播
短波		100～10m	3～30MHz	
微波	米波（VHF）	10～1m	30～300MHz	调频无线电广播
	分米波（UHF）	1～0.1m	0.3～3GHz	电视、雷达、导航、移动通信
	厘米波	10～1cm	3～30GHz	
	毫米波	10～1mm	30～300GHz	

从移动通信信道中的电波传播来看，可分为以下几种形式。

① 直射波。在视距覆盖范围内无遮拦的传播，它是超短波、微波的主要传播方式。经直射波传播的信号最强，主要用于卫星和外空间通信，以及视距通信。

② 反射波。从不同建筑物或其他反射体反射后到达接收点的传播信号，其信号强度次之。中波、短波等靠围绕地球的电离层与地面的反射而传播。

③ 绕射波。从较大的建筑物或山丘绕射后到达接收点的传播信号，其强度与反射波相当。当波长与障碍物的高度可比时，电磁波具有绕射的能力。实际中，只有长波、中波以及短波的部分波段能绕过地球表面大部分的障碍，到达几百公里内较远的地方。

④ 散射波。由空气中离子受激后二次发射所引起的漫反射后到达接收点的传播信号，其信号强度最弱。

比较以上 4 种电波传播形式，直射波信号强度最强，反射波和绕射波次之，散射波最弱。在移动通信中，无线电波主要以直射、反射和绕射的形式传播，而绕射波随着频率的升高，其衰减增大，故传播距离有限，所以分析移动通信信道时，主要考虑直射波和反射波的影响。

2.1.2 无线电波对接收信号的影响

1. 接收信号的 4 种效应

移动通信信道有信号传播的开放性、接收点地理环境的复杂性和多样性和通信用户的随机移动性 3 个主要特点。无线电波有直射、反射、绕射 3 种主要传播形式。在它们的共同作用下，接收信号具有阴影效应、远近效应、多径效应和多普勒效应 4 种主要效应。

（1）阴影效应

在无线通信系统中，移动台在运动的情况下，由于大型建筑物和其他物体对电波的传输路径的阻挡而在传播接收区域内形成的半盲区，称为电磁场阴影。这种随移动台位置的不断变化而引起的接收点场强平均值的起伏变化叫做阴影效应。电磁场阴影效应类似于太阳光受阻挡后产生的阴影，不同点在于光波的波长较短，太阳光阴影可见，而电磁波波长较长，电磁场阴影不可见。虽然阴影不可见，但在接收端（如手机），采用专用仪表可以测量出来。

（2）远近效应

由于移动台在蜂窝小区内随机移动，各移动台与基站之间的距离不同，若各移动台发射信号的功率相同，那么到达基站时各接收信号的强弱将有所不同，离基站近者信号强，离基站远者信号弱。移动通信系统中器件的非线性将进一步加剧各信号强弱的不平衡性。这种由于各移动台与基站之间的距离远近不同导致的在基站接收端，信号以强压弱，并使弱者即离基站较远的移动台产生通信中断的现象称为远近效应。

（3）多径效应

由于移动台所处地理环境的复杂性，使得接收端的信号不仅含有直射波的主径信号，还有从不同建筑物反射及绕射过来的多条不同路径的信号，而且它们到达时的信号强度、时间及载波相位都不同。在接收端收到的信号是上述各路径信号的矢量和，而各路径之间可能产生自干扰，称这类干扰为多径干扰或多径效应，如图 2-1 所示。

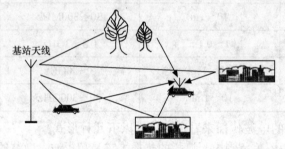

图 2-1　多径效应

（4）多普勒效应

由于移动台的高速移动而产生的传播信号频率的扩散，称为多普勒（Doppler）效应，如图 2-2 所示。其频率扩散程度与移动台的运动速度成正比，即多普勒频率 f_d 为

$$f_d = \frac{v}{\lambda}\cos\theta$$

其中，v 是移动台的速度，λ 是传播信号的波长，θ 是移动台前进方向与入射波的夹角，如图 2-2（a）所示。图 2-2（b）所示，f_c 为发送信号的中心频率，f_{dmax} 表示最大多普勒频率。由于多普勒效应，接收信号的功率谱 $S(f)$ 扩展到 f_c-f_{dmax} 和 f_c+f_{dmax} 范围内。

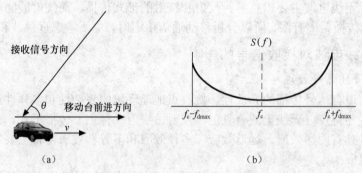

图 2-2　多普勒效应

2．接收信号的 3 类损耗

在移动通信信道的 3 个主要特点和无线电波传播的 3 种主要形式的共同作用下，接收信号又具有 3 类不同层次的损耗，路径传播损耗、大尺度衰落损耗和小尺度衰落损耗。

（1）路径传播损耗

路径传播损耗是指电波在空中传播所产生的损耗。它主要反映接收信号的平均电平在宏观大范围（千米量级）随空间距离变化的趋势。一般接收信号电平的幅度与移动台和基站之间的距离 d 的 n 次方成反比，即其衰减特性服从 d^n 律，如无线电波在自由空间传播，接收信号的电平随距离的平方而衰减。路径传播损耗在无线通信和有线通信中都存在，只不过在有线通信中的路径传播损耗一般比无线通信的小。

（2）大尺度衰落损耗

大尺度衰落损耗主要是指由于阴影效应而产生的损耗。它反映了在中等范围内（数百波长量级）接收信号电平的平均值随机起伏变化的趋势。这类损耗一般为无线通信所特有，从统计规律看服从对数正态分布，因其变化速率比传送信息速率慢，故又称为慢衰落或大尺度衰落。

（3）小尺度衰落损耗

小尺度衰落损耗反映微观小范围（数十波长以下量级）接收信号电平的平均值随机起伏变化的趋势。小尺度衰落损耗是由于多径效应和多普勒效应等引起的。其接收信号的电平幅度分布一般遵循瑞利（Rayleigh）分布或莱斯（Rice）分布。小尺度衰落可分为平坦衰落和选择性衰落，选择性衰落可分为空间选择性衰落、频率选择性衰落与时间选择性衰落。空间选择性衰落是指不同的地点与空间位置，其衰落特性不同；频率选择性衰落是指在不同的频段上衰落特性不一样；时间选择性衰落是指不同的时间衰落特性不同。

针对不同的衰落特性，可以采用不同的技术克服它对移动通信系统性能的影响。图 2-3 所示为大尺度衰落和小尺度衰落示意图。

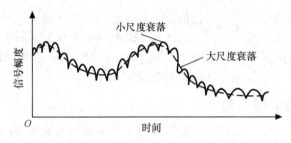

图 2-3　大尺度衰落和小尺度衰落

在实际环境中，无线电波的传播是复杂的，由以上的 3 种衰落和 4 种效应，可以将无线信道分成几种不同无线电波传播环境，即室内环境、室外环境，而室外环境又可分成典型城市、乡村、山区等，它们的传播参数是不同的。

2.1.3　移动通信中的噪声和干扰

在移动通信中，严重影响移动通信系统性能的主要噪声和干扰可分为 4 类，加性白高斯噪声（Additional White Gauss Noise，AWGN）、符号间干扰（Intersymbol Interference，ISI）、多址干扰（Multiple Access Interference，MAI）和相邻小区（扇区）干扰［Adjacent Cell (Sector) Interference，AC(S)I］，下面分别予以简要介绍。

1．加性白高斯噪声

加性是指噪声与传送的信号遵从简单的线性叠加关系，白噪声是指噪声的频谱是平坦的，高斯噪声是指噪声的分布服从正态分布。仅含有这类噪声的信道称为加性白高斯噪声信道，如图 2-4 所示。在 AWGN 信道中，接收信号为

$$v(t) = s(t) + n(t) \tag{2-1}$$

图 2-4 AWGN 信道

2. 符号间干扰（ISI）

由于实际信道的频带总是有限，并且偏离理想特性，所以使通过的信号在频域上产生线性失真，在时域上波形发生时散效应。这种时散效应对通信所造成的危害称之为符号间干扰（ISI）。另外，在无线信道中，由于存在多径效应，对信号传输也会产生 ISI。当数据速率提高时，数据间的间隔就会减小，到一定程度符号重叠无法区分，产生 ISI。

3. 多址干扰（MAI）

在第三代移动通信系统 cdma2000、WCDMA 和 TD-SCDMA 中，采用码分多址通信方式，不同用户采用同一时隙、同一频段进行信息传输，相互之间依靠不同的地址码进行区分。当多用户同时通信时，由于各用户的地址码不具有完全理想的自相关、互相关的函数特性，因此产生多址干扰。在 CDMA 系统中，多址干扰比白噪声和符号间干扰更为严重，当用户数目增多时它是系统内的第一重要干扰。

4. 相邻小区（扇区）干扰（AC(S)I）

由相邻基站发射的信号产生，它包括移动站接收到的所有蜂窝网络中相邻小区的信号。

符号间干扰（ISI）和多址干扰（MAI）（又称为同小区或小区内干扰）在单小区内限制用户数量，相邻小区（扇区）干扰［AC(S)I］［又称为小区（扇区）间或地区干扰］，不但进一步限制了系统的容量，也限制了基站的覆盖范围。

2.1.4 移动通信信道的物理模型

在实际研究工作中，移动通信信道可以分为 4 种常用的信道模型。

1. AWGN 信道

AWGN 信道是最基本、最典型的恒参信道，是研究各类信道的基础。在 AWGN 信道中，典型的抗干扰措施是采用先进的信号处理技术，如信道编译码技术。

2. 阴影衰落信道

阴影衰落信道服从对数正态分布，是大尺度衰落信道。克服其衰落的有效方法是采用功率控制技术系统设计和网络优化等。

3. 平坦瑞利衰落信道

平坦瑞利衰落信道服从瑞利或莱斯分布，是最典型的宽带无线和慢速移动的信道模型，在小尺度衰落中，仅仅考虑空间选择性衰落。最有效的克服空间选择性衰落的方法是空间分集技术或其他空域处理技术。

4. 选择性衰落信道

时间选择性衰落信道分为时间选择性衰落信道和频率选择性衰落信道，是典型的宽带无线和快速移动信道，最有效的克服手段是采用信道交织编码技术。频率选择性衰落信道是典型的宽带无线和慢速移动信道，其最有效的克服方法是自适应均衡和 Rake 接收等。

2.2 扩频通信系统

CDMA 是在扩频通信技术基础上发展起来的一种崭新而成熟的无线通信技术。它能够满足市场对移动通信容量和品质的高要求,具有频谱利用率高、话音质量好、保密性强、掉话率低、电磁辐射小、软容量和"软"切换、容量大、覆盖范围广等特点,可以大量减少投资和降低运营成本。

在 3G 的三大主流标准 WCDMA、cdma2000 和 TD-SCDMA 中,都采用了 CDMA 技术,因此 CDMA 成为 3G 系统的最佳多址接入方式。本节重点介绍各种多址接入技术、扩频通信系统、信道化码和扰码、直接序列扩频技术和各种蜂窝系统的容量分析比较。

2.2.1 多址接入技术

多址接入技术是移动通信中的关键技术。在移动通信中,许多用户同时通话,它们多位于不同的地方,并处于运动状态。这些用户由于使用共同的传输介质,各用户间可能会产生相互干扰,称为多址干扰。为了消除或减少多址干扰,不同用户的信号必须具有某种特征,以便接收机能够将不同用户信号区分开。信号的特征主要表现在信号的工作频率、信号出现的时间、信号具有的特定波形 3 个方面。依据信号的不同特征,主要的多址方式有 FDMA,TDMA,CDMA 以及空分多址(Space Division Multiple Access,SDMA),图 2-5(a)~(c)所示分别为 FDMA、TDMA 和 CDMA 示意图。

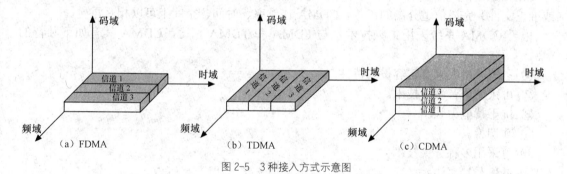

图 2-5 3 种接入方式示意图

FDMA 是不同用户使用不同频带实现信号分割;TDMA 是不同用户使用不同时隙来实现信号分割;CDMA 是所有用户使用同一频带在同一时隙传送信号,其信号分割是利用不同地址码波形之间的正交性(或准正交性)来实现的;SDMA 是利用空间分割构成不同的信道分配给不同的用户。其中 FDMA、TDMA 和 CDMA 是 3 种基本的多址方式,下面分别介绍这 3 种多址方式的基本原理和特点。

1. FDMA

FDMA 是最成熟的多址复用方式之一,它是基于频率划分信道,把可以使用的总频段平均划分为 N 个频道,这些频道在频域上互不重叠,每个频道就是一个通信信道。系统为每一个用户指定特定的信道,在通信的整个过程中,其他用户不能共享这一频道。在各个频道之间有保护频段,以免因系统的频率漂移造成频道间的重叠,带来不必要的干扰。

采用 FDMA 的系统,需要进行复杂和严格的频率规划,以减少干扰。FDMA 的优点是技术成熟、稳定、容易实现且成本较低。它的主要缺点是频谱利用率较低、容量小、越区切换比较复杂、容易产生掉话、基站设备庞大、功率损耗大等。

在模拟蜂窝移动通信系统中通常采用 FDMA,而在数字蜂窝系统中,则很少单独采用

FDMA 的方式。

2. TDMA

TDMA 也是非常成熟的通信技术。TDMA 是在同一载波上，将时间分成周期性的帧，每一帧再分割成若干的时隙（每一帧和每个时隙都互不重叠），每个时隙是 1 个通信信道，分配给用户使用。当移动台需要发送信息时，系统根据一定的时隙分配原则，使各个移动台在每一帧内只能按照指定的时隙向基站发射信号，在满足定时和同步的条件下，基站可以在各个时隙接收到不同移动台的信号而互不干扰。同时，基站发向各个移动台的信号都顺序安排在预定的时隙中传输，各个移动台上要在指定的时隙内接收，就能将发给它的信号区分出来。时分多址的关键是定时和同步控制，否则会因为时隙的错位和混乱导致无法正确接收。

和 FDMA 比较，TDMA 具有如下特点。

① 抗干扰能力强，频带利用率高，系统容量大。

② 基站复杂度降低，互调干扰小。

③ 越区切换简单。

④ 系统需要精确地定时和同步。

TDMA 系统提供业务的能力有所提高，可以承载语音业务和低速的数据业务。在第二代数字移动通信系统中，通常采用 TDMA 的方式。

3. CDMA

CDMA 采用扩频通信技术，每个用户分配特定的地址码，利用地址码相互之间的正交性（或准正交性）完成信道分离的任务。CDMA 在频率、时间、空间上可以相互重叠。

由于 CDMA 系统采用扩频技术，与 FDMA 和 TDMA 相比，CDMA 具有如下独特的优点。

① 系统容量大且有软容量的特性。

② 可采用语音激活技术。

③ 抗干扰能力强。

④ 软切换。

⑤ 可采用多种分集技术。

⑥ 低信号功率谱。

⑦ 频率规划简单，可同频组网。

⑧ 保密性好。

CDMA 系统由于具有这些独特的优点而被广泛关注。在第二代移动通信系统 IS-95 中已采用了 CDMA 技术，而 CDMA 技术更成为第三代移动通信系统中的核心技术。

2.2.2 扩频通信系统

1. 扩频通信和扩频通信系统

扩频通信，即扩展频谱通信，顾名思义是在发送端用某个特定的扩频函数（如伪随机编码序列）将待传输的信号频谱扩展至很宽的频带，变为宽带信号，送入信道中传输，在接收端再利用相应的技术或手段将扩展了的频谱进行压缩，恢复到基带信号的频谱，从而达到传输信息、抑制传输过程中噪声和干扰的目的。

扩频通信系统是采用扩频通信技术的系统。在扩频通信系统中，扩展频谱后传输信号的带宽是原信号带宽的几十、几百、几千甚至是几万倍，因此决定传输信号带宽的重要因素已不是信号本身，而是扩频函数。由此可见，扩频通信系统有以下 2 个特点。

① 传输信号的带宽远大于被传输的原始信号的带宽。

② 传输信号的带宽主要由扩频函数决定,此扩频函数通常为伪随机(伪噪声)编码信号。以上 2 个特点可作为判断一个通信系统是否是扩频通信系统的准则。

2. 扩频通信的发展简史和应用

扩频通信技术起源于第二次世界大战,是基于军事领域的实际需要而产生的,目的是在敌方控制区内提供一种保密通信的方法。第二次世界大战结束时,德国研制的线性调频脉冲压缩系统和脉冲—脉冲频率跳变系统均采用了扩频通信技术。在 20 世纪 50 年代,伍德华特(P.M.Woodward)发现,在雷达测距和测速中,采用白噪声信号,其测量误差最小,这为扩频技术的应用开辟了道路。同时代,美国麻省理工学院研究成功的 NO MAC 系统(Noise Modulation and Correlation System)成为扩频通信研究发展的开端,从此,扩频通信广泛应用于军事通信、空间探测、卫星侦查、导弹制导等方面。20 世纪 60 年代中期,Magnavox 公司成功研制频谱展宽话音调制解调器 MX-170C,用于 VRC-12 型超短波电台,其频率为 30～76MHz。该电台装置了这个扩频终端后,大大提高了抗干扰能力,可在敌方干扰信号比传输的伪噪声调制信号幅度高 10 倍的条件下,在 2s 内捕获到有用信号,而且一旦捕获成功,系统可以在干扰信号比传输信号幅度高 20 倍的情况下正常通信。

随着时间的推移和技术的发展,特别是信号处理技术、大规模集成电路和计算机技术的发展,推动了扩频通信理论、方法、技术等方面的研究发展和普及应用,使最初只用于军事领域的扩频通信系统越来越广泛应用于卫星通信、个人移动通信、雷达、导航、测距等领域。一个最好的例子是 GPS,它是一个最初为军事应用而开发的现代扩频通信系统,目前已广泛应用于很多的民用通信中,包括空间探测,为旅游者提供导航服务,给猎人和渔民、商业车辆和船只提供定位等。另外,在卫星陆地移动通信系统中,扩频通信被作为接入技术,使得该系统借助于卫星网络为个人手持电话和固定电话用户提供世界范围的通信服务。在个人移动通信领域,扩频通信正发挥着巨大的作用。

3. 典型扩频通信系统框图

图 2-6 所示为一个典型的扩频通信系统框图,由发送端、接收端和无线信道 3 部分组成,发送端和接收端对应分成信源和信宿、编码和译码、扩频和解扩、调制和解调 4 个单元。相比传统的数字通信系统,增加了扩频和解扩单元。

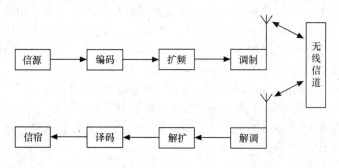

图 2-6 典型的扩频通信系统框图

现对图 2-6 所示扩频通信系统各单元介绍如下。

(1)信源和信宿

信源是指发送信息的单元,信宿是指接收信息的单元,通信就是在信源与信宿之间传输信息的过程。

(2)编码和译码

编码和译码包括信源编译码和信道编译码。信源编码的目的是压缩数据率,去除信号中的冗余度，提高传输的有效性；信源译码是信源编码的逆过程。信道编码的目的是增加信息的冗余度，使其具有检错和纠错的能力，试图以最少的监督码元为代价，以换取最大程度的可靠性的提高；信道译码是信道编码的逆过程，实现检错和纠错的过程。

（3）扩频和解扩

扩频是将信号的频谱扩展，解扩是实现扩频信号的还原，扩频和解扩的目的是提高系统的抗干扰能力，抗衰落，实现多址接入等。

（4）调制和解调

调制是指载波调制，目的是实现频谱搬移，使调制后的信号适应无线信道的特点，适合在无线信道传输。解调是调制的逆过程。

（5）无线信道

无线信道是移动通信信号传输的载体。无线信道有其固有的特点，就是存在各种干扰、噪声、多径和衰落，所有的移动通信技术都是为了克服和消除这些影响，用以解决移动通信中信息传输的有效性、可靠性和安全性。

4. 扩频通信系统分类

在扩频通信系统中，最关键的问题是在发送端如何扩频，在接收端如何解扩。根据通信系统产生扩频信号的方式，扩频通信系统可以分为以下 5 种。

（1）直接序列扩频系统

直接序列扩频（Direct Sequence Spread Spectrum，DS-SS）系统的原始信号采用比特速率远高于它的带宽的数字序列进行扩频（用于扩频的数字序列通常称为地址码），再经载波调制发送到信道中传输。接收端产生一个与发送端的地址码完全相同的码序列，对接收信号解扩，使信号重新恢复到原始信号频带。这种扩频信号的功率谱密度主要取决于信号功率和地址码。

（2）跳频扩频系统

跳频扩频（Frequency Hopping Spread Spectrum，FH-SS）系统采用码序列（地址码）控制信号的载波，使之在多个频率上跳变而产生扩频信号。接收端产生 1 个与信号载波频率变化相同的移频信号，用它作变频参考，再把信号恢复到原来的频带。跳频系统可随机选取的频率数通常是几百个或更多。频率变化的速率是 $10 \sim 10^5$ 次/s。从长时间看，跳频信号的频谱是在载波频率变化范围内均匀分布的。跳频系统受到的总干扰，主要是由信号在全部使用频率中的多少个频点上受到干扰所决定的，而与干扰信号的强度关系不大。因此，跳频常用于信道不稳定和信号起伏较大的通信系统中。

（3）跳时扩频系统

跳时扩频（Time Hopping Spread Spectrum，TH-SS）系统的发送端采用地址码控制信号的发送时刻和持续时间，接收端在确定的时隙内接收和解调信号。跳时信号有很小的占空比，可用以减小时分复用系统各信号间的干扰。跳时通常与其他扩频方式结合起来使用，单纯使用跳时方式时抑制干扰能力很差。

（4）线性脉冲调频系统

线性脉冲调频系统的发送端发出射频脉冲信号，在每一脉冲周期中频率按某种方式变化。在接收端用色散滤波器解调信号，使进入滤波器的宽脉冲前后经过不同时延而同时到达输出端，这样就把每个脉冲信号压缩为瞬时功率高、但脉宽窄得多的脉冲，因而提高了信噪比。这种调制主要用于雷达通信，在移动通信中也有应用。

（5）混合扩频系统

以上几种基本的扩展频谱通信系统各有优缺点，单独使用其中一种系统有时难以满足要求，将以上几种扩频方法结合起来就构成了所谓的混合扩频系统。常用的有跳频-直接序列混合扩频系统（FH/DS），直接序列-跳时混合扩频系统（DS/TH），跳频-跳时混合扩频系统（FH/TH）等。它们比单一的直接序列、跳频、跳时系统具有更优良的性能。

跳频-直接序列混合扩频系统可看作是 1 个载波频率作周期跳变的直接序列扩频系统，采用这种混合扩频方式能够大大提高扩频系统的性能，具有通信隐蔽性好、抗干扰能力强的特点，跳频系统的载波频率难于捕捉，适应于多址通信和多路复用，尤其在要求扩频码速率过高或跳频数目过多时，采用这种混合扩频系统特别有利。

当直接序列扩频系统中可使用的扩频码序列的数目不能满足多址或复用要求时，增加时分复用（Time Division Multiplex，TDM）是一种有效地解决办法。这种方法既可增加用户的地址数，又可改善邻台的干扰性能，组成所谓的跳时-直接序列混合扩频系统。

跳时-跳频混合扩频系统特别适用于大量电台同时工作、其距离或发射功率在很大范围内变化、需要解决通信中远近效应问题的场合。跳时-跳频混合扩频系统利用简单的编码作为地址码，主要用于多址寻址，扩展频谱不是其主要目的。

5. 扩频通信系统主要优缺点

扩频通信系统的主要优点如下。

（1）抗干扰能力强

扩频通信系统具有极强的抗人为宽带干扰、抗窄带瞄准式干扰、抗中继转发式干扰的能力，特别适合军事通信。

（2）多址能力强

扩频通信本身就是一种多址通信，可以采用码分多址的方式组网，组网灵活，入网迅速，适合于机动灵活的战术通信和移动通信。另外，跳时-直扩系统结合或跳时-跳频系统结合，可以进一步扩充其多址能力。虽然扩频系统传输信息占据了很宽的频带，但其强多址能力保证了它的高频谱利用率。

（3）保密性强，抗截获、抗检测能力强

扩频通信是一种保密通信。扩频通信系统发射信号的功率谱密度低，通常隐藏在噪声功率谱密度之下，有的系统可在 $-20\sim-15\text{dB}$ 信噪比条件下工作，对方很难测出信号的参数，从而达到安全保密通信的目的。同时，扩频信号还可进行信息加密，如要截获和窃听扩频信号，则必须了解扩频系统所用的伪随机码、密钥等参数，并与系统完全同步，这样就给对方设置了更多的障碍，从而起到了保护信息的作用。另外，跳频系统的载波频率是随机跳动的，很难被发现。即使被发现，由于其伪随机码对第三方是未知的，因而很难进行正确接收。因此扩频通信系统具有较低的检测概率和较低的截获率。

（4）抗衰落能力强

由于扩频信号的频带很宽，当遇到频率选择性衰落时，只会影响到扩频信号的一小部分，因而对整个信号的频谱影响不大。

（5）抗多径能力强

多径问题是通信中，特别是移动通信中难以解决的问题，而扩频通信系统利用扩频编码之间的相关特性，在接收端可以用相关技术将多径信号分离出来，采用 Rake 接收，提高系统的性能。

（6）高分辨率测距

测距是扩频技术最突出的应用。如果采用无线电测距，随着测量距离的增大，反射信号越来越弱，以致接收困难。通常采用加大发射信号功率和加大信号脉冲宽度的方法来克服这一困难，但是信号的峰值功率受到设备和器件的限制，信号的脉冲宽度增大，会降低测距的分辨率。如果利用连续波雷达测距时，又会出现距离模糊问题。而利用扩频技术测距时，扩频码序列的长度（或周期）决定了测距系统的最大不模糊距离，扩频码序列的速率（或码元宽度）决定了测距系统的分辨率，所以只需要产生长周期高速率的伪随机码即可达到高分辨测距的目的。

扩频通信系统的最大缺点在于设备复杂，实现困难。随着计算机技术和微电子技术的发展，半导体工艺技术的进步，特别是软件无线电技术与数字信号处理理论的结合，为扩频通信的发展提供了广阔的空间。

2.2.3 信道化码和扰码

在 3G 的 3 大主流标准中均采用了 CDMA 方式，因此以下重点介绍 CDMA 系统中的扩频码和地址码，以及在 WCDMA，cdma2000 和 TD-SCDMA 系统中使用的信道化码和扰码。

1. 基本概念

（1）基本函数运算

如果二进制数字信号用"0"或"1"表示，是单极性码；如果用-1表示"0"，"1"表示"1"，是双极性码。

单极性码的逻辑运算由模 2 加实现，运算规则为

$$0 \oplus 0 = 0 ; \quad 0 \oplus 1 = 1 ; \quad 1 \oplus 0 = 0 ; \quad 1 \oplus 1 = 0$$

双极性码的逻辑运算由逻辑乘实现，运算规则是：

$$(+1) \times (+1) = +1 ; \quad (+1) \times (-1) = -1 ; \quad (-1) \times (+1) = -1 ; \quad (-1) \times (-1) = +1$$

（2）相关函数

相关函数是任意 2 个信号之间的相似性的测度，分为周期相关函数和非周期相关函数 2 种，下面分别给出它们的定义。

设 2 个长度为 N 的序列 $\boldsymbol{a}$ 和 $\boldsymbol{b}$，非周期相关函数 $C_{a,b}(\tau)$ 定义为

$$C_{a,b}(\tau) = \begin{cases} \dfrac{1}{N} \displaystyle\sum_{i=0}^{N-1-\tau} a_i b_{i+\tau} & 0 \leqslant \tau \leqslant N-1 \\ \dfrac{1}{N} \displaystyle\sum_{i=0}^{N-1+\tau} a_{i-\tau} b_i & 1-N \leqslant \tau \leqslant 0 \\ 0 & |\tau| \geqslant N \end{cases} \tag{2-2}$$

周期相关函数 $R_{a,b}(\tau)$ 定义为

$$R_{a,b}(\tau) = \frac{1}{N} \sum_{i=0}^{N-1} a_i b_{i+\tau} \qquad \tau \in Z \tag{2-3}$$

其中"·"表示逻辑运算，当 $\boldsymbol{a}$ 和 $\boldsymbol{b}$ 是单极性码时，"·"表示模 2 加；当 $\boldsymbol{a}$ 和 $\boldsymbol{b}$ 是双极性码时，"·"表示逻辑乘。

当 $\boldsymbol{a} \neq \boldsymbol{b}$ 时，$C_{a,b}(\tau)$ 和 $R_{a,b}(\tau)$ 分别被称为非周期互相关函数和周期互相关函数；当 $\boldsymbol{a} = \boldsymbol{b}$ 时，$C_{a,b}(\tau)$ 和 $R_{a,b}(\tau)$ 分别被称为非周期自相关函数和周期自相关函数，简写为 $C_a(\tau)$ 和 $R_a(\tau)$。本书中的相关函数，如非特别声明，均指周期相关函数。

（3）正交函数

正交函数是具有零相关特性的函数，则互相关函数为 0 的 2 个序列是正交序列。

例如，$a = \{0000\}$，$b = \{0101\}$

则 $R_{ab}(0) = \dfrac{1}{4} \displaystyle\sum_{i=0}^{3} a_i b_i = \dfrac{1}{4}(0 \oplus 0 + 0 \oplus 1 + 0 \oplus 0 + 0 \oplus 1) = 0$

因此 a 和 b 是正交序列。

2. CDMA 系统中的扩频码和地址码

在扩频通信系统中，决定系统性能的主要因素是扩频函数。在 CDMA 系统中，主要体现在扩频码，它直接关系到系统的多址能力、抗噪声、抗干扰、抗多径和衰落、保密性，以及算法实现的复杂度等，因此扩频码和地址码的设计是 CDMA 系统中的关键技术之一。

理想的扩频码和地址码必须具备以下特性。

① 良好的自相关和互相关特性，即尖锐的自相关函数和几乎处处为零的互相关函数。

② 尽可能长的码周期，使干扰者难以通过扩频码的一小段去重建整个码序列，确保安全与抗干扰的要求。

③ 足够多的码序列，用来作为独立的地址，以实现码分多址的要求。

④ 易于产生、复制、控制和实现。

从理论上说，用纯随机序列去扩展信号频谱是最理想的，但在接收机中解扩时必须有一个同发送端扩频码同步的副本。因此，在实际应用中只能用伪随机或伪噪声（Pseudo Noise，PN）序列作为扩频码。伪随机序列具有类似噪声的性质，但它又是周期性、有规律的，既容易产生，又可以加工和复制。

目前常用的、较为理想的扩频码和地址码有以下几种。

① 伪随机（PN）码。

② 沃尔什（Walsh）码。

③ 正交可变速率扩频增益（Orthogonal Variable Spreading Factor，OVSF）码。

3. 常用的较理想的码序列

（1）伪随机（PN）码

伪随机码又称为伪噪声码，简称 PN 码。伪噪声码是一种具有白噪声性质的码。白噪声是其概率密度函数服从正态分布、功率谱在很宽的频带内均匀的随机过程。白噪声具有优良的相关特性，但工程无法实现，因此采用类似带限白噪声统计特性的伪随机码来逼近。

多数的伪随机码是周期性码，通常由二进制移位寄存器产生，易于产生和复制。伪随机码具有良好的随机性和接近于白噪声的相关函数，并且有预先的可确定性和可重复性，功率谱占据很宽的频带，易于从其他信号或干扰中分离出来，具有优良的抗干扰的特性，这些特性使得伪随机码在移动通信中得到了广泛的应用，特别是在 CDMA 系统中作为扩频码。其性质如下。

① 平衡特性。在每一个周期内，伪随机序列中 0 和 1 的个数接近相等。

② 游程特性。把随机序列中连续出现 0 或 1 的子序列称为游程。连续的 0 或 1 的个数称为游程长度。在每一个周期内，随机序列中长度为 1 的游程约占游程总数的 1/2，长度为 2 的游程约占游程总数的 $1/2^2$，长度为 3 的游程约占游程总数的 $1/2^3$……

③ 相关特性。随机序列的自相关函数具有类似于白噪声自相关函数的性质。

（2）m 序列

m 序列是一种伪随机序列，是由 n 级移位寄存器所能产生的周期最长的序列，又称最大长度序列。由于其优良的自相关函数、易于产生和复制，因此在扩频码中占据特别重要的地位，在扩频通信系统中得到广泛的应用，如在 CDMA 系统中作扩频码，在频率跳变系统中用来控制频率合成器，组成跳频图样。下面主要对 m 序列的性质及 m 序列的产生进行介绍。

m 序列是最长线性移位寄存器序列的简称，它是由带线性反馈的移位寄存器产生的周期最长的一种序列。n 级非退化的线性移位寄存器的组成如图 2-7 所示。

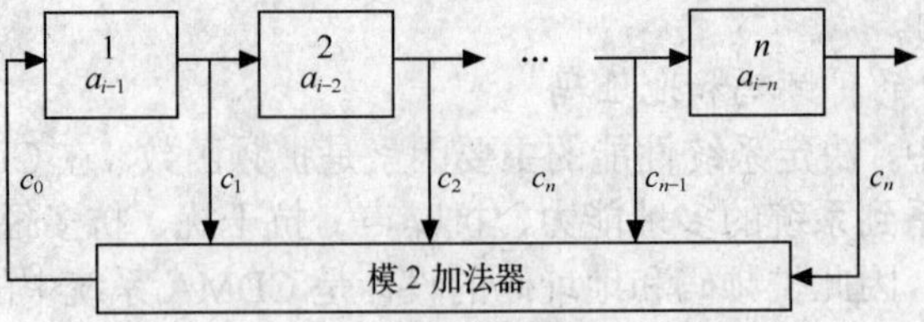

图 2-7 n 级非退化的线性移位寄存器的组成

从图 2-7 所示可以看出，m 序列的发生器由移位寄存器、反馈抽头及模 2 加法器组成。n 级线性移位寄存器的反馈逻辑可用二元域 GF(2)上的 n 次特征多项式表示

$$f(x) = c_0 + c_1 x + c_2 x^2 + \cdots + c_n x^n \quad c_i \in \{0,1\} \tag{2-4}$$

其中，$c_i = 1$ 表示第 i 级移位寄存器的输出与反馈网络的连线存在，否则表明连线不存在。

$c_0 = 1$ 表示反馈网络的输出与第 1 级移位寄存器的输入的连线存在，此时 n 级线性移位寄存器称为动态线性移位寄存器，否则称为静态线性移位寄存器。

$c_n = 1$ 表示 n 级线性移位寄存器为非退化的，否则称为退化的 n 级线性移位寄存器。

对于动态线性移位寄存器，其反馈逻辑也可用线性移位寄存器的递推关系式表示

$$a_n = c_1 a_{i-1} + c_2 a_{i-2} + \cdots + c_n a_{i-n} \quad c_i \in \{0,1\} \tag{2-5}$$

特征多项式和递推关系式是 n 级线性移位寄存器反馈逻辑的两种不同表示法，应用的场合不同而采用不同的表示方法。

假设以二元域 GF(2)上的 n 次多项式为特征多项式的 n 级线性移位寄存器所产生的序列 $\{a_i\}$ 的周期为 $N = 2^n - 1$，则序列 $\{a_i\}$ 是最大（最长）周期的 n 级线性移位寄存器序列，即 m 序列。若由 n 次特征多项式 $f(x)$ 为 n 级线性移位寄存器所产生的序列是 m 序列，则称 $f(x)$ 为 n 次本原多项式，可以证明产生 m 序列的特征多项式是不可约多项式，且是本原多项式。

m 序列的特性如下。

① 随机特性。1 个随机序列有 2 方面特点。一是预先不可确定性，并且不可重复实现；二是它具有某种随机的统计特性。统计特性主要表现在，序列中 2 种不同元素出现的次数大致相等；序列中长度为 k 的元素游程比长度为 $k+1$ 的元素游程的数量多 1 倍；序列具有类似于白噪声的自相关函数，即自相关函数具有 $\delta(\tau)$ 函数的形式。

m 序列是一种伪随机序列，它具有如下 3 个特性。

a. 0-1 分布特性。在 1 个周期 $N = 2^n - 1$ 内，元素 0 出现 $\frac{N-1}{2} = 2^{n-1} - 1$ 次，元素 1 出现 $\frac{N+1}{2} = 2^{n-1}$ 次。

b. 游程特性。在 1 个周期 $N = 2^n - 1$ 内，长度为 1 的游程占总游程数的 1/2，长度为 2 的游程占 1/4，长度为 3 的游程占 1/8，即长度为 $k (1 \leq k \leq n-1)$ 的元素游程占游程总数的 $1/2^k$。

c. 位移相加特性。m 序列 $\{a_i\}$ 与其位移序列 $\{a_{i+\tau}\}$ 的模 2 加序列仍是该 m 序列的另一个位移序列 $\{a_{i+\tau'}\}$，即

$$\{a_i\} \oplus \{a_{i+\tau}\} = \{a_{i+\tau'}\} \tag{2-6}$$

② 自相关函数。根据序列自相关函数的定义和 m 序列的性质，很易求出 m 序列的自相关函数，如图 2-8 所示。

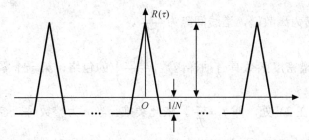

图 2-8　m 序列周期性自相关函数的波形图

$$R(\tau) = \begin{cases} 1 & \tau = mN \\ -\dfrac{1}{N} & \tau \neq mN \end{cases} \qquad m = 0,\ \pm1,\ \pm2,\ \cdots \qquad (2\text{-}7)$$

m 码是由 m 序列变换而成，将 m 序列的每一个比特变换成一个码元，持续时间为 T_c，0 对应幅度为 1，1 对应幅度为-1 的波形函数，则周期为 N 的 m 序列经过变换后就变为码元宽度为 T_c，周期为 NT_c 的 m 码。

m 码的自相关函数是周期函数，周期为 NT_c，一个周期内，m 码的自相关函数为

$$R_N(\tau) = \begin{cases} 1 - \dfrac{N+1}{N}\dfrac{|\tau|}{T_c} & |\tau| \leqslant T_c \\ -\dfrac{1}{N} & |\tau| > T_c \end{cases} \qquad (2\text{-}8)$$

③ 功率谱密度函数。由相关函数理论可知，函数的自相关函数 $R(\tau)$ 与其功率谱密度函数 $G(f)$ 是一对傅里叶变换关系，即 $R(\tau) \Leftrightarrow G(f)$，则 m 码的功率谱密度函数为

$$G(f) = \frac{1}{N^2}\delta(f) + \frac{N+1}{N^2}\left(\frac{\sin \pi f T_c}{\pi f T_c}\right)^2 \sum_{\substack{k=-\infty \\ k \neq 0}}^{\infty} \delta\left(f - \frac{k}{NT_c}\right) \qquad (2\text{-}9)$$

其功率谱如图 2-9 所示，由图中可以看出 m 码功率谱的几个特点。

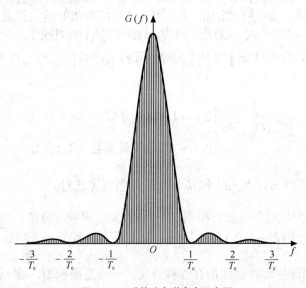

图 2-9　m 码的功率谱密度示意图

a. m 码的功率谱为离散谱，谱线间隔为 $\dfrac{1}{NT_c}$。

b. m 码的功率谱密度函数具有抽样函数 $\left(\dfrac{\sin x}{x}\right)^2$ 的包络，第一个零点在 $k=N$ 处，即 $f=\dfrac{1}{T_c}$；第二个零点在 $2N$ 处，即 $f=\dfrac{2}{T_c}$，依此类推。当 n 为整数时，$G\left(\dfrac{n}{T_c}\right)=0$。

c. m 码的功率谱的宽度（通常定义为第一个零点处的频率）由码元的持续时间 T_c 决定，带宽 $B=\dfrac{1}{T_c}$（单边），与码长 N 无关。

d. m 码的直流分量与 N^2 成反比。当 m 序列长度 $N\to\infty$ 时，直流分量 $\to 0$，谱线间隔 $1/(NT_c)\to 0$，m 码的功率谱由离散谱向连续谱过渡，伪随机码过渡到随机码。

④ 互相关函数。m 序列的自相关函数具有理想的双值函数，而 m 序列的互相关函数是指长度相同而序列结构不同的两个 m 序列之间的相关函数。研究表明，m 序列的互相关函数是多值函数，其相关函数值的均值为 $E\left(R_{ab}(\tau)\right)=\dfrac{1}{N^2}$，方差为 $D\left(R_{ab}(\tau)\right)=\dfrac{N^3+N^2-N-1}{N^4}$。

构造一个产生 m 序列的线性移位寄存器，首先要确定本原多项式，本原多项式确定后，根据本原多项式可构造出 m 序列移位寄存器的结构逻辑图，然后产生 m 序列。

（3）Gold 序列

m 序列具有理想的自相关特性，但互相关特性不好，特别是使用 m 序列作为码分多址地址码时，由于其互相关特性不理想，使得系统内多址干扰严重，且可作为地址码的数量较少。

Gold 序列是 R. Gold 提出的一类伪随机序列，它具有良好的自相关和互相关特性，可以用作地址码的数量远大于 m 序列，而且易于实现，结构简单，在工程中得到广泛的应用。

R. Gold 指出，给定移位寄存器级数 n 时，总可以找出一对互相关函数最小的码序列，采用移位相加的方法构成新码组，其互相关旁瓣都很小，而且自相关函数和互相关函数都是有界的，这个新码组被称为 Gold 码或 Gold 序列。

Gold 序列是 m 序列的复合码序列，它由 2 个码长相等的 m 序列优选对的模 2 和序列构成。m 序列优选对是指在 m 序列集中，其互相关函数绝对值的最大值最小的 1 对 m 序列。设 $\{a_i\}$ 是对应于 n 次本原多项式 $f_1(x)$ 所产生的 m 序列，$\{b_i\}$ 是对应于 n 次本原多项式 $f_2(x)$ 所产生的另一个 m 序列，当序列 $\{a_i\}$ 与 $\{b_i\}$ 的峰值互相关函数 $|R_{ab}(\tau)|_{\max}$（非归一化）满足下列关系

$$|R_{ab}(\tau)|_{\max}\leqslant\begin{cases}2^{\frac{n+1}{2}}+1 & n\text{为奇数}\\[2mm]2^{\frac{n+2}{2}}+1 & n\text{为偶数且非4的倍数}\end{cases}\tag{2-10}$$

则 $f_1(x)$ 与 $f_2(x)$ 所产生的 m 序列 $\{a_i\}$ 和 $\{b_i\}$ 构成 m 序列优选对。

每改变 2 个 m 序列相对移位就可得到 1 个新的 Gold 序列。当相对位移 1，2，…，2^n-1 个比特时，就可得到一族 2^n-1 个 Gold 序列，加上原来的两个 m 序列，共有 2^n+1 个 Gold 序列。

产生 Gold 序列的移位寄存器结构有 2 种形式。一种是乘积型，将 m 序列优选对的 2 个特征多项式的乘积多项式作为新的特征多项式，根据此 $2n$ 次的特征多项式构成新的线性移位

寄存器。另一种是模 2 和型，直接求 2 个 m 序列优选对输出序列的模 2 和序列。

例如，$F(x) = x^6 + x + 1$，$G(x) = x^6 + x^5 + x^2 + x + 1$

乘积型如图 2-10 所示。

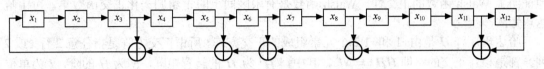

图 2-10　Gold 序列的移位寄存器乘积型结构图

模 2 和型如图 2-11 所示。

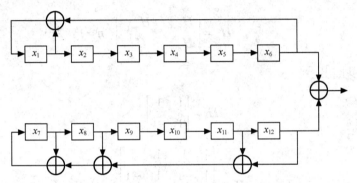

图 2-11　Gold 序列的移位寄存器模 2 和型结构图

通过理论证明，这 2 种结构是完全等效的，它们产生的 Gold 码序列的周期为 $2^n - 1$。

由 m 序列优选对模 2 和产生的 Gold 族中 $2^n - 1$ 个序列已不再是 m 序列，不具有 m 序列的特性。Gold 码族中任意 2 个序列之间的互相关函数都满足式（2-8），由于 Gold 码的这一特性，使得码族中任一码序列都可以作为地址码。这样，采用 Gold 码族作为地址码，其地址数大大超过 m 序列的地址码数，所以 Gold 序列在多址技术中得到广泛的应用。

Gold 码序列的自相关函数值的旁瓣也与互相关函数值一样取 3 值，只是出现的位置不同，见表 2-2。

表 2-2　　　　　　　　　　　　　　Gold 码序列的三值互相关函数特性

码长 $N = 2^n - 1$	互相关函数值（非归一化）	出现概率
	-1	$\cong 0.5$
n 为奇数	$-\left(2^{\frac{n+1}{2}} + 1\right)$	$\cong 0.5$
	$2^{\frac{n+1}{2}} - 1$	
	-1	$\cong 0.75$
n 为偶数，且非 4 的倍数	$-\left(2^{\frac{n+2}{2}} + 1\right)$	$\cong 0.25$
	$2^{\frac{n+2}{2}} - 1$	

（4）Walsh 序列

如果序列间的互相关函数值很小，特别是正交序列的互相关函数为 0，这类序列称为第二类伪随机序列。Walsh 序列是第二类伪随机序列。Walsh 函数是以数学家 Walsh 的名字命名，他证明了 Walsh 函数的正交性。Walsh 函数是有限区间上的 1 组归一化正交函数集，可由哈达玛矩阵产生。

哈达玛矩阵 H 是由+1 和−1 2 个元素组成的正交方阵。所谓正交方阵是指任意 2 行（或 2 列）都是相互正交的，即 $HH^T = NI$。其中，H^T 为 H 的转置矩阵，N 为 H 的阶，I 为单位矩阵。

下面讨论阶为 $N = 2^n$（n 为正整数）的一类哈达玛矩阵 H_n。H_n 可由下面的递推关系式（2-11）生成，即

$$H_n = \begin{bmatrix} H_{n-1} & H_{n-1} \\ H_{n-1} & -H_{n-1} \end{bmatrix} \quad n = 1，2\cdots \qquad (2\text{-}11)$$

$H_0 = 1$，从而可以推出

$$H_1 = \begin{bmatrix} 1 & 1 \\ 1 & -1 \end{bmatrix}$$

$$H_2 = \begin{bmatrix} 1 & 1 & 1 & 1 \\ 1 & -1 & 1 & -1 \\ 1 & 1 & -1 & -1 \\ 1 & -1 & -1 & 1 \end{bmatrix}$$

哈达玛矩阵有如下 2 个性质。

① 哈达玛矩阵是对称矩阵，即 $H^T = H$。

② 哈达玛矩阵的逆矩阵和哈达玛矩阵本身成比例，比例因子为 $1/N$，即 $H^{-1} = \frac{1}{N} H$。

将哈达玛矩阵的每 1 行看作 1 个二元序列，则 $N = 2^n$ 阶 H_n 矩阵可得一共 N 个序列，每个序列长度都为 N，所构成的正交序列集中任意 2 个序列相互正交，即各序列之间的互相关函数 $R_{ab}(0) = \sum_{i=0}^{N-1} a_i b_i = 0$，这组序列称为 Walsh 序列。

Walsh 序列是一类正交序列，在纠错编码、保密编码等通信领域有广泛的应用，同时，Walsh 序列也是一类重要的扩频序列。

（5）正交可变速率扩频增益（OVSF）码

OVSF 码与 Walsh 序列码很相似，不同长度的码字很容易产生。由简单的电路就可以生成各种长度的码字，它们可以排成如图 2-12 所示的码树结构。

从码树结构很容易看出由长度为 1 的 1 个码字可以构造出长度为 2 的 2 个码字，进而构造出长度为 2^n 的 2^n 个码字。码字的长度是由扩频因子（Spread Factor，SF）表征的，每一个码字用字母 C 加上 2 个下标表示，下标 1 表示码长，下标 2 表示相同码长系列中第几个码字。

和 Walsh 码一样，OVSF 码的互相关函数为零，同步时相互间完全正交。如码树中任意 2 个分支间都是相互正交的，与码字长度无关。因此可以根据业务的不同带宽要求，灵活选用不同长度的 OVSF 码作为扩频码。但需注意，OVSF 码字的正交性是以码字间完全同步为条件，多径时延会影响码字的正交性。

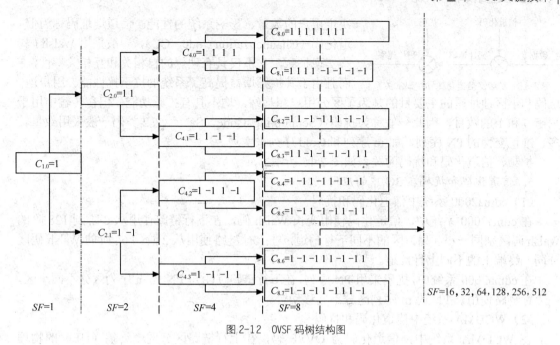

图 2-12 OVSF 码树结构图

图 2-13 和图 2-14 所示分别为来自不同码树分支、具有相同长度的 OVSF 同步时的正交性和不同步时的非正交性。不难发现，不同码树分支不同长度的 OVSF 码，存在同样特性。

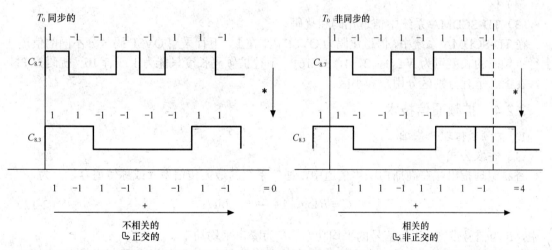

图 2-13 2 个长度为 8，属于不同分支的码字同步时正交　图 2-14 2 个长度为 8，属于不同分支的码字不同步时不正交

4. 信道化码和扰码

在 3G 系统中，扩频码和地址码主要可以划分成如下 3 类。

① 用户地址码。用于区分不同的移动用户。

② 信道地址码。用于区分每个小区（或扇区）的不同的信道，分为单业务、单速率信道地址码和多业务、多速率信道地址码。

③ 小区地址码。用于区分不同的基站或扇区。

在这 3 类地址码中，信道地址码是唯一具有扩频功能的序列。由于 CDMA 系统是自干扰受限系统，且实际用户之间的干扰主要取决于信道间的隔离度，因此信道地址码的选取直接

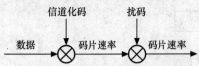

图 2-15 扩频、信道化码和扰码的关系

决定用户的数量、影响系统的性能。信道地址码称为信道化码（Channelization Code，CC），一般采用 Walsh 码来实现扩频，它不仅具有理想的自相关和互相关特性，而且由于其扩频增益提高了系统的抗干扰性能。用户地址码和小区地址码的主要目的是为了区分用户和基站，均不具有扩频功能，但在传输中用于平衡 0 和 1 的数目，因此一般称为扰码（Scrambling Code，SC）。这 2 类码一般采用数量较多、准正交性的 PN 序列，如 m 序列和 Gold 序列来实现。

扩频、信道化码和扰码的关系如图 2-15 所示。

5．信道化码和扰码在 3G 中的应用

（1）cdma2000 系统中信道化码和扰码

在 cdma2000 系统中，信道化码使用变长 Walsh 码，在下行链路使用从 2 阶到 128 阶的 Walsh 码区别同一小（扇）区的不同下行信道，在上行链路使用从 2 阶到 64 阶的 Walsh 码区分同一终端下的不同上行信道。

在 cdma2000 系统中，扰码采用 PN 序列，在下行链路使用短 PN 码 m 序列区分不同小区，在上行链路使用长 PN 码 m 序列区分不同移动台。

（2）WCDMA 系统中信道化码和扰码

在 WCDMA 系统中，信道化码为 OVSF 码，在上行链路区分同一终端（UE）的物理数据信道（DPDCH）和控制信道（DPCCH）；在下行链路区分同一小（扇）区中不同用户的下行连接。在 WCDMA 系统中，扰码为 Gold 码，在上行链路区分 UE，在下行链路区分小（扇）区。

（3）TD-SCDMA 系统中信道化码和扰码

在 TD-SCDMA 系统中，信道化码为 OVSF 码，在上、下行采用 OVSF 码区分不同的信道，上行扩频码的长度可为 $N \in \{1, 2, 4, 8, 16\}$，下行扩频码长度只能为 1 或者 16。扰码为 PN 码，在上、下行分别区分用户和小区。

2.2.4　扩频通信技术

1．扩频通信理论基础

（1）香农公式

香农定理指出，在高斯白噪声信道中，通信系统的最大传信率（或称信道容量）为

$$C = B \log_2 \left(1 + \frac{S}{N} \right) \quad \text{bit}/\text{s} \tag{2-12}$$

式中，B 为信号带宽，S 为信号的平均功率，N 为噪声平均功率。

若白噪声的单边功率谱密度为 N_0，噪声功率为 $N = N_0 B$，则信道容量 C 表示为

$$C = B \log_2 \left(1 + \frac{S}{N_0 B} \right) \quad \text{bit}/\text{s} \tag{2-13}$$

由上式可知，B，N_0，S 确定后，信道容量 C 就确定了。由香农第二定理知，若信源的信息速率 R 小于或等于信道容量 C，通过编码，信源的信息能以任意小的差错概率通过信道传输。为使信源产生的信息以尽可能高的信息速率通过信道，提高信道容量是众望所归。

由香农公式可以看出以下几点。

① 要增加系统的信息传输速率，则要求增加信道容量。增加信道容量的方法可以通过增加传输信号带宽 B，或增加信噪比 S/N 来实现，而增加 B 比增加 S/N 更有效。

② 信道容量 C 为常数时，带宽 B 与信噪比 S/N 可以互换，即可以通过增加带宽 B 来降低系统对信噪比 S/N 的要求，也可通过增加信号功率，降低信号的带宽，这就为那些要求小的信号带宽的系统或对信号功率要求严格的系统找到了一个减小带宽或降低功率的有效途径。

③ 当 B 增加到一定程度后，信道容量 C 不可能无限地增加。考虑极限情况，令 $B \to \infty$，考查 C 的极限值为

$$\lim_{B \to \infty} C = \lim_{B \to \infty} B \log_2 \left(1 + \frac{S}{N_o B}\right)$$

因为

$$\lim_{x \to \infty} x \log_2 \left(1 + \frac{1}{x}\right) = \log 2^e = 1.44$$

所以

$$\lim_{B \to \infty} C = 1.44 \frac{S}{N_o} \tag{2-14}$$

由此可见，在信号功率 S 和噪声功率谱密度 N_o 一定时，信道容量 C 是有限的。

由上面的结论可以推出，信息速率 R 的达到极限信息速率，即 $R = R_{max} = C$，且带宽 $B \to \infty$ 时，信道要求的最小信噪比为 E_b/N_o。E_b 为码元的能量，$S = E_b R_{max}$。

因为

$$\lim_{B \to \infty} C = 1.44 \frac{S}{N_o}$$

所以

$$\frac{E_b}{N_o} = \frac{S}{N_o R_{max}} = \frac{1}{1.44} \tag{2-15}$$

由此可得信道要求的最小信噪比为

$$\left(\frac{E_b}{N_o}\right)_{min} = \frac{1}{1.44} = 0.694 = -1.6(\text{dB}) \tag{2-16}$$

（2）差错概率公式

信息传输差错概率公式可表示为 E_b/N_o 的函数，即

$$P_e = f(E_b/N_o) \tag{2-17}$$

式中，P_e 为差错概率，E_b 为二进制数字信息比特能量（单位 W/Hz），N_o 是噪声单边功率谱密度（单位 W/Hz），f 为一个函数。

设二进制数字信息码元宽度为 T，则信息带宽 B 为 $B = 1/T$，单位 Hz。

传输信号功率（二进制数字信息功率）S 为 $S = E/T$，单位 W。

已扩频信号的带宽为 W，单位 Hz，则噪声功率 N 为 $N = N_o W$，单位 W。

由上式可得信息传输差错概率公式为

$$P_e = f(E_b/N_o) = f(STW/N) = f[(S/N)(W/B)] \tag{2-18}$$

上面公式指出，差错概率 P_e 是传输信号功率与噪声功率之比（S/N）和传输信号带宽与信息带宽之比（W/B）二者乘积的函数，信噪比与带宽是可以互换的，同样增加带宽的方法可以换取信噪比上的好处。

2. 扩频通信的主要性能指标

（1）扩频处理增益

处理增益 G 定义为频谱扩展后的信号带宽 B_2 与频谱扩展前的信号带宽 B_1 之比，即

$$G = \frac{B_2}{B_1} = \frac{R_2}{R_1} = \frac{T_1}{T_2} \tag{2-19}$$

其中，T_1 为信息数据脉冲宽度，T_2 为 PN 码的码元宽度，R_1 为信息速率，$R_1 = 1/T_1$，R_2 为 PN 码的码片速率，$R_2 = 1/T_2$。

处理增益也可表示为

$$G = \frac{(S/N)_{\text{out}}}{(S/N)_{\text{in}}} \tag{2-20}$$

式中，$(S/N)_{\text{out}}$ 为扩频解扩后的信噪比，$(S/N)_{\text{in}}$ 为扩频解扩前的信噪比。

在工程中，一般用对数形式表示，即

$$G = 10\lg\left(\frac{(S/N)_{\text{out}}}{(S/N)_{\text{in}}}\right) \quad \text{dB} \tag{2-21}$$

（2）干扰容限

所谓干扰容限，是指在保证系统正常工作的条件下，接收机能够承受的干扰信号比有用信号高出的 dB 数，用 M_j 表示，有

$$M_j = G - \left[L_s + \left(\frac{S}{N}\right)_0\right] \quad \text{dB} \tag{2-22}$$

其中，L_s 为系统内部损耗，$(S/N)_0$ 为系统正常工作时要求的最小输出信噪比，即相关器的输出信噪比或解调器的输入信噪比，G 为系统的处理增益。

干扰容限直接反映了扩频系统接收机可能抵抗的极限干扰强度，即只有当干扰功率超过干扰容限后，才能对扩频系统形成干扰。因而，干扰容限往往比处理增益更能反映系统的抗干扰的能力。

例如，某系统扩频处理增益 $G = 30\text{dB}$，系统损耗 $L_s = 2\text{dB}$，为了保证信息解调器工作时误码率低于 10^{-5}，要求相关器输出信噪比 $(S/N)_0 = 10\text{dB}$，由此可得干扰容限为

$$M_j = 30 - (2 + 10) = 18(\text{dB})$$

这说明，只要接收机前端的干扰功率不超过信号功率的 18dB，系统就能正常工作。

（3）频带利用率

数据传信速率，简称传信率或比特率 R_b，是指每秒传输二进制码元的个数，单位为比特/秒（bit/s）。

频带利用率是反映数据传输系统对频带资源利用的水平和有效程度，定义为单位频带内的传信速率，常用 η 表示

$$\eta = \frac{R_b}{B} = \frac{系统的传信率}{系统的频带宽度} \quad \text{bit/(s·Hz)} \tag{2-23}$$

3. 直接序列扩频通信系统

直接序列扩频（DS-SS）通信系统是用待传输的信息信号与高速率的伪随机码波形相乘后，去直接控制载波信号的某个参量，来扩展传输信号的带宽。用于频谱扩展的伪随机序列称为扩频码序列。直接序列扩频通信系统的简化框图如图 2-16 所示。

在直接序列扩频通信系统中，通常对载波进行相移键控（Phase Shift Keying，PSK）调制。由于 PSK 信号可以等效为抑制载波的双边带调幅波，因此直接序列扩频通信系统常采用平衡调制方式，抑制载波的平衡调制不仅节约了发射功率，提高了发射机的工作效率，而且对提高扩频信号的抗侦破能力有利。

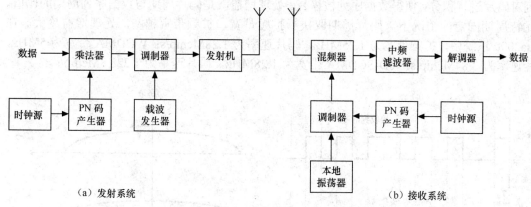

（a）发射系统　　　　　　　　　　　　（b）接收系统

图 2-16　直接序列扩频通信系统的简化框图

　　下面举例说明 CDMA 直接序列扩频通信系统扩频和解扩过程。

　　图 2-17 所示为发送端的扩频过程。图 2-17（a）所示，在时间轴上，待发送的数据序列的周期为 T_{bit}，振幅为 a，扩频序列是由 PN 码产生器产生的具有良好的自相关和互相关特性的序列，其单位称为码片（Chip），如图 2-17（a）所示的第 2 行就是幅度为 1，码片周期为 T_{chip}，码长为 6 的扩频序列，因此每个比特周期恰好有 6 个码片，$T_{bit} = 6T_{chip}$，数据序列与扩频码相乘就得到了发送序列，如图 2-17（a）所示的第 3 行。从频率域看，如图 2-17（b）所示，可以很容易看出数据序列的功率谱和扩频序列、发送序列功率谱的不同。图 2-17（b）所示，第 1 行图是数据序列的功率谱，即该序列在频率空间能量分布，该序列每比特能量为 $E_{bit} = a^2 T_{bit}$，周期越长，能量谱越窄。而扩频序列的幅度为 1，因此扩频序列的码片能量等于码片周期，因为码片周期很短，能量谱便大大展宽。同样发送序列与扩频序列有相同的码片速率，因此发送序列的码片能量 $E_{chip} = a^2 T_{chip}$，其能量谱与数据序列的相比被展宽了。

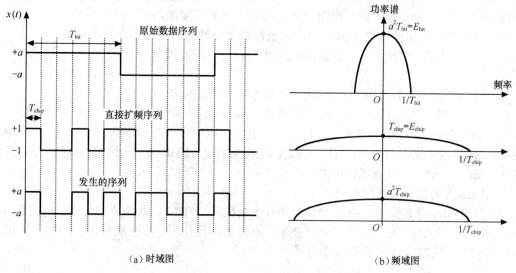

（a）时域图　　　　　　　　　　　　（b）频域图

图 2-17　发送端的扩频过程

　　在接收端，接收机要实现相反的过程，解扩并还原成发送端相同的数据序列。如图 2-18 所示，接收到的序列是扩频后的序列，接收机的解扩就是在比特周期内用与发端相同的扩频序列对码片进行积分，使得数据序列被恢复。处理增益就是码片周期与数据序列周期的比值。在比特周期固定的情况下，码片周期取决于扩频带宽，扩频带宽越宽，处理增益越大。在cdma2000系统中，扩频带宽为1.25MHz，码片速率为1.28Mchip/s；WCDMA带宽为5MHz，码片速率为3.84Mchip/s；TD-SCDMA带宽为1.28MHz，码片速率为1.228 8Mchip/s。

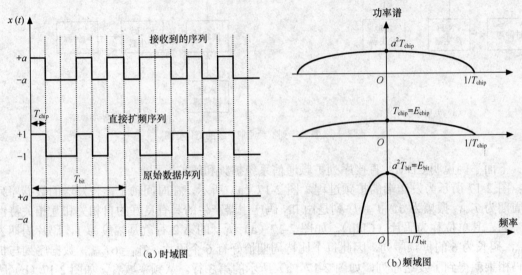

图2-18　接收端的解扩过程

2.2.5　各种蜂窝系统容量比较

移动通信系统有有效性、可靠性和安全性3个指标。前者属于数量指标，后两者属于质量指标。系统有效性指标常用通信容量来衡量，通信容量可以采用不同的表征方法进行度量。一般来说，在有限频段内，信道数目越多，系统的通信容量越大。对于蜂窝移动通信系统，合理的度量指标是每个小区的可用信道数，可用下述方式度量。

①　每个小区可用信道数（ch/cell），它表征每个小区允许同时工作的用户数。

②　每个小区每兆赫可用信道数（ch/cell/MHz），它表征每个小区单位带宽允许同时工作的用户数。

③　每小区爱尔兰数（Erl/cell），它表征每小区允许的话务量。

任何通信系统都要满足通信质量的要求。为了保证话音质量，系统接收端的信干比（Signal Interference Ratio，SIR）必须大于一定的门限值。在FDMA系统中，通常规定$SIR = 17\text{dB}$为信干比的门限值；TDMA系统中，规定$SIR = 10\text{dB}$为信干比的门限值；在CDMA系统中，$SIR = 7\text{dB}$为信干比的门限值。

1. FDMA的蜂窝系统容量

对于FDMA系统来说，系统容量的计算比较简单。FDMA方式是把通信系统的总频段划分为若干个等间隔、互不交叠的频道分配给不同的用户使用，在相邻频道间无明显的串扰。因此FDMA系统容量m的计算公式为

$$m = \frac{W}{BN} \tag{2-24}$$

式中，W为无线系统总带宽，N为区群小区数，B为信道带宽。每个载波信道又被分成M个时隙（时分信道），所以信道带宽B为载波间隔B_c/M。

例如模拟 TACS 系统，采用 FDMA 方式，设系统总带宽 $W = 1.25\text{MHz}$，信道带宽 $B = 25\text{kHz}$，频率复用小区数 $N = 7$，则系统容量 m 为

$$m = \frac{W}{BN} = \frac{1.25 \times 10^3}{25 \times 7} = 7.1 \quad \text{（ch/cell）}$$

2. TDMA 的蜂窝系统容量

TDMA 方式是把时间分割成周期性不交叠的帧，每一帧再分割成若干个不交叠的时隙，再根据一定的时隙分配原则，使各个移动台在每帧内按指定的时隙发送信号；在接收端按不同时隙来区分出不同用户的信息，从而实现多址通信。对于 TDMA 系统来说，系统容量的计算也比较简单。TDAM 系统容量 m 的计算公式为

$$m = \frac{W}{BN}$$

式中，W 为无线系统总带宽，N 为区群小区数，B 为信道带宽。每个载波信道又被分成 M 个时隙（时分信道），所以信道带宽 B 为载波间隔 B_c/M。

例如，GSM 系统，用 FDMA/TDMA 方式，设系统总带宽 $W = 1.25\text{MHz}$，载波间隔 $B_c = 200\text{kHz}$，每载频时隙数 $M = 8$，频率复用小区数 $N = 4$，则系统容量 m 为

$$m = \frac{W}{BN} = \frac{1.25 \times 10^3 \times 8}{200 \times 4} = 12.5 \quad \text{（ch/cell）}$$

3. CDMA 的小区容量

CDMA 多址方式用不同码型的地址码来划分信道，每一地址码对应一个信道，每一信道对时间及频率都是共享的，而 FDMA，TDMA 系统信道的数量要受到频率或时隙的限制。因此 CDMA 系统是干扰受限系统，现考虑一般 CDMA 系统的通信容量。

m 个用户共用一个无线信道同时通信，每一个用户的信号受到其他 $m-1$ 个用户信号的干扰。假定系统的功率控制理想，即到达接收端的所有用户信号功率强度一样，则 SIR 为

$$SIR = \frac{1}{m-1} \tag{2-25}$$

同时，一般扩频系统的 SIR 为

$$SIR = \frac{R_b E_b}{N_o W} = \frac{E_b / N_o}{W / R_b} \tag{2-26}$$

式中，R_b 为信息速率，E_b 为比特能量，N_o 为干扰的功率谱密度，W 为 CDMA 系统占据的有效频带宽度，W/R_b 为 CDMA 系统的扩频增益，E_b/N_o 是归一化信噪比，取决于对误码率和话音质量的要求，并与系统的调制方式有关。

由上面 2 个公式可得 CDMA 系统的容量 m 为

$$m = 1 + \frac{W / R_b}{E_b / N_o} \quad \text{（ch/cell）} \tag{2-27}$$

由上式可得，在误码率一定的情况下，所需信噪比越小，扩频增益越大，系统可同时容纳的用户数越多。

2.3　数字调制技术

2.3.1　数字调制的基本原理

1. 数字调制的概念

调制的最基本功能是将基带信号通过载波调制，使其频谱搬移至适应不同信道特性的射

频频带上进行传输。这种用基带数字信号控制高频载波，把基带数字信号变换为频带信号的过程称为数字调制。在接收端通过解调器把频带信号还原成基带数字信号，这种数字信号的逆变换过程称为解调。通常将数字调制和解调合起来称为数字调制，把包括调制和解调过程的传输系统称为数字信号的频带传输系统。

移动通信系统中选择调制方式主要考虑 3 个方面。首先是可靠性，即抗干扰性能，选择具有低误比特率的调制方式，其功率谱密度集中在主瓣内；其次是有效性，主要体现在高频谱利用率上，即单位频带单位时间内所传送的信息量 [bit/(s·Hz)] 较高，考虑采用多进制调制；第三是工程上易于实现，主要体现在恒包络与峰平比的性能上。

2. 数字调制的基本原理

通常正弦波可用下式表示

$$s(t) = a(t)\cos\big[w(t) + \varphi(t)\big]$$

其中，变量 t 代表时间，$a(t)$ 是正弦波的振幅，$w(t)$ 是角频率，$\varphi(t)$ 是相位。

所谓调制，就是用数字基带信号 "0" 与 "1" 去控制正弦波中的幅度、频率和相位 3 个参量之一（也可以是 2 个参量），将基带信号变成已调信号。因此数字调制主要有幅移键控（Amplitude Shift Keying, ASK）、频移键控（Frequency Shift Keying, FSK）和相移键控（Phase Shift Keying, PSK）三种形式，它们分别对应正弦波的幅度、频率、相位随着数字基带信号变化而变化的情况。这 3 种数字调制方式是数字调制的基础，但又都存在某些不足，如频谱利用率低、抗多径衰落能力差、功率谱衰减慢、带外辐射严重等。为了改善这些不足，近几十年来人们陆续提出一些新的数字调制技术，以适应各种新的通信系统的要求。如差分相移键控（Differential PSK, DPSK）、正交（四相）相移键控（Quaternary PSK, QPSK）和偏移四相相移键控（Offset QPSK, OQPSK）都是 PSK 的改进，而高斯最小频移键控 GMSK 是 FSK 的改进。

3. 数字调制的分类

数字调制主要有 ASK, FSK 和 PSK。基于 2ASK，产生了正交幅度调制（Quadrature Amplitude Modulation, QAM），是用数字基带信号联合控制载波的幅度和相位 2 个参量，以及多进制正交幅度调制（Multipile QAM, MQAM）。由于移动通信信道中的多径传播对载波幅度的影响，在 1G, 2G 中没有使用。在 3G 系统中，采用了 MQAM，如 16QAM 或 64QAM。

若将由 0 和 1 组成的基带二进制信号进一步推广到多进制信号，将产生相应的 MASK, MFSK, MPSK 调制。

在实际的 PSK 方式中，为了克服在接收端产生的相位模糊问题，通常采用相对相移 DPSK 及 DQPSK（Differential Quadrature Phase Shift Keying）代替绝对 PSK。在实际的 PSK 方式中，为了降低已调信号的峰平比，引入了 QPSK（OQPSK），π/4-DQPSK，正交复四相相移键控（Complex QPSK, CQPSK），以及混合相移键控（Hybria PSK, HPSK）等。PSK 调制被广泛应用于 3G 移动通信系统中。

在二进制调制中，为了彻底消除由于相位跃变带来的峰平比增加和频带扩展，又引入了有记忆的非线性连续相位调制（Continous Phase Modulation, CPM）、最小频移键控（Minimum Shift Keying, MSK）、GMSK（高斯滤波 MSK）及平滑调频（Tamed Frequency Modulation, TFM）等。GMSK 被应用在 GSM 数字移动通信系统中。

上述各类调制中，有记忆非线性调制有 CPM, MSK, GMSK 及 TFM，其他都属于无记忆线性调制。

数字调制的分类如图 2-19 所示。

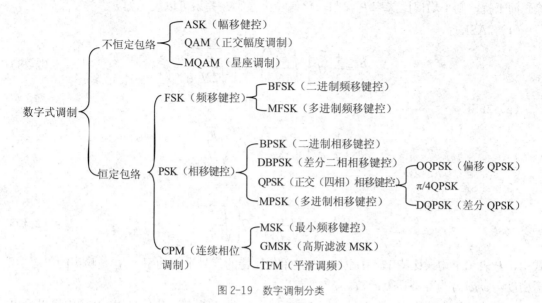

图 2-19　数字调制分类

下面先介绍最基本的调制 2ASK，2PSK〔BPSK（Binary PSK）〕，2FSK，而后再介绍几种在第三代移动通信系统中使用的数字调制技术。

2.3.2　基本调制方法性能分析

2ASK，2FSK，2PSK 和 2DPSK 调制原理如图 2-20 所示。

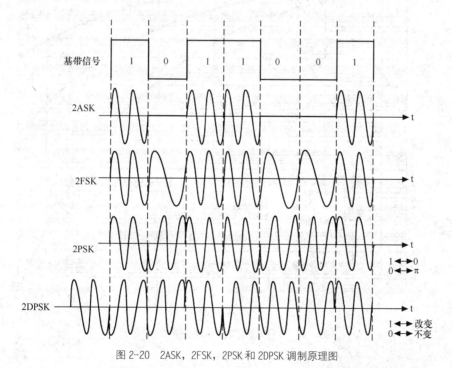

图 2-20　2ASK，2FSK，2PSK 和 2DPSK 调制原理图

　　数字信号在传输过程中由于干扰、噪声和波形畸变的影响，可能产生误码。二进制数字信号在 AWGN 信道上通过载波键控方式传输时，如果接收端采用理想的相干解调方式并消

除码间干扰，则平均误比特率 P_b 和归一化信噪比 E_b/N_o 关系可以表示如下。

（1）2ASK

$$P_b = \frac{1}{2} erfc\left(\sqrt{\frac{E_b}{4N_o}}\right) = Q\left(\sqrt{\frac{E_b}{2N_o}}\right)$$ （2-28）

（2）2FSK

$$P_b = \frac{1}{2} erfc\left(\sqrt{\frac{E_b}{2N_o}}\right) = Q\left(\sqrt{\frac{E_b}{N_o}}\right)$$ （2-29）

（3）2PSK

$$P_b = \frac{1}{2} erfc\left(\sqrt{\frac{E_b}{N_o}}\right) = Q\left(\sqrt{\frac{2E_b}{N_o}}\right)$$ （2-30）

式中，P_b 表示平均误比特率（BER），E_b 是单位比特的信号平均功率，N_o 是噪声的单边功率谱密度，$erfc(x)$ 为互补误差函数。

3 种调制方式的误比特率性能如图 2-21 所示，E_b/N_o 为归一化信噪比。从图中可以看出，2PSK（BPSK）性能最佳，2FSK 次之，2ASK 最差。因此在移动通信中，调制方式均以 BPSK 为基础。

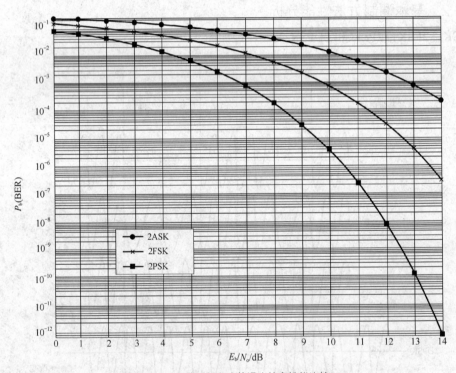

图 2-21　3 种调制方式的误比特率性能比较

2.3.3　现代数字调制技术

在移动通信系统中采用的调制技术见表 2-3。

表 2-3　　　　　　　　　　　　　　移动通信系统中的调制技术

移动通信系统		调制技术
第一代蜂窝模拟移动通信系统（1G）		语音，FM（Frequency Modulation）
		信令，2FSK
第二代蜂窝数字移动通信系统（2G）	GSM 系统	GMSK
	日本 PDC	π/4-DQPSK
	美国 IS-136	π/4-DQPSK
	IS-95A，IS-95B	下行，QPSK；上行，OQPSK
2.5G	GSM/GPRS	GMSK
2.75G	E-GPRS	8PSK
第三代移动通信系统（3G）	cdma2000	下行，QPSK；上行，HPSK
	WCDMA	下行，QPSK；上行，HPSK
	TD-SCDMA	QPSK，8PSK，16QAM（仅适用于 HS-PDSCH 信道）

由上表可以看出，在移动通信中，调制方式大部分以 BPSK 为基础。下面重点介绍移动通信系统中常用的数字调制技术。

（1）BPSK

BPSK 或 2PSK 信号表达式为

$$s_k(t) = \cos(2\pi f_c t + \varphi_k) \tag{2-31}$$

式中，φ_k 在基带数字信号调制下有两个不同的值，通常为 0 或 π。因此

$$s_k(t) = \cos(2\pi f_c t + \varphi_k) = \pm\cos 2\pi f_c t = x_k \cos 2\pi f_c t \tag{2-32}$$

式中，x_k 随着基带数字序列变化取 ±1。

如果一个时间宽度为 T_b，幅度为 A 的矩形脉冲用 $g(t)$ 表示，则双极性基带数字序列 $X(t)$ 表示为

$$X(t) = \sum_{k=-\infty}^{\infty} x_k g(t - kT_b) \tag{2-33}$$

则调制后的 BPSK 信号为

$$S(t) = X(t)\cos 2\pi f_c t \tag{2-34}$$

BPSK 信号的调制器和相干解调器原理如图 2-22 和图 2-23 所示。

图 2-22　BPSK 调制器原理图　　　　　　　　图 2-23　BPSK 相干解调器原理图

由于 BPSK 是二相绝对调相，接收端通常采用相干解调，即接收端的载波同发送端同步。由图 2-22 可知，接收信号与载波相乘后，输出为

$$S'(t) = S(t)\cos 2\pi f_c t = X(t)\cos^2 2\pi f_c t = \frac{X(t)}{2} + \frac{X(t)\cos 4\pi f_c t}{2} \tag{2-35}$$

$S'(t)$ 经过低通滤波器后滤除高频分量，经过判决得到原基带信号 $X(t)$。

理论分析可得 BPSK 的功率谱密度为

$$S(f) = \frac{A^2}{2} T_b S_a^{\,2}[\pi(f - f_c)T_b] \tag{2-36}$$

式中，基带信号是宽度为 T_b，数据速率为幅度为 A 的双极性矩形脉冲序列，S_a 为 S_a 函数，BPSK 信号的单边功率谱密度如图 2-24 所示。

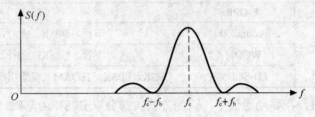

图 2-24　BPSK 信号的单边功率谱密度

由图 2-24 所示可知，基带信号数据速率为 $f_b$bit/s 的 BPSK 信号的单边带宽至少为 $2f_b$Hz，因此 BPSK 信号的频谱利用率为 0.5bit/(s·Hz)。

（2）QPSK

QPSK 信号表达式为

$$s_k(t) = \cos(2\pi f_c t + \varphi_k) = \cos\varphi_k \cos 2\pi f_c t - \sin\varphi_k \sin 2\pi f_c t \tag{2-37}$$

若设 $X_k = \cos\varphi_k$，$Y_k = \sin\varphi_k$，则

$$s_k(t) = X_k \cos 2\pi f_c t - Y_k \sin 2\pi f_c t \tag{2-38}$$

式中，φ_k 在基带数字信号调制下有 4 个不同的值，为 0，$\pi/2$，π 和 $3\pi/2$，或 $\pi/4$，$3\pi/4$，$5\pi/4$ 和 $7\pi/4$。图 2-25 所示为 $\pi/4$，$3\pi/4$，$5\pi/4$ 和 $7\pi/4$ 相位示意图，φ_k 与 X_k 和 Y_k 的对应值见表 2-4。

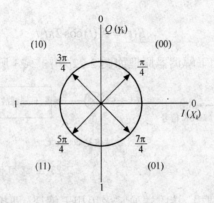

图 2-25　QPSK 的相位 φ_k 示意图

表 2-4		QPSK 的相位 φ_k 与 X_k 和 Y_k 的对应值		
φ_k	$\dfrac{\pi}{4}$	$\dfrac{3\pi}{4}$	$\dfrac{5\pi}{4}$	$\dfrac{7\pi}{4}$
X_k	$1/\sqrt{2}$	$-1/\sqrt{2}$	$-1/\sqrt{2}$	$1/\sqrt{2}$
Y_k	$1/\sqrt{2}$	$1/\sqrt{2}$	$-1/\sqrt{2}$	$-1/\sqrt{2}$

图 2-26 所示为 QPSK 调制器的原理图。图中，数据速率为 $f_b$bit/s 的基带数字序列经过串并变换形成 2 路信号 X_k 和 Y_k，分别与与载波 $\cos 2\pi f_c t$ 和 $-\sin 2\pi f_c t$ 相乘形成 I 路和 Q 路信号，I 路信号代表 QPSK 信号的同相分量，Q 路信号代表 QPSK 信号的正交分量。I 路和 Q 路信号叠加后形成 QPSK 信号。从 QPSK 调制过程可以看出，它是 2 路 BPSK 合路形成。由于 I 路和 Q 路信号采用 2 个互为正交的载波形成的 BPSK 信号，因此 I 路和 Q 路信号互不干扰。由于 I 路和 Q 路信号合路后形成 QPSK 信号，所以 QPSK 信号所占频带仍为一路 BPSK 信号占用的频带 $2f_b/2 = f_b$，QPSK 信号的频谱利用率为 1bit/(s·Hz)，是 BPSK 信号的 2 倍。

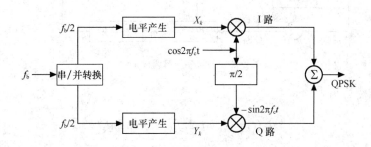

图 2-26　QPSK 调制器的原理图

图 2-27 所示为 QPSK 调制信号相位形成图，由图 2-27 所示可以看出，基带数字信号两两一组，参照图 2-25 所示形成 QPSK 信号的相位。

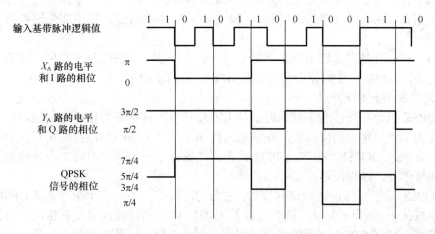

图 2-27　QPSK 信号相位形成图

QPSK 信号的 4 种相位分别对应 2 位二进制码的 4 种组合，见表 2-5。

表 2-5　　　　　　　　　　　　　QPSK 信号的 4 种相位

通道	逻辑	相位	逻辑	相位	逻辑	相位	逻辑	相位
1 通道	0	0	1	π	1	π	0	0
Q 通道	0	$\frac{\pi}{2}$	0	$\frac{\pi}{2}$	1	$\frac{3\pi}{2}$	1	$\frac{3\pi}{2}$
合成	00	$\frac{\pi}{4}$	10	$\frac{3\pi}{4}$	11	$\frac{5\pi}{4}$	01	$\frac{7\pi}{4}$

QPSK 信号采用相干解调，其原理如图 2-28 所示。

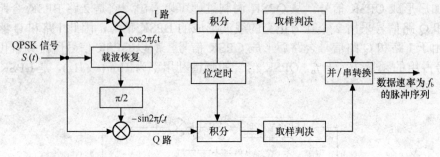

图 2-28　QPSK 相干解调原理图

接收 QPSK 信号为

$$s_k(t) = X_k \cos 2\pi f_c t - Y_k \sin 2\pi f_c t \tag{2-39}$$

$$(X_k \cos 2\pi f_c t - Y_k \sin 2\pi f_c t) \cos 2\pi f_c t \rightarrow \frac{1}{2} X(t) \tag{2-40}$$

$$(X_k \cos 2\pi f_c t - Y_k \sin 2\pi f_c t)(-\sin 2\pi f_c t) \rightarrow \frac{1}{2} Y(t) \tag{2-41}$$

接收信号分别与正交载波 $\cos 2\pi f_c t$ 和 $-\sin 2\pi f_c t$ 相乘后生成 I 路和 Q 路信号经过低通滤波器，滤除高频分量后，经取样判决得到 X_k 和 Y_k，再经并/串转换，输出即是速率为 $f_b$bit/s 的基带数据序列。

由于 QPSK 信号是由 2 路 BPSK 信号合成，且 2 路信号的载波是正交的，则其功率谱密度是两者之和，QPSK 信号的频带利用率是 BPSK 信号的 2 倍，是 1bit/(s・Hz)。

（3）DQPSK 和 π/4-DQPSK

由于 QPSK 信号在进行相干解调时，与 BPSK 信号一样存在相位模糊问题，产生大量的误码，因此为了消除这一相位模糊，在调制内增加 1 个差分编码器，在解调器内增加 1 个差分译码器，这就是 DQPSK。它与 QPSK 的不同之处在于所传符号对应的不是载波的绝对相位，而是相位改变，即相位差。

π/4-DQPSK 是正交移相键控调制技术，它与 QPSK 信号不同在于，一是将 QPSK 信号的最大相位跳变从 ±π 降为 ±3π/4，从而改善了 QPSK 的频谱特性；二是在接收端解调，由于采用相对调相，π/4-DQPSK 解调既可以采用相干解调，也可以采用非相干解调，而 QPSK 只能采用相干解调。

π/4-DQPSK 的调制器原理图和解调器原理图分别如图 2-29 和图 2-30 所示。

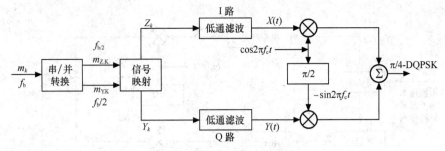

图 2-29 π/4-DQPSK 的调制器原理图

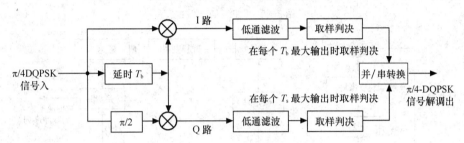

图 2-30 π/4-DQPSK 的差分解调器原理图

π/4-DQPSK 频谱利用率为 1bit/(s•Hz)。

（4）OQPSK

前面讨论过 QPSK 信号，它的频带利用率较高，理论值达 1bit/（s•Hz）。但当码组为 0011 或 0110 时，产生 180°的载波相位跳变。这种相位跳变引起包络起伏，当通过非线性部件后，使已经滤除的带外分量又被恢复出来，导致频谱扩展，增加对相邻波道的干扰。为了消除 180°的相位跳变，在 QPSK 基础上提出了 OQPSK 调制。

OQPSK 是在 QPSK 基础上发展起来的一种恒包络数字调制技术。这里，所谓恒包络技术是指已调波的包络保持为恒定，它与多进制调制是从两个不同的角度来考虑调制技术的。恒包络技术所产生的已调波经过发送带限滤波器后，当通过非线性部件时，只产生很小的频谱扩展。这种形式的已调波具有 2 个主要特点，其一是包络恒定或起伏很小；其二是已调波频谱具有高频快速滚降特性，或者说已调波旁瓣很小，甚至几乎没有旁瓣。

一个已调波的频谱特性与其相位特性有着密切的关系，$w = \dfrac{\mathrm{d}\theta(t)}{\mathrm{d}t}$，因此为了控制已调波的频率特性，必须控制它的相位特性。恒包络调制技术的发展正是始终围绕着进一步改善已调波的相位特性这一中心进行的。

OQPSK 是 QPSK 的改进型。它与 QPSK 有同样的相位关系，也是把输入码流分成 2 路，然后进行正交调制。不同点在于它将同相和正交 2 支路的码流在时间上错开了半个码元周期。由于 2 支路码元半周期的偏移，每次只有 1 路可能发生极性翻转，不会发生 2 支路码元极性同时翻转的现象。因此，OQPSK 信号相位只能跳变 0°，±90°，不会出现 180°的相位跳变。

OQPSK 信号的产生原理可用图 2-31 所示来说明，图中 $T_b/2$ 的延迟电路是为了保证 I，Q 2 路码元偏移半个码元周期。

OQPSK 信号可采用正交相干解调方式解调，其原理如图 2-32 所示。由图可看出，它与 QPSK 信号的解调原理基本相同，其差别仅在于对 Q 支路信号抽样判决时间比 I 支路延迟了 $T_b/2$，这是因为在调制时 Q 支路信号在时间上偏移了 $T_b/2$，所以抽样判决时刻也应偏移 $T_b/2$，以保证对 2 支路交错抽样。

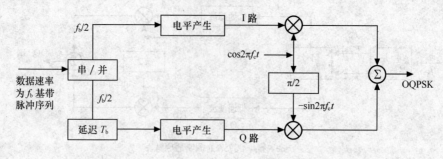

图 2-31　OQPSK 信号产生

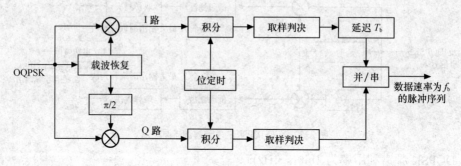

图 2-32　OQPSK 信号解调

OQPSK 克服了 QPSK 的 180°的相位跳变，信号通过带通滤波器后包络起伏小，性能得到了改善，因此受到了广泛重视。但是，当码元转换时，相位变化不连续，存在 90°的相位跳变，因而高频滚降慢，频带仍然较宽。

（5）HPSK

在 cdma2000 和 WCDMA 的扩频调制中，广泛采用了 HPSK，其原理框图如图 2-33 所示。

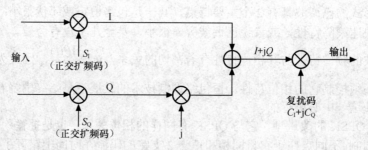

图 2-33　HPSK 原理框图

采用 HPSK 的调制方式，有效降低了调制信号的峰均比，减少了信号的过零率，降低了移动台对功率放大器的要求。

2.4　信源编码技术

2.4.1　信源编码概述

信源编码是信源研究中的一个核心问题,也是信息论所讨论的编码中最重要的编码之一。

信源编码的目的是压缩数据率，去除信号中的冗余度，提高传输的有效性。其评价标准是在一定失真条件下要求数据速率越低越好。

信源编码按对信息处理有无失真可分为无失真编码和限失真编码，限失真编码符合大多数实际情况；按信号性质分，有语言编码、图像编码、传真编码等；按信号处理域分，有波形编码（或时域编码）和参量编码（或变换域编码）。常见的脉冲编码调制（Pulse Code Modulation，PCM）和增量调制（Delta Modulation，DM）等属于波形编码，各种类型的声码器属于参量编码。

信源编码要完成两大任务。

① 将信源输出的模拟信号转换成数字信号（模/数转换，即 A/D 转换）。

② 实现数据压缩。

因此，信源编码包括模拟信号的数字化以及压缩编码等。模拟信号数字化的方法很多，目前采用最多的是信号波形的 A/D 转换方法（波形编码），它直接将时域波形变换成数字序列，采用 A/D 转换的方法接收恢复的信号质量较好。对于压缩编码，从第二代数字移动通信系统开始，就应用了此技术。由于第二代移动通信系统主要是语音业务，所以信源编码主要指语音编码。到了第三代移动通信系统，通信业务已不是单一语音业务，而是逐步扩展成包含语音、数据和图像在内的多媒体业务，因此第三代移动通信中的信源编码将不仅包含语音编码，还包含各类图像编码和多媒体数据编码等方面的内容。下面将介绍语音编码和图像编码。

2.4.2 语音编码

1. 语音编码分类

通信系统中引入语音编码的目的是解除语音信源的统计相关性，压缩语音编码的码率，提高通信系统的有效性。语音编码大致分成以下 3 类。

（1）波形编码

波形编码是以精确再现语音波形为目的，并以保真度即自然度为度量标准的编码方法，这类编码是保留语音个性特征为主要目标的方法，其码率最高。一般压缩比在 2～8。若语音质量达到进入公网要求时，压缩比通常取 4，这时语音速率可从未压缩的 PCM 64kbit/s 降到16kbit/s。目前，实用化的差分脉冲编码调制（Differential Pulse Code Modulation，DPCM）速率为 32kbit/s。

（2）参量编码

参量编码是利用人类发声机制，仅传送反映语音波形变化的主要参量的编码方法。在接收端，根据发声模型，由传送过来的变化参量激励产生人工合成的语音。参量编码的主要度量标准是可懂度。显然，这类编码是以提取并传送语音的共性特征参量为主要目标的编码方法，其码率较低。一般参量编码的压缩比为几百。

（3）混合编码

吸取上述 2 类编码的优点，以参量编码为基础并附加一定的波形编码特征，以实现在可懂度基础上适当改善自然度的编码方法。混合编码的理论压缩比介于波形编码和参量编码之间，且与语音质量需求有关。若要求混合编码侧重于个性特征，则其压缩比接近波形编码；若要求混合编码侧重于共性，则其压缩比靠近参量编码。

参量编码，一般又称为声码器，而混合编码，一般称为软声码器。在上述 3 类编码中，波形编码质量最高，其质量几乎与压缩处理之前相同，适用于公共骨干（固定）通信网；参量编码质量最差，不能用于骨干通信网，仅适用于特殊通信系统，如军事与保密通信系统；

混合编码质量介于两者之间，目前主要用于移动通信网。

2. 数字移动通信中的语音编码

在数字移动通信中，语音编码要考虑3方面的因素。第一，由于频率资源有限，要求采用低码率的语音编码；第二，由于移动通信信号可能要进入公共骨干通信网，因此语音编码必须基本满足公共骨干网的最低要求；第三，移动通信属于民用通信，还必须满足个性化指标要求。鉴于以上原因，高质量的混合编码是移动通信系统中的首选方案。

在低数据比特率、高压缩比的混合编码中，数据比特率、语音质量、复杂度与处理时延是4个主要参数。混合编码的任务是力图使上述参量达到综合最优化。下面分别讨论这4个参量。

（1）数据比特率

数据比特率是度量语音信源压缩率和通信系统有效性的主要指标。数据比特率越低，压缩倍数越大，可通信的话路数就越多，移动通信系统也越有效。数据比特率低，语音质量也随之相应降低。为了补偿质量的下降，往往可以采用提高设备硬件复杂度和算法软件复杂度的办法，但这又带来了成本和处理时延的增大。降低比特率另一种有效的方法是采用可变速率的自适应传输，它可以大大降低语音的平均传送率。

另外，还可以进一步采用语音激活技术，充分利用至少3/8的有效空隙。语音激活技术是建立在通话双方句子间、单词间存在可利用空闲的原理上，对于TDMA系统，首先要检测可利用的空隙，然后再采用插空技术加以利用。对于CDMA系统，由于各路话音同频、同时隙，则可很方便地利用所有空隙间隔。

（2）语音质量

度量语音质量是一个很困难的问题。其度量方法包括客观与主观2个方面。客观度量标准可以采用信噪比、误码率、误帧率等指标，相对比较简单可行。但是主观度量标准就没有那么简单了，主要由人耳主观特性来判断。

目前，国际上常采用的主观评判方法为原国际电报电话咨询委员会（Consulative Committee on Telecommunications and Telegraphy，CCITT）（ITU-T前身）建议采用的平均评估得分法，称为MOS（Mean Opinion Score）方法。它将主观质量评分分为5级，见表2-6。在5级主观评测标准中，达到4级以上就可以进入公共骨干网，达到3.5级以上可以基本进入移动通信网。

表2-6　　　　　　　　　语音主观评判方法

MOS	质量等级	收听注意力等级	应用
5	质量完美：Excellent	可以完全放松，不需要注意力	公共骨干网
4	高质量：Good	需要注意力，但不需要明显集中注意力	公共骨干网
3	质量尚可（及格）：Fair	中等程度的注意力	移动通信网
2	质量差（不及格）：Poor	需要集中注意力	合成语音
1	质量完全不能接受：Bad	即使努力听，也很难听懂	

（3）复杂度和处理时延

一般语音编码通常采用数字信号处理器（Digital Signal Proceesing，DSP）来实现，其硬件复杂度取决于DSP的处理能力，而软件复杂度则主要体现在算法复杂度上，是指完成语音编译码所需要的加法、乘法的运算次数，一般采用 MIPS（Million Instructions Per Second）即每秒完成的百万条指令数来表示。通常，在取得近似相同语音质量的前提下，语音码率每下降一半，MIPS 大约需增大 1 个数量级。算法复杂度增大，也会带来更长的运算时间和更大的处理时延，在双向语音通信中，处理时延、传输时延再加上未消除的回声是影响语音质量的一个重要指标。

表 2-7 列出几种已知低数据比特率语音编码的上述 4 个参数与性能的比较。

表 2-7　　　　　　　　　　几种低数据比特率语音编码参数与性能比较

参数 指标 编码器类型	数据比特率/kbit/s	复杂度 （MIPS）	时延/ms	质量 （MOS）
脉冲编码调制（PCM）	64	0.01	0	4.3
自适应差分脉冲编码调制 （ADPCM）	32	0.1	0	4.1
自适应子带编码	16	1	25	4
多脉冲线性预测编码	8	10	35	3.5
随机激励线性预测编码	4	100	35	3.5
线性预测声码器	2	1	35	3.1

3. 语音压缩编码原理

（1）波形编码原理

PCM 是实现模拟信号到数字信号的通用方法，具体步骤是抽样、量化和编码，PCM 系统原理图如图 2-34 所示，抽样量化和编码示意图如图 2-35 所示。

图 2-34　PCM 系统原理图

以语音信号为例，单路连续模拟信号带宽为 300～3 400Hz，根据奈奎斯特抽样定理，采样频率必须大于等于 2 倍的信号带宽，一般取 8kHz，量化和编码按非线性（A 律或μ律）量化的 8bit 考虑，则单路模拟语音信号量化后应为 64kbit/s。如果频带利用率为 1bit/(s·Hz)，则传送这个信号需要 64kHz 的带宽，由于移动通信的频带资源紧张，因此 PCM 编码不适用，需要开发低速率的编码技术。

DPCM 采用差分方式，不直接传送 PCM 数字化信号，而是改为传送取样值与预测值（通过前面的样点值经线性预测得到）之间的差值，并将差值量化和编码后传送。由于传送的是差值，因此在系统量化噪声要求的条件下，DPCM 量化后的比特数小于 PCM 量化后的比特数，从而达到降低信源码率的目的。

自适应差分脉冲编码（ADPCM）与 DPCM 的原理相同，两者之间的主要差别在于 ADPCM 中的量化器和预测器引入了自适应控制机制，同时在译码中增加同步编码调整器，不产生误差积累。因此 ADPCM 技术成熟，其质量与 PCM 相差无几，但速率却降低二分之一，即从 PCM 的 64kbit/s 降为 ADPCM 的 32kbit/s。

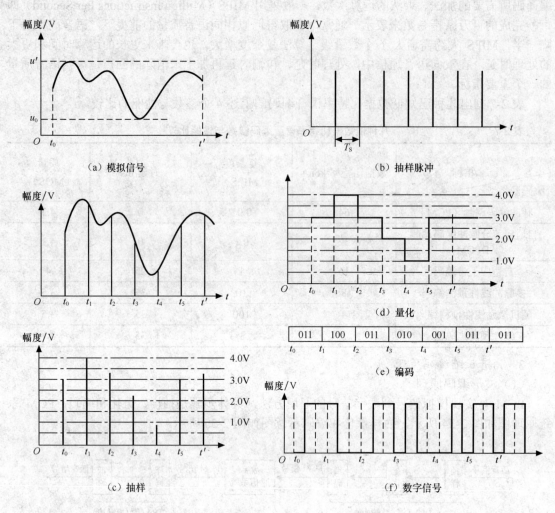

图 2-35 PCM 抽样、量化和编码示意图

（2）参量编码原理

参量编码不直接传送语音信号波形，而是传送产生、激励语音波形的基本参数。决定语音波形的方式很多，其中最常用的是人工合成语音（声码器）的线性预测方式，它是移动通信中语音混合编码的基本依据。

语音信号产生的物理模型如图 2-36 所示，参量编码技术是以其为基础，根据输入语音信号分析出表征声门振动的激励参数和表征信道特性的声道参数，然后在解码端，根据这些模型参数恢复语音。这种编码算法不是以反映输入语音的原始波形为目的，而是根据人耳的听觉特性，确保语音的可懂度和清晰度。基于这种编码技术的编码系统称为声码器，声码器主要用于窄带信道上提供 4.8kbit/s 以下的低速率语音通信和一些对时延要求较宽松的场合。当前，参量编码技术的研究方向是线性预测编码声码器等。

在典型参量编码的线性预测（Linear Predictive Code，LPC）方案中，发送端一般需要提取并传送 15 个基本参量，包括周期、清浊音、语音增益和线性时变语音合成滤波器系数。在接收端，首先通过参量译码恢复出 15 个参量，其次在按照发声的物理模型，利用这些参量激励并合成人工语音。

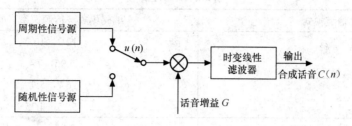

图 2-36　语音产生的物理模型

（3）混合编码原理

混合编码是介于波形编码和参量编码之间的一种编码方法，兼有参量编码低速率和波形编码的高质量的优点。波形编码的速率下限是 16kbit/s，质量在 4.1～4.5；参量编码的速率上限是 4kbit/s，质量在 3.5 以下；混合编码的速率的范围在 4～16kbit/s，质量维持在 4 左右。

混合编码是以参量编码，特别是以 LPC 原理为基础，保留参量编码低速率的优点，并适当地吸收波形编码中部分反映波形个性特征的因素，重点改善语音自然度的性能。

数字移动通信系统中使用的语音编码技术均采用混合编码，因采用的激励源不同而构成不同的编码方案。欧洲的 GSM 系统采用规则脉冲线性预测编码（Regular Pulse Excitation-LPC，REP-LPC），其标准速率为 13kbit/s。而 3G 系统中采用码激励线性预测编码（Code-excited LPC，CELP）。CELP 具有波形编码和参量编码的两种特点，在 4～16kbit/s 速率下可以得到比其他算法更高质量合成语音和优良的抗噪声性能，因此在 4～16kbit/s 速率上得到广泛的应用。

2.4.3　第三代移动通信中的语音编码

下面着重介绍第三代移动通信（简称 3G）系统中 cdma2000 和 WCDMA 等系统所采用的语音编码方案。

（1）cdma2000 系统中的 EVRC 声码器

增强型可变速率语音编码器（Enhanced Varibale Rate Codec，EVRC）是由美国电信工业协会 TIA/EIA 于 1996 年提出的 cdma2000 系统的语音编码方案。EVRC 语音编码的采样率为 8kHz，语音帧长 20ms，每帧有 160 个采样点。EVRC 是可变速率，语音速率分为 3 种，见表 2-8。全速率 9.6kbit/s，半速率 4.8kbit/s，1/8 速率 1.2kbit/s，平均速率 8kbit/s。EVRC 编码器是基于码激励线性预测，与传统的 CELP 算法的主要区别是，它能基于语音能量、背景噪声和其他语音特性动态调整编码速率。

表 2-8　　　　　　　　　　　　　　　　　EVRC 语音编码

信道模式	编码模式（信源速率）/kbit/s
全速率	9.6kbit/s
半速率	4.8kbit/s
1/8 速率	1.2kbit/s

（2）WCDMA 系统中的 AMR 声码器

AMR 是 3G 移动通信中 WCDMA 优选的语音编码方案，其基本思路是联合自适应调整信源和信道模式来适应当前信道条件与业务量大小。AMR 编码的自适应有信源和信道 2 个方面，对于不同的信源和信道模式，见表 2-9 的不同速率。

表 2-9   AMR 编码方案

信道模式	编码模式（信源速率）/kbit/t
全速率（22.8kbit/s）	12.2，10.2
	7.95，7.4
	6.7，5.9
	5.15，4.75
半速率（11.4kbit/s）	7.95，7.4
	6.7，5.9
	5.15，4.75

AMR 语音编码的取样率为 8kHz，语音帧长 20ms，每帧 160 个采样点。以自适应码激励线性预测编码（ACELP）技术为基础，提供 2 种信道模式下 14 种编码速率，每种编码可提供不同的容错度。采用哪一种编码速率，主要是根据实测信道与传输环境的自适应变化。

2.4.4 图像压缩编码

图像的信息量远大于语音、文字、传真和一般数据，它所占频带比其他类型的业务宽。传输、处理、存储图像信息要比语音、文字、传真及一般数据技术更复杂、实现更困难。图像一般可分为如下 3 类。

① 静止图片，如照片、医用图片、遥感图片等，这些图像是完全静止的。

② 准活动图像，如可视电话、各类会议电视等，这类图像是准活动的或准静止的，其特点是背景是基本静止的，活动人物是有限度的。

③ 活动图像，广播电视、高清晰度的电视等，这类图像中的人物和背景均为活动的。

目前，图像编码已经形成了一系列的标准，见表 2-10。

表 2-10   各类图像压缩编码标准

标准	压缩比与数据比特率	应用范围
JPEG	2～30 倍	有灰度级的多值静止图片
JPEG2000	2～50 倍	移动通信中静止图片、数字照相与打印、电子商务
H.261	$\rho \times 64$kbit/s，其中 $\rho = 1,2,\cdots,30$	ISDN 视频会议
H.263	0.008～1.5Mbit/s	POTS 视频电话、桌面视频电话、移动视频电话
MPEG-1	不超过 1.5Mbit/s	VCD、光盘存储、视频监控、消费视频
MPEG-2	1.5～35Mbit/s	数字电视、有线电视、卫星电视、视频存储、HDTV
MPEG-4	0.008～35Mbit/s	交互式视频、因特网、移动视频、2D/3D 计算机图形

国际电联的电信标准部 ITU-T（原 CCITT）和国际标准化组织和国际电工委员会 ISO/IEC 是两大国际标准组织，ITU-T 制定的标准是建议标准，一般用 H.26X 表示，如 H.261，H.263 等，这类标准主要面对通信，即针对实时通信，如可视电话、会议电话等。ISO/IEC 制定的标准通常采用 JPEG 和 MPEG-X 表示，如 JPEG，MPEG-1，MPEG-2 等，这类标准主要用于视频广播、有线电视、卫星电视视频存储、视频流媒体等。

目前视频压缩编码大致可分为两代，第一代视频压缩编码包括 JPEG，MPEG-1，MPEG-2，H.261，H.263 等；第二代视频压缩编码包括 JPEG2000，MPEG-4，MPEG-7，H.264 等。2

代视频压缩编码的主要差异在于，第一代视频编码是以图像信源的客观统计特性为主要依据，第二代视频编码是在图像信源客观统计特性的基础上，重点考虑用户对象的主观特性和图像的瞬时特性；第一代视频压缩编码是以图像的像素、像素块、像素帧为信息处理的基本单元，第二代视频编码则是以主观要求的音频/视频的分解对象为信息处理的基本单元，如背景、人脸及声、乐、文字组合等。

第二代视频编码的另一个突出特点是可根据用户的需求实现不同的功能和提供不同性能的质量要求，具有交互性、可选择性、可编辑性等面向用户的操作特性。

2.5　信道编码技术

移动通信系统是高速率传输系统，移动台处于移动状态，信道环境也会随之发生变化，到达接收端的信号由于多径效应、阴影效应等影响会产生随机差错或出现成串的突发差错，严重影响数据传输的可靠性。信道编码是移动通信系统中提高数据传输可靠性（减少差错）的有效方法。信道编码通过加入校验位（即增加冗余）实现纠错和检错能力，其追求的目标是如何加入最少的冗余位而获得最好的纠错能力。信道编码的目的是为了克服数字信号在存储或传输通道中产生的失真或错误，包括码间干扰产生的错误和外界干扰产生的突发性错误。本节主要介绍第三代移动通信中常用的几种信道编码。

2.5.1　信道编码的定义

1．信道编码的定义

信道编码是为了保证通信系统的传输可靠性，克服信道中的噪声和干扰，而专门设计的一类抗干扰的技术和方法。它是差错控制的方式，即根据一定的规律在待发送的信息码元中人为地加入一些必要的监督码元，在接收端利用这些监督码元与信息码元之间的规律，发现和纠正差错，以提高信息码元传输的可靠性。称待发送的码元为信息码元，人为加入的多余码元为监督（或校验）码元。信道编码的目的是试图以最少的监督码元为代价，以换取最大程度的可靠性的提高。

2．信道编码分类

信道编码可以从其功能和结构规律加以分类。

从功能上看，信道编码可以分成 3 类。

① 检错。仅具有发现差错的功能，如循环冗余校验（CRC）码、自动请求重传（ARQ）等。

② 纠错码。仅具有自动纠正差错的功能，如循环码中的 BCH 码、RS 码及卷积码、级联码、Turbo 码等。

③ 混合检错纠错码。既具有检错功能又具有纠错功能的信道编码，最典型是混合 ARQ、又称为 HARQ。

从结构上看，信道编码可以分成如下 2 大类。

① 线性码。监督关系方程式是线性方程的信道编码，称为线性码，目前大部分实用化的信道编码均属于线性码，如线性分组码、线性卷积码。

② 非线性码。监督关系方程不满足线性规律的信道编码均属于非线性编码。

2.5.2　几种典型的信道编码

（1）线性分组码

分组码是最早应用的信道编码技术，在每个分组中，监督码元仅与本组的信息码元有关，而与别组的信息码元无关。

线性分组码是按照代数规律构造的，故又称为代数编码。线性分组码中的分组是指编码方法是按信息分组来进行，而线性是指编码规律即监督位（校验位）与信息位之间的关系遵从线性关系。线性分组码一般可记为（n，k）码，即 k 位信息码元为 1 个分组，编成 n 位码元长度的码组，而 $n-k$ 位为监督码元的长度。

在线性分组码中，最具有理论和实用价值的 1 个子类称为循环码，由于它具有循环移位特性而得名，它产生简单且具有很多可利用的代数结构和特性。目前一些主要有应用价值的线性分组码均属于循环码。例如，仅能纠正 1 个独立差错的汉明码（Hamming）；可以纠正多个独立差错的 BCH 码；可以纠正多个独立或突发差错的 RS 码。

（2）卷积码

卷积码是一类非分组的有记忆编码，以编码规则遵从卷积运算而得名。卷积码是由麻省理工学院 Elias 提出的，和分组码一样，卷积码也是将长度为 k 的输入信息组映射成长度为 n 的输出编码组。所不同的是，输出码组不仅和对应输入有关，还依赖以前的 m 个输入信息。一般可记为（n，k，m）码，其中，k 表示每次输入编码器的位数，n 为每次输出编码器的位数，而 m 则表示编码器中寄存器的节数，称 $k(m+1)$ 为该卷积码的约束长度。正是因为每时刻编码器输出 n 位码元，这不仅与该时刻输入的 k 位码元有关，而且还与编码器中 m 级寄存器记忆的以前若干时刻输入的信息码元有关，所以称它为非分组的有记忆编码。

卷积码是非分组码，它的监督码元不仅与本组的信息码元有关，还与前若干组的信息有关。卷积码不仅能纠正随机差错，而且具有一定的纠正突发差错能力。卷积码根据需要，可以有不同的结构及相应的纠错能力，但都有类似的编码规律，图 2-37 所示为（3，1）卷积码编码器，由 3 个移位寄存器（SR）组成。每输入 1 个信息码元 m_j，就编 2 个监督码元 p_{j1}，p_{j2} 顺次输出，这样输出为（m_j，p_{j1}，p_{j2}），构成码长为 3 位、信息码元为 1 位的（3，1）卷积码的 1 个分组（即 1 个码字）。由图 2-37 所示可以看出，监督码元 p_{j1}，p_{j2} 不仅与本组输入的信息码元 m_j 有关，还和前几组的信息码元有关，其关系如式（2-42），称为该卷积码的监督方程，式中加法为模 2 加。

$$\begin{cases} p_{j1} = m_j \oplus m_{j-1} \oplus m_{j-3} \\ p_{j2} = m_j \oplus m_{j-1} \oplus m_{j-2} \end{cases} \qquad (2\text{-}42)$$

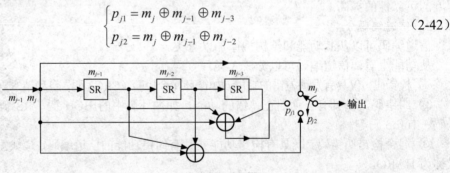

图 2-37 （3，1）卷积码编码器

编码输出（m_j，p_{j1}，p_{j2}）除了和本组信息元（m_j）有关，和前面 3 个分组的信息码元（m_{j-1}，m_{j-2}，m_{j-3}）都有关系，加上本组信息码元共和 4 个信息码元有关，称这个卷积码的约束长度 k 为 4，这和移位寄存器长度 m 有关，它等于寄存器长度加 1。如用比特数计算约束长度，因每分组长为 3，所以也可说约束长度为 4 × 3bit= 12bit。编码与约束长度有关，译码时也与约束长度有关。约束长度越长卷积码的译码越复杂，常用的有大数逻辑译码器、序列译码器、Viterbi 译码法等。

图 2-37 所示卷积码编码器输出每 3bit 中只含有 1 个信息比特，因此码率为 1/3。选用卷积码编码器在信号速率一定的情况下，运用监督方程进行纠错，信息速率降为 1/3，即以增

加冗余位换取了可靠性。

（3）级联码和 Turbo 码

级联码是一种复合结构的编码，不同于上述单一结构线性分组码和卷积码，它是由 2 个以上单一结构的短码复合级联成更长编码的一种有效的方式。

级联码分为串行级联和并行级联 2 种类型。传统意义上的级联码是指串行级联码，它可以由 2 个或 2 个以上同一类型、同一结构的短码级联构成，也可以由不同类型、不同结构的短码级联构成 1 个长码。典型的串行级联码是由内码为卷积码，外码为 RS 码串接级联构成的 1 组长码，其性能优于单一结构长码，而复杂度又比单一结构的长码简单得多。它已广泛用于航天与卫星通信中。级联码不仅有串行结构，还有并行结构，最典型的并行级联码是 Turbo 码，是直接输出和有、无交织的同一类型的递归型简单卷积码三者并行的复合结构共同构成的。

无论从信息论还是从编码理论看，要想尽量提高编码的性能，就必需要加大编码中具有约束关系的序列长度。但是直接提高分组码编码长度或卷积码约束长度都使得系统的复杂性急剧上升。C.Berrou 等人在 1993 年首次提出了 Turbo 码的概念。Turbo 码将相对简单的卷积码和随机交织器结合在一起，实现了随机编码的思想，同时 Turbo 码用软输出来逼近最大似然译码，就能得到接近香农极限的纠错性能。图 2-38 所示为采用并行级联卷积码的 Turbo 码编码原理示意图。

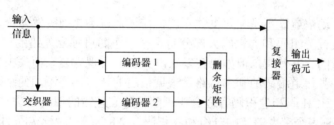

图 2-38　Turbo 码编码原理图

编码器通常选用递归系统卷积码（RSC），便于接收端进行有效的迭代。编码输出由直接输入部分和编码后经删余矩阵处理后的信息共同送入复接器后得到。

Turbo 码的性能有 2 个特点，一是随着迭代次数增加，误码率迅速下降；二是随着信噪比增加，误码率逐渐减少，当信噪比增加到一定程度，误码率下降变得缓慢，即所谓的地板（Floor）效应。Turbo 码的纠错能力优于卷积码，但解码复杂度高、译码时延大，适合用于时延要求不高、误码率为 $10^{-3} \sim 10^{-6}$ 级别的数据业务。

第三代移动通信的 3 大主流技术都采用了卷积码和 Turbo 码 2 种信道编码。在高速率、对译码时延要求不高的数据链路中使用 Turbo 码。考虑到 Turbo 码的译码复杂度大、译码时延大的特点，在语音和低速率、对译码时延要求高的通信链路中使用卷积码，在其他逻辑信道如接入、控制、基本数据信道中也使用卷积码。3G 移动通信 3 大主流技术信道编码的使用情况见表 2-11。

表 2-11　　　　　　　　　　　　　　　3G 系统使用的信道编码

信道编码指标		WCDMA	TD-SCDMA	cdma2000
业务信道	信道编码	卷积码	卷积码	卷积码
	码率	1/2 或 1/3	1/2 或 1/3	1/2，1/3 或 1/4
	约束长度	9	9	9
	高速信道编码	Turbo 码	Turbo 码	Turbo 码

信道编码指标		WCDMA	TD-SCDMA	cdma2000
控制信道	信道编码	卷积码	卷积码	卷积码
	码率	1/2	1/2 或 1/3	1/2（反向）或 1/4（前向）
	约束长度	9	9	9
	高速信道编码		Turbo 码	Turbo 码

（4）ARQ 与 HARQ

自动请求重发（Automatic Repeat reQuest，ARQ）和混合型 ARQ（Hybrid Automatic Repeat reQuest，HARQ），是传送数据信息时经常采用的差错控制技术。

ARQ 和 HARQ 由于采用了反馈重传技术，因此时延很大，一般不适用于实时语音业务，而比较适合对时延不敏感，但对可靠性要求高的数据业务。

HARQ 是一种既能检错重发又能纠错的复合技术，它是将反馈重传的 ARQ 与自动前向纠错 FEC 相结合、优势互补的一项新技术，特别是一类自适应递增冗余式 HARQ 尤为值得关注。

（5）交织编码

由于实际的移动信道既不是纯随机独立差错信道，也不是纯突发差错信道，而是混合信道。前面介绍的线性分组码和卷积码大部分是用于纠正随机独立差错的。仅有少部分如 RS 码等可以纠正少量的突发差错，但如果突发长度太长，实现太复杂而失去使用价值。

前面介绍的各类信道编码的基本思路是根据信道的特点选择不同的编码，如 AWGN 信道，采用汉明码、BCH 码和卷积码等适合纠正随机独立差错的编码方法；对于纯衰落信道，采用 RS 码等可纠正多个突发差错的分组和卷积码及 ARQ 等；对于实际的移动信道，一般可采用既可纠正随机独立差错又能纠正突发差错的级联码和 HRAQ 等。

交织编码是基于另一种思路，即改造信道，它利用发送端和接收端的交织器和解交织器的信息处理技术，将 1 个有记忆的突发信道改造成 1 个随机独立差错信道。严格地讲，交织编码并不是一种差错编码，因为它不具有检错和纠错的功能，而只是一种改造信道的处理方法。

交织编码的作用是改造信道，其实现方法有块交织、帧交织、随机交织、混合交织等。这里介绍一种最简单、最直观的块交织的基本原理。

交织器的实现框图如图 2-39 所示。

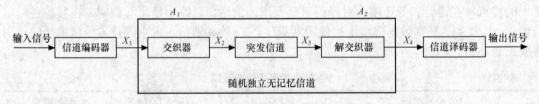

图 2-39　分组（块）交织器实现框图

由图 2-39 所示可知，交织器和解交织器（以 1 个 5×5 块交织器为例）的实现步骤如下。

① 输入信号经信道编码器后生成发送序列 $X_1 = [x_1, x_2, x_3, ..., x_{25}]$。

② 发送端交织器将数据序列存储为 1 个行列交织矩阵 A_1，它按列写入按行读出，即

$$A_1 = \begin{bmatrix} x_1 & x_6 & x_{11} & x_{16} & x_{21} \\ x_2 & x_7 & x_{12} & x_{17} & x_{22} \\ x_3 & x_8 & x_{13} & x_{18} & x_{23} \\ x_4 & x_9 & x_{14} & x_{19} & x_{24} \\ x_5 & x_{10} & x_{15} & x_{20} & x_{25} \end{bmatrix}$$

③ 交织器输出后送入信道的数据序列为

$$X_2 = [x_1 x_6 x_{11} x_{16} x_{21}, \ x_2 x_7 x_{12} x_{17} x_{22}, \ x_3 x_8 x_{13} x_{18} x_{23}, \ x_4 x_9 x_{14} x_{19} x_{24}, \ x_5 x_{10} x_{15} x_{20} x_{25}]$$

④ 假设在突发信道中，由于信道衰落和噪声干扰的影响，使传输的信号发生畸变，产生误码，第一个突发差错出现在 1～5 位，第二个突发差错出现在 13～15 位，则突发信道的输出端的信号可表示为

$$X_3 = [\dot{x}_1 \dot{x}_6 \dot{x}_{11} \dot{x}_{16} \dot{x}_{21}, x_2 x_7 x_{12} x_{17} x_{22}, \ x_3 x_8 \dot{x}_{13} x_{18} x_{23}, \ \dot{x}_4 x_9 x_{14} x_{19} x_{24}, \ x_5 x_{10} x_{15} x_{20} x_{25}]$$

⑤ 在接收端，信号经过解交织器，解交织器也是一个行列矩阵存储器，它是按行写入按列读出，与交织器的规律相反，即

$$A_2 = \begin{bmatrix} \dot{x}_1 & \dot{x}_6 & \dot{x}_{11} & \dot{x}_{16} & \dot{x}_{21} \\ x_2 & x_7 & x_{12} & x_{17} & x_{22} \\ x_3 & x_8 & \dot{x}_{13} & \dot{x}_{18} & \dot{x}_{23} \\ \dot{x}_4 & x_9 & x_{14} & x_{19} & x_{24} \\ x_5 & x_{10} & x_{15} & x_{20} & x_{25} \end{bmatrix}$$

⑥ 经解交织器后输出信号为

$$X_4 = [\dot{x}_1 x_2 x_3 \dot{x}_4 x_5, \ \dot{x}_6 x_7 x_8 x_9 x_{10}, \ \dot{x}_{11} x_{12} \dot{x}_{13} x_{14} x_{15}, \ \dot{x}_{16} x_{17} \dot{x}_{18} x_{19} x_{20}, \ \dot{x}_{21} x_{22} \dot{x}_{23} x_{24} x_{25}]$$

由上面的分析可见，增加了交织器和解交织器后，原来信道中的突发性连续差错，变成了随机独立差错。

从交织器的实现原理图可以看出，1 个实际的突发信道，经过发送端交织器和接收端的解交织器的信息处理后，完全等效于 1 个随机独立差错信道。由此，可以得出如下结论，信道交织器实际是信道改造技术，将 1 个突发差错信道改造成 1 个随机独立差错信道，它本身不具有信道编码的检错、纠错功能，只是信号的预处理。

将上述简单的 5×5 块交织器推广到一般情况。若分组（块）长度为 $l = M \times N$，即由 M 列 N 行的矩阵构成。其中交织器的存储是按列写入按行读出，而解交织器相反是按行写入按列读出，由于利用了行列的置换，可以将实际的突发差错信道改造成随机独立差错信道。以上的分析表明，交织器是克服深衰落突发差错的最为有效地方法，已在移动通信中广泛应用。

交织器的主要缺点是，在交织和解交织过程中，会产生 $2MN$ 个符号的附加时延，这对实时业务，特别是语音业务带来不利的影响，所以对于语音等实时业务时交织器的尺寸不能取太大。

交织器的改进主要是处理附加时延大以及由于采用某种固定形式的交织方式有可能产生特殊的相反效果，即存在将一些随机差错交织为突发差错。为了克服以上的缺点，人们研究了很多交织方法，如卷积交织器、伪随机交织器等。

在 cdma2000 和 WCDMA 系统中都采用了交织编码来提高系统的性能。

2.6　功率控制技术

2.6.1　功率控制的意义

CDMA 技术采用相互正交的伪随机码区分用户，码分多址技术是在同一频段建立多个码

分信道，虽然伪随机码具有良好的自相关和互相关特性，但是由于使用相同的频率和时隙，无法避免其他信道对特定信道的干扰，这种干扰称为多址干扰，也指系统内移动用户的相互干扰，通话的用户越多，相互间的干扰越大，解调器输入端的信噪比越低，CDMA系统是干扰受限系统。如果多址干扰大到一定的程度，系统就不能正常工作，这将限制同时通话的用户数量，即系统容量。为了实现CDMA最大信道容量，需要降低其他信道的干扰和增强每个信道的抗干扰能力。功率控制的目的是确保发射机输出合适的发射功率，使得到达接收端的信号强度大致相同，尽量降低对其他信道的干扰，进而提高系统容量。常用的减小干扰技术还有分集技术，分集技术的目的是通过增强信道自身的抗干扰能力来保证系统容量。考虑到多址干扰，CDMA系统需要采用功率控制技术。

CDMA系统中还存在着所谓的"远近效应"、"边缘问题"的影响，同时由于移动信道是一个衰落信道，要求功率控制可以随着信号的起伏快速改变发射功率，使接收电平由起伏变得平坦，如图2-40所示。

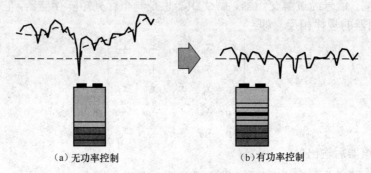

（a）无功率控制　　　　　　　　（b）有功率控制

图2-40　功率控制的作用

远近效应是指在上行链路中，如果小区内所有终端的发射功率相等，而各终端与基站的距离是不同的，由于传播路径不同，路径损耗会大幅度的变化，导致基站接收距离较近终端的信号强，接收较远距离终端的信号弱。由于CDMA是同频接收系统，造成较远距离终端的弱信号淹没在较近终端的强信号中，从而使得部分终端无法正常工作。由于移动终端在小区内的位置是随机的，经常变动，为了解决远近效应，保证相同的接收功率，必须实时改变发射功率。远近效应仅存在于上行链路，而在下行链路中不存在。

边缘问题是指在CDMA蜂窝移动通信系统中，移动终端进入小区边缘地区时，接收到其他小区的干扰大大增强，尤其是移动终端在此地区慢移动时，由于深度瑞利衰落的影响，差错编码和交织编码等抗衰落措施不能有效地消除其他小区信号对它的干扰。为了解决边缘问题，要求当前小区基站增加对小区边缘地区的发射功率，以弥补在小区边缘地区移动台慢移动时的性能损失。

有效的功率控制，就是在保证用户要求的服务质量（QoS）的前提下，通过控制发射端的发射功率，减少系统干扰，有效地解决远近效应和边缘问题，进而增加系统容量。可见功率控制是CDMA系统的生命线。

2.6.2　功率控制的分类

下面以WCDMA为例介绍功率控制技术。

在WCDMA系统中，若从通信的上行、下行信道角度来划分，可分为上行功率控制和下行功率控制（在cdma2000系统中，功率控制也称为前向功率控制和反向功率控制）；若从功率控制环路的类型来划分，又可分为开环功率控制、闭环功率控制2大类。开环功率控制为

1 个实体（如移动台或基站）来决定功率控制，闭环功率控制为 2 个或以上（如移动台和基站，移动台和基站及基站控制器）的实体交流信息来决定功率控制。闭环功率控制又分为内环功率控制和外环功率控制。内环是指移动台和基站之间的控制环路，外环是指基站控制器和移动台之间的控制环路。下面按照上、下行信道分类介绍功率控制技术。

1. 上行（反向）功率控制

上行功率控制用来控制各移动终端发射功率的大小，使基站收到的终端信号功率或接收到的信干比（SIR）基本相等。因为在以话音业务为主的服务区内，上行链路（反向链路）是系统容量受限的瓶颈。控制移动终端的发射功率，可以克服"远近效应"，减小用户间相互干扰，使系统达到最大容量，能够最大程度上节省 UE 的发射功率，延长终端电池使用寿命。WCDMA 的物理上行链路主要有 PRACH，DPCH，PCPCH 等。上行功率控制包括上行开环、上行闭环控制，上行闭环功率控制包括上行闭环（内环）功率控制和上行闭环（外环）功率控制。

（1）上行开环功率控制

上行开环功率控制是移动台根据接收到的信号衰落情况，估计自身发射链路的衰落情况，从而确定发射功率。接收信号增强，降低发射功率，接收信号减弱，就增加发射功率。开环控制的主要特点是不需要移动台和基站间的反馈信息，因此不仅控制速度快还节省开销，功率调整动态范围较大。衰落估计的准确度是建立在上行链路和下行链路具有一致的衰落情况下的，但是由于 WCDMA FDD 模式中，上、下行链路的频段相差 190MHz，远远大于信号的相关带宽，实际上，上行和下行链路的信道衰落情况是完全不相关的，这也意味着开环功率控制的准确度不会很高，只能起到粗略控制的作用，必须采用闭环功率控制技术，闭环功率控制精度高于开环功率控制，是主要的功率控制手段。

（2）上行闭环（内环）功率控制

上行闭环（内环）功率控制是由基站检测来自移动台的信号强度和信干比，与预置的目标功率或信干比相比，产生功率控制命令以缩小测量值与目标值的差距，如果测量值低于目标值，功率控制命令就是上升；测量值高于目标值，功率控制命令就是下降。闭环功率控制的调整永远落后于测量时的状态，如果在这段时间内通信环境发生很大变化，会导致闭环的崩溃，所以功率控制的反馈延时不能太长。闭环功率控制的主要参数为功率控制步长、速度及动态范围。

（3）上行闭环（外环）功率控制

上行闭环（外环）功率控制发生在基站控制器和移动终端之间，响应时间较长，一般控制速度在 10～100Hz。外环功控调节闭环功率控制可以采用目标 SIR 或目标功率值。对于上行闭环（外环）功率控制，由基站控制器不断地比较每条链路 BER（误比特率）或 FER（帧删除率）与目标 BER 或目标 FER 的差距，调节每条链路的目标 SIR 或目标功率，如果质量低于要求，就调高目标 SIR 或目标功率；质量高于要求，就调低目标 SIR 或目标功率。

2. 下行（前向）功率控制

下行链路功率控制是调整基站向移动台的发射功率，使任意位置的移动台收到基站发来的信号电平都能满足信干比的门限值，防止基站向近距离的移动台发射过大的功率。理想情况下，由于下行链路的发射是同步正交的，那么移动台之间的干扰不会存在，但是由于有多径衰落的影响，完全正交是不可能的，所以下行功率控制还是有必要使用的。在下行链路存在较多高速数据流的情况下，如不采用下行功率控制，那么下行链路就有可能成为容量的瓶颈。下行物理信道种类较多，除了专用物理信道 DPCH 外，还有导频信道、公共控制信道和指示信道等。与上行链路类似，下行功率控制包括下行开环、下行闭环控制，下行闭环功率控制包括下行闭环（内环）功率控制和下行闭环（外环）功率控制。

（1）下行开环功率控制

下行开环功率控制的原理是基站根据接收到的信号衰落情况，估计下行链路的衰落情况，调节下行信道的发射功率。

（2）下行闭环（内环）功率控制

下行闭环（内环）功率控制是由移动台检测来自基站的信号强度和信干比，与预置的目标功率或信干比相比，移动台发出增加或减小功率的请求，基站收到请求后，相应地调整发射功率。

（3）下行闭环（外环）功率控制。

下行闭环（外环）功率控制发生在基站控制器和移动终端之间。对于下行闭环（外环）功率控制，由移动台根据接收质量要求（*BER* 或 *FER*），调整每条链路的 *SIR*，有效地控制下行链路的连接。

3G 移动通信系统 3 种主流技术功率控制指标见表 2-12。

表 2-12　　　　　　　　　第三代移动通信系统 3 种主流技术功率控制指标

方式指标	信道	WCDMA	cdma2000	TD-SCDMA
功率控制方式和最大速度/Hz 或次/s	上行信道	开环、闭环，1 500 外环，10～100	开环、闭环，800 外环，50	开环、闭环，200
	下行信道	闭环，1 500 外环，10～100	闭环，800 外环，50	闭环，200
步长/dB		0.25～4 可变	0.25，0.5，1 可变	闭环，可变 1，2，3

2.7　发送接收技术

2.7.1　多用户信号检测技术

在 CDMA 通信系统中，由于多个用户的随机接入，所使用的扩频码一般并非严格正交，码片之间的非零互相关系数将引起各用户间的干扰，这样不仅会严重限制系统的容量，而且强用户信号会淹没弱用户信号，使"远近效应"的影响加剧。由于用户的扩频码已知，所以用户间的互相关系数是已知的，接收机可以知道多址干扰中的某些重要信息，如多址干扰的扩频码字、组成结构及与目标信号的关系。利用这些信息，接收机可以对各用户做联合检测或从接收信号中减掉相互间的干扰，从而有效地消除多址干扰的负面影响，这种在检测时利用了多个用户信息的策略称为多用户检测。对于 CDMA 这样一个自干扰的系统，研究干扰抑制技术有重要的意义，对多址干扰进行抑制将意味着系统容量的直接提高。

多用户检测是第三代移动通信系统中宽带 CDMA 通信系统抗干扰的关键技术。任何无线信道特别是移动无线信道是时变信道，在时间域、频率域及空间域均存在随机扩散。扩散和由之产生的衰落将严重恶化系统的性能，降低系统的频谱效率和系统容量。对于 CDMA 系统，信道的扩散特别是时间扩散会使同一用户相邻符号间相互重叠产生相互干扰，即出现符号间干扰（Inter-Symbol Interference，ISI），而由于地址码正交性的破坏，不同地址用户之间还会出现多址干扰（Multi-Access Interference，MAI）。传统的检测技术完全按照经典直接序列扩频理论对每个用户的信号分别进行扩频码匹配处理，因而抗多址干扰能力较差。多用户检测（Multi-User Detection，MUD）技术在传统检测技术的基础上，充分利用造成多址干扰的所有用户信号的信息对多个用户做联合检测或从接收信号中减掉相互间干扰的方法，有效地消除

MAI 的影响，从而具有优良的抗干扰性能。

在理想情况下，应用多用户检测技术，系统的性能将接近单用户时的性能。这显然消除了远近效应的影响，可以简化用户的功率控制，降低系统对功率控制精度的要求。并且由于 MAI 的消除，用户在较小的信噪比下就可达到可靠的性能。而单用户信噪比的降低可以直接转化为系统容量的增加，因此可以更加有效地利用链路频谱资源，显著提高系统容量。

多用户检测技术可分为线性检测和干扰消除 2 大类。线性多用户检测技术主要有解相关检测、最小均方误差检测、子空间斜投影检测和多项式扩展检测 4 种。解相关检测器的基本思想是首先计算各个用户信号（一般取单个符号或部分符号）之间基于扩展码的互相关矩阵并求取其逆，然后对接收信号进行解相关计算，最后再对解相关信号进行判决。该方法不用估计接收信号的幅度，比最大似然多用户检测（Maximum Likelihood Detection，MLD）计算量小，但是解相关运算有可能使加性高斯白噪声（AWGN）影响加大，而且互相关逆矩阵的计算量仍然很大。最小均方误差检测器（Minimum Mean-Squared Error Detector，MMSE Detector）的基本思想是计算经线性变换的接收数据和传统检测器的软判决输出之间的均方差，使之最小的矩阵即为所求线性变换。MMSE 检测器考虑了背景噪声的存在，并利用接收信号的功率值进行相关计算，在消除 MAI 干扰和不增强背景噪声之间取得了一个平衡点。

干扰消除多用户检测技术包括串行干扰消除多用户检测、并行干扰消除多用户检测和判决反馈多用户检测。串行干扰消除多用户检测器（Serial Interference Cancellation Detector，SIC Detector）在接收信号中对多个用户逐个进行数据判决，判出一个就再造并减去该用户信号造成的 MAI 干扰，操作顺序是根据信号功率的大小来确定，功率较大的信号先进行操作，因此，功率最弱的信号受益最大。SIC 在性能上比传统检测器有较大提高，而且在硬件上改变不大，易于实现，但是 SIC 每一级都需要有 1 个符号的延时，另外当信号功率强度顺序发生变化时需要重新排序，最不利的是如果初始数据判决不可靠，将对下级产生较大的干扰。并行干扰消除多用户检测器（Parallel Interference Cancellation Detector，PIC Detector）具有多级结构，其每一级并行估计和去除各个用户造成的 MAI 干扰，然后进行数据判决。PIC 的设计思想和 SIC 基本相同，但由于 PIC 是并行处理，克服了 SIC 时延长的缺点，而且无需在情况发生变化时进行重新排序，在各种多用户检测中具有较高的实用价值。

2.7.2　分集技术

移动信道是复杂的信道，由于信号传播的开放性、接收点地理环境的复杂性和多样性、以及通信用户的随机移动性，使得移动通信信道存在 4 种主要效应（阴影效应、远近效应、多径效应和多普勒效应）和 3 类损耗，其中对传输可靠性影响较大的是小尺度衰落，其中选择性衰落包括时间选择性衰落、频率选择性衰落和空间选择性衰落。对抗选择性衰落、提高移动通信系统传输可靠性的有效手段是"分集"，分集重数越高，系统的传输可靠性亦越高。

1. 分集技术的原理

分集技术是利用接收信号在结构上和统计特性上的不同特点来加以区分，并按一定的方法进行合并处理来实现对抗衰落。

分集的必要条件是在接收端能够收到同一信息且统计独立的若干不同的信号，这些信号通过不同的方式如空间、频率、时间等传送，在接收端可以区分。

分集技术研究的问题是如何将可获得的含有同一发送信息内容并统计独立的不同信号有效和可靠地利用。包括 2 个方面，一是分散传输，使接收机能够获得多个统计独立的、携带同一信息的衰落信号；二是集中处理，即把接收机收到的多个统计独立的衰落信号进行合并以降低衰落的影响。

2. 分集技术的分类

按照信号的结构和统计特性，分集技术可分为空间分集、频率分集和时间分集 3 类；按照合并方式，可分为选择性合并、等增益合并和最大比合并；按照信号收发，分集技术可分为发送分集、接收分集和收发联合分集，即多输入多输出（Multiple Input Multiple Output, MIMO）。下面介绍典型的分集和合并技术。

3. 典型的分集接收技术

（1）空间分集

在移动通信中，空间略有变动就可能出现较大的场强变化。当使用两个接收信道时，它们受到的衰落影响是不相关的，且二者在同一时刻同时是深衰落的可能性也很小，因此这一设想引出了利用 2 个接收天线的方案，独立地接收同一信号，再合并输出，衰落的程度能被大大地减小，这就是空间分集。

空间分集是利用不同接收地点（空间）位置的不同，利用不同地点接收信号在统计上的不相关性，即衰落性质的不同，实现抗衰落的目的。

空间分集的典型结构是发送端 1 个天线，接收端设置几个天线，同时接收 1 个发射天线的信号，然后合成或选择其中 1 个强信号。接收端天线之间的距离应大于波长的一半，以保证接收天线输出信号的衰落特性是相互独立的，经相应的合并电路从中选出信号幅度较大、信噪比最佳的一路，得到一个总的接收天线输出信号。这样就降低了信道衰落的影响，改善了传输的可靠性。

在空间分集中，接收分集天线数 N 越大，分集效果越好。但随着 N 增大，增益改善不再明显，同时 N 增大，接收端设备复杂度增加，因此在选择 N 个天线时要综合考虑性能增益和复杂度的折中，在工程上，一般取 $N = 2$，3，4。空间分集接收的优点是分集增益高，缺点是需要多个接收天线。

另外，采用单天线也可实现空间分集的效果，即采用单天线，利用极化分集和角度分集来实现空间分集的效果。

极化分集是利用单个天线水平和垂直极化方向的正交性来实现分集功能。在移动环境下，2 副在同一地点、极化方向相互正交的天线发出的信号呈现出不相关的衰落特性。利用这一特点，在收发端分别装上垂直极化天线和水平极化天线，就可以得到两路衰落特性不相关的信号。所谓定向双极化天线，就是把垂直极化和水平极化 2 副接收天线集成到 1 个物理实体中，通过极化分集接收来达到空间分集接收的效果，所以极化分集实际上是空间分集的特殊情况，其分集支路只有 2 路。极化分集的优点是结构紧凑，节省空间，缺点是它的分集接收效果低于空间分集接收天线，并且由于发射功率要分配到两副天线上，将会造成 3dB 的信号功率损失。同时分集增益依赖于天线间不相关特性的好坏，通过在水平或垂直方向上天线位置间的分离来实现空间分集。而且若采用交叉极化天线，同样需要满足这种隔离度要求。对于极化分集的双极化天线来说，天线中 2 个交叉极化辐射源的正交性是决定信号上行链路分集增益的主要因素。该分集增益依赖于双极化天线中 2 个交叉极化辐射源是否在相同的覆盖区域内提供了相同的信号场强。2 个交叉极化辐射源要求具有很好的正交特性，并且在整个 120° 扇区及切换重叠区内保持很好的水平跟踪特性，代替空间分集天线所取得的覆盖效果。为了获得好的覆盖效果，要求天线在整个扇区范围内均具有高的交叉极化分辨率。双极化天线在整个扇区范围内的正交特性，即 2 个分集接收天线端口信号的不相关性，决定了双极化天线总的分集效果。为了在双极化天线的两个分集接收端口获得较好的信号不相关特性，2 个端口之间的隔离度通常要求达到 30dB 以上。

角度分集是利用传输环境的复杂性，调整天线不同的角度，实现在单个天线上不同角度到达信号统计上的不相关性，从而来实现等效空间分集的效果。其优点是结构紧凑，节省空间，缺点是实现工艺要求较高，且性能比空间分集差。

（2）频率分集

频率分集是采用 2 个或 2 个以上具有一定频率间隔的载波频率同时发送和接收同一信息，然后进行合成或选择，利用位于不同频段的信号经衰落信道后在统计上的不相关特性，即不同频段衰落统计特性上的差异，来实现抗频率选择性衰落的功能。实现时可以将待发送的信息分别调制在频率不相关的载波上发射。所谓频率不相关的载波，是指当不同的载波之间的间隔 Δf 大于频率相干区间，即载波频率的间隔应满足

$$\Delta f \geqslant B_c = \frac{1}{\Delta \tau_m} \tag{2-43}$$

其中，Δf 为载波频率间隔，B_c 为相关带宽，$\Delta \tau_m$ 为最大多径时延差。

例如，城市中若使用 800～900MHz 频段（GSM 频段），典型的时延功率谱扩散值约为 5ms，则 $\Delta f \geqslant \dfrac{1}{\Delta \tau_m} = \dfrac{1}{5\text{ms}} = 200\text{kHz}$

因此要求实现频率分集的载波间隔应大于 200kHz。

当采用 2 个载波频率时，称为二重频率分集。同空间分集系统一样，在频率分集系统中要求两个分集接收信号相关性较小（即频率相关性较小），只有这样，才不会使 2 个载波频率在给定的路由上同时发生深衰落，并获得较好的频率分集改善效果。在一定的范围内，2 个载波频率 f_1 与 f_2 之差，即频率间隔 $\Delta f = f_2 - f_1$ 越大，2 个不同频率信号之间衰落的相关性越小。

频率分集与空间分集相比较，其优点是在接收端可以减少接收天线及相应设备的数量，缺点是要占用更多的频率资源。

（3）时间分集

时间分集是将同一信号在不同时间区间多次重发，只要各次发送时间间隔足够大，则各次发送间隔出现的衰落将是相互统计独立的。时间分集正是利用这些衰落在统计上互不相关的特点，即时间上衰落统计特性上的差异来实现抗时间选择性衰落的功能。为了保证重复发送的数字信号具有独立的衰落特性，重复发送的时间间隔应该满足

$$\Delta t \geqslant \frac{1}{2 f_m} = \frac{1}{v / \lambda} \tag{2-44}$$

其中，Δt 为时间间隔，f_m 为多普勒频率，v 为移动台运动速度，λ 信号波长。

若移动台是静止的，则移动速度 $v = 0$，此时要求重复发送的时间间隔为无穷大，这表明时间分集对于静止状态的移动台是无效的。时间分集与空间分集相比较，优点是减少了接收天线及相应设备的数目，缺点是占用时隙资源，增大了开销，降低了传输效率。

4. 分集接收合并技术

分集技术是研究如何充分利用传输中的多径信号能量，以改善传输的可靠性，它也是研究利用信号的基本参量在时间、频率与空间中如何分散、如何收集的技术。"分"与"集"是一对矛盾，在接收端取得若干条相互独立的支路信号以后，可以通过合并技术来得到分集增益。从合并所处的位置来看，合并可以在检测器以前，即在中频和射频上进行合并，且多半是在中频上合并；合并也可以在检测器以后，即在基带上进行合并。合并时采用的准则与方式主要分为最大比值合并（Maximal Ratio Combining，MRC）、等增益合并（Equal Gain Combining，EGC）、选择式合并（Selection Combining，SC）和切换合并（Switching Combining）4 种。

（1）最大比合并

最大比合并是指在接收端，将各个不相关的分集支路经过相位校正，并按适当的可变增益加权再相加后送入检测器进行相干检测。图 2-41 所示为最大比合并原理框图。在实现时，各个支路的可变增益加权系数 k_i 为该分集支路的信号幅度与噪声功率之比。

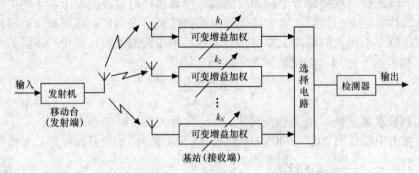

图 2-41　最大比合并原理图

最大比合并方案在接收端只需对接收信号作线性处理，然后利用最大似然检测即可还原出发端的原始信息。其译码过程简单、易实现。合并增益与分集支路数 N 成正比。

（2）等增益合并

等增益合并也称为相位均衡，仅仅对信道的相位偏移进行校正而幅度不做校正，等价于最大比合并中各支路加权系数 $k_i = 1$（$i = 1，2，\cdots，N$）。等增益合并不是任何意义上的最佳合并方式，只有假设每一路信号的信噪比相同的情况下，在信噪比最大化的意义上，它才是最佳的。它输出的结果是各路信号幅值的叠加。对 CDMA 系统，它维持了接收信号中各用户信号间的正交性状态，即认可衰落在各个通道间造成的差异，也不影响系统的信噪比。当在某些系统中对接收信号的幅度测量不便时选用 EGC。当 N（分集重数）较大时，等增益合并与最大比值合并后相差不多，约仅差 1dB 左右。等增益合并算法实现比较简单，其设备也简单。

（3）选择合并

采用选择合并技术时，N 个接收机的输出信号先送入选择逻辑，选择逻辑再从 N 个接收信号中选择具有最高基带信噪比的基带信号作为输出，如图 2-42 所示。

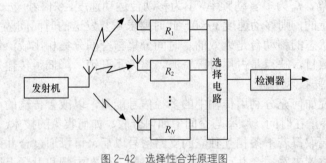

图 2-42　选择性合并原理图

图 2-43 所示为最大比合并、等增益合并和选择合并 3 种合并方式的性能比较。从图中可以看出，最大比值合并的性能最好，选择合并的性能最差。当 N 较大时，等增益合并的性能接近于最大比合并。

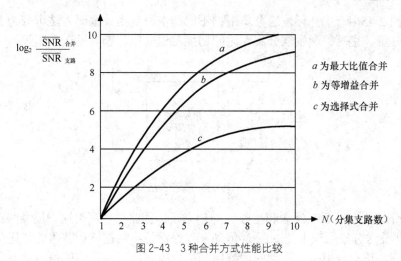

图 2-43　3 种合并方式性能比较

（4）切换合并

图 2-44 所示为切换合并原理图。接收机考察所有的分集支路，并选择 SNR 在特定的预设门限之上的特定分支。在该信号的 SNR 降低到所设的门限值之下之前，选择该信号作为输出信号。当 SNR 低于设定的门限时，接收机开始重新扫描并切换到另一个分支，该方案也称为扫描合并。由于切换合并并非连续选择最好的瞬间信号，因此它比选择合并可能要差一些。但是，由于切换合并并不需要同时连续不停地监视所有的分集支路，因此这种方法要简单得多。

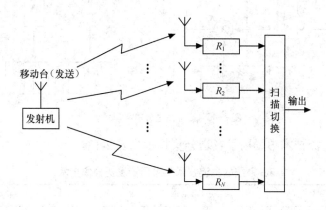

图 2-44　切换合并原理图

对选择合并和切换合并而言，两者的输出信号都是只等于所有分集支路中的 1 个信号。另外，它们也不需要知道信道状态信息，因此，这两种方案既可用于相干调制也可用于非相干调制。

5. 典型的发送分集技术

前面介绍了分集接收和合并技术，但是在移动通信的下行链路中，由于移动台特别是手机严重受到体积的限制、不允许使用二重空间分集接收。通信是双向的，这将带来上下行链路性能的不平衡，为了解决这一不平衡的问题，人们开始研究发送分集技术。发送分集分为开环发送分集和闭环发送分集。

开环发送分集不需要提供任何信道的信息，因此不需要建立收发之间的反馈回路。一般的原理框图如图2-45所示。开环发送分集根据不同的信号变换或编码方法可分为空时发送分集、正交发送分集、空时扩展发送分集、时间切换发送分集、延时发送分集等。

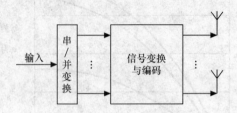

图2-45 开环发送分集原理框图

　　闭环发送分集技术需要在发送和接收之间建立反馈回路，并利用这一反馈回路传送信道状态信息。闭环发送分集原理框图如图2-46所示。通常是基站在下行链路的传送信号中周期地加入训练序列，移动台根据接收到的训练序列信号检测出下行链路的信道状态信息，然后再通过反馈链路将下行信道状态信息反馈至基站，基站根据信道状态的反馈信息调节相应发射天线信息的加权增益系数，以实现闭环发送分集。典型的闭环发送分集有选择发送分集与发送自适应阵列等。

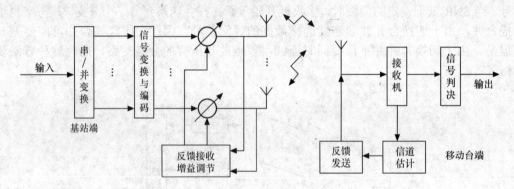

图2-46 闭环发送分集原理框图

　　在3G系统的主流技术中采用了发送分集技术见表2-13。

表2-13　　　　　　　　　　3G系统的主流技术中采用了发送分集技术

3G技术	开环发送分集	闭环发送分集
WCDMA	时间切换发送分集，空时发送分集	2种模式闭环发送分集
cdma2000	正交发送分集，空时扩展发送分集	选择发送分集，发送分集天线阵列

2.7.3　Rake接收机

　　对采用CDMA技术的系统，无线信道传输中出现的时延扩展，可以被认为是信号的再次传输。如果这些多径信号相互间的时延超过了一个码片的宽度，Rake接收机就可以对它们分别进行解调，通过对多个信号进行分别处理合成得到接收信号。Rake接收不同于传统的空间、频率与时间分集技术，充分利用了信号统计与信号处理技术，将分集的作用隐含在被传输的信号之中，所以又称为隐分集。

　　1. Rake接收机工作原理

　　Rake接收机由多个包含相关器的Rake支路组成，每个相关器接收1个多路信号。不同信道具有不同的时延 τ 和衰落因子，对应不同的传播环境。通过同步捕获/跟踪模块完成多径搜索，估计多径分量的延迟 τ，识别具有较大能量的多径位置，完成路径选择。Rake 接收机利用相关器检测出多径信号中最强的 M 个支路信号，然后对每个 Rake 支路的输出进行加权、合并，以提供优于单路信号的接收信噪比，然后再在此基础上进行判决。Rake 接收机的工作原理示意如图 2-46 所示。

假设 Rake 接收机有 M 个支路，其输出分别为 z_1，z_2，$\cdots$，z_M，对应的加权因子分别为 α_1，α_2，$\cdots$，α_M，加权因子可以根据各支路的输出功率或信噪比决定。各支路加权后信号的合并根据需要可采取不同的合并方法。通常合并技术有 3 类，即选择性合并、最大比合并和等增益合并。将 M 条相互独立的支路进行合并后，可以得到分集增益。

2. 第三代移动通信系统中的 Rake 接收

第三代移动通信系统中上、下行链路均采用导频信号，上、下行链路都可以采用相干解调，通过对各个路径信号的相位做出估计后，将接收的所有路径能量相加，提高信道解码的输入信噪比，克服移动通信环境中多径效应产生的严重信号衰落。考虑到残留相位的影响，Rake 接收机合并加权因子由非相关 Rake 接收中实数的 $\alpha_l, l=1,2,\cdots,M$，改为复数 $|\alpha_l|\mathrm{e}^{\mathrm{j}\phi_l}, l=1,2,\cdots,M$。

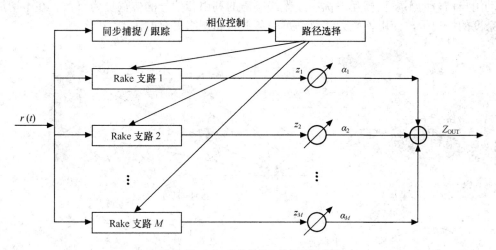

图 2-47 Rake 接收机的工作原理示意图

2.7.4 智能天线技术

智能天线原名自适应天线阵列（Adaptive Antenna Array，AAA），最初应用于雷达、声纳等军事方面，主要用来完成空间滤波和定位，大家熟悉的相控阵雷达就是一种较简单的自适应天线阵。

在移动通信中自适应天线阵有一个较吸引人的名字——智能天线。智能天线具有抑制信号干扰、自动跟踪以及数字波束调节等智能功能，被认为是未来移动通信的关键技术。智能天线波束成形能在空间域内抑制交互干扰，增强特殊范围内想要的信号，这种技术既能改善信号质量又能增加传输容量，其基本原理是在无线基站端使用天线阵和相干无线收发信机来实现射频信号的接收和发射，同时，通过基带数字信号处理器，对各个天线链路上接收到的信号按一定算法进行合并，实现上行波束赋形。目前，智能天线的工作方式主要有全自适应方式和基于预多波束的波束切换方式 2 种。全自适应智能天线虽然从理论上可以达到最优，但相对而言各种算法均存在所需数据量、计算量大，信道模型简单，收敛速度较慢，在某些情况下甚至可能出现错误收敛等缺点，实际信道条件下当干扰较多、多径严重，特别是信道快速时变时，很难对某一用户进行实时跟踪。正是在这一背景下，基于预多波束的切换波束工作方式被提出。此时全空域（各种可能的入射角）被一些预先计算好的波束分割覆盖，各组权值对应的波束有不同的主瓣指向，相邻波束的主瓣间通常会有一些重叠，接收时的主要任务是挑选 1 个（也有可能是几个，但需合并后再输出）作为工作模式，与自适应方式相比它显然更容易实现，实际上可将其看作是介于扇形天线与全自适应天线间的一种技术，也是未来智能天线技术发展的方向。在第三代移动通信系统中，作为 TD-SCDMA 系统中的关键技术之一的智能天线技术能够使系统在高速运动的信道环境中达到较好的性能。WCDMA 和 cdma2000 中也将采用自适应阵列天线。智能天线技术已经日益成为移动通信中最具有吸引力的技术之一，并在以后几年内发挥巨大的作用。

1. 智能天线的原理

智能天线是将无线电的信号导向具体的方向，产生空间定向波束，使天线主波束对准用户信号到达方向（Direction of Arrival，DOA），旁瓣或零陷对准干扰信号到达方向，达到充分高效利用移动用户信号并删除或抑制干扰信号的目的，如图 2-48 所示。同时，智能天线技术利用各个移动用户间信号空间特征的差异，通过阵列天线技术在同一信道上接收和发射多个移动用户信号而不发生相互干扰，使无线频谱的利用和信号的传输更为有效。在不增加系统复杂度的情况下，使用智能天线可满足服务质量和网络扩容的需要。

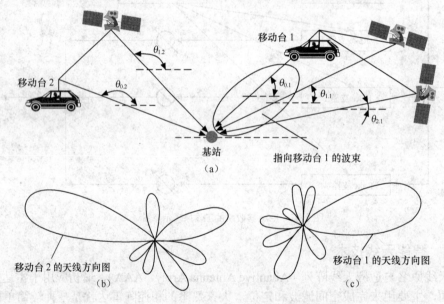

图 2-48　基站使用智能天线的波束赋形示意图

2. 智能天线分类

智能天线可分为多波束天线与自适应天线阵列。多波束天线利用多个并行波束覆盖整个用户区，每个波束的指向是固定的，波束宽度也随天线元数目而确定。当用户在小区中移动时，基站在不同的相应波束中进行选择，使接收信号最强。因为用户信号并不一定在波束中心，当用户位于波束边缘及干扰信号位于波束中央时，接收效果最差，所以多波束天线不能实现信号最佳接收，一般只用作接收天线。但是与自适应天线阵列相比，多波束天线具有结构简单、无须判定用户信号到达方向的优点。自适应天线阵列一般采用 4～16 天线阵元结构，阵元间距为半个波长。天线阵元分布方式有直线型、圆环型和平面型。自适应天线阵列是智能天线的主要类型，可以完成用户信号接收和发送。自适应天线阵列系统采用数字信号处理技术识别用户信号到达方向，并在此方向形成天线主波束。

智能天线采用 SDMA 技术，利用信号在传输方向上的差别，将同频率或同时隙、同码道的信号区分开来，最大限度地利用有限的信道资源。与无方向性天线相比较，其上、下行链路的天线增益大大提高，降低了发射功率电平，提高了信噪比，有效地克服了信道传输衰落的影响。同时，由于天线波瓣直接指向用户，减小了与本小区内其他用户之间，以及与相邻小区用户之间的干扰，而且也减少了移动通信信道的多径效应。CDMA 系统是个功率受限系统，智能天线的应用达到了提高天线增益和减少系统干扰两大目的，从而显著地扩大了系统容量，提高了频谱利用率。

3. 智能天线的实现

智能天线的实现重点在于数字信号处理部分，它根据一定的准则，使天线阵产生定向波束指向用户，并自动地调整系数以实现所需的空间滤波。智能天线须要解决的 2 个关键问题是辨识信号的方向和数字赋形的实现。

TD-SCDMA 的智能天线使用 1 个环形天线阵，由 8 个完全相同的天线元素均匀地分布在 1 个半径为 R 的圆上所组成。智能天线的功能是由天线阵及与其相连接的基带数字信号处理部分共同完成的。该智能天线的仰角方向辐射图形与每个天线元相同。在方位角的方向图由基带处理器控制，可同时产生多个波束，按照通信用户的分布，在 360° 的范围内任意赋形。为了消除干扰，波束赋形时还可以在有干扰的地方设置零点，该零点处的天线辐射电平要比最大辐射方向低约 40dB。TD-SCDMA 使用的智能天线当 $N = 8$ 时，比无方向性的单振子天线的增益分别大 9dB（对接收）和 18dB（对发射）。每个振子的增益为 8dB，则该天线的最大接收增益为 17dB，最大发射增益为 26dB。由于基站智能天线的发射增益要比接收增益大得多，对于传输非对称的 IP 等数据、下载较大业务信息是非常适合的。

智能天线技术的优点如下。

① 智能天线可以对高速率用户进行波束跟踪，起到空间隔离消除干扰的作用。
② 大大增加系统容量。
③ 增加覆盖范围，改善建筑物中和高速运动时的信号接收质量。
④ 提高信号接收质量，降低掉话率，提高语音质量。
⑤ 减少发射功率，延长移动台电池寿命。
⑥ 提高系统设计时的灵活性。

2.8　蜂窝组网技术

在通信频率资源紧张的情况下，为了扩大系统容量，采用分区制和频率重用的组网技术。FDMA 系统和 CDMA 系统均使用了频率重用技术，主要区别在于 FDMA 系统相邻小区使用不同的载频，而 CDMA 系统相邻小区既可以使用相同载频，也可以使用不同载频。

在移动通信中通常采用正六边形、无空隙、无重叠地覆盖一定区域，构成小区。由于正六边形构成的网络形同蜂窝，因此将小区形状为正六边形的小区制移动通信网称为蜂窝网。

2.8.1　蜂窝组网

1. 区群中的小区数目

在移动通信中，为了避免同频干扰，相邻小区不能使用相同的频率。为了确保同一载频信道小区间有足够的距离，小区（蜂窝）附近的若干小区都不能采用相同载频的信道，由这些不同载频信道的小区组成一个区群，只有在不同区群间的小区才能进行载波频率的复用。

由蜂窝结构构成的区群中，小区数目应满足下列公式

$$N = a^2 + ab + b^2$$

式中，a，b 为非负整数，不能同时为零。表 2-14 给出了不同 a 和 b 值时区群数 N。

表 2-14 　　　　　　　　　　　　　　　区群内小区数 N 的取值

b ＼ N ＼ a	0	1	2	3	4
1	1	2	7	13	21
2	4	7	12	19	28
3	9	13	19	27	37
4	16	21	28	37	48

在第一代模拟移动通信系统中，经常采用 7/21 区群结构，即每个区群中包含 7 个基站，而每个基站覆盖 3 个小区，每个频率只使用 1 次。在第二代数字式 GSM 系统中，经常采用 4/12 模式。如图 2-49 所示。

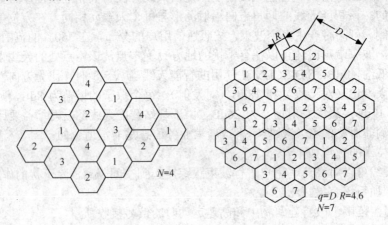

(a) $N=4$ 的蜂窝小区覆盖　　　　　　(b) $N=7$ 的蜂窝小区覆盖

图 2-49　$N=4$ 和 $N=7$ 的蜂窝网小区覆盖

2. 同频（信道）小区的距离

设小区的辐射半径为 R（即六边形外接圆的半径），可以计算出同频信道小区中心间的距离 D 为

$$D = \sqrt{3}R\sqrt{(b+a/2)^2 + (\sqrt{3}a/2)^2} = \sqrt{3(a^2+ab+b^2)}R = \sqrt{3N}R \tag{2-45}$$

由公式可见，N 越大，D/R 的比值越大，同频小区的距离越远，抗同频干扰性能越好。

TDMA 和 FDMA 的 GSM 系统通常取 $N=7$，CDMA 系统 N 的取值范围为 1~7。

2.8.2　小区扩容技术

1. 小区分裂技术

理想设计的每个小区大小在整个服务区内是相同的，但这只适合用户密度均匀的情况。事实上，服务区内用户密度是不均匀的，例如城市中心商业区的用户密度高，居民区和市郊区的用户密度相对较低。在用户密度高的市中心区可使小区的面积小一点，在用户密度低的

市郊区可使小区的面积大一些。小区一般分为巨区、宏区、微区和微微区几类，具体指标及大体关系见表 2-15。

表 2-15　　　　　　　　　　　　　　　　小区分类

蜂窝类型	巨区	宏区 Macro Cell	微区 Micro Cell	微微区 Pico Cell
蜂窝半径（km）	100～500	≤35	≤1	≤0.05
终端移动速度（km/h）	1 500	≤500	≤100	≤10
运行环境	所有	乡村郊区	市区	室内
业务量密度	低	低到中	中到高	高
适用系统	卫星	蜂窝	蜂窝/无绳	蜂窝/无绳

当一个特定小区的用户容量和话务量增加时，小区可以被分裂成更小的小区，通过增加小区数（基站数）来增加信道的重用数，这个过程称为小区分裂。假设每个小区按半径的一半来分裂，将需要大约原来小区数目 4 倍的新小区才可以覆盖，如图 2-50 所示。新增加的基站服务半径减少，发射功率随之减少。上述蜂窝状的小区制是目前大容量公共移动通信网的主要覆盖方式。

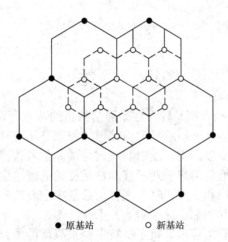

● 原基站　　　○ 新基站

图 2-50　小区分裂图

为了扩大系统容量，FDMA 和 CDMA 系统都使用了小区分裂技术，其区别在于 FDMA 相邻小区必须使用不同载频，CDMA 系统可以使用相同载频。

2. 扇区划分技术

蜂窝移动通信系统中的同频干扰可以通过使用定向天线代替基站中单独的 1 根全向天线来减小，其中每个定向天线辐射某一个特定的扇区。这种使用定向天线来减少同频干扰，从而提高系统容量的技术叫做扇区划分技术。通常 1 个 FDMA 系统划分为 3 个 120° 的扇区或 6 个 60° 扇区。

FDMA 系统由于采用扇区划分技术会造成中继效率下降，话务量损失，因此一些运营商不用此方法，特别是在密集的市区，定向天线模式在控制无线信号传播时失效。

CDMA 系统利用定向天线将小区分成几个扇区（120° 3 扇区），每个扇区的基站仅接收来自确定方向的用户信号，理论上可提高 3 倍的系统容量，由于相邻天线覆盖区有重叠，实际是 2.55 倍。扇区的划分与系统提供的业务量相匹配，业务量高的地区扇区划分得密集一些，可以进一步提高系统容量。但是扇区增加了，容量增加了，同时也增加了切换的次数。因此扇区的划分应根据实际业务量情况综合考虑。图 2-51 所示为 CDMA 小区 6 扇区组网的网络拓扑结构。

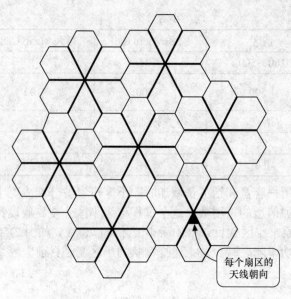

每个扇区的
天线朝向

图 2-51　CDMA 小区 6 扇区组网的网络拓扑结构

小　结

1．移动通信中的各类新技术都是针对移动通信信道的特点而设计，用以解决移动通信的有效性、可靠性和安全性，因此分析移动通信信道的特点是研究移动通信关键技术的前提。在移动通信中，无线电波主要以直射、反射和绕射传播。信号传播的开放性，接收点地理环境的复杂性和多样性、以及通信用户的随机移动性是移动通信信道的特点。在它们的共同作用下，接收信号具有 4 种效应和 3 类损耗。在移动通信中主要的噪声和干扰有加性白高斯噪声、符号间干扰、多址干扰和相邻小区（扇区）干扰。

2．由于 CDMA 系统具有大容量、抗干扰抗多径抗衰落能力强、软切换、低功率、保密性好、可同频组网等独特的优势，使其成为 3G 系统的最佳接入方式。CDMA 技术的核心是扩频码和地址码的设计，常用的理想扩频码和地址码有 PN 码（m 序列和 Gold 序列）、Walsh 码和 OVSF 码，它们被广泛应用于 WCDMA，cdma2000 和 TD-SCDMA 系统中。

3．数字调制技术是对抗白噪声的基本技术手段，也是现代无线移动通信系统的核心处理单元。数字调制主要有幅移键控（ASK）、频移键控（FSK）和相移键控（PSK）3 种形式。PSK 调制被广泛应用于 3G 移动通信系统中。

4．信源编码的目的是压缩数据率，去除信号中的冗余度，提高传输的有效性。它包括模拟信号的数字化以及压缩编码，模拟信号的数字化一般采用 A/D 转换的方法。3G 系统的压缩编码包括语音编码、图像编码和多媒体数据编码。信源编码分成波形编码、参量编码和混合编码 3 类。高质量的混合编码是移动通信系统的首选方案。

5．信道编码是移动通信系统中提高数据传输可靠性（减少差错）的有效方法。其追求的目标是如何加入最少的冗余位而获得最好的纠错能力。信道编码从结构上分为线性码和非线性码，从功能上分为检错码、纠错码和混合检错纠错码。3G 系统中的信道编码通常采用卷积码、Turbo 码和交织编码等。

6. CDMA 系统是自干扰系统，因此功率控制技术是 CDMA 系统的生命线。在保证服务质量（QoS）的前提下，通过控制发送端的发射功率来减少系统干扰，可以有效地解决远近效应和边缘问题，进而增加系统容量。功率控制分上行功率控制和下行功率控制，从功率控制环路类型划分又可分为开环功率控制和闭环功率控制。在 3G 的 3 大主流标准中，都采用了功率控制技术。

7. 多用户检测技术是根据信息论中的最佳联合检测理论提出的有效抗多址干扰的技术，它可分为线性检测和干扰消除两类。其中线性多用户检测技术主要有解相关检测、最小均方误差检测、子空间斜投影检测和多项式扩展检测 4 种。干扰消除多用户检测技术包括串行干扰消除多用户检测、并行干扰消除多用户检测和判决反馈多用户检测。

8. 移动通信信道存在 4 种主要效应和 3 类损耗，对传输可靠性影响较大的是小尺度衰落，其中选择性衰落包括时间选择性衰落、频率选择性衰落和空间选择性衰落。对抗衰落、提高移动通信系统传输可靠性的唯一手段是"分集"，分集重数越高，系统的传输可靠性亦越高。按照信号的结构和统计特性，分集技术可分为空间分集，频率分集和时间分集 3 类；按照合并方式，可分为选择性合并，等增益合并、最大比合并和切换合并。按照信号收发，分集技术可分为发送分集、接收分集和收发联合分集，即多输入多输出（MIMO）。

9. 智能天线技术具有抑制信号干扰、自动跟踪以及数字波束调节等功能。在 CDMA 系统中，智能天线的应用提高了天线增益，减少了系统干扰，从而显著扩大了系统容量，提高了频谱利用率。智能天线分为多波束天线和自适应天线阵列。

10. 蜂窝组网技术是 3G 系统中的关键技术。在通信频率资源紧张的情况下，为了扩大系统容量，采用分区制和频率重用的组网技术。蜂窝组网技术主要包括小区分裂技术和扇区划分技术。

练　习　题

1. 移动通信信道具有哪 3 个特点？

2. 在移动通信中，无线电波的主要传播方式有哪几种？

3. 在移动通信中，接收信号有哪几种损耗和效应？各有什么特点？

4. 移动通信中主要噪声和干扰有哪几种？在 CDMA 系统中，哪一类的干扰是最主要的干扰？

5. 移动通信信道有哪几种模型？各种模型有哪些特点？如何克服各种模型对系统性能的影响？

6. 移动通信中有几种接入方式？各有什么优缺点？

7. 扩频的基本原理是什么？扩频通信的技术指标是什么？扩频通信系统有哪些优缺点？

8. 画出扩频通信系统的典型框图，并说明各部分的功能。

9. 在 CDMA 系统中，扩频码和地址码有几种类型？其中有扩频作用的是哪一种类型的地址码？

10. m 序列的码周期与移位寄存器的个数 n 有何关系？

11. Gold 序列和 m 序列之间有何联系？如何构造 Gold 序列？它的互相关函数有何特点？

12. 若用每比特 4 个码片来生成 Walsh 函数，试写出 4 组 Walsh 函数的取值，画出它们的波形，并证明它们之间的正交性。

13．举例说明 OVSF 码的生成方法，OVSF 码的自相关和互相关特性如何？

14．信道化码和扰码的作用和区别是什么？

15．调制和解调的主要功能是什么？对于二进制调制，哪种调制方式的抗干扰能力最强？

16．写出 BPSK 和 QPSK 信号的表达式、星座图和频谱利用率。

17．请画出 QPSK 调制器和解调器的框图，并说明它的调制和解调原理。

18．OQPSK 与 QPSK 比较，有哪些优点？

19．信源编码的目的和分类？

20．语音压缩编码有哪几种类型？各有什么特点？

21．cdma2000 中的语音编码的主要技术特点是什么？其语音速率分为几种类型？速率分别是多少？WCDMA 系统中情况如何？

22．对于图像编码，有哪几种国际标准？各有什么特点？

23．视频压缩编码分为两代，主要区别是什么？

24．移动通信中，信道编码的作用是什么？如何分类？交织编码的功能？

25．请简单介绍卷积码和 Turbo 码的基本原理，它们各有什么特点？

26．简述功率控制的意义和分类。

27．多用户检测技术分为几类？各有哪些优缺点？解相关线性多用户检测和干扰消除多用户检测的思路是什么？

28．分集与合并技术有哪些？各有什么特点？

29．智能天线在 CDMA 系统的意义和作用是什么？

30．蜂窝移动通信系统是如何组网的？小区分裂和扇区划分的目的是什么？

第 3 章 WCDMA 移动通信系统

WCDMA 是第三代移动通信系统 3 种主流无线传输技术之一，在世界范围内 WCDMA 已经成为被广泛采用的通信标准。本章主要包括以下内容。

- WCDMA 系统的主要特点
- WCDMA 系统的网络结构，主要网元和接口功能
- 基于 R99，R4，R5 的核心网结构及接口，不同版本核心网的特点
- IP 多媒体子系统的特点、结构和功能
- UTRAN 接口协议模型及协议栈结构
- WCDMA 空中接口协议结构、各层协议功能及相互关系
- WCDMA 空中接口物理层的功能，物理信道、传输信道与逻辑信道的映射关系，物理层上下行链路的进程
- WCDMA 网络中的编号计划

3.1 概述

第三代移动通信系统的核心网基于 GSM/CDMA 等 2G 系统演进，空中接口采用 WCDMA，cdma2000 和 TD-SCDMA 等无线传输制式，工作于 2GHz 频段，快速移动环境中最高传输速率可达 144kbit/s，室外到室内或步行环境中最高传输速率达到 384kbit/s，室内环境中最高传输速率达到 2Mbit/s。基于 WCDMA 技术，采用 HSDPA 之后，下行数据速率可达 10.8～14.4Mbit/s。HSUPA 也已处于商用阶段，上行数据速率可达 1.4～5.8Mbit/s。与第二代移动通信系统相比，第三代移动通信系统具有频谱效率高、支持多媒体业务、服务质量高以及无缝漫游等特点。目前 WCDMA，cdma2000 2 种技术都得到了大规模的商用，中国已经开始运营 TD-SCDMA 商用网络。

3.1.1 WCDMA 网络的演进

WCDMA 网络架构是在 GSM/GPRS 网络基础上发展而来的。在 GSM 核心网家族中，GSM 系统提供语音和基本的数据服务，GPRS 或 EDGE 可以提供更高速率的数据服务。从技术演进的角度来看，下一代就是 WCDMA。图 3-1 所示显示了从 GSM 到 WCDMA 的演进示意图。当然，作为新的移动网络运营商可以选用不同阶段、不同版本的 WCDMA 网络，不必遵循技术演进顺序。

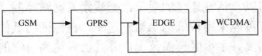

图 3-1　GSM 到 WCDMA 的演进

WCDMA 标准的演进简述如下，R99 版本中 WCDMA 依然采用 GSM/GPRS 核心网的结构，但是采用新的空中接口协议；R4 版本中完成了中国提出的 TD-SCDMA 标准化工作，同时引入了软交换的概念，将电路域的控制与业务分离，便于向全 IP 核心网结构过渡；R5 版本将 IP 技术从核心网扩展到无线接入网，形成全 IP 的网络结构，在 R4 基础上增加了 IP 多媒体子系统（IMS），同时在无线传输中引入高速下行分组接入（HSDPA）技术；目前 R8 版本已于 2008 年 12 月冻结，3GPP 中还有 R9 等版本在同时进行研究。

WCDMA 是从 GSM 演进而来，所以许多 WCDMA 的高层协议和 GSM/GPRS 基本相同或相似，比如移动性管理（MM）、GPRS 移动性管理（GMM）、连接管理（CM）以及会话管理（SM）等。移动终端中通用用户识别模块（USIM）的功能也是从 GSM 的用户识别模块（SIM）的功能延伸而来的。

3.1.2　WCDMA 网络的特点

1. 工作频段和双工方式

WCDMA 支持 2 种基本的双工工作方式，频分双工（FDD）和时分双工（TDD）。

在 FDD 模式下，上行链路和下行链路分别使用 2 个独立的 5MHz 的载频，发射和接收频率间隔分别为 190MHz 或 80MHz。此外，也不排除在现有的频段或别的频段使用其他的收发频率间隔；在 TDD 模式下只使用 1 个 5MHz 的载频，上、下行信道不是成对的，上、下行链路之间分时共享同一载频。载频的中心频率为 200kHz 的整数倍，发射和接收同在一个频率上。

2. 多址方式

WCDMA 是一个宽带直扩码分多址（DS-CDMA）系统，通过用户数据与扩频码相乘，从而把用户信息比特扩展到更宽的带宽上去。

WCDMA 系统中，数据流用正交可变扩频码（OVSF）来扩频，扩频后的码片速率为 3.84Mchip/s，OVSF 码也被称作信道化码。扩频后的数据流使用 Gold 码为数据加扰，Gold 码具有很好的互相关特性，适合用来区分小区和用户。WCDMA 系统中 Gold 码在下行链路区分小区，在上行链路区分用户。为支持高的比特速率（最高 2Mbit/s），WCDMA 采用了可变扩频因子和多码连接。

3. 语音编码

WCDMA 中的声码器采用自适应多速率（Adaptive Multi-Rate，AMR）技术。多速率声码器是一个带有 8 种信源速率的集成声码器，8 种源码速率分别为 12.2kbit/s（GSM-EFR），10.2kbit/s、7.95kbit/s、7.40kbit/s（IS-641）、6.70kbit/s（PDC-EFR）、5.90kbit/s、5.15kbit/s 和 4.75kbit/s。

AMR 声码器处理基于 20ms 的语音帧，相当于在采样频率为 8 000 次/s 时要处理 160 个样本。多速率声码器的编码方式为代数码激励线性预测编码（Algebraic Code Excited Linear Prediction Coder，ACELP）。多速率 ACELP 编解码器也表示为 MR-ACELP。对于每 160 个话音样本，通过分析声音信号来提取 ACELP 模型的参数。话音编码器输出的话音参数比特在传输之前需要按照它们的主观重要性来重新编排顺序，并且重排后，还需要根据它们对错误的敏感性进一步重排。

根据空中接口的负荷以及话音连接的质量，无线接入网络控制 AMR 话音连接的比特速率。在高负荷期间，就有可能采用较低的 AMR 速率，在保证略低的话音质量的同时提供较高的容量。如果移动终端离开了小区覆盖范围，并且已经达到了它的最大发射功率，可以利用较低的 AMR 速率来扩展小区的覆盖范围。合理地利用 AMR 声码器，就有可能在网络容量、覆盖以及话音质量间按运营商的要求进行折中。

4. 信道编码

WCDMA 系统中使用的信道编码类型有卷积编码和 Turbo 编码 2 种。

卷积码已经被广泛使用长达几十年，很多移动通信系统均采用卷积码作为信道编码，比如 GSM 系统、IS-95 系统以及第三代移动通信系统。

Turbo 编码开始于 20 世纪 90 年代初期，目前已获得广泛应用。Turbo 编码在低信噪比条件下具有优越的纠错性能，能够有效降低数据传输的误码率，适于高速率、对译码时延要求不高的分组数据业务。采用 Turbo 编码技术，可以降低发射功率，进而增加系统容量。在第三代移动通信系统中，Turbo 编码被广泛应用于数据业务。考虑到 Turbo 码的译码需经过多次迭代，译码时延大的缺点，在语音和低速率、对译码时延要求比较苛刻的数据链路中使用卷积码，在其他逻辑信道，如接入、控制、基本数据、辅助码信道中也都使用卷积码。

WCDMA 系统中，当业务信道（公用和专用传输信道上）的数据传输速率小于或等于 32kbit/s 时，采用卷积编码，码率 1/2 或 1/3，约束长度 $k = 9$；数据传输速率大于或等于 64kbit/s 时，采用 Turbo 编码。

5. 功率控制

快速、准确的功率控制是保证 WCDMA 系统性能的基本要求。

功率控制解决的基本问题是远近效应，即解决接收机接收到近距离发射机的信号比较容易，而接收到远距离发射机的信号比较困难的问题。功率控制通过调整发射机的发射功率，使得信号到达接收机时，信号强度基本相等。为了能够及时地调整发射功率，需要快速的反馈，从而减少系统多址干扰，同时也降低了传输功率，可有效满足抗衰落的要求。WCDMA 系统采用的快速功率控制速率为 1 500 次/s，称为内环功率控制，同时应用在上行链路和下行链路，控制步长 0.25～4dB 可变。

相对于内环功率控制，为了保证服务质量，无论针对上行链路还是下行链路，误块率必须低于设定值，而信干比（SIR）必须高于预定的目标值。功率控制的目的就是找到合适的目标 SIR，保证每条无线链路都能达到要求的服务质量。通常处于较差无线信道条件中的用户要比处于较好无线信道条件中的用户需要更高的目标 SIR。寻找合适的目标 SIR 的机制称为外环功率控制。外环功率控制的速率要低得多，最多 100 次/s。

6. 切换

切换的目的是为了当 UE 在网络中移动时保持无线链路的连续性和无线链路的质量。WCDMA 系统支持软切换、更软切换、硬切换和无线接入系统间切换，也可以表述为同频小区间的软切换、同频小区内扇区间的更软切换、同一无线接入系统内不同载频间的硬切换和不同无线接入系统间的切换。WCDMA 系统支持与 GSM 系统之间的切换，WCDMA 系统能与 GSM 系统协同工作，能够在引入 WCDMA 后达到增加 GSM 覆盖的目的。

7. 同步方式

WCDMA 不同基站间可选择同步和异步两种方式，异步方式可以不采用 GPS 精确定时，支持异步基站运行，室内小区和微小区基站的布站就变得简单了，使组网实现方便、灵活。

8. 可变数据速率

WCDMA 系统支持各种可变的用户数据速率，适应多种速率的传输，可灵活地提供多种业务，并根据不同的业务质量和业务速率分配不同的资源。在每个 10ms 期间，用户数据速率是恒定的，然而这些用户之间的数据容量帧与帧之间是可变的，如图 3-2 所示。同时对多速率、多媒体的业务可通过改变扩频比（对于低速率的 32kbit/s，64kbit/s，128kbit/s 的业务）和多码并行传送（对于高于 128kbit/s 的业务）的方式来实现。这种快速的无线容量分配一般由网络来控制，以达到分组数据业务的最佳吞吐量。

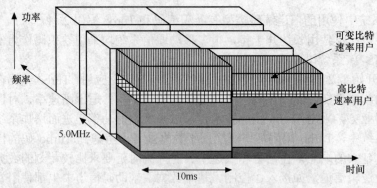

图 3-2　WCDMA 可变数据速率示意图

此外，WCDMA 空中接口还采用一些先进的技术，如自适应天线、多用户检测、下行发射分集、分集接收和分层式小区结构等来提高整个系统的性能。

3.2　WCDMA 网络结构与接口

3.2.1　UMTS 系统结构

UMTS 与第二代移动通信系统在逻辑结构上基本相同。如果按功能划分，UMTS 系统由核心网（CN）、无线接入网（UTRAN）、用户设备（UE）与操作维护中心（OMC）等组成。

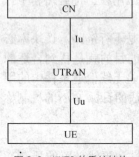

图 3-3　UMTS 的系统结构

CN 与 UTRAN 之间的开放接口为 Iu，UTRAN 与 UE 间的开放接口为 Uu 接口，如图 3-3 所示。

核心网是业务提供者，基本功能就是提供服务，承担各种类型业务的定义，包括用户的描述信息、用户业务的定义还有相应的一些其他过程。UMTS 核心网负责内部所有的语音呼叫、数据连接和交换，以及与其他网络的连接和路由选择的实现。

UTRAN 位于 2 个开放接口 Uu 和 Iu 之间，完成所有与无线有关的功能。UTRAN 主要功能有宏分集处理、移动性管理、系统的接入控制、功率控制、信道编码控制、无线信道的加密与解密、无线资源配置、无线信道的建立和释放等。

UE 完成人与网络间的交互。通过 Uu 接口与无线接入网相连，与网络进行信令和数据交换，UE 用来识别用户身份和为用户提供各种业务功能，如普通话音、数据通信、移动多媒体、Internet 应用等。

本书以 R99 版本所示 UMTS 结构和接口为例，介绍 UMTS 网元和接口功能。

3.2.2　UMTS 网元和接口功能

UMTS 网络系统结构如图 3-4 所示，包括的网元和接口功能如下。

1. UE

UE 完成人与网络间的交互，通过 Uu 接口与无线接入网相连，与网络进行信令和数据交换。UE 用来识别用户身份和为用户提供各种业务功能，如普通话音、数据通信、移动多媒体、Internet 应用等。UE 主要由移动设备（Mobile Equipment，ME）和通用用户识别模块（Universal Subscriber Identity Module，USIM）两部分组成。

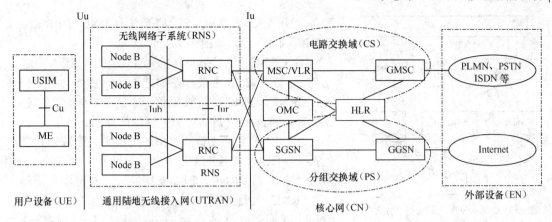

图 3-4　UMTS 网元和接口

① ME，即通常所说的手机，有车载型、便携型和手持型。移动设备提供用户与无线接入网相连的交互界面，具有与网络进行信令和数据交换的能力，为用户实现各种业务功能和服务。移动设备包括射频处理单元、基带处理单元、协议栈模块以及应用层软件模块等部件。

② USIM 的物理特性与 GSM 的 SIM 卡基本相同。USIM 提供 3G 用户身份识别，储存移动用户的签约信息、电话号码、多媒体信息等，提供保障 USIM 信息安全可靠的安全机制。

Cu 接口是 USIM 和 ME 之间的接口，Cu 接口采用标准接口。

2. UTRAN

UTRAN 位于 2 个开放接口 Uu 和 Iu 之间，完成所有与无线有关的功能。UTRAN 主要功能有宏分集处理、移动性管理、系统的接入控制、功率控制、信道编码控制、无线信道的加密与解密、无线资源配置、无线信道的建立和释放等。UTRAN 由 1 个或几个无线网络子系统（Radio Network Subsystem，RNS）组成，RNS 负责所属各小区的资源管理。每个 RNS 包括 1 个无线网络控制器（Radio Network Controller，RNC）、1 个或几个 Node B（即通常所称的基站，GSM 系统中对应的设备为 BTS）。

（1）Node B

Node B 的主要功能是 Uu 接口物理层的处理，如扩频、信道编码、速率匹配、交织、调制和解扩、信道解码、解交织和解调，还包括基带信号和射频信号的相互转换功能，无线资源管理部分控制算法的实现等。

Node B 逻辑功能模块包括基带处理部件，射频收发放大器、射频收发系统、基带部分和天线接口单元等部件。Node B 受 RNC 控制，与 RNC 的接口为 E1 或 STM-1。

（2）RNC

RNC 主要完成连接建立和断开、切换、宏分集合并和无线资源管理控制等功能，分为如下 3 类。

① 系统信息管理。执行系统信息广播与系统接入控制功能。

② 移动性管理。切换和 RNC 迁移等移动性管理。

③ 无线资源管理与控制。宏分集合并、功率控制、无线承载分配等无线资源管理和控制功能。

（3）CRNC，SRNC，DRNC 的概念

由于 WCDMA 网络存在软切换，可能存在 1 个 UE 和 1 个或多个无线网络子系统（RNS）中的 RNC 连接的情况，因此针对 RNC 所起作用的不同，引入控制 RNC（Control RNC，CRNC）、

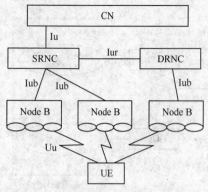

图 3-5　CRNC，SRNC，DRNC 作用示意图

服务 RNC（Server RNC，SRNC）、漂移 RNC（Drift RNC，DRNC）的概念，如图 3-5 所示。

① CRNC 控制 Node B 的操作与维护、接入控制等功能，并与 Node B 直接存在物理连接的 RNC 称为 Node B 的 CRNC。CRNC 负责管理整个小区的资源，命令 Node B 配置、重配置或删除对小区资源的使用。

② SRNC 负责 UE 和 CN 之间的无线连接的管理，1 个与 UTRAN 相连的 UE 有并且只能有 1 个 SRNC，通常 SRNC 即是 CRNC，但在软切换过程中可以有例外。

SRNC 负责启动/终止用户数据的传送、控制和 CN 的 Iu 连接以及通过无线接口协议和 UE 进行信令交互。SRNC 执行基本的无线资源管理操作，如无线资源的分配、释放和重配置，切换判决和外环功率控制等。

③ DRNC。除了 SRNC 以外，UE 所用到的其他 RNC 称为 DRNC，1 个 UE 可以没有也可以有 1 个或多个 DRNC。1 个 DRNC 可以与 1 个或多个 UE 相连。DRNC 不与 CN 直接相连。DRNC 控制 UE 使用的小区资源，可以进行宏分集合并、分裂。和 SRNC 不同的是，DRNC 不对用户平面的数据进行数据链路层的处理，而在 Iub 和 Iur 接口间进行透明的数据传输。

需要指出以上 3 个概念是从逻辑上进行描述的。实际 1 个 RNC 通常包含 CRNC，SRNC，DRNC 的功能，这 3 个概念是从不同层次上对 RNC 的描述。CRNC 是从管理整个小区公共资源的角度引出的概念。而 SRNC 和 DRNC 是针对 1 个具体的 UE 和 UTRAN 的连接中，从专用数据处理的角度进行区分的。

（4）UTRAN 接口与协议

UTRAN 接口均为开放的标准接口，不同厂家的设备可以很容易地互联互通。

Uu 接口是 WCDMA 系统的无线接口。UE 通过 Uu 接口接入到 UMTS 系统的固定网络部分 UTRAN，Uu 接口是 UMTS 系统中最重要的开放接口。Iu 接口是连接 UTRAN 和 CN 的接口。类似于 GSM 系统的 A 接口和 Gb 接口。Iub 接口是连接 Node B 与 RNC 的接口。Iur 接口是 RNC 之间连接的接口，Iur 接口是 UMTS 系统特有的接口，用于对 UTRAN 中移动台的移动管理。比如在不同的 RNC 之间进行软切换时，移动台所有数据都是通过 Iur 接口从正在工作的 RNC 传到 DRNC。UTRAN 接口和协议见表 3-1。

表 3-1　　　　　　　　　　　　　　　UTRAN 接口和协议

接口名称	接口位置	协议
Iu	CN-UTRAN	RANAP
Iur	RNC-RNC	RNSAP
Iub	RNC-Node B	NBAP
Uu	Node B-UE	WCDMA

3．核心网

核心网（CN）承担各种类型业务的提供以及定义，包括用户的描述信息、用户业务的定义还有相应的一些其他过程。UMTS 核心网负责内部所有的语音呼叫、数据连接和交换，以及与其他网络的连接和路由选择的实现。不同协议版本核心网之间存在一定的差异。

R99 版本的核心网完全继承了 GSM/GPRS 核心网的结构，由电路域（CS）和分组域（PS）

组成，兼容 2G 无线接入和 WCDMA 无线终端接入。CS 域负责电路型业务，由 GMSC，MSC 和 VLR 等功能实体组成。PS 域实现移动数据分组业务，由 SGSN 和 GGSN 组成，而 HLR，AuC 等功能实体由电路域和分组域共用。R4 版本在电路域提出了承载独立的核心网，运用分层设计的思想，实现业务逻辑与控制、承载之间的分离，引入了软交换技术，达到了 CS 域传输和 PS 域分组传输的相互独立和统一，保证网络层的协议能独立于不同的传输方式（ATM，IP，STM 等传输方式）。R5 版本则叠加了 IP 多媒体子系统，包括提供 IP 多媒体业务的所有实体。R6 以后的版本，网络结构方面变化不大，主要是对已有功能的增强，或增加一些新的功能。核心网结构将在下节专门进行分析。

4．外部网络

核心网（EN）的电路交换域（CS）通过 GMSC 与外部网络相连，如公用电话交换网（PSTN）、综合业务数据网（ISDN）及其他公共陆地移动网（PLMN）。

核心网的 PS 通过 GGSN 与外部的 Internet 及其他分组数据网（PDN）等相连。

3.2.3　基于 R99，R4，R5/R6 的核心网结构

UMTS 核心网的标准化工作由 3GPP 组织完成。从网络演进的角度看，R99 网络中核心网完全继承了 GSM/GPRS 的结构，包括电路域和分组域两部分，引入了新的无线接入技术（WCDMA），兼容 GSM/GPRS 无线终端接入。R4 网络中的主要变化是在核心网电路域提出了承载和控制独立的概念，而在无线接入网没有太多变化。在 R5 网络中，核心网叠加了 IP IMS，无线接入网引入了高速下行分组接入（High Speed Downlink Packet Access，HSDPA）技术，无线接入网和核心网中采用全 IP 传输。在 R6 网络中，网络架构变化不大，考虑更多的是增加了新的功能或对已有功能的增强。目前 R8 版本已于 2008 年 12 月冻结，3GPP 中还有 R9 等版本在同时进行研究。

1．R99 网络结构及接口

（1）R99 网络结构

R99 版本网络结构如图 3-6 所示，图中所有功能实体都可作为独立的物理设备，在实际应用中一些功能实体可以组合到同一个物理实体中，如 MSC/VLR，HLR/AuC，SGSN/MSC/VLR 等，相应接口将变为内部接口。

R99 版本电路域的功能实体包括 GMSC，MSC，VLR 等。可以根据需求的不同将 MSC 设置为短消息-交换中心（SMS-GMSC）、短消息-移动交换中心（SMS-IWMSC）等。为实现不同网络间互通，系统配置了互操作功能（IWF），IWF 通常与 MSC 组合在一起。

R99 版本分组域的功能实体包括服务 GPRS 支持结点（SGSN）和网关 GPRS 支持结点（GGSN），作为无线用户和固定网络之间分组交换业务的桥梁，为用户提供分组数据业务。

R99 版本核心网还包括 CS 域和 PS 域共用的 HLR，AuC，EIR 等功能实体。各功能实体间通过不同的接口相连，与 GSM/GPRS 网络结构相比，增加了 Iu 接口，核心网通过 A 接口和 Gb 接口可以与 GSM/GPRS 无线网络相通，保证了系统与 GSM/GPRS 系统的兼容性。为支持 3G 业务，有些功能实体需增添相应的接口协议，另外需对原有的接口协议进行改进。

（2）R99 核心网的接口与协议

R99 核心网的接口协议见表 3-2。R99 版本核心网电路域中，A 接口和 Abis 接口及协议定义在 GSM 08-series 技术规范中。B，C，D，E，F 和 G 接口是以 No.7 信令方式实现相应的移动应用部分（MAP）协议，物理连接采用 2.048Mbit/s 的 E1 链路，用来完成数据交换。H 接口未提供标准协议，为内部接口。

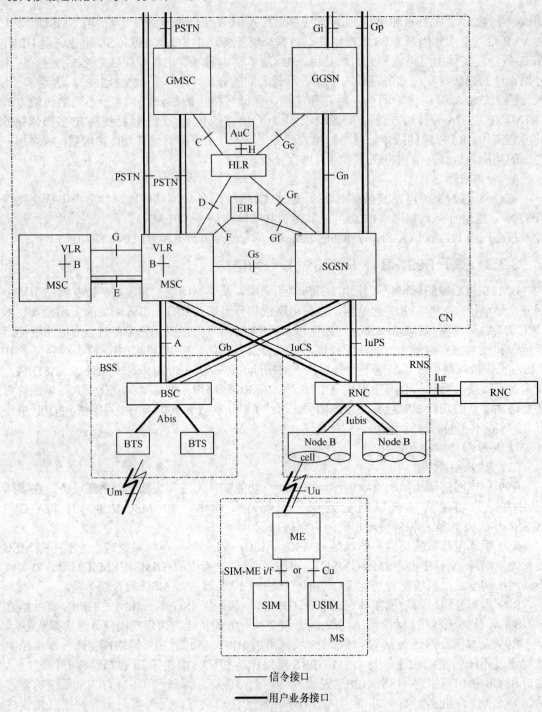

图 3-6　R99 版本网络结构图

　　Iu-CS 接口定义在 UMTS 25.4xx-series 技术规范中，为新增的接口。Iu-CS 接口是 MSC 与 RNS 之间的接口，用于在 MSC 与 RNS 接口间信息交互，其实现的主要功能为 RNS 管理、呼叫处理和移动性管理。

表 3-2　　　　　　　　　　　　　　　R99 核心网的接口协议

接口名	连接实体	信令协议	接口名	连接实体	信令协议
A	MSC—BSC	BSSAP	Ga	GSN—CG	GTP
Iu-CS	MSC—RNS	RANAP	Gb	SGSN—BSC	BSSGP
B	MSC—VLR		Gc	GGSN—HLR	MAP
C	MSC—HLR	MAP	Gd	SGSN—SMS-GMSC/IWMSC	MAP
D	VLR—HLR	MAP	Ge	SGSN—SCP	CAP
E	MSC—MSC	MAP	Gf	SGSN—EIR	MAP
F	MSC—EIR	MAP	Gi	GGSN—PDN	TCP/IP
G	VLR—VLR	MAP	Gp	GSN—GSN（Inter PLMN）	CTP
Gs	MSC—SGSN	BSSAP+	Gn	GSN—GSN（Intra PLMN）	CTP
H	HLR—AuC		Gr	SGSN—HLR	MAP
	MSC—PSTN/ISDN/PSPDN	TUP/ISUP	Iu-PS	SGSN—RNC	RANAP

R99 版本核心网分组域中，Gb 接口定义在 GSM 08.14，08.16 和 08.18 技术规范中；Gc/Gr/Gf/Gd 接口则是基于 No.7 信令的 MAP 协议，物理连接采用 E1 链路；Gs 实现 SGSN 与 MSC 之间的联合操作，减少系统信令链路负荷，基于 BSSAP+协议。Ge 基于 CAP 协议，Gn/Gp 接口采用基于 IP 的 GTP 升级后的协议，Ga/Gi 协议没有太大改动。

R99 版本新增的 Iu-PS 接口定义在 UMTS 25.4xx-series 技术规范中。Iu-PS 接口是 SGSN 与 RNC 间的接口，用于 RNC-SGSN 接口间信息交互，实现的主要功能为会话管理和移动性管理。

2. R4 网络结构及接口

（1）R4 网络结构

R4 版本与 R99 版本相比，R4 网络中的主要变化是在核心网电路域提出了承载和控制独立的概念，引入了软交换技术，导致了核心网功能实体发生变化。MSC 根据需要可分成（2个不同的实体）MSC 服务器（MSC Server）和电路交换媒体网关（CS-Media Gate Way，CS-MGW）。MSC Server 和 CS-MGW 共同完成 MSC 功能，VLR 和 MSC 服务器组合到一起。GMSC 也分成 GMSC 服务器（GMSC-Server）和 CS-MGW 2 个功能实体。R4 版本中 PS 域的功能实体 SGSN 和 GGSN 没有改变，与外界的接口也没有改变。其他的功能实体 HLR，AuC，EIR 等，相互间关系也没有改变，如图 3-7 所示。

R4 核心网电路域变化的实体功能介绍如下。

① MSC Server。MSC Server 用来处理信令，独立于承载协议。它主要由 MSC 的呼叫控制和移动控制单元组成，负责完成 CS 域的呼叫、媒体网关管理、移动性管理、认证、资源分配、计费等功能，还包括 R4 版本核心网电路域提供的其他业务。

MSC Server 可以与 VLR 一起配置，完成移动用户业务数据和相关移动网络增强逻辑用户化应用（CAMEL）数据的存储、查询和管理等功能。MSC Server 终结用户-网络信令，并将其转换成网络-网络信令，位于端局时，通常与 VLR 一起配置。

② CS-MGW。CS-MGW 用来处理用户数据，可以终结电路交换网络来的承载通道，也可以终结分组交换网来的媒体流，如 IP 网中的实时协议（RTP）数据流。

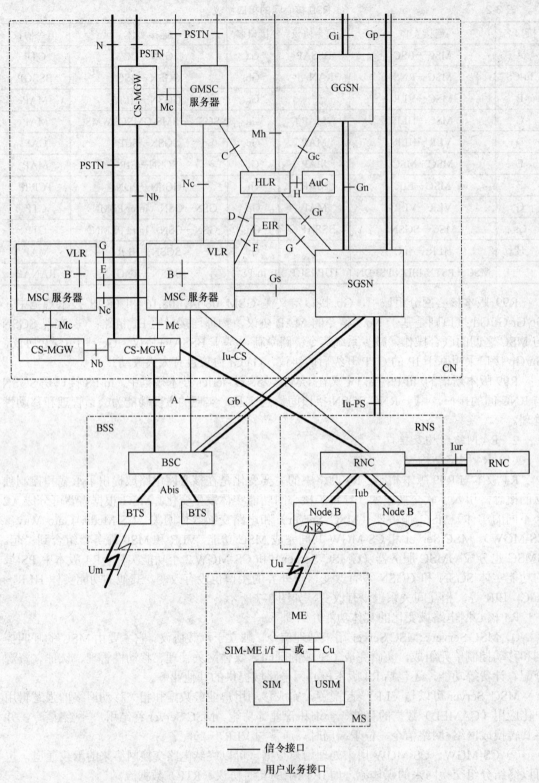

图 3-7 R4 网络结构图

CS-MGW 通过 Iu 接口使 CN 和 UTRAN 连接，负责核心网电路域和接入网间语音和数据的交互，可支持媒体转换、承载控制和有效载荷处理，如多媒体数字信号编解码器、回音消除器、会议桥等，可支持基于 ATM 的适配层 2（AAL2/ATM），或基于 RTP/UDP/IP 的 CS 业务不同的 Iu 选项。

CS-MGW 作为关口局时，处于网间互连的位置，实现语音和数据的交互，以及承载媒体的转换，如图 3-7 所示与 PSTN 网络的互通。CS-MGW 可以起到汇接局的作用，实现同质数据流和承载媒体类型的汇接，具有话音数据流和承载媒体汇接功能。CS-MGW 还应具有必要的资源来支持 UMTS/GSM 传输媒体。CS-MGW 的承载控制和有效载荷处理能力也用来支持移动性功能，如 SRNS 重分配/切换和定位。

③ GMSC Server。GMSC Server 主要由 GMSC 的呼叫控制和移动控制单元组成，负责与其他网络（PSTN/ISDN/PLMN）的互通，实现 GMSC 的呼叫管理、路由和移动性管理，控制 MGW 交换等。

R4 版本与 R99 版本相比，增加了低码片速率的 TDD 模式，即 TD-SCDMA 系统的空中接口标准。

R4 网络在无线接入网网络结构方面没有变化，但在无线接入技术方面也针对 WCDMA 规范作了改进。比如，增加了 Node B 的同步选项，降低了对 TDD 的干扰和网管的实施，规范了直放站的使用，增加了无线接入承载 QoS 协商，使得无线资源管理效率更高等。

（2）R4 核心网的接口与协议

R4 核心网实现了控制与承载的分离，除新增接口外，R4 核心网的接口、实现方式和功能与 R99 相似。核心网新增接口与协议见表 3-3。

表 3-3   R4 核心网新增接口与协议

接口名	连接实体	信令与协议
Mc	（G）MSC Server—CS-MGW	H.248
Nc	MSC Server—（G）MSC Server	ISUP，BICC
Nb	CS-MGW—CS-MGW	RTP/UDP/IP AAL2，STM，H.245
R99 全部接口名	R99 全部连接实体	R99 全部信令与协议

R4 版本中新增的接口在协议中也被称为参考点，但没有明确指出接口和参考点的区别。通常认为它们具有相同的含义。R4 核心网的新增接口及功能如下。

① Mc 接口。（G）MSC 服务器与 CS-MGW 间的接口，承载方式为 IP（网络间互联协议）和 ATM，遵从 H.248 标准。Mc 接口支持不同呼叫模式和媒体处理方式的灵活连接，支持开放结构，可以根据需要进行扩展，可以动态共享 MGW 物理结点资源，也支持动态共享不同域间的传输资源。能实现特殊的移动网络功能，如 SRNC 重定位和切换等。

H.248 是媒体网关控制协议，用于物理分开的多媒体网关单元控制的协议，能把呼叫控制从媒体转换中分离出来。

② Nc 接口。MSC Server 与（G）MSC Server 间的接口，通过该接口，使不同网络间的通话能顺利进行。如果 Nc 接口承载方式为 IP 和 ATM，Nc 接口将采用与承载无关的呼叫控制（Bear Independent Call Control，BICC）协议。如果 Nc 接口承载方式为 TDM，Nc 接口将采用综合业务数字网用户部分（ISUP）。比如 Nc 的协议可以是 ISUP 或改进 ISUP。在软交换系统间的互通协议方面，电话业务域间采用 BICC 协议，多媒体业务域之间采用会话初始协议（Session Initiation Protocol，SIP），电话业务域和多媒体业务域之间采用 BICC 协议。

BICC 协议是 ITU-TSG11 小组制订的。BICC 协议的主要目的是解决呼叫控制和承载控制分离的问题，使呼叫控制信令可在各种网络上承载，包括 MTP（消息传递部分）、SS7 网络、ATM 网络、IP 网络。BICC 协议由 ISUP（ISDN 用户部分）演变而来，是传统电信网络向综合多业务网络演进的重要支撑工具。

SIP）是一个应用层的信令控制协议，用于创建、修改和释放 1 个或多个参与者的会话。这些会话可以是 Internet 多媒体会议、IP 电话或多媒体分发。会话的参与者可以通过多播（Multicast）、单播（Unicast）或两者的混合体进行通信。

③ Nb 接口。CS-MGW 与 CS-MGW 间的接口，用于执行承载控制和数据传输。用户数据的传输方式可以是 RTP/UDP/IP 或 AAL2/ATM。Nb 接口上的用户数据传输和承载控制可以有不同的方式，如同步传送模式（STM），RTP/H.245 方式等。

H.245 是 H.323 多媒体通信体系中的控制信令协议，主要用于处于通信中的 H.323 终点或终端间的端到端 H.245 信息交换。

3. R5 网络结构及接口

R5 版本是全 IP（或全分组化）的第一个版本，R5 版本的 PLMN 基本网络结构（无 IMS 部分）如图 3-8 所示。R5 版本的网络结构和接口形式与 R4 版本基本一致，所不同的是当 PLMN 包括 IMS 时，HLR 被归属用户服务器（HSS）所替代；BSS 和 CS-MSC，MSC 服务器之间支持 A 接口以及 Iu-CS 接口；BSC 和 SGSN 之间也同时支持 Gb 及 Iu-PS 接口。

R5 版本在无线接入网方面的改进如下。

① 提出高速下行分组接入（HSDPA）技术，使下行数据速率峰值可达 14.4Mbit/s。HSDPA 技术将在后面的章节介绍。

② Iu, Iur, Iub 接口增加了基于 IP 的可选择传输方式，保证无线接入网实现全 IP 化。

R5 版本在 CN 方面，在 R4 基础上增加了 IP IMS，它和 PS 域一起实现了实时和非实时的多媒体业务，并可实现与 CS 域的互操作，包括 IMS 子系统的 R5 版本网络结构如图 3-9 所示。

IMS 是在基于 IP 的 PS 域的基础上构架的，IMS 控制平面信令采用基于 IP 的 SIP。具有 IMS 功能的移动终端由 WCDMA 接入网（或其他无线接入网）接入网络，与分组域的 GGSN 经 Go 接口与 IMS 网络呼叫会话控制功能实体（CSCF）相连，由 IMS 网络负责信令的处理，IMS 引发的数据传输直接由 GGSN 连接到外部应用服务器或数据网。

4. R6 版本网络结构

与 R5 版本相比，网络结构没有太大的变动，主要是对已有功能的增强，增加了一些新的功能特性。R6 研究的主要内容如下。

① PS 域与承载无关的网络框架，研究是否在分组域也实行控制和承载的分离，将 SGSN 和 GGSN 分为 GSN Server 和媒体网关的形式。

② 在网络互操作方面，研究 IMS 与 PLMN/PSTN/ISDN 等网络的互操作，以实现 IMS 与其他网络的互联互通；研究 WLAN-UMTS 网络互通，保证用户使用不同的接入方式时切换不中断业务。

③ 在业务方面，研究包括 MBMS 业务、Push 业务、Presence、PoC 业务、网上聊天业务及数字权限管理等。

④ 无线接入方面采用的新技术有 OFDM 技术、MIMO 技术、高阶调制技术和新的信道编码方案等，OFDM 和 MIMO 也是后 3G 的重点技术。

⑤ R6 的 HSUPA，理论峰值数据速率可达 5.76Mbit/s；R6 的 HSDPA，理论峰值数据速率可达 30Mbit/s。

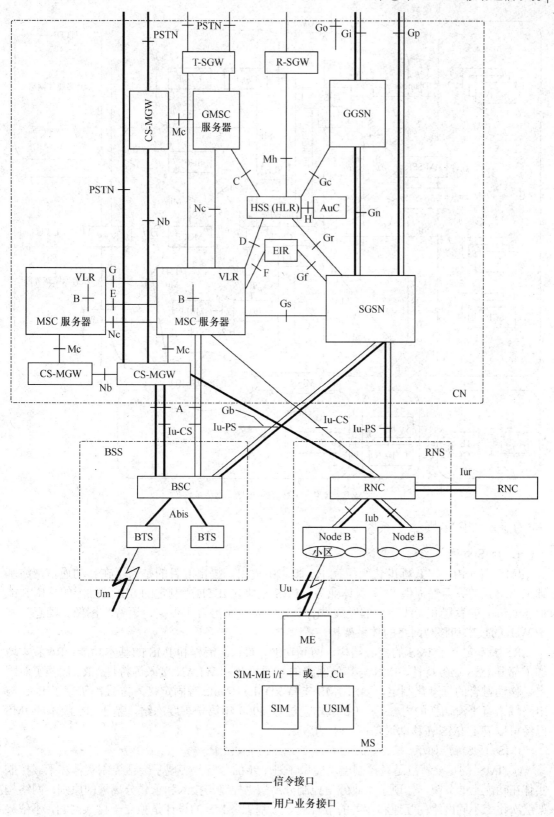

图 3-8　R5 网络结构

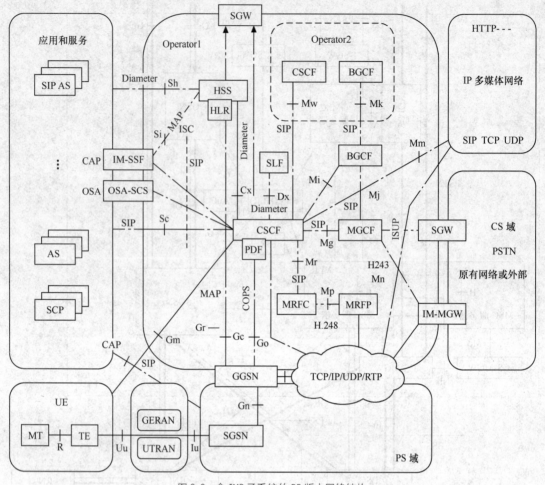

图 3-9　含 IMS 子系统的 R5 版本网络结构

3.2.4　IP 多媒体子系统

1. IMS 概述

IMS 首先由 3GPP 标准化组织在 R5 版本中提出，提出的目的是为了在移动通信网络基础上以最大的灵活性提供 IP 多媒体业务。IMS 是建立 IETF 所制定的 SIP 基础上的。IMS 能把 Internet 的发展和无线通信的发展结合起来，是一个融合了数据、语音、图像、消息、基于 Web 的技术和移动网络的体系架构。

R5 版本定义了 IMS 的核心结构、网元功能、接口、流程和 IMS 的基本功能；R6 版本增加了部分 IMS 业务特性、IMS 与其他网络的互通规范和 WLAN 接入等特性；R7 加强了对固定、移动融合的标准化制定，要求 IMS 支持 xDSL，Cable 等固定接入方式，研究了 IMS 与电路域语音平滑切换的内容等。R6 版本已经在 2005 年第一季度冻结，基于 R6 版本的 IMS 已经可以满足 IMS 在移动通信网络中的应用。

IMS 主要特点如下。

① IMS 的重要特点是对控制层功能做了进一步的分解，实现了会话控制实体和承载控制实体在功能上的分离，体现了"业务与控制分离"、"控制与接入和承载分离"的原则，网络构架层次化为不同网络的互通和业务的融合奠定了基础。IMS 的设计是独立于接入网的，不依赖

于任何接入技术和接入方式。通过利用核心网的设备，使得不同的用户终端用不同的接入方式接入 IMS 网络，支持各种融合业务的公共平台，提供新型的基于 IP 的交互式多媒体业务。

② IMS 继承了移动通信系统特有的网络技术，继续使用归属网络和访问网络的概念，支持用户全程全网漫游能力，具有切换功能，集中用户数据管理等。

③ IMS 中重用了 IETF 组织制定的互联网技术和协议。会话控制层采用了具有灵活性和标准化的开放接口 SIP。网络层选用 IPv6，同样运用域名系统（Domain Name System，DNS）协议进行地址解析。终端用户安全认证、授权和计费沿用计算机网络中 AAA 方式，使用 RADIUS 协议基础上开发的 Diameter 协议。

④ IMS 业务应用平台支持多种业务，能为 SIP 用户提供全程全网漫游能力和虚拟归属业务环境（VHE）能力。IMS 在原有 UMTS 技术基础上，提供根据用户、业务、数据流、内容、事件、时间等的更多计费手段，通过新的在线计费功能，运营商还可以实时控制业务流程。

⑤ IMS 由多个标准化组织定义并发展完善，如 3GPP/3GPP2，ITU-T，IETF 和 ETSI 等，IMS 越来越受到业界的关注。

2. IMS 的主要功能实体

3GPP IMS 的主要功能实体如图 3-10 所示，包括 CSCF、HSS、媒体网关控制功能（MGCF）、IP 多媒体-媒体网关功能（IM-MGW）、多媒体资源功能控制器（MRFC）、多媒体资源功能处理器（MRFP）、签约定位器功能（SLF）、出口网关控制功能（BGCF）、信令网关（SGW）、应用服务器（AS）、多媒体域业务交换功能（IM-SSF）、业务能力服务器（OSA-SCS）等。

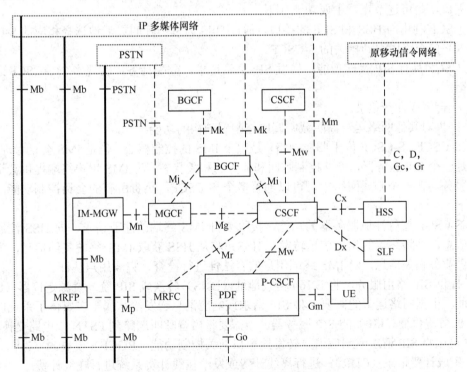

图 3-10 IMS 的主要功能实体示意图

按功能划分，IMS 的主要功能实体大致分为会话管理和路由类（CSCF）、数据库（HSS，SLF）、网间互通（BGCF，MGCF，IM-MGM，SGW）、业务提供类（AS，MRFC，MRFP）、支撑（SEG，PDF）和计费（CHF）类 6 大类别。下面简要介绍主要功能实体的功能。

（1）呼叫会话控制功能

呼叫会话控制功能（CSCF）是 IMS 网络中最重要的功能实体之一，是 1 个 SIP 服务器，负责处理 SIP，IMS 中信令信号。CSCF 实现多媒体会话控制、地址翻译，以及对业务协商进行服务转换等功能。根据 CSCF 在网络中的位置和实现功能的不同，CSCF 分为代理 CSCF（P-CSCF）、查询 CSCF（I-CSCF）和服务 CSCF（S-CSCF）3 类，可以在 1 个物理实体上实现，不过 CSCF 功能只能属于以上 3 类之一。

① P-CSCF。P-CSCF 位于被访问网络，是 IMS 终端访问 IMS 的入口点，即 IMS 终端发出或者 IMS 终端接收的所有的请求都要通过 P-CSCF，P-CSCF 主要功能如下。

a. P-CSCF 功能相当于 SIP 的代理服务器，负责对双向的 SIP 信令流进行转发，即来自或发送给 IMS 移动台的 SIP 信令流都必须经过 P-CSCF。

b. P-CSCF 还具有和安全有关的功能，P-CSCF 在该终端发起注册规程时得到该服务器的名字，承载资源的鉴权，对 SIP 信令提供保护，支持终端与 P-CSCF 间的加密过程。

c. 生成计费记录。

d. P-CSCF 和 IMS 终端间实现对 SIP 消息进行压缩与解压缩处理功能。

e. P-CSCF 内部的策略判决功能（PDF）模块对多媒体业务的 QoS 要求进行策略判决，管理服务质量。

② I-CSCF。I-CSCF 位于用户归属网络，是从访问网络到归属网络的入口点，也是 IMS 与其他 PLMN 的主要连接点，所有从 IMS 外来的 IMS 信息都要先访问 I-CSCF，相当于 IMS 网络的关口，是可选节点，主要功能如下。

a. CSCF 利用与 HSS 和 SLF 的接口，通过 HSS 为每个呼叫灵活地选择相应的 S-CSCF，并通过 SIP 信令路由得到相关的 S-CSCF。

b. CSCF 具有 SIP 代理功能，转发 SIP 会话请求，分配话务，实现多个 S-CSCF 之间的负荷平衡。

c. 配合生成计费记录。

d. 提供对其他网络运营商隐藏归属网络配置结构的功能。

③ S-CSCF。S-CSCF 位于归属网络，是整个 IMS 的控制核心，也是 IMS 会话管理结点，本质上是一个 SIP 服务器，能够控制呼叫和业务的相关状态，为 IMS 用户终端提供会话控制和注册服务。在一个归属网络中，可以部署多个 S-CSCF，负责所有的会话控制功能。主要功能如下。

a. S-CSCF 履行注册服务器的功能，接收来自 IMS 终端的注册请求，向 HSS 注册自身的地址信息，并将终端的相关信息转发至 HSS，将从 HSS 获取 IMS 终端签约信息，为终端用户提供业务相关信息，对 IMS 终端用户的合法性进行检查，完成用户认证。

b. 提供 SIP 路由服务，将 E.164 格式地址（DNS）转换成 SIP 统一资源定位器（URL）格式地址。根据网络运营的需要，将 SIP 请求或响应消息转发给从属于多媒体子系统以外的 Internet 服务提供商（ISP）的 SIP 服务器。当需要将语音呼叫选路到 PSTN 或电路交换域时，S-CSCF 可以将 SIP 请求或响应消息转发给出口网关控制功能（BGCF）模块。

c. 生成计费记录（CDR），进行离线计费或发给在线计费系统进行在线计费。

（2）媒体网关控制功能

媒体网关控制功能（MGCF）是使 IMS 用户和 CS 域用户之间可以进行通信的网关，IMS 用户和 CS 用户间的所有会话的控制信令都要经过 MGCF。MGCF 的主要功能如下。

① 控制 IM-MGW 中媒体信道与连接控制相关部分的呼叫状态。

② IMS 用户和 CS 用户之间可以进行通信的网关。

③ 根据从传统网络中来的呼叫路由号码选择 CSCF，与 CSCF 通信。

④ 进行 CS 用户与 IMS 的呼叫控制协议的转换，完成 ISUP/BICC 与 SIP 间的转换。

⑤ 接收本网络以外的信息并转发到 CSCF/IM -MGW。

（3）归属用户服务器

归属用户服务器（HSS）是 IMS 中的中心数据库，由 R5 版本之前的 HLR 升级而来，不仅服务 CS 域、PS 域，提供 HLR/AuC 功能，还能满足 IMS 子系统的相关功能，主要功能如下。

① HSS 用于存储所有用户和业务相关的数据信息。存储在 HSS 中的数据主要分为用户安全数据、位置信息、接入参数和用户服务签约信息等。HSS 与 CSCF 之间的接口为 Cx 接口，协议为 Diameter。

② 通过该接口 IMS 用户获取所要求的 S-CSCF 信息，将基本的 IMS 签约信息下载到 S-CSCF。

③ 在注册过程中执行用户接入和漫游权限的识别，提供用户/网络所需的鉴权信息。

④ HSS 提供与 IM-SSF 接口，实现电路域的 CAMEL/INAP 业务在 IMS 网络的继承；

⑤ 提供与增值业务平台 SIP AS，OSA-SCS，SCP 接口。

（4）IP 多媒体—媒体网关

IP 多媒体—媒体网关（IM-MGW）提供电路交换域的网络（PSTN，GSM）和 IMS 之间的用户平面连接。它终结来自电路交换网的承载信道和来自分组数据网（如 IP 网络中的 RTP 流）的媒体流，并执行这些终结之间的转换。IM-MGW 拥有并维护回声消除器、编码器等资源，IM-MGW 受 MGCF 控制进行资源管理。

（5）多媒体资源功能

多媒体资源功能（MRF）在归属网络提供多媒体信息源，包括多媒体资源功能控制器（MRFC）和多媒体资源功能处理器（MRFP）2 部分，这 2 部分分别完成媒体流的控制和承载功能。MRFC 用于支持与承载相关的服务，通过 H.248 和 RTSP 控制 MRFP 资源，产生相应的计费记录。MRFP 包括会议桥、通知音和声码器等资源，提供被 MRFC 所请求和指示的多媒体资源，如混合到达的媒体流（有多个通话方存在），媒体流的处理（语音转换、媒体分析）等。

MRFC 与 S-CSCF 通过 Mr 接口相连，MRFC 通过 Mp 接口控制 MRFP，Mp 接口连接 IPv6 网络。通常由 AS 通过 S-CSCF 提出资源请求，MRFC 依据相应请求，分配会议标识、多方通话时语音数据的混合等相应的资源。

（6）签约定位器功能

签约定位器功能（SLF）作为一种地址解析机制，应用在网络中部署了多个独立可寻址的 HSS 时，SLF 作为一个简单的数据库，用来将用户地址映射到不同的 HSS。通过查询 SLF，使得 I-CSCF，S-CSCF 和 AS 能够找到拥有给定用户身份的签约数据的 HSS 地址。SLF 通过 Dx 接口接入 IMS，对于单个 HSS 的网络环境并不需要 SLF。

（7）出口网关控制功能

出口网关控制功能（BGCF）是一个 SIP 服务器，根据 S-CSCF 的请求，负责选择到 CS 域或 PSTN 互通的出口位置，所选择的出口点既可以与 BGCF 处于同一网络中，也可以处于另一个网络中。如果 BGCF 与出口点处于同一网络中，选择相连的 MGCF，并把 SIP 信令前转给 MGCF；如果 BGCF 与出口点不在同一网络中，BGCF 就把 SIP 信令转发给与电路交换域相连网络的 BGCF，进行进一步的会话处理；对于不同运营商的 IMS 网络互通，不需经过 BGCF。

（8）应用服务器

应用服务器（AS）是在 IMS 中提供增值多媒体服务的 SIP 实体，不仅可以向 IMS 提供多媒体服务，也可以向其他网络提供业务；可以位于用户所在网络中，也可位于第三方网络中。AS 所提供的服务并不只局限于基于 SIP 的服务，还可以与移动增强逻辑的特定用户应用（Customized Applications for Mobile Enhanced Logic，CAMEL）IP 相连接，提供多媒体服务交换功能。1 个 AS 可以专用于提供 1 个服务，也可以提供多个服务；而用户可以拥有多种服务，所以 1 个用户可以拥有 1 个或多个 AS。

（9）信令网关

信令网关（SGW）连接 CS（PSTN）网络，用于不同信令网的互联，负责传输层信令的转换。它与 MGCF 之间通过 H.248 进行交互，实现 SS7 的信令传输和基于 IP 的信令传输间的信令转换。SGW 能够检测会话的发生，并通知 MGCF。但 SGW 不对应用层（如 BICC，ISUP）的消息进行解释。

3. IMS 接口及协议

3GPP IMS 接口及协议汇总见表 3-4。

表 3-4　　　　　　　　　　　　　　　IMS 接口及协议汇总

参考点	对应的实体	协议
Gm	UE—CSCF	SIP
Mw	P-CSCF—I-CSCF—S-CSCF	SIP
Cx	CSCF—HSS	Diameter
Dx	CSCF—SLF	Diameter
Sh	SIP AS—OSA SCS—HSS	Diameter
Si	IM-SSF—HSS	MAP
Dh	SIP AS—OSA—SCF—IM-SSF—HSS	Diameter
Mg	MGCF—CSCF	SIP
Mi	CSCF—BGCF	SIP
Mj	BGCF—MGCF	SIP
Mk	BGCF—BGCF	SIP
Mr	CSCF—MRFC	SIP
Mp	MRFC—MRFP	H.248
Mn	MGCF—IM-MGW	H.248
Ut	UE—AS	HTTP
Go	PDF—GGSN	COPS
Gq	CSCF—PDF	Diameter

各主要参考点特点及功能简介如下。

① Gm 连接了 UE 和 IMS 网络，是用户终端（UE）与 P-CSCF 间的接口，采用基于 UDP/IP 承载的 SIP，用于传输 UE 和 IMS 之间的所有 SIP 信令消息。通过 Gm 参考点完成的 3 类功能为注册、会话控制和事务处理。

② Mw 就是负责 CSCF 内部的参考点，支持 P-CSCF，I-CSCF，S-CSCF 之间的信息交互，同样采用基于 UDP/IP 承载的 SIP。通过 Mw 参考点完成的功能也大致分为 3 类，即注册、

会话控制和事务处理。

③ Mg 参考点将电路交换域的边缘功能实体 MGCF 连接到 IMS，实现与 CS 域（PSTN）网络的互通。通过 Mg 参考点，MGCF 可以将来自 CS 域的会话信令转发到 I-CSCF，以及 MGCF 到 S-CSCF 的 SIP 会话双向路由功能。Mg 参考点使用的协议是基于 UDP/IP 承载的 SIP。

④ Mn 参考点描述 MGCF 和 IM-MGW 之间的接口，MGCF 通过该接口，对接入的不同呼叫模型、不同媒体等进行控制。该参考点使用了基于 SCTP/IP 承载的 H.248 协议。

⑤ Mi 参考点是 BGCF 与 CSCF 间的接口。当 S-CSCF 探测到会话需要被路由到电路交换域（PSTN）时，将使用 Mi 参考点将这个会话转发给 BGCF，完成 BGCF 和 CSCF 之间的会话控制信令的传递。Mi 参考点使用的协议是基于 UDP/IP 承载的 SIP。

⑥ Mj 参考点是 BGCF 与 MGCF 间的接口。当 BGCF 通过 Mj 参考点接收到一个会话信令的时候，它会选择出口到电路交换域，若出口在相同的网络，它就会通过 Mj 参考点将这个会话转发给 MGCF，完成 BGCF 和 MGCF 之间的会话控制信令的传递功能。Mj 参考点使用的协议是基于 UDP/IP 承载的 SIP。

⑦ Mk 参考点是 BGCF 与 BGCF 间的接口，主要用于主被叫不在同一个网络的呼叫。当 BGCF 通过 Mi 参考点接收到一个会话信令时，它会选择出口的电路交换域，若出口在另一个网络，那么它就会通过 Mk 参考点转发给另一个网络中的 BGCF。Mk 参考点使用的协议是基于 UDP/IP 承载的 SIP。

⑧ Mm 参考点是 CSCF 与外部 IP 网络间的接口。通过 Mm 参考点，CSCF 可以接收来自其他 SIP 服务器或者终端的会话请求。同样，CSCF 能将 IMS 终端用户发起的请求转发给其他多媒体网络。Mm 参考点使用的协议是基于 UDP/IP 承载的 SIP。

⑨ Mr 参考点是 CSCF 与 MRFC 间的接口，主要用于传递来自 SIP AS 的资源请求到 MRFC。当 S-CSCF 需要激活与承载相关的业务时，它将通过 Mr 参考点发送 SIP 信令给 MRFC。Mr 参考点使用的协议是基于 UDP/IP 承载的 SIP。

⑩ Mp 参考点位于 MRFC 与 MRFP 之间，是 MRF 的内部接口。允许 MRFC 控制 MRF 提供的媒体流资源，比如控制 MRFP 放音、DTMF 收发等。该参考点与基于 SCTP（简单控制传输协议）/IP 承载的 H.248 标准完全兼容。

⑪ Go 参考点是 GGSN 与 PCF 之间的接口。通过该参考点 IMS 作为控制平面与作为用户平面的 GPRS 网络进行信息交换，确保两者之间的 IMS 业务流的 QoS、源地址和目的地址与协商的值相匹配。此外，该参考点还具有计费关联的功能。Go 参考点使用的协议是基于 TCP/IP 承载的公共开放策略服务（COPS）协议。

⑫ Cx 参考点是 CSCF 与 HSS 之间的接口，支持 CSCF 与 HSS 之间的信息交互。通过这个参考点，当用户注册或者收到会话时，I-CSCF 和 S-CSCF 可以使用保存在 HSS 中的用户和服务数据。完成的功能主要包括位置管理、用户数据处理和用户认证。该参考点使用的协议是基于 SCTP/IP 承载的 Diameter 协议。

⑬ Dx 参考点是 CSCF 与 SLF 之间的接口，用于查询 SLF 获得给网络中的用户寻找签约的 HSS 地址的解析过程，该参考点总是与 Cx 参考点结合使用。Dx 参考点使用基于 SCTP/IP 承载 Diameter 协议。

3.3 UTRAN 接口协议结构

3.3.1 UTRAN 接口协议模型

UMTS 系统是模块化设计的，模块之间通过网络协议互联。UMTS 网络接口采用用户面与控制面分离、无线网络层与传输网络层相分离的设计原则，以保证层间和逻辑体系上的相互独立性，尽可能地满足了开放性和可升级性的要求，便于协议的修改和扩充。UTRAN 是 UMTS 系统的无线接入网部分，为 UMTS 系统设计的主要部分。UMTS 分层结构、UTRAN 接口协议的通用模型、内部接口（Iu，Iur 和 Iub）的协议栈结构和作用为本节的主要内容。

1. UMTS 分层结构

从功能方面考虑，UMTS 分为接入层（AS）和非接入层（NAS）2 大部分，两者之间的接口称为业务接入点（SAP），如图 3-11 所示，图中各 SAP 用椭圆来表示。

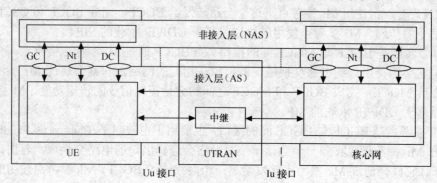

图 3-11 UMTS 分层结构

AS 是指 UE 和 UTRAN 间的无线接口协议集、UTRAN 和 CN 间的接口协议集。非接入层（NAS）指 UE 和 CN 间的核心网协议，对于 UTRAN 是透明传输的。UTRAN 只与接入层协议有关，在 UE 和核心网络之间传输数据时起中继作用。

接入层为非接入层提供了以下 3 种类型的业务接入点，即通用控制业务接入点（GC-SAP）、专用控制业务接入点（DC-SAP）和寻呼及通告业务接入点（Nt-SAP）。

2. UTRAN 接口协议模型

UTRAN 接口通用协议模型如图 3-12 所示。接口协议分为两层二平面。两层指从水平的分层结构来看，分为无线网络层和传输网络层。二平面指从垂直面来看，每个接口分为控制面和用户面。UTRAN 内部的 3 个接口（Iu，Iur 和 Iub）都遵循统一的基本协议模型结构。

（1）水平面

从水平的分层结构来看，协议结构分为无线网络层和传输网络层。

① 无线网络层处理所有与 UTRAN 有关的事务，所有 UTRAN 相关的信息只有在无线网络层才是可见的。

无线网络层由控制平面和用户平面组成。无线网络层控制平面包括应用协议和用于传输这些应用协议的信令承载。无线网络层用户平面包括数据流和用于承载这些数据流的数据承载。

② 传输网络层是指 UTRAN 选用的标准传输技术，与 UTRAN 本身的功能无关，主要是已有的传输技术规范。3GPP 并不对传输层的协议进行特殊定义，3GPP 在 R99 版本中选用 ATM 传输技术。如果在传输层需要使用更先进的传输层技术，如 IP 技术，那么仅需要将无线网络层中的传输资源映射到新引入的传输技术就可以了，不需要对无线网络层进行大的修改。

传输网络层由控制平面和用户平面组成。传输网络层控制平面使得无线网络层控制平面应用协议与传输网络层用户平面的数据承载所选用的技术无关。传输网络层用户平面用于用户平面的数据承载和应用协议的信令承载。

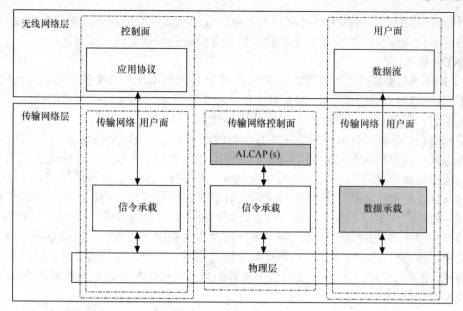

图 3-12　UTRAN 接口的协议栈模型

（2）垂直面

从垂直面来看，每个接口分为控制面和用户面。考虑到处于不同层的功能不同，分为无线网络控制面、无线网络用户面、传输网络控制面和传输网络用户面。

① 无线网络控制平面用于处理接口上的控制信令协议，由各种应用协议和传输网用户面的信令承载组成。应用协议包括 Iu 接口上的无线接入网络应用部分（Radio Access Network Application Part，RANAP）协议、Iur 接口上的无线网络系统应用部分（Radio Network System Application Part，RNSAP）协议及 Iub 接口上的结点 B 应用部分（Node B Application Part，NBAP）协议。信令承载资源的建立总是通过操作维护功能来完成的，可以与传输网控制面的信令承载一样，也可以不一样。

控制平面应用协议的一个功能就是建立无线网络层的承载，应用协议使用的参数并不需要体现传输层技术实现的细节，只是一些通用的承载参数。如果传输层建立传输承载的过程比较复杂，那么这一建立无线承载的过程也不需要由应用协议来完成。在这种情况下，传输层的控制平面的接入链路控制应用部分（Access Link Control Application Part，ALCAP）协议被用来完成这一工作，无线网络层的控制平面只要将 1 个映射传输资源的标识传给 ALCAP 即可。

② 无线网络用户平面用于处理相应接口传输的用户数据，包括在该接口传输的数据流和与数据流对应的数据承载，数据流由接口上的 1 个或者多个帧协议定义。

③ 传输网络控制面不包含任何无线网络层的信息，包括 ALCAP 以及它所使用的信令承载。传输层控制面的 ALCAP 用于在接口的两个网络节点之间建立该接口上用户面的传输承载。传输层控制面是控制平面和用户平面之间的 1 个联系的桥梁，由于传输层控制面的引入，才使得无线网络层的应用协议完全独立于传输层技术。

ALCAP 协议用于无线网络用户面数据流的承载建立。传输网络控制面建立传输网络用户面的数据时，需要由无线网络层应用协议的信令信息触发 ALCAP 协议，再由 ALCAP 控制建立起传输网络用户面的数据承载所需要的传输承载。无线网络控制面的底层传输承载不需要 ALCAP 协议。如果没有 ALCAP 信令事务，就不再需要传输网络控制面了。

④ 传输网络用户面包括无线网络层用户面的数据承载以及应用协议的信令承载。数据承载由传输网络控制面实时控制，信令承载由操作维护功能控制完成。

3. ATM 技术简介

3GPP R99，R4 版本规定在 UTRAN 中使用 ATM 传输技术作为各个接口的底层传输协议，并涉及不同的 ATM 适配层类型，如 AAL2 和 AAL5 等。未来的无线接入网的结构也向全 IP 化的方向演进，但是现阶段无线接入网主要还是使用 ATM 技术。

通信网络中，语音和数据在网络中进行传输时，可以采用电路交换或者分组交换的方式。电路交换方式即根据终端或者业务的要求，在通信双方之间预先建立起一条端到端的支持特定速率的通信通路，此通路在信息交换过程中将一直保持，直到信息传送结束。电路交换方式具有时延低、处理速率快、可提供高速的实时信息连续传输的优点，但也存在由于速率固定导致网络资源利用率低的缺点。而分组方式则相对灵活，采用存储-转发方式，可以实现 1 条传输通路上多个呼叫的统计复用，将可变比特率传送的信息分成组，以信息组为单位进行复用和交换，动态分配网络资源，从而提高了信道利用率。分组方式适于非连续性和突发性数据的传送，但由于时延大、对于实时性要求高的数据业务如何保证数据传输的 QoS 是分组交换必须面对的问题。

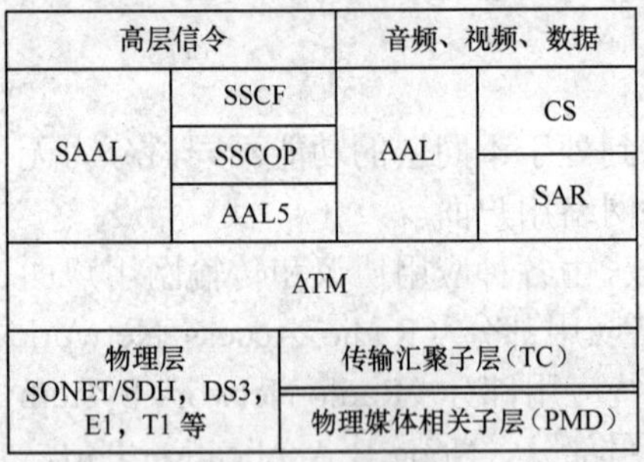

图 3-13 ATM 协议的分层结构

异步传送模式（ATM）是分组交换方式的一种，它吸收了分组交换的高效率和电路交换的高速率的特点，ATM 网络被设计为高速率、低时延的复用和交换网络。它能够根据不同速率灵活地分配带宽和 QoS，并且采用固定长度的信元格式，因而便于采用硬件处理，处理速度较高，适合语音、数据和图像等业务的传送。

（1）ATM 协议的分层结构

ATM 协议层从逻辑上可以分为 4 个独立的通信层，即物理层、ATM 层、ATM 适配层（AAL 和 SAAL）和作为高层协议的应用层，如图 3-13 所示。各协议层功能的简单描述见表 3-5。

表 3-5 ATM 协议层功能描述

协议		功能
AAL 层	会聚子层（CS）	向高层提供接口，在发/收端加入控制信息，分割/恢复用户数据
	分段与重组子层（SAR）	信元组和数据单元相互转换
ATM 层		信头产生和提取、信元复用与解复用、虚电路（VCI）/虚通路（VPI）转换、流量控制
物理层	传输会聚子层（TC）	信元速率解耦、信元校验序列产生和检验、信元产生（定界）、传输帧适配、传输帧传输/恢复
	物理媒介相关子层（RMD）	线路编码比特定时、物理媒体接入

ATM 网络协议分层之间的数据传输过程简述如下。

① 将高层的数据流经 AAL 组成 48B 的信息段，并将此信息段传送到 ATM 层，或者 AAL 将从 ATM 层接收到的 ATM 信元解封装后形成 48B 的信息单元传送到高层。

② ATM 层用于将 AAL 接收到的数据形成信元并传送到目的地，或者将从物理层所接收到的信元经由 AAL 传送到高层。ATM 信元为 53byte，每个信元都有一个与特定连接相对应

的标识符，用以进行本地点到点的选路功能。

③ 物理层提供 ATM 层信元的传输通路。

表 3-5 中没有体现信令 ATM 适配层（Signaling ATM adaptation Layer，SAAL）的功能，UTRAN 接口控制面的信令传输是基于 AAL5 之上的 SAAL 协议传输的，保证在 AAL5 基础上，满足信令传输的要求。业务连接专用协议（Service specific connection oriented protocol，SSCOP）是专门设计为满足信令可靠传输的协议。专用业务处理功能（Service specific co-ordination function，SSCF）完成上层协议和 SSCOP 层的映射。

（2）ATM 物理层

ATM 物理层主要提供 ATM 信元的传输通路，它与 ATM 层之间交换的信元大小为 53B。物理层根据物理介质的特性形成传送帧，并采用物理实体进行比特流的传送和接收。物理层分为传输汇聚（TC）子层和物理介质相关（PMD）子层。

① TC 子层完成 ATM 信元到传输介质的传输帧的嵌入，传输帧中有效 ATM 信元的提取等工作。TC 子层主要功能为信元速率解耦、信元校验序列产生和检验、信元产生（定界）、传输帧适配和传输帧传输/恢复等。

a. 信元速率解耦的作用是通过插入一些空闲信元将 ATM 层信元速率适配成传输线路的速率；

b. 传输帧传输/恢复、传输帧适配是针对 SDH，PDH 等具有帧结构的传输系统而言的，在这些系统中传送 ATM 信元时，必须将 ATM 信元装入传输帧中。如果 ATM 信元不通过任何传输帧，直接在物理介质上传输，就不再需要 TC 子层。

② PMD 向物理介质提供 ATM 信元的传输通道，进行物理通路上的信号检测、比特定时信息以及比特流的传送。ATM 允许使用光纤、同轴电缆、双绞线等物理介质进行传输。用户网络接口可以基于 STM-1，STM-4 和 E1 等。

（3）ATM 层

ATM 层以信元为单位进行通信，并为上层的 AAL 提供服务，它与物理介质的类型，以及物理层所具体传送的业务类型无关。

ATM 层将从 AAL 接收到的 48B 的数据增加 5B 包头形成信元，包头中包括虚通路和虚电路标识，以及其他信息，ATM 采用 53B 的信元传送实时或非实时数据，然后将信元复用到虚电路中并按顺序进行传送。

ATM 节点之间采用永久虚电路（PVC）或交换虚电路（SVC）连接。PVC 是网络管理功能建立的双向点到点或点到多点的逻辑连接。SVC 是在呼叫处理需要时动态建立的双向点到点或点到多点的逻辑连接。

ATM 层基本功能包括信元操作、信元复用/解复用、虚电路/虚通路转换和流量控制等功能。

① 信元操作完成信元头部产生/消除和信元识别/提取工作。信元头部产生/消除用于提供与 AAL 层信息字段的交互。信元识别/提取则完成信元的优先级控制。

② 信元复用/解复用是指发送端 ATM 层将具有不同 VPI/VCI（VPI，虚拟通路号；VCI，虚拟电路号）的信元复用在一起交给物理层；接收端 ATM 层识别物理层送来的信元的 VPI/VCI，并将各信元送到不同的模块处理。

③ 虚电路/虚通路转换。VPI 和 VCI 仅具有本地意义，发送侧为每个信元附加 VPI/VCI 信息，网络中间节点则进行 VPI/VCI 的翻译和重新分配。

④ 流量控制功能用以控制本地功能并管理 ATM 网络中的访问和传输机制。

（4）ATM 适配层

ATM 适配层（AAL）位于 ATM 层之上，主要作用是将高层的应用层信息映射到 ATM 层的信元结构中，用于扩展和增强 ATM 层的能力，以适合各种特定业务的需要。AAL 的具体功能包括数据的分割和恢复、差错控制、同步和时钟恢复、流量控制和多种数据流的复用等。

① AAL 负责将上层传来的信息分割成 ATM-SDU，然后传给 ATM 层，同时，将 ATM 层传来的 ATM-SDU 组装、恢复后再传给上层。

② AAL 的差错控制机制可以采用差错检测，也可以采用基于信元或基于 AAL 帧的纠错方法，提供不同级别的差错保护。

③ AAL 将定时信息作为 AAL-PDU 承载的控制信息，保证在接收端恢复出时钟同步信息，确保发收的信息速率尽可能接近。

④ 通过 AAL 接收缓冲区吸收信元延时抖动，并进行流量控制。

⑤ AAL 通过在 AAL-PDU 提供标识，对多个源的数据流实行复用。

考虑到业务的复杂性，所有的 AAL 分为会聚子层（CS）和分段重组子层（SAR）。CS 主要进行与各类业务相关的处理，如时延、时延抖动、丢失、定时等。CS 子层又可以进一步细分为业务特定会聚子层（SSCS）和公共部分会聚子层（CPCS）。SAR 层的主要功能是将各类业务处理成 ATM 层所需的固定长度分组，以及将 ATM 层的固定长度分组恢复成原先的格式。

根据源和目的之间的定时要求、比特率要求和连接方式，ITU-T 将 ATM 业务定义为 A，B，C，D 4 种类型，并相应地定义了 AAL1，AAL2，AAL3/4 和 AAL5 进行承载，见表 3-6。

表 3-6　　　　　　　　　　ATM 业务分类和对应的 AAL 类型

业务 参数	A 类	B 类	C 类	D 类
定时需求	需要		不需要	
比特率	固定速率	可变速率		
连接方式	面向连接			
AAL 类型	AAL1	AAL2	AAL3	AAL4
			AAL5	
业务举例	电路交换业务	可变速率的语音和视频	面向连接数据传输 帧中继、TCP/TP	无连接数据传输 SMDS

A 类业务，提供面向连接的固定比特率（CBR）业务，具有严格定时关系的应用，常见业务为 64kbit/s 语音业务、固定码率非压缩的视频通信。

B 类业务，提供面向连接的可变比特率（VBR）业务，常见业务为压缩的分组语音通信和压缩的视频传输。

C 类业务，提供面向连接的可变比特率的数据服务，不需要在发和收之间提供定时信息或时钟同步，适用于文件传递和数据网业务。

D 类业务，提供无连接数据业务，常见业务为数据报业务和数据网业务。

针对 4 种业务种类，ITU-T 定义了相应 AAL 协议与之相对应（AAL1～AAL4）。由于 AAL 中没有必要区分面向连接和无连接方式，所以后来将 AAL3 和 AAL4 合并为 AAL3/4，并将

AAL3/4 作了简化，制定了 AAL5 协议。

3GPP 规范中对 UTRAN 各个接口上使用 ATM 适配层技术作出了明确规定，其中 AAL1，AAL2 和 AAL5 在 WCDMA 中都有所应用，各接口信令的传输层协议均使用 SAAL。

3.3.2 Iu 接口

1. Iu 接口结构及功能

Iu 接口是 UTRAN 与核心网之间的接口，也可以看作 RNC 与 CN 之间的一个参考点。UTRAN 与核心网电路域的接口称为 Iu-CS，与核心网分组域的接口称为 Iu-PS，与小区广播系统之间的接口称为 Iu-BC，Iu 接口结构如图 3-14 所示。Iu-CS 和 Iu-PS 接口由控制面和用户面构成。Iu-BC 接口只有 1 个平面，既包括控制信息也包含用户信息。

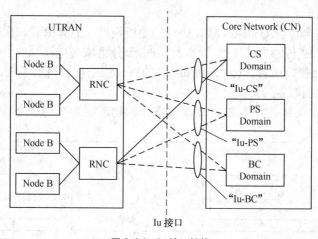

图 3-14 Iu 接口结构

（1）Iu-CS 和 Iu-PS

① Iu-CS 和 Iu-PS 接口的控制面。RANAP 是 Iu 接口控制面的应用协议，完成 CN 和 UTRAN 间所有过程的控制，能在 UE 和 CN 间透明传输信息。Iu-CS 和 Iu-PS 接口的控制面使用 RANAP 完成核心网与 RNC 之间的信令交互，Iu 接口控制面的的主要功能如下。

a. 传输 UE 与核心网之间非接入层的信令消息，RNC 不处理这些 RANAP 的内容，而是将这些消息进行透明传输。RNC 在此的功能主要是完成空中接口的 RRC 信令消息和 Iu 接口上的 RANAP 消息的映射。

b. 完成 Iu 接口上 RNC 与核心网之间的控制功能，如无线接入承载（RAB）的管理、无线资源管理、安全模式控制、过载控制、位置报告、错误指示及资源重配等功能。RAB 是指 UE 到核心网之间的传输承载，RANAP 负责 RAB 的建立、修改以及释放，并完成 RAB 特征参数到 Iu，Uu 承载的映射。

c. 具有移动性管理功能，可以跟踪移动用户的位置信息并对用户进行寻呼，如位置区报告、SRNS 重定位和寻呼、系统内或系统间硬切换。SRNS 重定位功能是将 UE 与核心网的接入点从原来的 SRNC 转变到新的目标 SRNC，通过 SRNC 重定位功能，改变 UE 的 Iu 接口位置。

② Iu-CS 和 Iu-PS 接口的用户面。Iu-CS 和 Iu-PS 接口的用户面主要用来在 RNC 与核心网之间传输业务数据，同时也会完成一些用户面特有的控制功能。Iu 接口用户面的主要功能如下。

d. 提供基于 RAB 的用户平面操作模式，即透明模式或支持模式，同时根据不同的模式形成相应的帧结构。用户平面操作模式由 CN 在 RAB 建立时根据 RAB 特性决定，可因 RAB 的修改而改变。在透明模式下，在 Iu 接口上传输的数据没有特定的帧格式，如 GTP-U 数据；在支持模式下，用户数据按照预定义的格式进行传输，如使用预定 SDU 大小的模式，SDU 大小与 AMR 语音编码对应。

e. 完成用户面业务数据传输使用的相关参数的配置、用户面速率控制及时间调整功能，时间调整功能负责实现 Iu 接口上数据传输的同步。

（2）Iu-BC

RNC 与 CN 的广播域（也称为小区广播中心）之间的接口称为 Iu-BC，服务区内广播协议（Service Area Broadcast Protocol，SABP）是 Iu-BC 接口的应用协议，完成消息处理、负载处理等功能，使 CN 中的小区广播中心通过小区广播业务发送移动用户小区广播信息。

2. Iu 接口协议栈

Iu 接口协议栈完全符合 UTRAN 接口协议的通用模型，总体来说，采用 3 层共享异步传输模式（ATM）或全 IP 传输方式（R5 版本），但由于分组域与电路域的业务特性以及传输技术有所不同，对于 Iu 接口而言，Iu-PS 和 Iu-CS 的协议栈结构也有所不同。

（1）Iu-CS 接口协议栈

Iu-CS 接口协议栈的结构如图 3-15 所示。图中的物理层为与物理介质的接口，可以选择

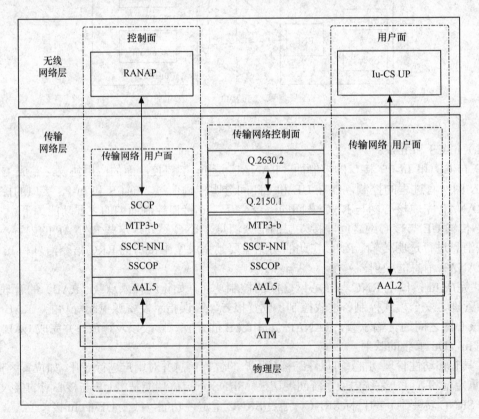

图 3-15 Iu-CS 接口协议栈的结构

不同的传输规范，如 E1 等。R5 版本规定的 Iu-CS 接口协议栈相应于 ATM 传输方式增加了全 IP 传输方式。Iu-CS 接口用于支持电路域的实时业务，典型的电路域业务有 AMR 语音服务、64kbit/s 的可视电话业务等。

在传输网络的用户面，RANAP 消息是作为 SCCP 消息的载荷在 Iu 接口上进行传输。其底层使用 MTP3-b，SAAL（SSCF，SSCOP 和 AAL5）来传输 SCCP 消息。SCCP 用来提供面向连接或无连接的服务，进行 RANAP 信息的传送和承载；MTP3-b 利用 ATM 承载完成 SCCP 及 RANAP 等信令信息的传送；其中 SSCF，SSCOP 和 AAL5 属于 SAAL-NNI，SSCF 负责将高层信息映射到 SSCOP，并进行 SAAL 连接的管理。SSCOP 提供 SAAL 链路建立和释放机制，将高层信息适配到 ATM 信元。AAL5 采用 VC 和 VP 链路完成信令数据的传送。

在传输网络的控制面，采用 ALCAP（Q.2630.2）进行传输网络的用户面 AAL2 链路的建立和释放控制，控制用户面数据传输链接的建立和释放。ALCAP 的底层使用 Q.2150.1，MTP3-b，SSCF，SSCOP 和 AAL5 实现信令传输。Q.2150.1 主要完成 Q.2630.2 协议与 MTP3-b 协议之间的转换功能。

在 Iu-CS 的用户面，使用 AAL2 作为支持实时业务适配层协议，承载 Iu-CS UP 协议，用来传输与 RAB 相关的用户数据。AAL2 的建立和释放受 ALCAP（Q.2630.2）的控制。

（2）Iu-PS 协议栈结构

Iu-PS 协议栈的结构如图 3-16 所示。Iu-CS 是 RNC 与 MSC 之间的接口，它负责完成电路域相关的呼叫流程。Iu-PS 则是 RNC 与 SGSN 之间的接口，负责处理数据业务。

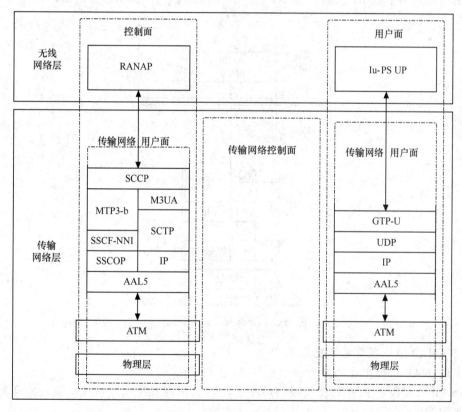

图 3-16　Iu-PS 协议栈结构

在 Iu-PS 控制面，包括 RANAP 和基于宽带 No.7 信令系统协议的信令承载和基于 IP 的信令承载。PS 域与 CS 域一样可以使用 SAAL（SSCF/SSCOP/AAL5）协议作为信令传输的适配层。

出于向全 IP 网络演进的考虑，也允许在 Iu-PS 控制面使用 SIGTRAN（M3UA/SCTP/IP）

协议作为信令传输承载协议。SIGTRAN 是 IETF 定义的用于在 IP 网络上传输 No.7 信令（SS7）的协议栈，根据上层应用的不同，它有不同的适配层。

M2UA 适配 MTP2 的上层协议，如 MTP3。

M3UA 适配 MTP3 的上层协议，如 SCCP。

SUA 适配 SCCP 层的上层协议，如 TCAP，MAP 等。

SCTP 是 IETF 专门为信令传输要求设计的传输层协议，它与 TCP，UDP 是一个层次的协议，克服了 TCP 的一些不适合信令传输的缺点，SCTP 可以为上层协议提供可靠性、按顺序发送的传输机制，同时又向上层协议提供灵活的复用机制。

在 Iu-PS 用户面，使用更适合分组数据传输的 AAL5 适配层协议，在 AAL5 之上则使用 GTP-U/UD P/IP。网络层只要通过指定 IP 地址和 GTP 的隧道标识就可以标识用户面的传输层资源了，这些信息已经包含在 RANAP RAB 分配消息中，所以 Iu-PS 没有采用传输网络控制平面。但对于 CS 域而言，因为用户面使用 AAL2，所以 CS 域同样使用 ALCAP 作为 AAL2 的信令协议。

（3）Iu-BC 接口协议栈

Iu-BC 接口协议栈结构如图 3-17 所示，传输网络用户平面既可以采用基于 AAL5 的 IP 技术，也可以采用全 IP 的 TCP/IP 技术，用于承载服务区内广播协议（SABP）。

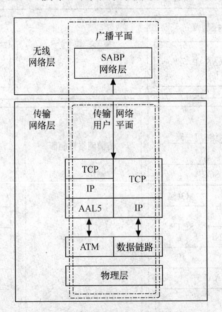

图 3-17　Iu-BC 接口协议栈结构

3. RANAP 协议主要功能及实现

（1）RANAP 协议主要功能

RANAP 协议位于 Iu 接口协议栈的最高层，属于 Iu 接口应用层协议，负责处理 UTRAN 和 CN 之间的信令交互。

① RANAP 协议主要功能如下。

a. 重定位 SRNC，将 SRNC 功能和相关的 Iu 资源（RAB 和信令连接）从一个 RNC 转移到另一个 RNC。

b. RAB 管理，用于建立、修改和释放 RAB。

c. RAB 建立的队列管理及请求释放 RAB。

d. 释放所有 Iu 连接资源，属于 CN 功能。

e. 请求释放所有 Iu 连接资源，允许 RNC 向 CN 请求释放 Iu 资源，但 Iu 释放由 CN 管理。

f. SRNS 上下文的转发功能，用于系统间切换时将 RNC 分组数据转发至 CN。

g. 控制 Iu 接口上的过载及 Iu 接口复位。

h. 给 RNC 发送 UE 公共标识符（UE Common Id），即永久的 NAS UE 标识。

i. 寻呼用户。

j. 对特定的 UE 设置跟踪模式。

k. 在 UE 和 CN 间透明传送 NAS 信令信息，包括触发 Iu 信令连接建立的初始 UE 消息传输、已建立 Iu 连接上直接传输 NAS 信令信息和 UTRAN 周期性向其覆盖区内用户发送的 CN 信息广播。

l. 控制 UTRAN 中的安全模式，并发送加密和完整性保护等信息（密钥）给 UTRAN。

m. 允许 CN 通过设置模式使 UTRAN 报告 UE 的位置信息。

n. 允许将实际的位置信息从 RNC 传送到 CN。

o. 负责对 UTRAN 中特定 RAB 没成功传送数据量进行报告。

p. 通用错误形式的报告。

② 根据 SAP 的不同，RANAP 业务可以分为 3 组。

a. 通用控制业务（GC），与 RNC 和逻辑 CN 域间的整个 Iu 接口有关，通过通用控制 SAP 接入 CN，使用 Iu 信令承载提供的无连接信令传送。

b. 寻呼及通告业务（Nt），与特定的 UE 或特定区域内的所有 UE 有关，通过通告 SAP 接入 CN，使用 Iu 信令承载提供的无连接信令传送。

c. 专用控制业务（DC），与一个 UE 有关，通过专用控制 SAP 接入 CN。提供此业务的 RANAP 功能与 UE 的 Iu 信令连接相关联，Iu 信令连接使用 Iu 信令承载提供的面向连接信令传送实现。

③ 信令传送将为 RANAP 提供面向连接的数据传送业务和无连接的数据传送业务两类业务模式。

a. 面向连接的数据传送业务由 RNC 和 CN 域间的信令连接支持，每个激活的 UE 都有自己的信令连接，可以根据需要动态地建立和释放信令连接，支持顺序传递 RANAP 消息。如果中断信令连接，就通知 RANAP。

b. 无连接的数据传送业务。在 RANAP 消息不能到达对等的 RANAP 实体的情况时通知 RANAP。

（2）RANAP 功能的实现

RANAP 功能通过 1 个或多个 RANAP 基本过程（Elementary Procedures，EP）实现。1 个 EP 是 1 个 RNS 与 CN 之间的交互单元。每个 RANAP 功能可以通过 1 个或多个 EP 过程完成。按照请求信息和响应信息，EP 分为 3 类。

① 第 1 类 EP，包含请求、响应信息的 EP。响应信息为成功或失败，成功表示 EP 接受并处理，失败表示 EP 不成功或超时。

② 第 2 类 EP，只有请求，没有响应信息的 EP，通常认为都发送成功。

③ 第 3 类 EP，包含 1 个请求、多个响应信息的 EP。

R99 定义的 RANAP 基本过程分别见表 3-7、表 3-8 和表 3-9。

表 3-7   RANAP 的第 1 类 EP

基本过程	请求/响应信息
Iu 释放	Iu Release Required
安全模式控制	Security Mode Command/Complete
复位	Reset/Acknowledge
复位资源	Reset Resource/Acknowledge
重定位准备	Relocation Required/ Command
重定位资源分配	Relocation Resource Allocation
重定位取消	Relocation Cancel/Acknowledge
数据量报告	Data Volume Report Request/Report
SRNS 上下文转发	SRNS Context Transfer Request/Response

表 3-8   RANAP 的第 2 类 EP

基本过程	请求信息
RAB 释放请求	RAB Release Request
寻呼	Paging
公共 ID	Common ID
位置报告控制	Location Reporting Control
位置报告	Location Report
初始 UE 信息	Initial UE Message
直接传送	Direct Transfer
错误指示	Error Indication
重定位检测	Relocation Detect
重定位完成	Relocation Complete
过载控制	Overload Control
CN Invoke Trace	CN Invoke Trace
CN 去激活追踪	CN Deactivate Trace
SRNS 数据转发初始化	SRNS Data Forwarding Initiation
SRNS 上/下文从源 RNC 到 CN 转发	SRNS Context Forwarding from Source RNC to CN
SRNS 上/下文从 CN 到目标 RNC 转发	SRNS Context Forwarding to Target RNC from CN

表 3-9   RANAP 的第 3 类 EP

基本过程	请求/响应信息
RAB 设定	RAB Assignment request/Response · N（$N \geqslant 1$）

3.3.3   Iub 接口

1. Iub 接口的协议栈

Iub 接口作为 RNC 与 Node B 之间的接口，负责所有 RNC 与 Node B 之间的通信过程。Iub 接口的协议栈结构如图 3-18 所示。

与 UTRAN 接口的协议模型一致，Iub 接口分为控制面和用户面，其中控制面根据功能的不同又分为无线网络控制面和传输网络控制面。

无线网络控制面中的结点 B 应用部分（Node B Application Part，NBAP）是 RNC 与 Node B 之间的控制协议，但 NBAP 并不关心底层所用传输协议的细节。

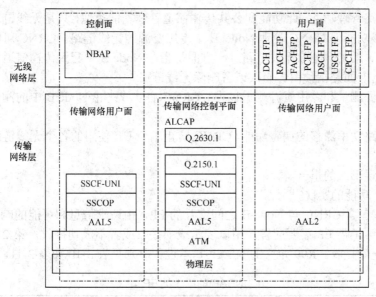

图 3-18　Iub 接口的协议栈结构

传输网络控制面采用基于 AAL5，SAAL 和 Q.2150 承载的 ALCAP（Q.2630）协议，ALCAP（Q.2630）是 AAL2 的控制协议，用于在 Iub 接口上完成 AAL2 的分配和释放等相应功能，控制用户面数据的传输连接。

Iub 接口的用户面采用 AAL2 承载的 Iub RACH，CPCH（FDD），FACH，DSCH，USCH（TDD）数据流，对于不同的传输信道，Iub 接口的用户面使用不同传输信道的 FP 来进行。

RNC 与 Node B 之间使用的物理层可以是 E1，STM-1 等。

Iub 接口的传输网络层都使用 ATM 技术，用户面则使用 AAL2 协议，上面定义的每个 Iub 用户面对应 1 个 AAL2 链路上的资源。如果在 Iub 接口使用 TCP 来传送用户面数据，可以将用户面传输承载映射为 1 条 TCP 连接标识就可以了。

2. NBAP 协议的功能及实现

（1）NBAP 的功能

NBAP 作为 Iub 接口上的无线网络层的控制面信令协议主要具有以下功能。

① 小区的配置和管理。CRNC 能够管理 Node B 中的小区配置信息。CRNC 通过 NBAP 消息进行各种操作，包括在 Node B 内生成小区，对小区内的基本系统参数进行重配置以及删除小区。

② 公共传输信道的管理。CRNC 能够管理 Node B 中的公共传输信道。CRNC 通过此功能可以对属于某个特定小区的公共信道资源进行建立、重配置、删除操作。一方面是配置基站上物理层的相关参数，包括公共传输信道和公共物理信道的一些相关参数；另一方面，还对 Iub 接口上用户面的传输层资源的操作，如传输层资源的分配、重配、释放等操作。NBAP 消息并不负责用户面传输层资源的管理，但 NBAP 过程会触发 ALCAP 的相应过程来完成这一功能。

③ 系统广播信息的管理。CRNC 管理 Node B 中某个特定小区内系统广播消息的调度和内容的更新。

④ 资源事件管理。Node B 可以向 CRNC 汇报当前 Node B 中的资源状态。

⑤ 配置协调功能。保证 CRNC 和 Node B 2 个网络结点对无线资源配置信息保持同步。

⑥ 无线链路管理功能。此功能和公共传输信道管理功能类似，只是无线链路对应的是专用信道资源。该功能使 CRNC 管理 Node B 中专用资源的无线链路。CRNC 可以为一个特定 UE 建立、重配、增加、删除无线链路。一方面是指在 Node B 中配置传输信道和物理信道的相关参数；另一方面是指预留、修改或者删除无线链路。

⑦ 公共资源测量和专用资源测量过程。CRNC 启动或终止 Node B 中的测量，并报告测量结果。

⑧ 下行链路功率漂移的调整功能。CRNC 防止 1 个 UE 使用的各个无线链路彼此之间的功率漂移。

⑨ 通用错误形式的报告。

（2）NBAP 功能的实现

NBAP 协议包含 CRNC 与 Node B 之间交互的 EP，由请求信息和可能的响应信息组成。EP 分为两类，第 1 类 EP 需要应答，用以表示成功接收或者不成功接收，第 2 类 EP 无须应答，都被认为正确接收。R99 定义的 NBAP 基本过程分别见表 3-10 和表 3-11。

表 3-10　　　　　　　　　　　　　　　　NBAP 的第 1 类 EP

基本过程	请求/响应信息
小区建立	Cell Setup Request/Response/Failure
小区重配置	Cell Reconfiguration Request/Responese/Failure
小区删除	Cell Deletion Request/Response
公共传输信道建立	Common Transport Channel Setup Request /Reaponse/Failure
公共传输信道重配置	Common Transport Channel Reconfiguration Request/Response/Failure
公共传输信道删除	Common Transport Channel Deletion Request/Response
审计	AUDIT REQUEST/Response
闭塞资源	Block Resoirce Request/Response/Failure
无线链路建立	Radion Lik Setup Request/Request/Response/Faillure
系统信息更新	System Information Update Request/Response/Failure
公共测量启动	Common Measurement Initiation Request/Response/Failure
无线链路增加	Radio Link Addition Request/Response/Failure
无线链路删除	Radio Link Deletion Request/Request/Response
同步的无线链路重配准备	Radio Link Reconfiguration Prepare/Ready/Failure
异步的无线链路重配置	Radio Link Reconfiguration Request /Rseponse/Failure
专用测量启动	Dedicated Measurement Initiatioon Requret /Response/Failure
重启	RESET REQUEST/Response

表 3-11　　　　　　　　　　　　　　　　NBAP 的第 2 类 EP

基本过程	请求/响应信息
资源状态指示	Resource Status Indication
审计请求	Audit Requirde Indication
公共测量结果报告	Common Measurement Report

基本过程	请求/响应信息
公共测量中止	Common Measurement Termination Request
公共测量失败	Common Measurement Failure Indication
同步的无线链路重配置	Radio Lihk Reconfiguration Commit
同步的无线链路重配置取消	Radio Lihk Reconfiguration Cancellation
无线链路失败	Radio Lihk Failure Indication
无线链路恢复	Radio Lihk Restore Indication
专用测量结果报告	Dedicated Measurement Report
专用测量中止	Dedicated Measurement Termination Request
专用测量失败	Dedicated Measurement Failure Indication
下行链路功率控制	Dl Power Control Request
压缩模式控制命令	Compressed Mode Command
解闭资源	Unblock Resource Indication
错误指示	Error Indication

3.3.4　Iur 接口

在 GSM 网络中，2 个 BSC 之间是没有逻辑接口的，而在 WCDMA 中，为了更好地满足对用户移动性的支持，引入了任意两个 RNC 之间的逻辑接口 Iur。与 Iu 接口相同，水平方向分为无线网络层和传输网络层；垂直方向分为控制面和用户面，如图 3-19 所示。在无线网络层控制面是 RNSAP 协议，用户面是 Iur FP 协议。

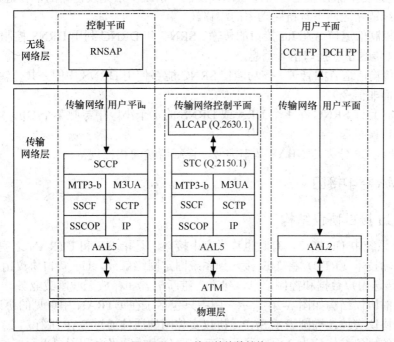

图 3-19　Iur 接口协议栈结构

1. Iur 接口协议栈结构

Iur 接口传输网络层的传输网络用户面由基于 SAAL 的 MTP3-b 和 SCCP 组成，或者基于 SCTP 和 M3UA 组成。SAAL 包含 SSCF，SSCOP 和 AAL5 等 3 部分。

SSCF 负责将高层需求信息映射到 SSCOP 及 SAAL 连接的管理；SSCOP 提供 SAAL 链路建立以及信令实体之间的信令信息的可靠传送，并负责将高层协议信息适配到 ATM 信元中，AAL5 提供 VC 和 VP 链路进行信令数据的传送；MTP3-b 采用 ATM 承载进行 SCCP 以及 RASAP 等信令信息的传送；SCCP 用以提供面向连接或无连接的服务，进行 RASAP 信息的传送和承载。

Iur 接口的传输网络控制面采用基于 AAL5，SAAL 和 MTP3-b 承载的 ALCAP 协议，用以进行传输网络用户面的 AAL2 链路的建立和释放。传输网络控制面主要完成 AAL2 连接的建立以及相关功能，控制用户面数据传输的连接建立。Q.2630 为 AAL2 连接的信令控制层，Q.2150 为信令传输转换层，完成 Q.2630 协议与 MTP3-b 协议之间的转换功能。

Iur 接口的用户面采用 AAL2 承载 Iur 数据流，AAL2 链路的建立和释放受 ALCAP 的控制。Iur 用户面协议位于 Iur 接口上无线网络层的用户平面内。

2. RNSAP 主要功能

RNSAP 负责 RNC 和 RNC 之间的信令交换，接收来自传输层的数据传送服务，是 Iur 接口的应用层协议，其主要功能如下。

（1）无线链路相关功能。

① 无线链路管理，允许 SRNC 对 DRNS 中专用资源的管理。

② 物理信道重配置，允许 DRNC 为无线链路重新分配物理信道资源。

③ 无线链路监视，允许 DRNC 报告无线链路的故障及恢复。

④ 压缩模式控制，允许 SRNC 控制 DRNS 中压缩模式的使用。

⑤ 下行链路功率漂移校正，允许 SRNC 校正一条或多条无线链路的下行链路功率等级，以避免多条无线链路之间下行链路功率的漂移。

（2）公共控制信道信令在 Iur 接口的传输。SRNC 和 DRNC 利用 DRNS 控制的 CCCH 在 UE 和 SRNC 间传送空中接口信令消息。

（3）公共传输信道资源管理。该功能使 SRNC 能够使用 DRNS 中的公共传输信道资源传输数据业务（而非信令）。

（4）寻呼。允许 SRNC 在 1 个 URA 或 DRNS 的 1 个小区中寻呼某个 UE。

（5）通用错误报告。

RNSAP 协议 EP 分类与 NBAP 基本类似，详细请参阅相应规范。

3.4 WCDMA 空中接口

3.4.1 Uu 接口协议结构

WCDMA 系统中 Uu 接口，有时也称为空中接口，是指 UE 和 UTRAN 之间的接口，通过使用无线传输技术（RTT）将 UE 接入到系统固定网络部分。Uu 接口协议用于在 UE 和 UTRAN 之间传送用户数据和控制信息，建立、重新配置和释放无线承载业务。

空口接口的协议结构如图 3-20 所示（图中只包括了在 UTRAN 中可见的协议）。每一个方框代表一个协议实体，椭圆表示 SAP，协议实体间的通信通过 SAP 进行。

空口接口的协议结构分为 2 面 3 层，垂直方向分为控制平面和用户平面，控制平面用来传送信令信息，用户平面用来传送语音和数据。水平方向分为 3 层。

第 1 层（L1），物理层。

第 2 层（L2），数据链路层。

第 3 层（L3），网络层。

其中第 2 层又分为媒体接入控制（MAC）子层、无线链路控制（RLC）子层、分组数据汇聚协议（PDCP）子层和广播/多播控制（BMC）子层。

PDCP 和 BMC 只存在于用户平面。在控制平面，L3 分为多个子层（图中没有画出），其中最低的子层是无线资源控制（RRC）子层，它与 L2 进行交互并且终止于 UTRAN。RRC 中其他子层虽然属于接入层面，但是终止于核心网，因此不作介绍。

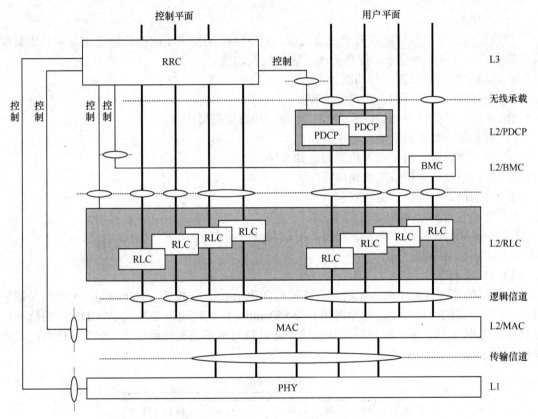

图 3-20　空口接口的协议结构

无线承载指在 RRC 和 RLC 层之间传送信令，也指在应用层和 L2 之间传送用户数据。通常，在用户平面，L2 提供给高层的业务称为无线承载（RB）；在控制平面，RLC 提供给 RRC 的无线承载称为信令无线承载（SRB）。

物理层通过传输信道向 MAC 层提供服务，传输数据的类型及特点决定了传输信道的特征，规定了如何传输数据。MAC 层通过逻辑信道向 RLC 层提供服务，逻辑信道的特征反应了传输的数据类型，将逻辑信道映射到传输信道。RLC 层在控制层面提供服务给 RRC，在用户平面，RLC 提供服务给应用层，包括 PDCP，BMC 子层还有其他高层用户平面功能。不同的业务通过不同类型的 SAP 接入。

PDCP 只定义于 PS 域，主要完成包头压缩/解压缩，为移动数据业务提供无线承载。BMC 为使用非确认模式的公共用户数据在用户平面提供广播/多播业务，提供小区消息广播。

RRC 层通过业务接入点向高层提供业务。在 UE 侧，高层协议使用 RRC 提供的业务；

在 UTRAN 侧，Iu 接口上 RANAP 使用 RRC 提供的业务。所有高层信令（移动性管理、呼叫控制、会话管理等）都被压缩成 RRC 消息在空中接口传送。

从图 3-20 所示中可以看到，RRC 与 RLC，MAC 层、物理层之间存在连接，这些连接提供了 RRC 层间控制业务。RRC 也与 PDCP 和 BMC 之间存在连接。与低层的这些连接，保证 RRC 能够配置低层协议实体的参数，包括物理信道、传输信道和逻辑信道的参数。同时，通过这些控制接口,命令低层进行某种特定的测量,低层可向 RRC 层发送测量报告和错误信息。下面将按照协议层次顺序，由底向上介绍每一层的功能及其结构。

3.4.2 物理层

1. 物理层的功能

物理层位于空中接口协议模型的最底层，给 MAC 层提供不同的传输信道，并且为高层提供服务。在 3GPP 规范中，详细描述了物理层及功能。

物理层主要实现以下一些功能。

① 为传输信道进行前向纠错编/解码。
② 无线特性测量，如误帧率、信干比等，并通知高层。
③ 宏分集合并以及软切换实现。
④ 在传输信道上进行错误检测并通知高层。
⑤ 传输信道到物理信道的速率匹配。
⑥ 传输信道至物理信道的映射。
⑦ 物理信道扩频/解扩、调制/解调。
⑧ 频率和时间（位、码片、比特、时隙和帧）同步。
⑨ 闭环功率控制。
⑩ RF 处理等。

物理层的基本传输单元为无线帧，持续时间为 10ms，长度为 38 400chip；无线帧又被划分为 15 个时隙的处理单元，每个时隙有 2 560chip，持续时间为 2/3ms。WCDMA 的物理信道帧结构如图 3-21 所示。物理层的信息速率随着符号速率的变化而变化，而符号速率则取决于扩频因子。

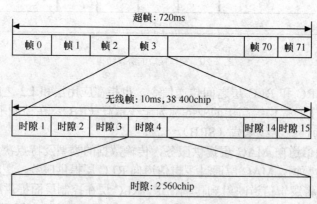

图 3-21 WCDMA 的物理信道帧结构

2. 物理信道

物理信道的特征可由载频、扰码、信道化码（可选的）和相对相位来体现。按照信息的传送方向，物理信道可分为上行物理信道（UE 至 Node B）和下行物理信道（Node B 至 UE）；

按照物理信道是否由多个用户共享还是 1 个用户使用分为专用物理信道和公共物理信道，如图 3-22 所示，其中 HS-SCCH，HS-PDSCH，HS-DPCCH 为在 R5 中引入的信道，将在后面的章节介绍。

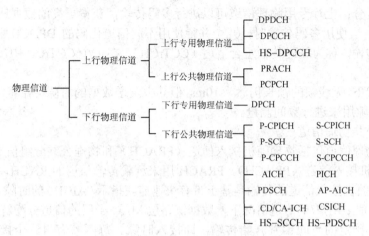

图 3-22　WCDMA 物理信道示意图

（1）上行专用物理信道

上行专用物理信道包括上行专用物理数据信道（DPDCH）和上行专用物理控制信道（DPCCH）。

上行 DPDCH 用于承载专用传输信道（DCH）的用户数据，在每个无线链路中可以有 0 个、1 个或多个上行 DPDCH，上行 DPDCH 数据速率可以逐帧改变，取决于选定的扩频因子。上行 DPCCH 用于传输物理层产生的控制信息。物理层的控制信息包括支持信道估计以进行相干检测的已知导频比特（Pilot）、发射功率控制指令（TPC）、反馈信息（FBI）以及 1 个可选的传输格式组合指示（TFCI）。TFCI 将复用在上行 DPDCH 上的不同传输信道的瞬时参数通知给接收机，并与同一帧中要发射的数据对应起来。在每个物理层连接中有且仅有 1 个上行 DPCCH。上行专用物理信道的帧结构如图 3-23 所示。

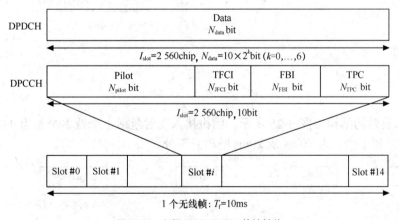

图 3-23　上行 DPDCH/DPCCH 的帧结构

图中的参数 k 决定了每个上行 DPDCH/DPCCH 时隙的比特数。它与物理信道的扩频因子 SF 有关，$SF = 256/2^k$。上行 DPDCH 的扩频因子变化范围为 256～4，DPDCH 对应的数据速率为 15～960kbit/s。DPCCH 的扩频因子始终固定等于 256，这样每个上行 DPCCH 时隙有10bit。

在上行链路中，DPDCH 和 DPCCH 并行传输，依靠不同的信道化码（OVSF，可变扩频增益码）进行区分；上行专用物理信道可以进行多码传输，获得更高的数据速率，最多可使用 6 个并行码。当使用多码传输时，几个并行使用不同信道化码的 DPDCH 和一个 DPCCH组合起来进行传输，称为编码传输组合信道（CCTrCH）。在 1 个 CCTrCH 中，有且只有 1 个DPCCH。

在压缩模式下，无线帧的帧长仍然为 10ms，但其中发送数据的时隙会比正常模式下少 2～3 个，空出的时隙用来进行频间测量。

（2）上行公共物理信道

上行公共物理信道包括物理随机接入信道（PRACH）和物理公共分组信道（PCPCH）。

① 物理随机接入信道（PRACH）。PRACH 用来承载传输信道的 RACH，可用于低速的数据传输。物理随机接入信道的传输是基于带有快速捕获指示（AICH）的时隙 ALOHA 方式。ALOHA 是在处理多用户/单信道情况下，数据链路层 MAC 子层的信道分配解决协议。

UE 在一个预定的时间偏置开始传输，即接入时隙。每两帧有 15 个接入时隙，间隔5 120chip，如图 3-24 所示。当前小区中哪个接入时隙可用是由高层给出的。

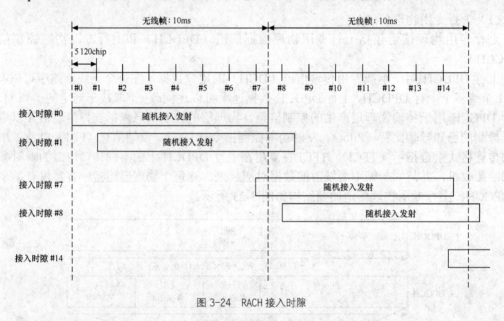

图 3-24　RACH 接入时隙

随机接入发射的结构如图 3-25 所示。随机接入发射包括 1 个或多个长为 4 096chip 的前缀（$SF = 256$）和 1 个长为 10ms 或 20ms 的消息部分。

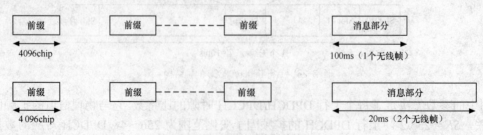

图 3-25　随机接入发射的结构

　　a．RACH 前缀。随机接入的前缀长度为 4 096chip，是对 1 个长度为 16chip 特征码（Signature）的 256 次重复。总共有 16 个不同的特征码，由哈德玛矩阵生成，具体见表 3-12。各个特征码之间完全正交，进而保证了基站在同一个接入时隙同时可以响应多个接入请求。

表 3-12　　　　　　　　　　　　　　　　RACH 前缀码

接入前导 Signature	Signature 的值															
	0	1	2	3	4	5	6	7	8	9	10	11	12	13	14	15
$P_0(n)$	1	1	1	1	1	1	1	1	1	1	1	1	1	1	1	1
$P_1(n)$	1	-1	1	-1	1	-1	1	-1	1	-1	1	-1	1	-1	1	-1
$P_2(n)$	1	1	-1	-1	1	1	-1	-1	1	1	-1	-1	1	-1	-1	-1
$P_3(n)$	1	-1	-1	1	1	-1	-1	1	1	-1	-1	1	-1	1	1	1
$P_4(n)$	1	1	1	1	-1	-1	-1	-1	1	1	1	1	-1	-1	-1	-1
$P_5(n)$	1	-1	1	-1	-1	1	-1	1	1	-1	1	-1	-1	1	-1	1
$P_6(n)$	1	1	-1	-1	-1	-1	1	1	1	1	-1	-1	-1	1	1	1
$P_7(n)$	1	-1	-1	1	-1	1	1	-1	1	-1	-1	1	-1	1	1	-1
$P_8(n)$	1	1	1	1	1	1	1	1	-1	-1	-1	-1	-1	-1	-1	-1
$P_9(n)$	1	-1	1	-1	1	-1	1	-1	-1	1	-1	1	-1	1	-1	1
$P_{10}(n)$	1	1	-1	-1	1	1	-1	-1	-1	-1	1	1	-1	1	1	1
$P_{11}(n)$	1	-1	-1	1	1	-1	-1	1	-1	1	1	-1	1	-1	-1	-1
$P_{12}(n)$	1	1	1	1	-1	-1	-1	-1	-1	-1	-1	-1	1	1	1	1
$P_{13}(n)$	1	-1	1	-1	-1	1	-1	1	-1	1	-1	1	1	-1	1	-1
$P_{14}(n)$	1	1	-1	-1	-1	-1	1	1	-1	-1	1	1	1	-1	-1	-1
$P_{15}(n)$	1	-1	-1	1	-1	1	1	-1	-1	1	1	-1	1	-1	-1	1

　　b．RACH 消息。随机接入信道消息部分的结构如图 3-26 所示。10ms 长的消息部分被分为 15 个时隙，每个时隙长度为 2 560chip。每个时隙包括 2 部分，一个是 RACH 传输信道所映射的数据部分，另一个是传送控制信息的控制部分。数据和控制部分并行发射传输。1 个 10ms 消息部分由 1 个无线帧组成，而 1 个 20ms 的消息部分则由 2 个连续的 10ms 无线帧组成。数据部分长度为 10×2^kbit，其中 $k = 0, \cdots, 3$，分别对应扩频因子变化范围为 256～32。控制部分为 8 个已知的导频比特，用来支持用于相干检测的信道估计和 2 个 TFCIbit，对消息的控制部分来说，对应扩频因子为 256。

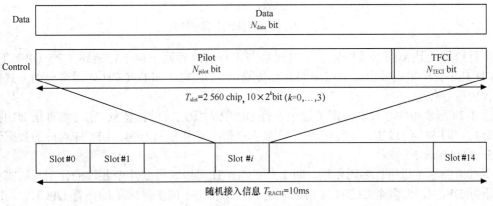

图 3-26　随机接入消息部分的结构

② 物理公共分组信道（PCPCH）。PCPCH 用来承载 CPCH，CPCH 是上行传输信道。物理公共分组信道的传输是基于带有快速捕获指示的数字侦听多重访问与碰撞检测（DSMA-CD）方式。

上行公共分组物理信道的帧结构如图 3-27 所示。每帧长为 10ms，分为 15 个时隙，每个时隙长度为 2 560chip，等于 1 个功率控制周期。数据部分有 10×2^kbit，这里 $k = 0，\cdots，6$ 分别对应于扩频因子变化范围为 256～4。

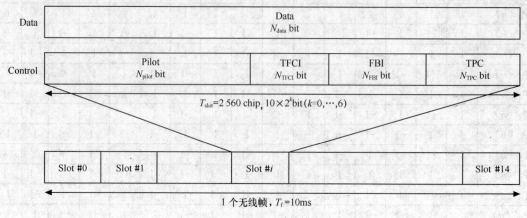

图 3-27　PCPCH 的帧结构

（3）下行专用物理信道

下行链路只有一种专用物理信道，即专用物理信道（DPCH），用于传送物理层控制信息和用户数据。下行链路帧结构如图 3-28 所示。

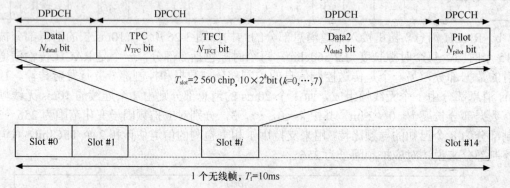

图 3-28　下行专用物理信道帧结构

下行链路无线帧帧长及每帧中的时隙数与上行链路相同，但下行链路中的 DPDCH 和 DPCCH 是串行传输而非上行链路中的并行传输，即 DPDCH 和 DPCCH 采用时分的方式复用在 1 帧中进行传输。

图 3-28 所示中的参数 k 确定了每个下行 DPCH 时隙的总的比特数，它与物理信道的扩频因子有关，即 $SF = 512/2^k$，下行链路扩频因子的变化范围为 512～4，DPCH 对应的数据速率为 7.5～960kbit/s。

下行链路也可以进行多码传输，即 1 个 CCTrCH 可以映射到几个并行的使用相同扩频因子的下行 DPCH，而多个 CCTrCH 可以映射到多个使用不同扩频因子的下行 DPCH。当映射到不同的 DPCH 中的几个 CCTrCH 发射给同一个 UE 时, 不同 CCTrCH 映射的 DPCH 可使用不同的扩频因子。

（4）下行公共物理信道

下行公共物理信道包括公共导频信道（CPICH）、同步信道（SCH）、公共控制物理信道（CCPCH）、下行物理共享信道（PDSCH）, 其中捕获指示信道（AICH）、接入前导捕获指示信道（AP-AICH）、寻呼指示信道（PICH）、冲突检测/信道分配指示信道（CD/CA-ICH）、CPCH 状态指示信道（CSICH）均采用固定扩频因子（$SF=256$）, 无传输信道向它们映射, 限于篇幅, 不作介绍。

① 公共导频信道（CPICH）。CPICH 为固定速率（30kbit/s, $SF=256$）的下行物理信道, 用于传送预定义的比特/符号序列。CPICH 又分为主公共导频信道（P-CPICH）和辅公共导频信道（S-CPICH）, 它们的用途不同。CPICH 为其他物理信道提供相位参考, 如 SCH等。P-CPICH 的重要功能是用于切换和小区选择/重选时进行测量, 终端根据收到的 CPICH的接收电平进行切换测量。CPICH 没有传输信道向它映射, 也不承载高层信息, 其帧结构如图 3-29 所示。

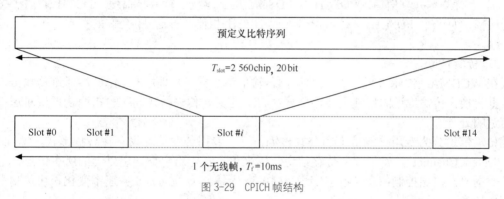

图 3-29　CPICH 帧结构

P-CPICH 有以下一些特性。

a. 主公共导频信道的信道化码是固定的。

b. 主公共导频信道选用主扰码加扰。

c. 1 个小区或扇区只有 1 个主公共导频信道。

d. 主公共导频信道在整个小区或扇区范围内广播。

S-CPICH 有以下一些特性:

a. 可以使用任意的 $SF=256$ 的信道化码。

b. 可以选用主扰码或辅扰码进行加扰。

c. 1 个小区中可以不用辅扰码, 也可以使用 1 个或多个辅扰码。

d. 可在整个小区或扇区内发送, 也可只在小区或扇区的一部分区域内发送。

② 同步信道（SCH）。SCH 包括主同步信道（P-SCH）和辅同步信道（S-SCH）。同步信道是一个用于小区搜索的下行链路信号。P-SCH 由一个长度为 256chip 的调制码组成, 每个时隙发射 1 次, 一个系统中所有小区的主同步码都是相同的。通过搜索主同步码可以确定时隙同步。S-SCH 长度为 256chip, 终端一旦识别出 S-SCH, 可以获得帧同步和小区所从属组的信息。

SCH 没有传输信道向它映射, 与主公共物理控制信道是时分复用的, 复用时隙 2 560chip中的前 256 码片, 如图 3-30 所示。

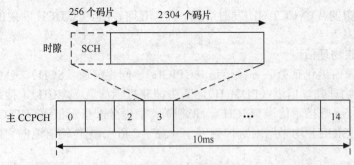

图 3-30 同步信道帧结构

③ 公共控制物理信道（CCPCH）。CCPCH 包括主公共控制物理信道（P-CCPCH）和辅公共控制物理信道（S-CCPCH）。主公共控制物理信道（P-CCPCH）用于承载广播信道（BCH），扩频因子固定为 256，速率 30kbit/s。辅公共控制物理信道（S-CCPCH）用于承载前向接入信道（FACH）和寻呼信道（PCH），扩频因子变化范围为 256～4。

④ 下行物理共享信道（PDSCH）。PDSCH 用于承载下行共享信道（DSCH）。对于每一个无线帧，每一个 PDSCH 总是与一个下行 DPCH 相伴。PDSCH 允许的扩频因子的范围为 256～4。

3. 传输信道

在 WCDMA 空中接口中，高层数据由传输信道承载，物理层与 MAC 层通过传输信道进行数据交换，传输信道的特性由传输格式（TF）定义，传输格式同时也指明物理层对这些传输信道的处理方式。

传输信道分为专用传输信道和公共传输信道。专用传输信道仅存在一种形式，即 DCH（Dedicated Channel），属于双向传输信道，用来传输特定用户物理层以上的所有信息，包括业务数据以及高层控制信息，能够实现以 10ms 无线帧为单位的业务速率变化、快速功率控制和软切换。

公共传输信道包括广播信道（BCH）、前向接入信道（FACH）、寻呼信道（PCH）、随机接入信道（RACH）、公共分组信道（CPCH）和下行共享信道（DSCH）。

（1）BCH

BCH 是一个下行传输信道，用于广播整个网络或某小区特定的信息。广播的信息有小区中可用的随机接入码字和接入时隙，小区中其他信道采用的传输分集方式等。为了保证广播信道能够被终端正确接收，广播信道一般采用较高的功率发送，以确保所有用户都能够正确接收。

（2）FACH

FACH 是一个下行传输信道，它被用于向给定小区中的终端发送控制信息或突发的短数据分组。1 个小区中可有多个 FACH，为了确保所有终端都能够正确接收，必须有 1 个 FACH 以较低的速率进行传输。FACH 没有采用快速功率控制，使用慢速功率控制。

（3）PCH

PCH 是一个下行传输信道，用于在网络和终端通信初始时发送与寻呼过程相关的信息。PCH 必须保证在整个小区内都能被接收。

（4）RACH

RACH 是一个上行传输信道，用来发送来自终端的控制信息和少量的分组数据，如请求建立连接等，需要在整个小区内能够被接收。RACH 使用冲突检测技术，采用开环功率控制。

（5）CPCH

CPCH 是一个上行传输信道，是 RACH 信道的扩展，用来发送少量的分组数据。CPCH 采用冲突检测技术和快速功率控制。

（6）DSCH

DSCH 是一个下行传输信道，用来发送用户专用数据/控制信息。可以由多个 UE 共享，1 个或多个 DCH 联合使用。DSCH 支持快速功率控制和逐帧可变比特速率，并不要求整个小区都能接收。

4. 物理层成帧的基本概念

无论 MAC 子层到物理层的数据流，还是物理层到 MAC 子层的数据流（传输块/传输块集），都需要经过从传输信道到物理信道的映射，以便在无线传输链路上进行传输。下面介绍实现传输信道到物理信道的映射中涉及到的基本概念。

（1）传输块

当传输信道数据被发送到物理层时，它是以传输块的形式发送的。传输块是物理层和 MAC 层交换数据的基本数据单元，物理层将为每一个传输块添加 CRC。传输块的长度称为传输时间间隔（TTI），TTI 的取值可以为 10ms，20ms，40ms 和 80ms。对于一个给定的传输信道，物理层每隔一个 TTI 从 MAC 层请求数据，然后 MAC 层决定传输块的数目。

（2）传输块集合

传输块集合是在 1 个 TTI 期间内，在 MAC 子层和物理层之间使用同一传输信道进行交流的 1 组传输块，它可能包含 0 个、1 个或多个传输块，图 3-31 所示说明这些定义。

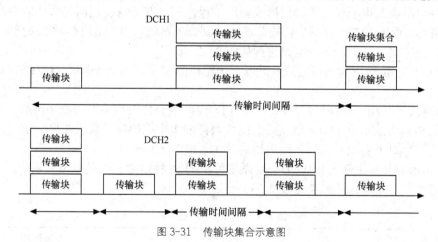

图 3-31　传输块集合示意图

（3）传输格式

传输格式（TF）定义了 MAC 层在 1 个传输时间间隔（TTI）期间内向物理层发送传输块集合的格式。传输格式中有动态部分和半静态部分。

① 动态部分。传输格式指定了传输块的大小（即每块的比特数）和传输块集合中的传输块数目。例如，假定 1 个传输块大小为 320bit，则传输格式可定义为 $TF_n = n \times 320$，这里的 n 代表了传输块的数目，可以为 0 或者是其他正整数。

② 半静态部分。传输格式指定了 TTI 长度、纠错方式以及 CRC 的大小，其中纠错方式又由编码方案、编码速率和速率匹配参数 3 部分组成。

（4）传输格式集

在传输块传输的时候，可能有很多种传输格式可供选择。某一个传输信道所有 TF 的集合称为传输格式集（TFS）。在 1 个传输格式集中，所有传输格式的半静态部分都相同。传输格式动态部分决定了传输信道的瞬时速率，通过改变传输块的大小和传输块的个数可以改变传输信道中承载业务的速率。

（5）传输格式组合

物理层复用了 1 个或多个传输信道，多个传输信道可复用到 1 个编码组合传输信道（CCTrCh）上。每个传输信道都有一系列相应的传输格式集，不同传输信道的传输格式集可能不同（在给定的 TTI 内，1 个传输信道使用 1 种传输格式），所以在映射不同的传输信道到 1 个 CCTrCh 上时，会出现多种不同的有效传输格式组合。每一种有效的传输格式组合称为 1 个传输格式组合（TFC）。

（6）传输格式指示

传输格式指示对应于 TFS 中某一特定传输格式。在 MAC 层和物理层交换 TFS 时，用来说明某一传输信道所选用的传输格式。

（7）传输格式组合指示

传输格式组合指示（TFCI）用来说明当前 CCTrCH 所采用的信道复用方式。MAC 在每一个传输信道发送 TFS 时会通过 TFI 向物理层说明传输格式，物理层再把所有并行传输信道的 TFI 进行组合构成 TFCI。

5. 上、下行链路进程

来自 MAC 层的传输信道的数据以传输块的形式传输，物理层对传输块进行信道编码等处理，形成编码组合传输信道（CCTrCH），进行传输信道复用。CCTrCH 作为一个逻辑概念不在空中接口出现，也不属于传输信道或物理信道，只是在 MAC 层向物理层映射时出现的一个逻辑概念。形成 CCTrCH 后，传输信道映射到物理信道，物理信道扩频、加扰和调制后，数据发送到空中接口。上、下行链路进程如图 3-32 所示。

① 加 CRC。传输块到物理层后，对每个传输块附加循环冗余校验码（CRC），作为传输块的错误检测。

② 传输块级联和编码块分段。在 1 个 TTI 内的所有传输块需要按顺序级联。如果在 1 个 TTI 中的传输块数不仅 1 个，级联后的比特数可能大于编码块的最大长度，这时需要进行编码块分段。如对于卷积码来说，编码块的最大长度为 504bit。

③ 信道编码与速率匹配。WCDMA 系统使用的 2 种信道编码类型为卷积编码和 Turbo 编码。信道编码方式与编码速率见表 3-13。

表 3-13　　　　　　　　　　　　　　信道编码方式与编码速率

传输信道类型	编码方式	编码速率
BCH	卷积编码	1/2
PCH		
PACH		
CPCH, DCH, DSCH, FACH		1/2, 1/3
	Turbo 编码	1/3

速率匹配通过对传输信道数据流进行重复或打孔，使得传输的比特数与无线帧传输的比特数相匹配。

④ 插入不连续发送（DTX）指示比特（第 1 次/第 2 次）。插入 DTX 指示比特仅用在下行链路填满无线帧，用来指示发射机在哪些比特位关闭传输。

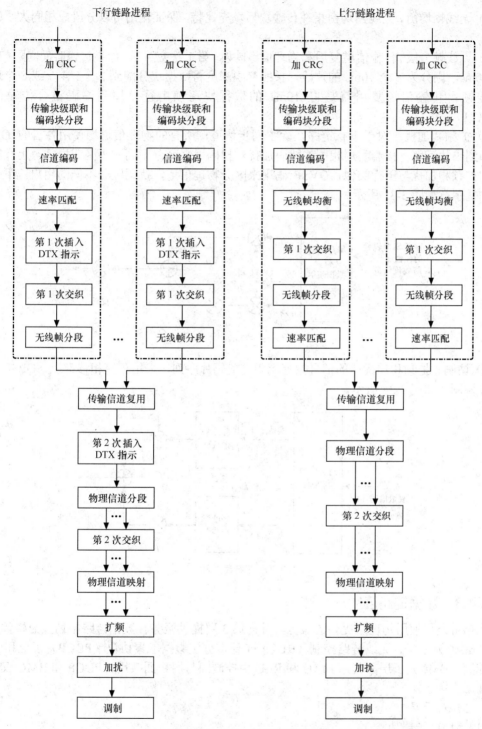

图 3-32　物理层上、下行链路进程

⑤ 交织（第 1 次/第 2 次）。通过将突发错误分散到多个无线帧达到减少误块率（BLER）的目的。第一次交织为帧间交织（Inter-frame），交织深度为 20ms，40ms 和 80ms；第 2 次交织为帧内交织（Intra-frame），在 10ms 的无线帧内进行交织。

⑥ 无线帧均衡。无线帧均衡指在传输块后填充比特，保证输出可以分段成相同大小的数据段。

⑦ 无线帧分段、传输信道复用和物理信道映射。第1次交织后，如果传输时间间隔（TTI）长于10ms，则分为多个10ms的片段，按照交织深度将数据块分配到2个、4个或8个连续的无线帧；传输信道复用就是将10ms的数据块逐帧串行复用到编码组合传输信道（CCTrCH）。

⑧ 扩频和加扰。对于下行链路，除了同步信道，所有的物理信道均使用各自的OVSF码扩频到码片速率，接着利用相同的扰码加扰，扰码用来区分不同的小区或扇区。上行物理信道的扩频和加扰与下行类似，OVSF码用来区分物理信道，扰码区分不同的用户。下行扩频和加扰示意如图3-33所示。

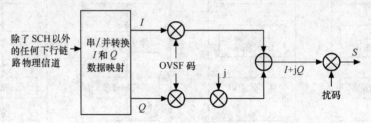

图3-33 扩频和加扰示意图

⑨ 调制。扩频和加扰后的信号数据流为复值码片序列，采用正交相移键控（QPSK）方式进行调制，如图3-34所示。

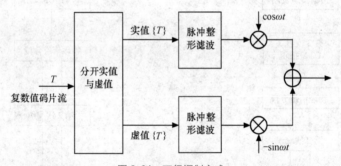

图3-34 下行调制方式

3.4.3 数据链路层

数据链路层使用物理层提供的服务，并向第3层提供服务。数据链路层划分为媒体接入控制（MAC）子层、无线链路控制（RLC）子层、分组数据汇聚协议（PDCP）子层和广播/多播控制（BMC）子层。其中MAC和RLC由控制面与用户面共用，PDCP和BMC仅用于用户面。

1. MAC子层

（1）MAC子层功能

MAC子层位于物理层之上，向高层提供无确认的数据传送、无线资源重分配和测量等服务，通过物理层提供的传输信道借助逻辑信道与上层交换数据。完成的主要功能如下。

① 逻辑信道与传输信道间的映射。

② 根据瞬时源速率为每个传输信道选择适当的传输格式（TF），保证高的传输效率。

③ 通过选择高比特速率或低比特速率的传输格式，实现 1 个 UE 的数据流之间优先级处理。

④ 通过动态调度为不同的 UE 间进行优先级处理。

⑤ 把高层来的协议数据单元（PDU）复用成传输块后发送给物理层，或者把从物理层来的传输块解复用成高层的 PDU，对于专用信道适用于相同 QoS 参数的业务，PDU 是对等协议层之间进行交流的基本数据单元。

⑥ 测量逻辑信道业务量并向 RRC 报告，此测量报告有可能引发对无线承载/或传输信道参数的重新配置。

⑦ 在 RRC 层的命令下，MAC 子层执行传输信道类型转换。

⑧ 为在 RLC 子层使用透明模式传输的数据进行加密。

⑨ 为 RACH 和 CPCH 选择接入类别和等级。

（2）MAC 子层结构

MAC 子层由 MAC-b、MAC-c/sh 和 MAC-d 3 个逻辑实体构成，如图 3-35 所示。

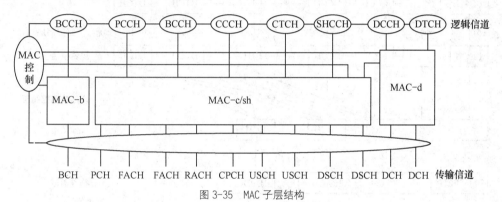

图 3-35　MAC 子层结构

① MAC-b 实体负责处理广播信道（BCH）。在每个 UE 中有 1 个 MAC-b 实体，在 UTRAN 的每个小区中有 1 个 MAC-b 实体，位于 Node B 中。

② MAC-c/sh 实体负责处理公共信道和共享信道，包括寻呼信道（PCH）、前向接入信道（FACH）、随机接入信道（RACH）、公共分组信道（CPCH）和下行链路共享信道（DSCH）。对于 MAC-c/sh 实体，与承载的具体业务有关，为每个正在使用共享信道的 UE 分配 1 个 MAC-c/sh 实体，在 UTRAN 的每个小区中有 1 个 MAC-c/sh 实体，位于 CRNC 中。

③ MAC-d 实体，负责处理专用传送信道（DCH）。在每个 UE 中有 1 个 MAC-d 实体，在 UTRAN 的每个小区中有 1 个 MAC-d 实体，位于 SRNC 中。

（3）逻辑信道

MAC 子层通过逻辑信道与高层进行数据交互，在逻辑信道上提供不同类型的数据传输业务。逻辑信道是 MAC 子层向 RLC 子层提供的数据传输服务，表述承载的任务和类型。逻辑信道根据不同数据传输业务定义逻辑信道的类型。

逻辑信道通常分为两类，控制信道，用来传输控制平面信息；业务信道，用来传输用户平面信息。逻辑信道共有 6 类，分别介绍如下。

① 控制信道

a. 广播控制信道（BCCH），广播系统控制信息的下行信道。

b. 寻呼控制信道（PCCH），传输寻呼信息的下行信道。

c. 公共控制信道（CCCH），在网络和 UE 之间发送控制信息的双向信道，主要供进入一个新的小区并使用公共信道的 UE 或没有建立 RRC 连接的 UE 使用。

d. 专用控制信道（DCCH），用于在 UE 和 RNC 之间传送专用控制信息的点对点双向信道，在 RRC 连接建立的过程中建立。

② 业务信道

a. 专用业务信道（DTCH），服务于 1 个 UE，传输用户信息的点对点双向信道。

b. 公共业务信道（CTCH），向全部或者 1 组特定 UE 传输信息的点到多点下行信道。

（4）逻辑信道、传输信道和物理信道之间的映射关系

如图 3-36 所示，逻辑信道先映射到传输信道，传输信道再映射到物理信道。根据信道类型的不同，可以是一对一的映射，也可以是一对多的映射。图中一些物理信道与传输信道之间没有映射关系（如 SCH，AICH 等），它们只承载与物理层过程有关的信息。这些信道对高层而言不是直接可见的，但对整个网络而言，每个基站都需要发送这些信道信息。

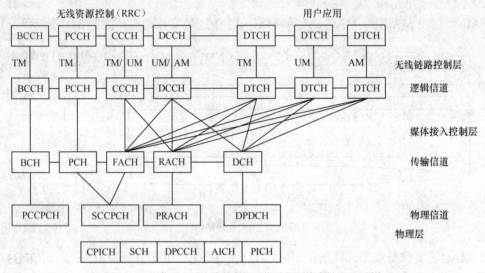

图 3-36　逻辑信道、传输信道和物理信道之间的映射（R99 版本）

2. RLC 子层

（1）RLC 子层主要功能

① 数据分段和重组。根据实际传输格式，RLC 子层对高层来的长度变化的 PDU 进行分割成为 RLC 的净负荷单元，此负荷单元经处理后称为 RLC PDU；将低层来的 RLC PDU 重组为变长的高层 PDU。

② 级联和填充。服务数据单元（SDU）是协议栈中层与层或层与子层之间进行交流的基本数据单元。如果 RLC SDU 中的内容不能填满整数个 RLC PDU，就把下一个 RLC SDU 的第一段与当前 RLC SDU 的最后一段进行级联，进而构成 RLC PDU；当不能应用级联而且传输的数据不能填满给定 RLC PDU 的大小时，剩下的部分用填充比特填满。

③ 用户数据传输和纠错。RLC 支持确认模式、非确认模式和透明模式 3 种数据传输模式；在确认模式下，RLC 通过重传提供纠错功能。

④ 高层 PDU 顺序传输和复制检测。为采用确认模式传输的数据提供顺序发送的功能，否则系统支持乱序发送；复制检测收到的 RLC PDU，保证合成的高层 PDU 只向上层提供。

⑤ 流量控制。接收 RLC 实体可以控制对端信息发送的速率。

⑥ 序列检查。序列检查用于非确认模式，在 RLC PDU 被重组到 RLC SDU 中时，通过

检查 RLC PDU 中的序列号，检测错误的 RLC SDU。错误的 RLC SDU 将被丢弃。

⑦ 协议错误检测与恢复。检测并纠正在 RLC 操作中的错误并进行恢复。

⑧ 加密。适用于非透明模式下数据传输，加密算法与 MAC 子层的方法相同。

（2）RLC 子层结构

RLC 子层支持透明模式（Tr）、非确认模式（UM）和确认模式（AM）3 种传输模式。透明模式和非确认模式的实体是单向实体，可以配置为发送实体或者接收实体；确认模式实体是双向实体，包含发送侧和接收侧，可同时进行收发。RLC 子层的结构如图 3-37 所示。

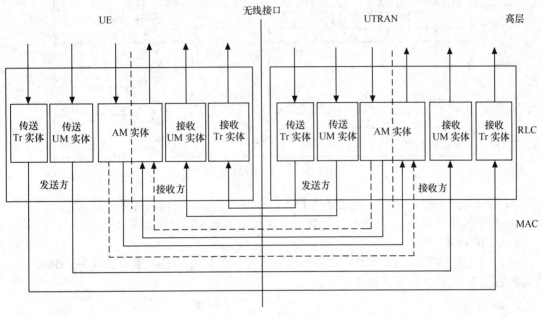

图 3-37　RLC 子层结构

各种传输模式的特点如下。

① 透明模式不为高层数据增加任何开销，错误的 PDU 将被标记或丢弃，不保证数据的正确传输。在特殊的情况下，也可以具有有限的分段/重组功能，但需要在无线承载建立过程中进行协商。

② 非确认模式下发送的 PDU 添加了 RLC 的头并含有序列号，收端可以根据这个序列号判断数据的完整性。错误的 PDU，将根据配置被丢弃或者标记。因为没有使用重传机制，无法保证数据的正确传输。小区广播和基于 IP 的语音业务（VoIP）一般采用非确认模式。

③ 确认模式使用自动重发请求机制来保证数据的传输，纠错、按顺序传送、重复检测、流控制是确认模式所特有的功能。确认模式是分组业务标准的 RLC 模式，如网页浏览、电子邮件下载等一般采用确认模式。

3. PDCP 子层

PDCP 子层仅存在于用户平面，提供分组域业务。高层通过 SAP 配置 PDCP，如图 3-38 所示。PDCP 子层主要功能如下。

① 分别在接收与发送实体对 IP 数据流执行头压缩和解压缩功能。头压缩协议专用于特定的网络层、传输层或高层协议的组合，如 TCP/IP 和 RTP/UDP/IP 等，使网络层协议（如 IPv4、IPv6 等）的引入独立于 UTRAN 协议。

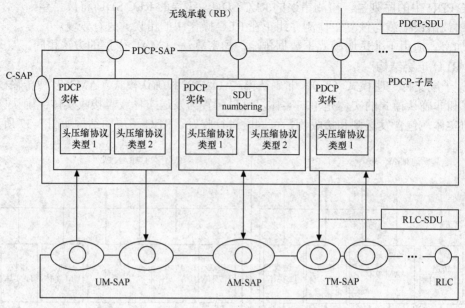

图 3-38 PDCP 子层结构图

② 用户数据传输，非接入层送来的 PDCP-SDU 与 RLC 实体间的互相转发。

③ 为无线承载（RB）提供一个序列号，支持无损的 SRNC 重定位。

4. BMC 子层

BMC 子层仅存在于用户平面，以无确认方式提供公共用户的广播/多播业务。BMC 子层结构如图 3-39 所示，其主要功能如下。

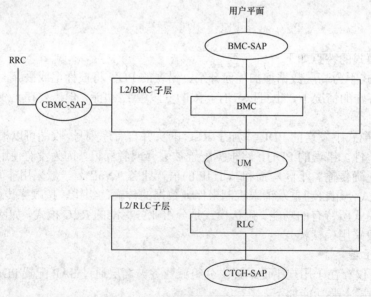

图 3-39 BMC 子层结构图

① 小区广播消息的存储。

② 为小区广播业务进行业务量检测和无线资源请求。

③ BMC 消息的调度。

④ 向 UE 发送 BMC 消息。

⑤ 向高层 NAS 传递小区广播消息。

3.4.4 无线资源控制层

无线资源控制（RRC）层属于控制平面，UE 和 UTRAN 间的控制信令主要是 RRC 层消息，控制接口管理和对低层协议实体的配置。RRC 层主要完成的功能有接入层控制、系统信息广播、RRC 连接管理、无线承载管理、RRC 移动性管理、无线资源管理、寻呼和通知、高层信息路由功能、加密和完整性保护、功率控制、测量控制和报告等。

1. RRC 层结构

RRC 层通过业务接入点向高层提供业务。在 UE 侧，高层协议使用 RRC 提供的业务；在 UTRAN 侧，Iu 接口上 RANAP 使用 RRC 提供的业务。所有高层信令（移动性管理、呼叫控制、会话管理等）都被压缩成 RRC 消息在空中接口传送。UE 侧 RRC 模型结构如图 3-40 所示。UTRAN 侧的 RRC 模型如图 3-41 所示。

RRC 层通过通知业务接入点（Nt-SAP）、专用业务接入点（DC-SAP）和通用控制接入点（GC-SAP）向高层提供服务。RRC 层功能实体如下。

① 路由功能实体（RFE）。处理高层消息到不同的移动管理/连接管理 UE 侧或不同的 UTRAN 侧的路由选择。

② 广播控制功能实体（BCFE）。处理系统信息的广播。在 RNC 中，每个小区都至少有 1 个 BCFE。

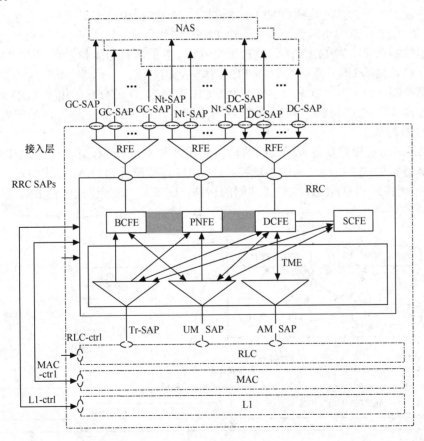

图 3-40 UE 侧 RRC 模型

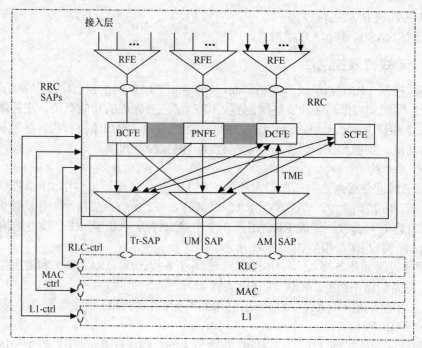

图 3-41　UTRAN 侧 RRC 模型

③ 寻呼及通告控制功能实体（PNFE）。控制对还未建立 RRC 连接的 UE 的寻呼。在 RNC 中，对由这个 RNC 控制的小区都至少有 1 个 PNFE 实体。

④ 专用控制功能实体（DCFE）。处理 1 个特定 UE 的所有功能和信令。SRNC 中，对每个与这个 RNC 连接的 UE，都有 1 个 DCFE 实体与之相对应。

⑤ 共享控制功能实体（SCFE）。控制 PDSCH 和 PUSCH 的分配，用于 TDD 模式。

⑥ 传输模式实体（TME）。处理 RRC 层内不同实体和 RLC 接入点之间的映射。

2. RRC 层的状态

RRC 的各种状态模式及各种模式间的转换关系如图 3-42 所示，其中包括 UTRAN 连接模式和 GSM 连接模式在电路域的状态转移；UTRAN 连接模式和 GSM 连接模式在分组域的状态转移；空闲模式和 UTRAN 连接模式间的转移；UTRAN 连接模式内的 RRC 状态转移。

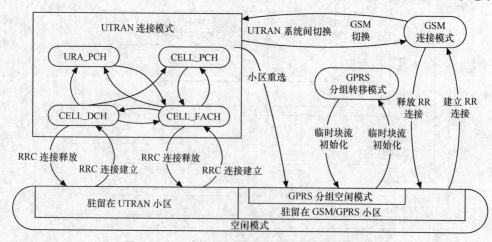

图 3-42　RRC 的各种状态模式及各种模式间的转换关系

（1）空闲模式

当 UE 处于空闲模式时，UE 与接入层之间不存在任何连接。没有激活的电路业务或分组业务，但它可能已在网络中注册，在指定的时间，监听寻呼指示信道及相关的寻呼信息。空闲模式的 UE 由非接入层标识，如 IMSI，TMSI 和 P-TMSI。

打开电源后，UE 便处于空闲模式，驻留在 UTRAN 小区。当 UE 收到系统的寻呼后，通过随机接入信道作出响应，要求 UTRAN 建立 RRC 连接。如果 UE 发起呼叫，通过随机接入信道要求 UTRAN 建立 RRC 连接。RRC 连接建立后，UE 进入连接模式。根据需要传送的数据量、分组突发是否频繁决定进入 CELL_DCH 或 CELL_FACH 状态。如果 RRC 连接建立失败，UE 回到空闲模式。

（2）UTRAN 连接模式

在连接模式时，UE 与 UTRAN 已建立了 RRC 连接，UTRAN 确知 UE 位置信息，为 UE 分配了无线网络临时标识符（RNTI），用于在公共传输信道时识别 UE。UTRAN 连接模式有 CELL_DCH，CELL_FACH，CELL_PCH 和 URA_PCH 4 种状态。

① CELL_DCH 状态。处于空闲模式的 UE 通过建立 RRC 连接，或从 CELL_FACH 状态建立 1 个专用物理信道进入 CELL_DCH 状态。在 CELL_DCH 状态下，UE 被分配 1 个专用的物理信道，并且 UE 的 SRNC 知道 UE 所在小区或激活集，UE 和 UTRAN 通过专用物理信道交互数据。如果 UE 移动到其他小区，UE 与新小区建立专用物理信道并释放旧小区的专用物理信道。处于 CELL_DCH 状态的 UE 通过释放 RRC 连接进入空闲模式。

② CELL_FACH 状态。UE 可以从空闲模式或连接模式的其他 3 种状态转换到 CELL_FACH 状态。处于 CELL_FACH 状态的 UE 没有专用的物理信道，但可以使用 RACH 和 FACH 信道用于信令消息和少量用户平面数据的传输。在 CELL_FACH 状态下，UE 能监听广播信道（BCH）以捕获系统信息、执行小区重选并在重选后向 RNC 发送小区重选消息，RNC 由此获知 UE 的位置。CELL_FACH 状态通过建立专用物理信道转移到 CELL_DCH 状态，UTRAN 上层可能要求 UE 进行状态转移，如转移到 CELL_PCH 状态或 URA_PCH 状态。当 UE 释放了 RRC 连接后，UE 即进入空闲模式。

③ CELL_PCH 状态。UE 可以从 CELL_FACH 或 CELL_DCH 状态转换到 CELL_PCH 状态。CELL_PCH 状态下的 UE 没有专用的物理信道，但 SRNC 确知 UE 所属的小区位置，可以通过寻呼信道（PCH）与 UE 联系。在 CELL_PCH 状态下，UE 能监听广播信道上的系统信息，支持小区广播服务（CBS）的 UE 应能在 CELL_PCH 状态接收 BMC 消息。但在 CELL_PCH 状态下的 UE 没有激活的上行链路。若 UE 要进行小区重选，首先转移到 CELL_FACH 状态，执行小区更新过程后重新回到 CELL_PCH 状态。处于 CELL_PCH 状态下的 UE 通过 UTRAN 寻呼任何上行链路接入转移到 CELL_FACH 状态。

④ URA_PCH 状态。URA_PCH 状态与 CELL_PCH 状态很相似。两者的区别在于 URA_PCH 状态的 UE 在小区重选时不执行小区更新，而是读取广播信道中的 UTRAN 用户注册区（URA）标识，只有当 URA 改变时，UE 才向 RNC 发送位置信息，请求 URA 更新过程。URA 包括许多小区，但 URA 之间可以有重叠，即 1 个小区可以属于不同的 URA，所以在小区中通过广播信道广播 URA 标识的列表。当 UE 发现它的 URA 标识不在小区中广播的 URA 标识列表中时，就执行 URA 更新过程。在 URA_PCH 状态下不能进行 RRC 连接释放，UE 需要先转移到 CELL_FACH 状态执行释放信令。

（3）RRC 各种状态间的转换关系

下面以移动台开机、寻呼过程和业务实现过程为例，介绍 RRC 状态的变化。

① 移动台开机，在空闲模式下，首先完成小区搜索过程，完成小区驻留。

② 当小区更新时，移动台将进入 CELL_FACH 状态，完成小区更新所需的少量信令数据的传输。

③ 小区更新结束，RRC 连接保持则由 CELL_FACH 状态到 CELL_PCH 状态，如果 RRC 连接释放则进入空闲模式。

④ 移动台进入 CELL_PCH 状态之后将侦听 PICH 消息，如果侦听到 PICH 上有对自己的寻呼消息时，进入 CELL_FACH 状态。

⑤ 随数据量增加，移动台申请专用信道之后，进入 CELL_DCH 状态并维持通信；业务量下降则继续返回 CELL_FACH 状态；业务结束，移动台进入 URA_PCH 状态或 CELL_PCH 状态。

3.5　WCDMA 网络中的编号计划

3.5.1　UMTS 网络的服务区域划分

在蜂窝移动通信网络中，为了向用户提供服务，网络需要随时掌握移动用户所在位置，网络需要进行位置和服务区域管理。UMTS 网络的服务区域划分如图 3-43 所示。

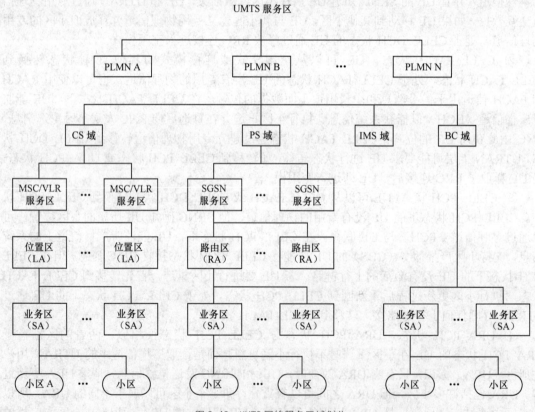

图 3-43　UMTS 网络服务区域划分

与 GSM 网络的服务区域相比，UMTS 网络分为电路域（CS）、分组域（PS）、广播域（BC）及 IMS 域（R5 版本），新增了业务区（SA）的概念。网络实体的编号和用户编号对于呼叫处理过程以及用户的移动性管理过程都是非常重要的。网络的编号计划与网络结构、网络功能及移动性管理等紧密相关。

3.5.2　WCDMA 网络中的编号计划

1. 与服务区有关的编号

蜂窝移动通信最基本的区域单位就是小区，而根据网络结构、网络提供服务的需要，多个小区的集合可以使用不同的网络标识来表示。下面给出 WCDMA 网络中与服务区划分有关的一些网络标识。

（1）PLMN 标识

PLMN 是通过 PLMN-Id 来进行标识的。1 个小区只能属于 1 个 PLMN。

$$PLMN\text{-}Id = MCC + MNC$$

其中 MCC 和 MNC 含义如下。

① 移动国家号码（Mobile Country Code，MCC），MCC 包含 3 个十进制数。MCC 用于表示一个移动用户所属的国家，例如中国的 MCC 号是 460。

② 移动通信网号码（Mobile Network Code，MNC），MNC 包含 2～3 个十进制数。MNC 用于表示用户签约的归属网络，例如中国移动 MNC 为 00 或 02，中国联通 MNC 为 01。

MCC 和 MNC 是在 UTRAN 中预定义的，通过操作维护功能在 RNC 中进行设置。

（2）核心网的域标识

核心网的域标识用于在迁移过程中识别核心网的结点，主要在 RANAP 信令中使用。WCDMA 网络在空中接口上传输的信令通过 RNC 传送到核心网，RNC 同时与核心网的电路域和分组域相连，RNC 负责将来自 UE 发往核心网的信令消息发送出去。这些信令消息有些是经由电路域的，有些则是经由分组域的，经由不同域的信令消息在空中接口上是通过不同域标识来实现消息的正确路由的。

核心网的域标识有 2 种定义如下。

核心网电路域标识为

$$CS\text{-}Id = PLMN\text{-}Id + LAC$$

核心网分组域标识为

$$PS\text{-}Id = PLMN\text{-}Id + LAC + RAC$$

其中 LAC 是位置区编号，长度为 16 位，RAC 是路由区编号，长度为 8 位，LAC 和 RAC 是由运营商根据组网的需要进行定义的，在 RNC 内可通过操作维护系统进行设置。

（3）服务区标识

服务区标识（Service Area Identifier，SAI）用于标识同 1 个位置区下的 1 个或多个小区，用于核心网络识别移动用户的位置。其定义为

$$SAI = PLMN\text{-}Id + LAC + SAC$$

服务区域编码（SAC）由运营商定义，并设置在 RNC 中。1 个小区可以属于 1 个或几个服务区。例如，在 1 个小区归属于两个 SAI 的情况下，一个 SAI 在广播域使用，另一个 SAI 则在电路域和分组域使用。

（4）位置区标识

位置区标识（Location Area Identity，LAI）用于标识位置区。位置区的大小从范围上来说是指用户在移动的过程中不需要对 VLR 中位置信息进行更新的区域。通过位置区，网络可以找到移动台所处位置的大致范围，从而有利于对移动台进行寻呼。LAI 的定义为

$$LAI = MCC + MNC + LAC$$

LAC 的长度为 16 位，理论上同一 PLMN 中可定义最多 65 536 个不同位置区。

移动台在开机的时候首先要做电路域的位置更新，即移动台将当前所处小区的位置区告

知核心网，核心网将移动台当前所处网络的信息在 HLR 中进行位置更新，这样可以使用户的归属网络知道用户当前所处的网络在何处，也就使用户总能在他所漫游的网络中被寻呼到。在用户移动的过程中，终端通过对比保存的 LAI 和网络广播的 LAI 是否一致，判断是否需要位置更新，当用户当前所处小区所属的位置区发生了变化，LAI 比对不同，移动台需要进行位置更新过程。

（5）路由区标识

路由区标识（Routing Area Identification，RAI）用于标识分组域的路由区。RAI 的定义为

$$RAI = MCC + MNC + LAC + RAC$$

路由区是一个与位置区类似的概念。当用户在移动过程中，用户驻留小区的 RAI 发生改变时，移动台就会发起路由区更新过程。1 个位置区可以包括多个路由区，1 个路由区总是处在某一个位置区的内部，1 个小区只能属于 1 个路由区。

（6）小区全球标识

小区全球标识（Cell Global Identity，CGI）在 UMTS 服务区内的设置是唯一的，CGI 的定义为

$$CGI = MCC + MNC + LAC + CI$$

小区标识（Cell Identity，CI），在位置区内唯一，小区是蜂窝移动通信系统中区域划分的最小单元。

本节介绍的 WCDMA 网络标识如图 3-44 所示。

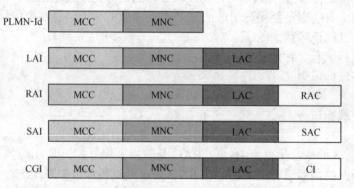

图 3-44　WCDMA 网络标识

2. WCDMA 中移动终端用户的标识

在 WCDMA 中，移动用户（UE）通过装有 USIM 卡的终端接入网络。UE 可以有很多个标识用来区分其身份，这些标识有些是永久性的，有些则是临时性的。

（1）移动用户号码

移动用户号码（Mobile Station International ISDN Number，MSISDN）为用户的电话号码簿号码。移动用户的 MSISDN 与 ISDN 号码格式兼容。MSISDN 定义为

$$MSISDN = CC + NDC + SN$$

其中 CC，NDC 和 SN 的含义如下。

① 国家代码（Country Code，CC）表示注册用户所属的国家，如中国为 86。

② 国内接入码或称网络号（National Destination Code，NDC），由 3 位数字组成（$N_1N_2N_3$），如中国移动的 NDC 目前范围为 134～139。

③ 用户号码（Subscriber Number，SN）由运营者分配，体现用户 HLR 和序列号，组成

方式为 $H_0H_1H_2H_3ABCD$，其中，H0H1H2H3 为 HLR 的识别号，ABCD 为每个 HLR 中移动用户的号码。

（2）国际移动用户识别码

国际移动用户识别码（International Mobile Subscriber Identity，IMSI）存储在用户的 USIM 卡中，在核心网的用户签约信息中，也使用 IMSI 作为用户身份标识，IMSI 存储在归属 HLR 和访问 VLR 中。每个移动用户会被分配唯一一个全球移动用户标识号 IMSI。用户的 IMSI 是为了加强用户身份标识的保密性。IMSI 定义为

$$IMSI = MCC + MNC + MSIN$$

MCC 和 MNC 在 PLMN 标识中做了介绍，移动用户识别号（Mobile Subscriber Identification Number，MSIN）用于唯一地标识用户的身份。

（3）临时用户身份识别

为了避免 IMSI 在空中接口频繁传送，防止 IMSI 被盗用，保证移动网络的安全，系统采用了临时用户身份识别（Temporary Mobile Subscriber Identities，TMSI）的保护手段。1 个移动台可以被分配 2 种 TMSI，一种用于通过 MSC 提供的服务；另一种用于通过 SGSN 提供的服务（称为 P-TMSI）。TMSI 和 P-TMSI 存储在 VLR 和 SGSN 中，只在访问的 VLR 和 SGSN 中有效。一旦用户被分配了 TMSI/P-TMSI，则此 TMSI/P-TMSI 用来在 CS/PS 域的服务中标识 UE。

TMSI/P-TMSI 被保存在 USIM 卡中，如果 TMSI/P-TMSI 的数值为 32 位全 "1"，则表示用户 TMSI/P-TMSI 无效，或者说用户没有有效可用的 TMSI，此时需要使用 IMSI 作为用户标识。

（4）国际终端设备识别号和国际终端设备与软件版本号

国际终端设备识别号（International Mobile station Equipment Identity，IMEI）和国际终端设备与软件版本号（International Mobile Station Equipment Identity and Software Version Number，IMEISV）用于标识一个移动台设备。当 UMTS 网络配置了 EIR 网元时，可以利用 IMEI 判断移动终端的合法性。IMEI 和 IMEISV 定义为

$$IMEI = TAC + SNR + SP$$
$$IMEISV = TAC + SNR + SVN$$

其中 TAC，SNR，SP 和 SVN 的含义如下。

① TAC 为 8 位十进制数的设备型号核准号码，由型号认证中心分配。

② SNR 为手机的出厂序号，由 1～6 位数字组成。

③ SP 为 1 位备用段。

④ SVN 为 2 位的软件版本号。

IMEI 为 15 位十进制数，最后一位用于校验。IMEISV 为 16 位十进制数。

（5）移动用户漫游号码

移动用户漫游号码（Mobile Station Roaming Number，MSRN）是由用户在漫游时由访问网络 VLR 临时分配的一个号码，MSRN 用于在访问网络中标识移动用户。一旦 MSRN 释放后，该 MSRN 由 VLR 重新分配使用。MSRN 与用户的 MSISDN 具有相同的格式。

（6）无线网络临时标识

TMSI 是移动网络在核心网层次上为用户分配的临时身份标识，无线网络临时标识（Radio Network Temporary Identity，RNTI）是接入网 UTRAN 在接入网层次上为用户分配的临时身份标识，用于在 UTRAN 中及 UE 与 UTRAN 间的信令消息中标识 UE，长度为 16bit。RNTI 和 TMSI 的对应关系只被 UE 和 UTRAN 知道。RNTI 有 s-RNTI（Serving RNC RNTI），d-RNTI

（Drift RNC RNTI），c-RNTI（Cell RNTI），u-RNTI（UTRAN RNTI），DSCH-RNTI 及 HS-DSCH RNTI。

① s-RNTI 是由 SRNC 分配给每一个建立 RRC 连接的 UE 的临时身份标识。

② d-RNTI 是由 DRNC 分配的 UE 临时身份标识，在 SRNC 和 DRNC 中会保持 s-RNTI 和 d-RNTI 的对应关系。

③ 当 1 个 UE 接入 1 个新的小区时，控制该小区的 CRNC 会为 UE 分配 1 个 c-RNTI。CRNC 知道同一 UE 的 d-RNTI 和 c-RNTI 的关系。

④ u-RNTI 则是在 UTRAN 水平上 UE 的临时身份标识。

⑤ DSCH-RNTI 由 CRNC 在建立 DSCH（FDD/TDD）或者 USCH（TDD）信道时分配。

⑥ HS-DSCH RNTI 由 CRNC 在建立 HS-DSCH 信道时分配。

（7）IP 地址

当 UE 发起 1 个分组呼叫时，UE 会使用 1 个 IP 地址，IP 地址可以是 1 个 IPv4 地址，也可以是 1 个 IPv6 地址。

WCDMA 网络中的编号计划还包括与网络结点有关的编号（MSC，GSN，HLR 等）、信令点编码、IP 多媒体域有关的编号、UTRAN 专用资源的编号等。这些编号的正确使用都是网络正常运行的保证，限于篇幅不一一介绍了。

小　　结

1．WCDMA 系统网络结构按功能划分，由核心网（CN）、无线接入网（UTRAN）、用户设备（UE）与操作维护中心（OMC）等组成。核心网与无线接入网（UTRAN）之间的开放接口为 Iu 接口，无线接入网（UTRAN）与用户设备（UE）间的开放接口为 Uu 接口。用户设备（UE）主要由移动设备（ME）和通用用户识别模块（USIM）两部分组成。UTRAN 由 1 个或几个无线网络子系统（RNS）组成。每个 RNS 包括 1 个无线网络控制器（RNC）、1 个或几个 Node B。为了从逻辑上描述 RNC 的功能，引入了 SRNC，DRNC，CRNC 的概念。

2．R99 版本核心网电路域、分组域的功能实体与 GSM/GPRS 基本一致，为支持 3G 业务，增加了 Iu 接口，核心网通过 A 接口和 Gb 接口可以与 GSM/GPRS 无线网络相通。有些功能实体增添了相应的接口协议，同时对原有的接口协议进行了改进。

3．R4 版本与 R99 版本相比，在核心网电路域提出了承载和控制独立的概念，引入了软交换技术。R4 版本在无线接入网网络结构方面没有变化，但在无线接入技术方面针对 WCDMA 规范作了改进，增加了 TD-SCDMA 系统的空中接口标准。R4 核心网变化的实体有 MSC 服务器（MSC Server）、电路交换媒体网关（CS-MGW）和关口 MSC 服务器（GMSC Server），新增接口有 Mc，Nc，Nb 接口。

4．R5 版本在无线接入网方面，提出高速下行分组接入（HSDPA）技术，Iu、Iur、Iub 接口增加了基于 IP 的可选择传输方式，保证无线接入网实现全 IP 化；在 CN 方面，在 R4 基础上增加了 IP 多媒体子系统（IMS）。

5．IMS 的主要功能实体包括呼叫会话控制功能（CSCF）、归属用户服务器（HSS）、媒体网关控制功能（MGCF）、IP 多媒体-媒体网关功能（IM-MGW）、多媒体资源功能控制器（MRFC）、多媒体资源功能处理器（MRFP）、签约定位器功能（SLF）、出口网关控制功能（BGCF）、信令网关（SGW）、应用服务器（AS）、多媒体域业务交换功能（IM-SSF）、业务能力服务器（OSA-SCS）等。按功能划分，IMS 的主要功能实体大致分为 6 大类别。

6．UTRAN 是 UMTS 系统的无线接入网部分。UTRAN 接口通用协议模型分为两层二平面。两层指从水平的分层结构来看，分为无线网络层和传输网络层。二平面指从垂直面来看，每个接口分为控制面和用户面。UTRAN 内部的 3 个接口（Iu，Iur 和 Iub）都遵循统一的基本协议模型结构。

7．Iu 接口是 UTRAN 与核心网之间的接口，也可以看作 RNC 与 CN 之间的一个参考点。UTRAN 与核心网电路域的接口称为 Iu-CS，与核心网分组域的接口称为 Iu-PS，与小区广播系统之间的接口称为 Iu-BC。RANAP 协议位于 Iu 接口协议栈的最高层，属于 Iu 接口应用层协议，负责处理 UTRAN 和 CN 之间的信令交互。RANAP 功能通过 1 个或多个 RANAP 基本过程（EP）实现。按照请求信息和响应信息，EP 分为 3 类。

8．Iub 接口作为 RNC 与 Node B 之间的接口，负责所有 RNC 与 Node B 之间的通信过程。协议结构与 UTRAN 接口的协议模型一致。无线网络控制面中的 NBAP 是 RNC 与 Node B 之间的控制协议，但 NBAP 并不关心底层所用传输协议的细节。NBAP 协议包含 CRNC 与 Node B 之间交互的基本过程（EP），EP 分为 2 类。

9．在 GSM 网络中，2 个 BSC 之间是没有逻辑接口的，而在 WCDMA 中，为了更好地满足对用户移动性的支持，引入了任意两个 RNC 之间的逻辑接口 Iur。协议结构与 UTRAN 接口的协议模型一致，在无线网络层控制面是无线网络子系统应用协议（RNSAP），用户面是 Iur FP 协议。RNSAP 负责 RNC 和 RNC 之间的信令交换，接收来自传输层的数据传送服务，是 Iur 接口的应用层协议。

10．WCDMA 系统中 Uu 接口（空中接口）协议结构分为两面三层，垂直方向分为控制平面和用户平面。水平方向分为物理层、数据链路层、网络层 3 层。数据链路层又包括媒体接入控制（MAC）层、无线链路控制（RLC）层、分组数据汇聚协议（PDCP）层和广播/多播控制（BMC）层。其中 MAC 和 RLC 由控制面与用户面共用，PDCP 和 BMC 仅用于用户面。

11．在 WCDMA 空中接口中，物理信道的特征可由载频、扰码、信道化码（可选的）和相对相位来体现。按照信息的传送方向，物理信道可分为上行物理信道和下行物理信道；按照物理信道是否由多个用户共享还是一个用户使用分为专用物理信道和公共物理信道。

12．实现传输信道到物理信道的映射中涉及的基本概念包括传输块、传输块集合、传输格式、传输格式集、传输格式组合、传输格式指示、传输格式组合指示。

13．物理层位于空中接口协议模型的最底层，MAC 子层位于物理层之上，物理层与 MAC 层通过传输信道进行数据交换，不同传输信道必须由不同的物理信道承载。MAC 层通过逻辑信道与高层进行数据交互，在逻辑信道上提供不同类型的数据传输业务。通过物理层提供的传输信道借助逻辑信道与上层交换数据。逻辑信道、传输信道和物理信道间有特定的映射关系。

14．来自 MAC 层的传输信道的数据以传输块的形式传输，物理层对传输块进行信道编码等处理，形成编码组合传输信道（CCTrCH）。形成 CCTrCH 后，传输信道映射到物理信道，物理信道扩频、加扰和调制后，数据发送到空中接口。

15．RLC 层支持 3 种传输模式，即透明模式、非确认模式和确认模式。透明模式和非确认模式的实体是单向实体，可以配置为发送实体或者接收实体；确认模式实体是双向实体，包含发送侧和接收侧，可同时进行收发。

16．UE 和 UTRAN 间的控制信令主要是无线资源控制（RRC）层消息。RRC 子层通过通知业务接入点（Nt-SAP）、专用业务接入点（DC-SAP）和通用控制接入点（GC-SAP）向高层提供服务。RRC 的各种状态及各种模式间可以相互转换，UTRAN 连接模式有 4 种状态：CELL_DCH，CELL_FACH，CELL_PCH 和 URA_PCH 状态。

17．与 GSM 网络的服务区域相比，UMTS 网络分为电路域（CS）、分组域（PS）、广播域（BC）及 IMS 域（R5 版本），新增了业务区（SA）的概念。网络实体的编号和用户编号对于呼叫处理过程以及用户的移动性管理过程都是非常重要的。网络的编号计划与网络结构、网络功能及移动性管理等紧密相关。

练 习 题

1．简述 WCDMA 系统的主要特点。

2．画出 WCDMA 系统网络结构图，说明各网元和主要接口的功能。

3．说明 SRNC 和 DRNC 的功能和区别。

4．描述 R4 版本中，WCDMA 核心网的变化，说明 MSC Server 和 MGW 的功能。

5．说明 R5 版本中，WCDMA 核心网和无线接入网的变化。

6．简述 IMS 的主要功能实体和功能。

7．画出 UTRAN 接口协议模型，说明其结构特点。

8．说明 ATM 协议各层的作用。

9．描述 Iu 接口结构及功能。

10．画出 WCDMA 系统中无线接口 Uu 的协议结构，简述各层的名称、功能和各层关系。

11．画出 WCDMA 物理信道分类图，注明信道的中文和英文缩略语名称。

12．说明传输信道和逻辑信道的作用，画出物理信道、传输信道和逻辑信道映射关系示意图。

13．简述 MAC 子层的主要功能。

14．简述 RLC 子层的主要功能及其传输模式。

15．简述 RRC 子层的主要功能，分析 RRC 的各种状态及各种模式间转换关系示意图。

16．举例说明 WCDMA 网络中有哪些与服务区有关的编号。

第 **4** 章 WCDMA 系统主要工作过程

了解了 WCDMA 系统网络结构、各网元和接口的工作原理后，本章将介绍 WCDMA 系统主要工作过程，主要内容如下。

- 小区的系统信息广播
- 网络选择及小区选择和重选
- 随机接入过程
- 寻呼过程
- 无线资源控制（RRC）连接建立过程
- WCDMA 系统中不同切换过程的分析
- WCDMA 系统安全措施，主要介绍鉴权过程、信令和业务数据的加密、数据完整性保护等
- WCDMA 系统中电路域和分组域呼叫的建立过程

4.1　WCDMA 系统的基本工作过程

4.1.1　小区的系统信息广播

小区的系统信息广播是 UE 获得系统参数信息的方式。UE 通过对小区广播信息的监听，读取该小区的系统广播信息，得到需要的系统配置信息，据此 UE 可以执行后续动作。

系统信息由信息单元构成，携带接入层和非接入层的信息。系统信息单元以系统信息块的方式传达给 UE，每个系统信息块包含有一个或多个系统信息单元。系统信息块有主信息块（Master Information Block，MIB）、调度块（Scheduling Block，SB）和普通系统信息块（Regular System Information Block，SIB）3 种类型。

1. 系统信息块的构成

系统信息块的数目定义为 1 个主信息块（MIB）、2 个调度块（SB）和 18 个普通系统信息块（SIB）。系统信息块按照主信息块、调度块和普通系统信息块组成树状结构。

（1）主信息块（MIB）

UTRAN 每隔 80ms 发送 1 次 MIB，1 个小区中的 MIB 的相关信息是相对固定的，网络通过 MIB 告知 UE 如何读取相应的系统广播信息。MIB 的结构如图 4-1 所示。

MIB 包含的信息单元有主信息块（MIB）数值标签、支持的 PLMN 类型、相关系统信息块和调度块的信息以及 PLMN 标识。

① MIB 数值标签是一个整数值，取值范围为 1～8。

② 支持的 PLMN 类型、PLMN 标识表明 PLMN 的类型、移动通信国家码（MCC）和移

动网络码（MNC）。网络通过 MIB 告知 UE 所在小区的网络标识号。

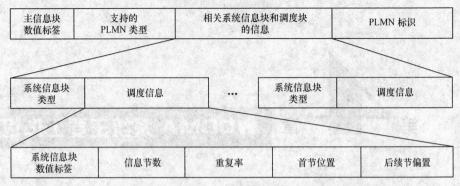

图 4-1　MIB 的结构

③ 相关系统信息块和调度块的信息包含有 SIB 类型信息以及每个 SIB 和 SB 的调度信息。调度信息包括 SIB 的数值标签、信息段数目、SIB 重复周期、首段在小区位置以及后续段的偏置量等信息。

（2）SB

系统信息块经由 BCH 信道广播，在 1 组系统信息消息中传送，BCH 的 TTI 为固定的 20ms，也就是说 MIB/SIB 消息在物理信道上的传输以 2 个物理帧长为单位进行映射。系统信息消息的长度必须与 1 个 BCH 传输块的大小相匹配，需要系统信息的调度。

① 系统信息块的分段和级联。如果编码后的系统信息块比系统信息消息长，则分段并分别在多个消息中传送。反之，如果编码后的系统信息块比系统信息消息短，那么 UTRAN 中的 RRC 将会把多个系统信息块或者其他信息段级联在同一个消息中。

对于 1 个系统信息块，3GPP 规范定义了 4 种不同类型的信息段，即首段、后续段、最后段和完整段。首段、后续段和最后段用于传送 1 个 MIB，SB 或 SIB 的信息分段，而完整段则用于传送 1 个完整的 MIB，SB 或 SIB。

每个信息段都含有 1 个报头和 1 个数据部分，数据部分用来传送编码后的系统信息，而报头则携带 SIB 类型以及与信息段类型有关的参数。SIB 类型用于标识该信息段是属于 MIB，SB 或 SIB 中的哪一种。与信息段类型有关的参数有信息段数目（SEG_COUNT）和信息段序号 2 个。

UTRAN 可以在同一个系统信息消息中将 1 个或者多个不同长度的信息段组合在一起，每个系统信息消息中包含下列组合中的 1 种及其合并的情况。

a．空信息段。

b．首段。

c．后续段。

d．最后段。

e．最后段＋首段。

f．最后段＋单个或数个完整段。

g．最后段＋单个或数个完整段＋首段。

h．单个或数个完整段。

i．单个或数个完整段＋首段。

j．长度为 215 到 226 的单个完整段。

k．长度为 215 到 222 的单个最后段。

如果某个 BCH 传输块没有预定要传送的 MIB，SB 或者 SIB，其相应的系统信息消息就需要使用空信息段组合。在 1 个 SIB 分段传输时，MIB 中的调度信息中会包括数据分块的数目、SIB 的位置和偏移信息等。

② 系统信息的调度。UTRAN 的 RRC 层执行系统信息的调度。若使用分段，应能分别调度每个段。

为允许短重复周期的系统信息块和多帧分段的系统信息块的混合传输，UTRAN 可以复用不同系统信息块的段。复用和解复用由 RRC 层完成。

在 1 个 BCH 传输信道广播的每个系统信息块的调度由以下参数定义。

a. 段的数目（SEG_COUNT）。

b. 重复周期（SIB_REP），此值对所有段相同。

c. 第一段在小区系统帧号 1 个循环周期中的位置（SIB_POS (0)）。由于系统信息块以周期 SIB_REP 重复，对于所有的段，SIB_POS(i)，$i = 0$，1，2，…，SEG_COUNT-1，必须小于 SIB_REP。

d. 随后段的偏移按升序索引顺序（SIB_OFF(i)，$i = 1$，2，…，SEG_COUNT-1），随后段的位置计算公式为

$$SIB\_POS(i) = SIB\_POS(i-1) + SIB\_OFF(i)$$

调度基于小区系统帧号（SFN）。1 个帧的 SFN，对应于 1 个特定段 i($i = 0$，1，2，…，SEG_COUNT-1)，关系为

$$SFN 模 SIB\_REP = SIB\_POS(i)$$

在 FDD 和 TDD 模式，主信息块的调度是固定的。对于 TDD，UTRAN 可以应用多种允许的主信息块重复周期中的 1 种。UTRAN 使用的值并未告知，UE 只能通过试验和错误来确定。

（3）SIB

不同的 SIB 消息代表不同的小区系统信息。SIB 分为很多类型，从类型 1 到类型 18，除了 SIB 类型 15.2，15.3 和 16 以外，所有其他使用数值标签的 SIB 的内容在每次出现时都不会改变。SIB 类型 15.2，15.3 和 16 可能会多次出现，而且每次出现的内容不同。在这种情况下，系统的调度信息会指示这些系统信息块每次出现的时机。所有不使用数值标签的系统信息块，每次出现的内容可能不同。

2. SIB 消息内容

（1）系统信息块类型 1

系统信息块类型 1（SIB1）中主要包括核心网和 UE 信息，如图 4-2 所示。

① 核心网域信息包括核心网域识别、核心网域特定 NAS 信息和核心网域特定 DRX 周期系数。公共 NAS 信息和核心网域特定 NAS 信息定义在 CS 和 PS 核心网络规范中，这些信息包括位置区域码、路由区域码以及周期性位置更新的计时器等。网络还会通知 UE 网络运行模式。

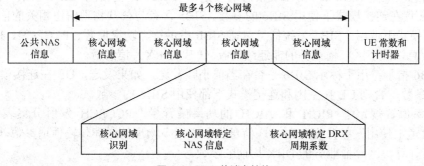

图 4-2　SIB1 的消息结构

② 在空闲模式、CELL_PCH 状态或者 URA_PCH 状态下，UE 使用核心网域特定非连续接收（DRX）周期系数来决定监听寻呼信道的时间周期。不同的 UE 常数和计时器具有各种不同的用途，例如，T302 定义了 UE 尝试进行小区更新或者 URA 更新的时间。

（2）系统信息块类型 2

系统信息块类型 2（SIB2）中一个重要参数即为 URA Id 列表信息，即小区所属的 UTRAN 注册区（URA）。SIB2 含有至多 8 个在当前小区中有效的 URA 标识。如果 1 个小区有多个有效 URA 标识，UTRAN 会在 UE 进入 URA_PCH 状态时指定 UE 使用哪一个 URA 标识。

传统的小区概念特指小区所在天线信号可以覆盖的区域。WCDMA 中引入的 URA 的概念可以理解为一个逻辑上的概念，1 个 URA 可以包括多个小区，1 个小区也可以属于多个 URA。

（3）系统信息块类型 3 和类型 4

系统信息块类型 4（SIB4）与系统信息块类型 3（SIB3）完全相似，SIB4 指示符仅在 SIB3 中存在，UE 仅在连接模式下使用 SIB4 的参数。SIB3 在 UE 空闲模式下使用。图 4-3 所示为 SIB3 的结构。SIB3 所含系统消息为 SIB4 指示符、小区重选参数、小区接入限制参数和小区标识。

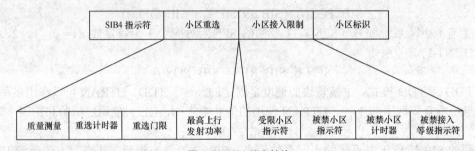

图 4-3 SIB3 消息结构

① SIB4 指示符用来指示当前小区是否发送 SIB4。如果发送，UE 在连接模式下将使用 SIB4 中的参数，否则 UE 在空闲和连接模式下都使用 SIB3 中的参数。

② 小区重选包括小区选择和重选信息。通过质量测量用来决定小区是否适合，重选门限（包含滞后量）和重选计时器用于小区重选的计算，最大上行链路发射功率决定了 UE 在当前小区中可允许的最大发射功率。

③ 小区接入限制包括受限小区指示符、被禁小区指示符、被禁小区计时器和被禁接入等级指示符。允许运营商对小区的接入特性进行限制。

④ 小区标识用 28 位二进制数表示。

（4）系统信息块类型 5 和类型 6

系统信息块类型 6（SIB6）与系统信息块类型 5（SIB5）完全相似，SIB6 指示符仅在 SIB5 中存在，UE 仅在连接模式下使用 SIB6 的参数。SIB5 含有与公共物理信道相关的信息。SIB5 在 UE 空闲模式下使用。SIB5 系统信息包括 SIB6 指示符、功率偏置、PCCPCH、PRACH、SCCPCH 信息以及小区广播业务的非连续接收（CBS DRX）信息等。

① SIB6 指示符用于标示 SIB6 是否在当前小区发送。如果发送，UE 在连接模式下将使用 SIB6 的参数，否则 UE 在空闲和连接模式下都使用 SIB5 的参数。

② 功率偏置规定了 PICH 和 AICH 的功率偏置量。PCCPCH 发射分集表示是否在 PCCPCH 信道上使用发射分集。PRACH 信息包含了很多物理信道和传输信道参数。CBS DRX 信息包含有计算小区广播业务的 DRX 周期的参数。

③ SCCPCH 信息也包含了很多物理信道和传输信道参数，例如扩展因子、信道码号、

相对于 PCCPCH 的时间偏移量、PICH 信道码、每帧的寻呼指示符数目以及用于 PCH 和 FACH 的传输格式集和传输信道组合集等。

（5）系统信息块类型 7

系统信息块类型 7（SIB7）含有与上行链路 PRACH 传送相关的快速变化参数，含有上行链路干扰、动态保持级别和超时因子等信息。

① 上行链路干扰用于计算 PRACH 传送过程中的初始接入前导的功率。

② MAC 层用 PRACH 的动态保持级别值决定试图通过 PRACH 的接入尝试的优先级。

③ 超时因子作为一个控制变化的机制，用于保证 UE 拥有正确的 SIB7 参数。

（6）系统信息块类型 8 和类型 9

系统信息块类型 8（SIB8）、系统信息块类型 9（SIB9）含有在小区中使用的 CPCH 信息，它仅在 FDD 模式下使用。当 UE 处于连接模式时，它存储此系统信息块中的所有相关信息。但是，当 UE 处于空闲模式时，它并不使用此系统信息块的信息。

（7）系统信息块类型 10

系统信息块类型 10（SIB10）中含有执行动态资源分配（Dynamic Resource Allocation Control，DRAC）过程的 UE 所使用的信息，通过 FACH 映射到 S-CCPCH 来发送小区中的 DRAC 相关的参数。SIB10 仅用在 FDD 模式中。当 UE 处于 CELL_DCH 状态时，它存储该系统信息块中的所有相关信息，通过 DRAC 过程动态地控制上行链路 DCH 的资源分配。

UE 处于空闲模式、CELL_FACH、CELL_PCH 或者 URA_PCH 状态时，它不使用此系统信息块中的信息。SIB10 是唯一不通过 BCH 发送的 SIB 信息。

（8）系统信息块类型 11 和类型 12

系统信息块类型 11（SIB11）、系统信息块类型 12（SIB12）含有小区中使用的测量控制信息。SIB12 除了不含 SIB12 指示符以外，其他的信息与 SIB11 相同。UE 仅在连接模式下才使用 SIB12 的参数。

SIB11 包含了 SIB12 指示符、FACH 测量时机信息和测量控制信息。

① SIB12 指示符标明 SIB12 是否传送。

② FACH 测量时机信息包含了 UE 在 CELL_FACH 状态下，进行小区重选测量时所需要的相关信息，用于控制 UE 的异频测量和系统间测量动作。FDD，TDD 和异系统（RAT）间指示符分别表示 UE 是否应该执行 FDD，TDD 和 RAT 间的测量。

③ 测量控制信息包含小区选择/重选、同频测量、异频测量、系统间测量、数据量测量等测量控制信息。UE 内部测量信息规定 UE 是否需要测量 UE 发射功率、UTRA 载波接收信号强度指示（Received Signal Strength Indicator，RSSI）、UE 接收、发射的时延。

（9）系统信息块类型 13

系统信息块类型 13（SIB13）中含有 ANSI-41 系统信息。规范中还定义了 SIB13.1，13.2，13.3 和 13.4，分别包含 ANSI-41 RAND 信息、ANSI-41 用户区域识别信息、ANS-41 私有邻区列表信息以及 ANSI-4l 全球业务重新定向信息。

（10）系统信息块类型 14

系统信息块类型 14（SIB14）仅用在 3.84Mchip/s 的 TDD 模式下。它包含有空闲模式和连接模式下公共和专用物理信道的上行链路外环功率控制信息。

（11）系统信息块类型 15

系统信息块类型 15（SIB15）含有基于 UE 或者 UE 辅助定位方法的信息。在 3GPP 规范中还定义了 SIB 类型 15.1，15.2，15.3，15.4 和 15.5，分别包括 UE 定位差分 GPS（DGPS）修正所需要的信息，GPS 导航模式的信息，含有电离层延迟、协调通用时间偏移以及年历的相关信息，加密信息以及辅助定位方法的相关信息。

（12）系统信息块类型 16

系统信息块类型 16（SIB16）含有无线承载、传输信道和物理信道的相关参数，不论 UE 处于空闲模式或连接模式，它都将存储这些参数。此类型的信息块可能多次出现，每次针对每种预定义配置。

（13）系统信息块类型 17

系统信息块类型 17（SIB17）包含快速变化的参数，这些参数用于配置连接模式中使用的共享物理信道。它仅应用在 TDD 模式下。

（14）系统信息块类型 18

系统信息块类型 18（SIB18）的信息中列出了相邻小区的 PLMN 标识，总共有 3 种列表，即同频邻区列表、异频邻区列表和异系统间的邻区列表（用于 GSM）。UE 在处于空闲模式和连接模式下使用不同的邻区列表，这些列表提供了 UE 重选等效 PLMN 中的小区所需要的相关信息。

3. 小区的系统信息广播过程

小区的系统信息广播过程简述如下。Node B 通过 NBAP 消息从 RNC 获得最新的系统广播信息块的内容和相应的调度信息，使用逻辑信道 BCCH 对系统信息进行广播。一般情况下，SIB10 使用 FACH 传输信道发送，其他所有 SIB（包括 MIB 和 SB）都是在 BCH 传输信道上发送。BCH 传输信道映射到物理信道 P-CCPCH 上，物理信道 P-CCPCH 使用固定的信道码。

当 UE 开机后第一次选定一个适合的小区时，UE 可以知道该小区使用的下行主扰码，又因为 P-CCPCH 使用固定的信道码，UE 可以从 P-CCPCH 上读取该小区所有的系统信息消息。UE 可以存储该小区的系统信息消息，所以当 UE 移动到另一个小区的覆盖范围内，又返回原先驻扎的小区时，UE 可以使用它存储的系统信息消息，而不必再次从 P-CCPCH 读取。

4.1.2 网络选择及小区选择和重选

1. 空闲模式下的 UE

UE 在开机之后为了获得网络的服务，空闲模式下的 UE 需要执行 PLMN 选择和重选、小区选择及重选和位置登记过程，这 3 个过程之间的关系如图 4-4 所示。

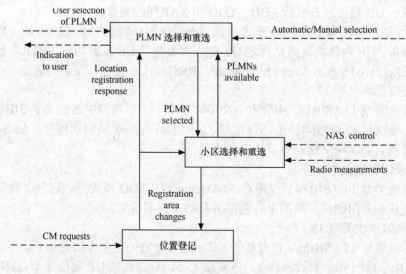

图 4-4 UE 选择网络示意图

UE 在开机后，首先要寻找和选择 PLMN 网络，接着选择属于此 PLMN 网络的小区，通过系统信息可以了解邻近小区的信息，UE 选择一个信号最好的小区驻留，然后通过小区进行注册和位置更新。通过注册可以判断用户和网络的合法性，位置更新可以保证网络在某个范围内找到 UE，从而能正确完成对 UE 的寻呼。

UE 成功的驻留在小区后，将具有如下功能。

① 能接收所属 PLMN 的系统信息。

② 小区内可以发起随机接入过程。

③ 可以接收网络的寻呼信息。

④ 可以接收小区的广播业务。

随着 UE 的移动，当前小区和邻近小区的信号强度都在不断变化，UE 还要根据测量到的无线信号，进行小区的重新选择，UE 需要选择一个最合适的小区驻留，也即为小区重选过程。合适小区（Suitable Cell）是指此小区满足 UE 驻留的条件，UE 可以在其中获得正常的服务。当 UE 重选小区后，如果小区的位置区（LA）或路由区（RA）发生改变，UE 将发起位置更新过程。

2. PLMN 网络选择

PLMN 网络选择和重选的目的是选择 1 个可用的 PLMN（Available PLMN）网络，可用网络 PLMN（Available PLMN）是指 UE 在 1 个网络中至少存在 1 个可用小区（Acceptable Cell）。

根据 3GPP 规范，UE 在开机之后，会首先选择注册的 PLMN（Registered PLMN，RPLMN），RPLMN 是 UE 上次注册成功的网络。如果在手机内没有 RPLMN，或者 RPLMN 不可用，或者 UE 在 RPLMN 中登记失败，UE 将会按照优先级生成 1 个 PLMN 列表，UE 按照网络选择模式继续执行其他 PLMN 选择过程。

网络选择模式有 2 种可以使用，自动选择和手动选择（Automatic/Manual Selection）。自动选择模式通常为 UE 按照 PLMN 的优先级顺序自动地选择 PLMN 网络，而手动选择模式将可用网络呈现给用户，由用户选择 PLMN 网络。

（1）自动选择模式

UE 根据 USIM 卡中存储的 PLMN 网络列表信息，自动选择 PLMN 顺序如下。

① 选择归属网络（Home PLMN，HPLMN），HPLMN 是指网络标识中的移动国家码（MCC）和移动网络码（MNC）与 UE 中 IMSI 中的 MCC 和 MNC 值相同的网络。

② 按优先级选择用户控制的网络以及接入方式（User Controlled PLMN Selector with Access Technology）。

③ 按优先级选择运营商控制的网络以及接入方式（Operator Controlled PLMN with Access Technology）。

④ 随机选择其他接收信号质量较好的 PLMN 网络。

⑤ 按照信号质量的降序排列选择 PLMN 网络。

（2）手动选择模式

如果使用手动选择模式，则 UE 将向用户显示可用的网络，UE 将按照顺序显示以下符合条件的网络（以下的网络中，不满足条件的将不被显示），然后由用户自己来选择使用哪个网络。

① 显示 HPLMN。

② 显示 USIM 中存储的用户控制的网络及接入方式（User Controlled PLMN Selector with Access Technology）。

③ 显示 USIM 卡中存储的运营商控制的网络及接入方式（Operator Controlled PLMN Selector with Access Technology）。

④ 随机选择其他接收信号质量较好的 PLMN 网络。

⑤ 按照信号质量的降序排列选择 PLMN 网络。

一旦 UE 已经选择了一个 PLMN，UE 就要执行小区搜索过程，从而在被选择的 PLMN 中选择一个合适的小区驻留下来，接着将使用小区选择流程。

3. 小区选择

（1）小区选择过程常用术语

小区选择过程如图 4-5 所示。图中一些专用术语解释如下。

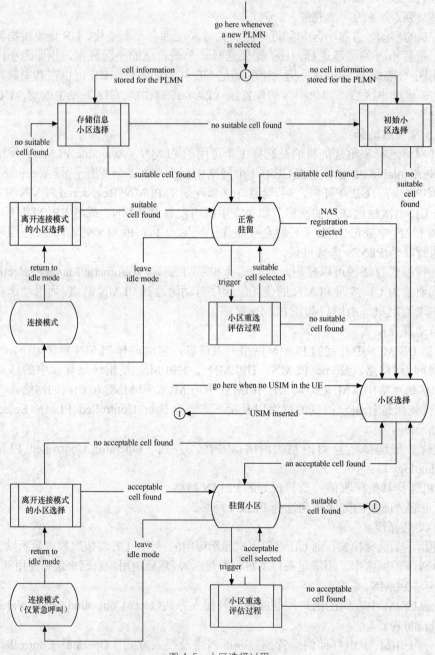

图 4-5 小区选择过程

① 合适小区（Suitable Cell）。UE 可以驻留的小区，在其中能获得正常服务。

② 可用小区（Acceptable Cell）。满足小区选择 S 准则的小区，UE 只能在可用小区中进行受限服务，如紧急呼叫。

③ 正常驻留（Camped Normally）。UE 驻留在小区中，可以获得正常服务，这个小区一定是合适小区。

④ 驻留小区（Camped on Any Cell）。UE 驻留在小区中，可以获得受限服务，这个小区一定是可用小区。

当选定 PLMN 后，从开始点 1 开始选择小区。

（2）存储信息小区选择过程

如果在 UE 中存储着被选择的 PLMN 网络中相关信息，则 UE 执行存储信息小区选择（Stored Information Cell Selection）流程。

UE 中会存有小区使用的载频信息、下行扰码等，另外也会包含小区的其他信息。使用存储信息执行小区搜索过程，可以使 UE 更快地读取网络信息，与网络建立连接。

（3）初始小区选择过程

如果在 UE 中并没有被选择 PLMN 网络的相关信息，则 UE 需要执行初始小区选择（Initial Cell Selection）流程。初始小区选择过程主要包括小区搜索和读广播信道、判决等环节。

① 小区搜索。小区搜索的步骤主要包括时隙同步、帧同步和码组识别、扰码识别。

a. 时隙同步。UTRAN 中的所有主同步码都是相同的，并且在每个时隙的前 256 码片中发送。UE 使用主同步码去获得该小区的时隙同步。

b. 帧同步和码组识别。UTRAN 中，辅助同步码一共有 16 个，长度为 256 码片，在每个时隙中是不同的。15 个辅助同步码的组合就构成 1 个辅助同步码序列。辅助同步码的序号为扰码码组的序号，规范中给出 64 组辅助同步码序列，64 组码序列的共性是循环移位后的结果是唯一的。UE 使用辅助同步码进行相关实现帧同步，并对小区的扰码组进行识别。

c. 扰码识别。确定扰码组后，分别对 8 个主扰码进行相关检测，UE 通过 CPICH 确定小区主扰码，然后检测 PCCPCH，UE 就可以读取广播信道信息。

② 读取广播信道信息。通过读取广播信道信息，根据 MIB 的消息内容，UE 可以判断当前找到的 PLMN 是否就是要找的 PLMN。如果是 UE 要找的 PLMN，UE 将读 SIB3，取得小区选择和重选信息。如果不是，UE 从小区搜索重新开始。

③ 判决。UE 使用 S 准则判断搜索到的小区是否属于合适小区。如果是合适小区，UE 将驻留下来，并读其他所需要的系统信息，随后 UE 将发起位置登记过程。

（4）S 准则

使用 S 准则进行小区选择的相关参数见表 4-1。

表 4-1　　　　　　　　　　　　　　　小区选择的相关参数

参数	含义
S_{qual}/dB	小区选择质量值
S_{rxlev}/dB	小区选择使用接收信号水平值
$Q_{qualmeas}$/dB	测量的小区信号质量值。指小区的导频信道 CPICH 的 E_c/N_o
$Q_{rxlevmeas}$/dBm	测量的小区中接收信号水平值。指小区导频信道 CPICH 的 RSCP
$Q_{qualmin}$/dB	最小的小区信号质量值，如果小区的信号质量低于此值，则可以认为 UE 脱离当前小区的服务区
$Q_{rxlevmin}$/dBm	最小的小区信号水平值，如果小区的信号强度低于此值，则可以认为 UE 脱离了当前小区的服务区

续表

参数	含义
$P_{\text{compensation}}$/dB	max（$UE\_TXPWR\_MAX\_RACH\_P\_MAX$，0）
$UE\_TXPWR\_MAX\_RACH$/dBm	UE 使用 RACH 接入网络时使用的最大发射功率
P_MAX/dBm	UE 的最大载频发射功率

S_{qual} 和 S_{rxlev} 是进行小区选择的 2 个指标。

$$S_{\text{qual}} = Q_{\text{qualmeas}} - Q_{\text{qualmin}}$$
$$S_{\text{rxlev}} = Q_{\text{rxlevmeas}} - Q_{\text{rxlevmin}} - P_{\text{compensation}}$$
$$P_{\text{compensation}} = \max(UE\_TXPWR\_MAX\_RACH\_P\_MAX，0)$$

Q_{qualmin}，Q_{rxlevmin}，$UE\_TXPWR\_MAX\_RACH$ 等参数可以在系统广播信息中读取到。$P_{\text{compensation}}$ 值是因 UE 的最大发射功率 P_MAX 受限引起的补偿值。

网络在给出 $UE\_TXPWR\_MAX\_RACH$ 参数时，只是从网络覆盖等角度给出 UE 执行随机接入过程时在可以使用的 RACH 上的最大发射功率，并没有考虑 UE 自身的特性。如果网络给出的 RACH 最大发射功率大于某个特定 UE 其自身所允许的最大发射功率 P_MAX，即对于这个特定的 UE 而言，尽管使用最大的发射功率，可能仍然小于网络设定的 RACH 最大功率值。这时，UE 的最大发射功率值将成为网络覆盖的瓶颈。

对于最大发射功率 P_MAX 小于 $UE\_TXPWR\_MAX\_RACH$ 的 UE 而言，即使与其他的 UE 都处在相同的网络内，读取相同的系统参数，网络的覆盖范围还是相当于缩小了。所以对于这种 UE 而言，其小区选择的准则与其他 UE 是不同的。$P_{\text{compensation}}$ 值就是因 UE 的最大发射功率 P_MAX 限制而引起的补偿值。如果 UE 的 P_MAX 不存在这种限制，这个补偿值就不是必须的了。

当小区中信号的测量结果满足以下条件时，满足小区选择的 S 准则。

$$\begin{cases} S_{\text{qual}} > 0 \\ S_{\text{rxlev}} > 0 \end{cases}$$

$S_{\text{qual}} > 0$ 意味着 UE 测量到的小区导频质量（E_c/N_o）好于网络设定的 Q_{qualmin} 值。

$S_{\text{rxlev}} > 0$ 意味着 UE 测量到的小区导频信道的强度（RSCP）高于网络设定的 Q_{rxlevmin} 域值的同时，还要额外附加一个 $P_{\text{compensation}}$ 值。

如果 $S_{\text{qual}} > 0$，$S_{\text{rxlev}} > 0$，则 UE 认为此小区即为一个合适小区，UE 就会选择这个小区驻留下来，UE 将在这个小区中监听小区中的系统广播消息和寻呼消息，随后 UE 将发起位置登记过程或者发起随机接入过程等动作。

如果不满足上述条件，UE 将测量邻区的 Q_{qualmeas} 和 Q_{rxlevmea}，进而算出邻区的 S_{qual} 和 S_{rxlev}，并判断邻区是否满足上述条件。如果 UE 确定任何一个邻区满足 S 准则，UE 就驻留在此小区中，UE 将在这个小区中监听小区中的系统广播消息和寻呼消息，随后 UE 将发起位置登记过程或者发起随机接入过程等动作。

小区选择的 S 准则不仅在小区选择时使用，在小区重选时候选小区同样要满足这个 S 准则。

4. 小区重选

（1）小区重选过程

一旦 UE 选择一个合适的小区驻留下来，UE 就会产生一个候选小区列表，这包括已经被选择的小区以及相邻小区。有关相邻小区的信息，UE 可以从当前驻留小区的系统广播消息中获得。

　　小区重选过程就是 UE 监测相应的系统广播信息，并执行测量过程，依据小区重选准则执行小区重选过程，从候选小区列表中找到更合适的小区驻留下来的过程。UE 在空闲（IDLE）模式和 RRC 连接模式下（CELL_FACH，CELL_PCH，URA_PCH），都可能进行小区重选过程。

　　小区重选过程分为分层小区结构（Hierachical Cell structure，HCS）和没有使用 HCS 2 种情况。不使用 HCS 情况时可以看作是使用 HCS 的特例。使用 HCS 时，小区的重选准则为 H 准则，重选过程相对复杂，不使用 HCS 时小区的重选准则为 R 准则。为了易于理解，下面将介绍没有使用 HCS 时，小区的重选准则 R 准则。

　　（2）R 准则

　　使用 R 准则进行小区重选的相关参数见表 4-2。

表 4-2　　　　　　　　　　　　　小区重选的相关参数

参数	含义
$Q_{meas,s}$	当前服务小区的测量质量
Q_{hyst1_s}	小区重选的指标设为 CPICH RSCP 时，测量的迟滞参数
Q_{hyst2_s}	小区重选的指标设为 CPICH E_c/N_0 时，测量的迟滞参数
$Q_{meas,n}$	邻小区的测量质量
$Q_{offset1_{s,n}}$	小区重选的指标设为 CPICH RSCP 时，测量的偏置参数
$Q_{offset2_{s,n}}$	小区重选的指标设为 CPICH E_c/N_0 时，测量的偏置参数

　　R 准则决定当前服务小区和其他合适邻小区的排名。排名最高的小区被选为小区重选的新小区。服务小区的 R 准则定义为

$$R_s = Q_{meas,s} + Q_{hyst_s}$$

其中，$Q_{meas,s}$ 是服务小区的测量信号质量，Q_{hyst_s} 是应用于服务小区的迟滞参数，$Q_{meas,s}$ 可以代表 CPICH RSCP 和 CPICH E_c/N_0 两者的测量值。当 $Q_{meas,s}$ 代表 CPICH RSCP 的测量值时，Q_{hyst_s} 等于 Q_{hyst_s}，是应用在 CPICH RSCP 测量的迟滞参数。类似地，当 $Q_{meas,s}$ 代表 CPICH E_c/N_0 的测量值时，Q_{hyst_s} 等于 Q_{hyst2_s}，是应用在 CPICH E_c/N_0 测量的迟滞参数。

　　邻小区的 R 准则定义为

$$R_n = Q_{meas,n} - Q_{offset_{s,n}}$$

其中，$Q_{meas,n}$ 是邻小区的测量质量，$Q_{offset_{s,n}}$ 是应用于邻小区的偏置参数。$Q_{meas,n}$ 和 $Q_{offset_{s,n}}$ 的应用同服务区的 R 准则。

　　服务小区的 R_s 通过实测信号质量加上迟滞参数，邻小区的 R_n 通过实测信号质量减去偏置参数，相当于服务小区的覆盖范围得到了放大。这避免了小区重选的频繁发生，有效地克服乒乓效应的影响。

　　UE 根据计算得到的服务小区和邻区的 R 值，对所有的小区进行排序，完成小区的重选过程。

4.1.3　随机接入过程

　　UE 没有被分配专用信道资源之前，如果希望和网络建立连接，UE 只能利用 RACH 发送接入请求。UE 发起接入请求的原因可以为移动台始呼、移动台发送寻呼响应、用户登记等。UE 通过 RACH 向基站发送的第一条消息为一条 RRC 消息。

1. RRC 层与接入相关的信息

物理层收到来自 RRC 层与接入相关的主要信息如下。

① PRACH 前缀扰码。

② 基于时长的消息长度，10ms 或 20ms。

③ AICH 传送时间参数。

④ 对应于每一种接入服务等级（Access Service Class，ASC）的可用前导特征码和 RACH 子信道集合。

⑤ 功率增加步长。

⑥ 前导试探周期次数和随机后退参数。

⑦ 前导的初始功率。

⑧ 传输格式集合参数，包括每种传输格式对应的随机接入消息中数据部分和控制部分之间的功率偏置。功率偏置值单位为 dB，是最后一次传送的前导和随机接入消息控制部分的功率差。

2. 随机接入过程

ASC 最初在 UE 发送 RRC 连接请求消息时由 RRC 设定。对于其他所有的 RACH 传送，由 MAC 层设定 ASC。PRACH 过程如图 4-6 所示，图中 T_{p-a}，T_{p-m} 和 T_{p-p} 的含义如下。

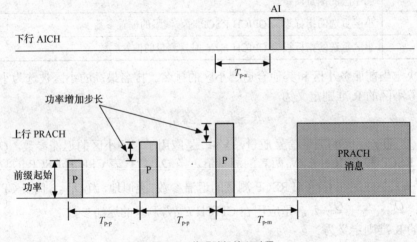

图 4-6　物理随机接入过程

T_{p-a} 为 PRACH 的接入前导与 AICH 的接纳之间的时间间隔。

T_{p-m} 为最后一个接入前导与 PRACH 发送的消息之间的时间间隔。

T_{p-p} 为 1 个接入序列的 2 个相邻接入前导之间的时间间隔。

T_{p-a}，T_{p-m} 和 T_{p-p} 的长度取决于 AICH 传送时间参数。T_{p-a} 可以是 1.5 或 2.5 个接入时隙（2ms 或 3.33ms），T_{p-m} 则可以是 3 或 4 个接入时隙。（4ms 或 5.33ms），并且 $T_{p-p} \geq T_{p-m}$。

物理随机接入过程描述如下。

① 根据 RRC 和 MAC 提供的信息确定可用/PRACH 接入时隙，并且根据给定的 ASC，从可用的 RACH 子信道组中随机选择一个接入时隙，从可用的特征码组中随机选择一个特征码。随机函数必须保证每个可用的子信道都有相同的概率被选中。

② 设置重传的最大次数。计算前导初始功率。用选定的 PRACH 接入时隙、特征码和发射功率传送前导。

③ 如果在 PRACH 接入时隙对应的 AICH 接入时隙中，没有侦测到对应的捕获指示，网络方没有回应。UE 将执行下列步骤，重新发送接入前导。

a. 根据给定的 ASC，从可用的 RACH 子信道组中选定下一个可用的接入时隙。

b. 根据给定的 ASC，从可用的特征码组中随机选择一个特征码。

c. 按功率增加步长提高前导发射功率，即为接入前导的爬坡过程，功率增加步长值是固定的，网络通过系统消息广播。如果前导发射功率超过了最大允许的功率 6dB，UE 将退出物理随机接入过程。

d. 检查前导的重传次数是否大于最大次数。如果不大于，则重新发送接入前导；否则将退出物理随机接入过程。

④ 如果在和 PRACH 接入时隙相对应的 AICH 接入时隙中，侦测到和选用的特征码相对应的非确认（NACK）捕获指示，表示网络方拒绝 UE 的接入，UE 将退出物理随机接入过程。

如果在和 PRACH 接入时隙相对应的 AICH 接入时隙中，侦测到和选用的特征码相对应的确认（ACK）捕获指示，UE 将停止发送接入前导，在最后一个前导的接入时隙后面 3 个或 4 个时隙发送随机接入消息。

⑤ 完成物理随机接入过程。

随机接入过程可以看作 UE 寻求最佳发射功率的过程，避免了初始发射功率的盲目性，进而保证了系统性能。

4.1.4 寻呼过程

移动通信系统中 UE 的位置不是固定的，为了建立一次呼叫，CN 根据 RANAP 协议，通过 Iu 接口向 UTRAN 发送寻呼消息，UTRAN 则将 CN 寻呼消息通过 Uu 接口上的寻呼过程发送给 UE，使得被寻呼的 UE 发起与 CN 的信令连接建立过程，一个不处于通信状态的用户需要被激活时，寻呼过程是必需的。3GPP 定义了第一类型寻呼和第二类型寻呼 2 种寻呼类型，应用中将根据 UE 的运行模式和状态来选择寻呼类型。

1. 第一类型寻呼

当 UE 处于空闲模式、CELL_PCH 或者 URA_PCH 状态时，使用第一类型寻呼，如图 4-7 所示。

（1）第一类型寻呼主要作用

① 当 UE 处于空闲模式下，为了建立一次呼叫或信令连接，网络侧的高层发起第一类型寻呼过程，用来建立 RRC 连接以实现呼叫。

② 当 UE 处于 CELL_PCH 或 URA_PCH 状态时，UTRAN 发起寻呼以触发 UE 状态迁移到 CELL_FACH 状态，第一类型寻呼用来在分组数据会话中恢复传送用户数据。

图 4-7　第一类型寻呼

③ 当系统信息发生改变时，UTRAN 发起空闲模式、CELL_PCH 或者 URA_PCH 状态下的寻呼，触发 UE 读取更新后的系统信息。

（2）第一类型寻呼消息的内容

第一类型寻呼消息是由消息类型、寻呼记录列表（可选）、数个寻呼记录和 BCCH 修改信息（可选）等信息所组成。寻呼记录列表给出寻呼记录的数目。寻呼记录用于空闲模式或者连接模式下的寻呼。空闲模式寻呼记录含有寻呼原因、核心域标识和被寻呼 UE 标识。连接模式寻呼记录含有 u-RNTI、寻呼原因、核心域标识和寻呼记录标识。BCCH 修改信息包含 MIB 数值标签或者修改的时间等。

（3）第一类型寻呼过程中用到的主要参数

① 寻呼的 DRX 周期。当 UE 处于空闲模式、CELL_PCH 或者 URA_PCH 状态时，系统可以采用 DRX 来延长电池使用时间。在空闲模式下，每个核心网络都定义有一个 DRX 周期。在连接模式下，UTRAN 也会定义一个 DRX 周期。每个 UE 根据寻呼时机和寻呼指示符来确定在一个 DRX 周期内的何时 UE 必须监听寻呼指示符。DRX 周期是 UE 寻呼监听时机之间的时间间隔。

② 寻呼时机。寻呼时机是指 UE 需在 PICH 信道上监听其寻呼指示符的时刻，它用系统帧号（SFN）来表示。寻呼指示符会告诉 UE 它是否需要读取相关的 SCCPCH 以查看随后而来的第一类型寻呼消息。寻呼时机根据 UE 的 IMSI、DRX 周期长度和 SCCPCH 的数目进行计算得到。

③ 寻呼指示符。寻呼指示符令 UE 读取 SCCPCH 上的寻呼消息，寻呼指示符值（PI）由 RRC 层计算。PI、寻呼时机和每帧中寻呼指示符的数量一起，被物理层用来计算寻呼指示符比特在 PICH 上的位置。

寻呼的 DRX 周期决定了 UE 醒来的时间间隔，UE 在寻呼时机监听 PICH 上的寻呼指示符，UE 按照寻呼指示符在 SCCPCH 上读取相应的寻呼信息。

2. 第二类型寻呼

当 UE 处于连接模式 CELL_DCH 状态或者 CELL_FACH 状态时使用第二类型寻呼，如图 4-8 所示。

图 4-8　第二类型寻呼

第二类型寻呼消息包含消息类型、RRC 执行标识、寻呼原因、核心网域标识和寻呼记录类型标识。第二类型寻呼消息在 DCCH 信道上发送，然后映射到 DCH 或 FACH。在 UE 已经和网络建立链接的情况下，UTRAN 发送第二类型寻呼消息给 UE 以建立第二个链接，比如同时建立语音和数据呼叫。

4.1.5　RRC 连接建立过程

RRC 连接是 UE 和 SRNC 之间进行信令交互的 1 条逻辑通路，每个 UE 最多只有 1 个 RRC 连接，没有 RRC 连接的 UE 状态称为空闲状态（IDLE），有 RRC 连接的 UE 状态称为 RRC 连接模式。RRC 连接建立过程说明了 UE 如何建立与 UTRAN 的信令通路，是 UE 与网络进行信令交互的前提条件。

1. RRC 连接建立过程

RRC 连接总是由 UE 发起请求而由 UTRAN 建立和释放。当 RRC 连接建立以后，UE 从空闲模式转换到 CELL_DCH 或 CELL_FACH 状态。在 DCH 上建立 RRC 的信令流程如图 4-9 所示。主要过程如下。

（1）RRC 连接请求

当 UE 请求建立 RRC 连接的时候，它发送 RRC 连接请求消息到 SRNC。此消息在逻辑信道 CCCH 上发送，映射到传输信道 RACH/PRACH 发送，与 PRACH 对应的还有一个下行的 AICH。在 RRC 连接请求消息的信息单元中包括 RRC 连接建立原因、初始 UE 标识、协议出错指示和 RACH 测量结果等信息。

① UE 请求建立 RRC 连接的原因如下。

a. 产生会话业务呼叫。

b. 产生流业务呼叫。

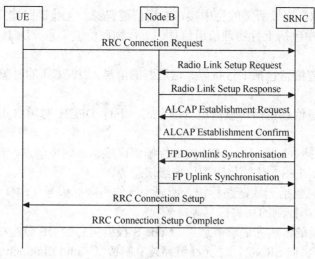

图 4-9   RRC 连接建立的信令流程

c. 产生交互式业务呼叫。

d. 产生背景业务呼叫。

e. 终止对话业务呼叫。

f. 终止流业务呼叫。

g. 终止交互式业务呼叫。

h. 终止背景业务呼叫。

i. 紧急呼叫。

j. 不同优先级业务。

k. 注册。

l. 分离。

m. 短消息。

n. 重新建立呼叫。

② 在初始 UE 标识信息单元里，UE 可以依次使用 TMSI，P-TMSI，IMSI 或 IMEI 来标明 UE，TMSI 为首选而 IMEI 为末选。

③ 协议出错指示符只有对或错（TRUE 或 FALSE）两种。当 UE 请求建立 RRC 连接的时候，它会重复发送 RRC 连接请求消息，直到收到含有有效配置信息的 RRC 连接建立消息或重复发送次数达到了计数器 T300 给出的最大值为止。如果已经达到了最大重发次数而 RRC 连接仍然无法建立，UE 将继续停留在空闲状态。在每次发送 RRC 连接请求消息时，UE 会启动 T300 计时器，在计时器超时之前 UE 会一直等待 UTRAN 的响应。当超时之后，UE 便开始再发送 RRC 连接请求消息。

④ RACH 测量结果包含当前服务小区及 UE 监控小区的测量结果。UTRAN 可根据这些测量结果来计算决定是否需要进行切换。

根据 RRC 连接请求的原因和系统资源配置情况，SRNC 决定是否接受 RRC 连接请求。如果接受 RRC 连接请求，再决定将 RRC 连接建立在专用信道上还是公共信道上，接着根据确定的分配方案，SRNC 为 UE 分配 RNTI，选择合适的 L1（层 1）和 L2（层 2）参数。

（2）无线链路建立

SRNC 向 Node B 发送 NBAP 消息无线链路建立请求（Radio Link Setup Request）消息，

请求 Node B 分配 RRC 连接所需的空中接口专用信道资源。无线链路建立请求（Radio Link Setup Request）消息中包括上行物理信道信息、下行物理信道信息、DCH 信息及无线链路信息等。

① 上行物理信道信息包括上行扰码、信道码的消息，DPCCH 的时隙格式，上行物理信道 SIR 目标值等。

② 下行物理信道信息包括传输信道复用方式、下行 DPCH 时隙格式及功率控制的相关信息等。

③ DCH 信息包括 Iub 接口上 DCH 的上行帧协议信息、同步信息，特定 DCH 的参数信息，比如 DCH 标识、TFS、传输信道的优先级信息等。

④ 无线链路信息包括无线链路标识、所属小区的小区标识号（CID）、同步信息、下行链路的码字信息及功率控制的相关信息等。

Node B 收到无线链路建立请求消息后，Node B 根据信息给 UE 分配相应的无线资源，无线资源分配完成后，将向 SRNC 回送无线链路建立响应（Radio Link Setup Response）消息，完成无线网络层的参数交互，通知 RNC 有关传输层的地址信息和 Iub 承载建立所需的信息。

（3）Iub 承载建立

SRNC 向 Node B 发送 ALCAP 消息建立请求（Establish Request）消息，分配 Iub 接口上的 AAL2 承载资源。AAL2 承载资源的建立通过 ALCAP 来实现。ALCAP 为传输网络层控制平面相应协议的集合。通过 ALCAP 的信令交互过程，在 Iub 接口的用户面上为 UE 分配专用的传输层资源，Node B 向 SRNC 回送 ALCAP 消息建立确认（Establish Confirm）消息。

（4）帧同步

帧协议使用 DCH 或公共传输信道进行通信和信息交互，实现 SRNC 和 Node B 之间的上、下行同步和用户数据帧传输。完成用户面的同步后，网络端为 UE 分配所有的专用资源，SRNC 向 UE 发送 RRC 连接建立（Connection Setup）消息。

（5）RRC 连接建立

当 SRNC 收到 UE 的 RRC 连接请求消息之后，它回应 1 个 RRC 连接建立消息，接受请求；或者回应 1 个 RRC 连接拒绝消息，拒绝请求。

RRC 连接建立消息提供 UE 进入 CELL_DCH 状态或 CELL_FACH 状态需要的所有信息。SRNC 在逻辑信道（CCCH）/传输信道（FACH）上发送 RRC 连接建立（Connection Setup）消息到 UE。RRC 连接建立消息包括初始 UE 标识、新的 U_RNTI 和 C_RNTI 分配、UTRAN DRX 参数、缺省配置模式、缺省配置标识、重新建立计时器、UE 功能要求、信令无线承载参数、上行链路传输信道信息、下行链路传输信道信息、频率信息、上行链路无线资源和下行链路无线资源等。

① 初始 UE 标识。初始 UE 标识供 UE 决定是否读取或忽略 RRC 连接建立消息的其他内容。UE 会将此标识值和 RRC Connection Request 中的标识值相比较，如果 2 个值不相符，UE 便忽略该消息的其他内容，否则将读取该消息的其他内容，并按照网络方的消息采取相应的动作。

② 信令无线承载参数。信令无线承载参数按照 TS 25.331 的规定，SRNC 会配置 3 个或 4 个信令无线承载（SRB1~SRB4），SRB1 和 SRB2 分配给 RRC，SRB3 和可选的 SRB4 分配给 NAS。分配给 RRC 的 2 个 SRB 中，SRB1 为 UM 传输，SRB2 为 AM 传输。分配给 NAS 的 2 个 SRB 为 AM 传输。如果没选用 SRB4，NAS 信令将由 SRB3 传送，如果选用 SRB4，SRB4 则传送优先级低的信令。所有的信令无线承载（SRB）将映射到不同的逻辑控制信道（DCCH）上，之后复用到同一个 DCH 上。要建立的无线承载信息单元里隐藏有"RB 映射信

息"信息单元，它提供了如何从逻辑信道映射到传输信道的信息。

③ 上、下行链路传输信道信息单元。上、下行链路传输信道信息单元包含有准许使用的传输格式组合以及与传输信道具体有关的其他信息，例如传输信道类型、传输信道号、信道编码方式、速率匹配参数、误块率（BLER）等。

④ 上、下行链路无线资源信息单元。上、下行链路无线资源信息单元提供了 UE 进入连接模式 CELL_DCH 状态时所需要的物理专用信道信息，例如功率控制信息、扩频因子、扰码号及物理信道的参数等信息。

（6）RRC 连接建立完成

UE 收到 RRC 连接建立消息后会开始动作，初始化无线承载、传输信道和物理信道配置，停止计时器 T300，完成空中接口同步，在成功进入连接模式之后通过 DCH 发送 RRC 连接建立完成消息给 SRNC。RRC 连接建立完成消息包括启动列表、核心网域标识、UE 无线接入能力、UE 无线接入能力扩展等内容。

① 启动列表。启动列表列出了每一个核心网域的启动（START）参数，用于加密及完整性保护安全过程。

② UE 无线接入能力和 UE 无线接入能力扩展。UE 无线接入能力和 UE 无线接入能力扩展包括 UE 支持的协议版本，支持 PDCP 能力、RLC 能力、传输信道能力、射频能力、物理信道能力、多模能力、安全能力和测量能力等。比如是否进行加密、所用频段、发射及接收的频率间隔、UE 发射功率级别、定位方法以及在异频间或不同系统间进行测量时是否需要压缩模式等。

UE 使用 DCH 建立信令连接占用资源示意图如图 4-10 所示。

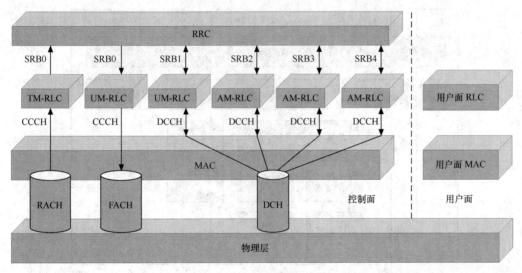

图 4-10　RRC 连接建立资源

如果 RRC 连接建立在公共传输信道（FACH/RACH）上，则 UE 仍然具有相应的 SRB 和专用逻辑控制信道，在传输信道层次使用系统已经配置好的 FACH/RACH 来传输专用控制信息。在物理信道层次上，使用与 FACH 相对应的 S-CCPCH 以及与 RACH 相对应的 PRACH。限于篇幅，建立在公共传输信道（FACH/RACH）上 RRC 连接建立过程不再介绍。

2．RRC 连接释放

RRC 连接释放即断开 RRC 连接，包括 UE 和 SRNC 间所有的 RAB 和 SRB，所有的信令连接也断开了。

在 RRC 连接释放过程中，NAS 层在通话结束时先执行释放过程并释放无线承载。当信令无线承载释放后，UTRAN 便跟着释放 RRC 连接。RRC 连接释放消息包含有释放原因。常见的释放原因如下。

① 正常事件。

② 异常抢先释放。

③ 拥塞。

④ 重新建立驳回。

⑤ 用户无活动。

⑥ 指定信令连接重新建立。

当 UE 收到 RRC 连接释放消息时，RRC 就会把释放原因传送给 NAS 层，NAS 层会解读并采取适当行动。通常来说，UE 会执行 RRC 连接释放过程，并通过确认模式 RLC 在 DCCH 信道上发送 RRC 连接释放完成消息给低层，以便通过低层将释放完成。

4.1.6　RAB 的建立

1. 无线接入承载的概念

按 UMTS QoS 体系结构，UMTS 应用层端到端的业务使用底层网络所提供的承载业务，它可以分为终端设备/移动终端（TE/MT）本地承载业务、UMTS 承载业务和外部承载业务。UMTS 承载业务由无线接入承载（RAB）业务和核心网络承载业务组成，如图 4-11 所示。

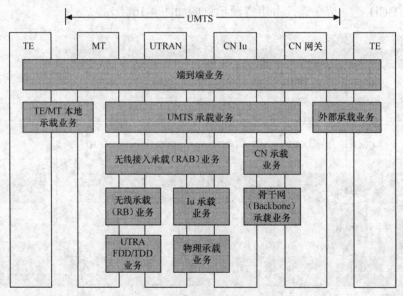

图 4-11　UMTS QoS 体系结构

RAB 业务根据 QoS 要求提供用户终端（MT）和 CN Iu 之间用户语音、数据及多媒体业务的加密传送。RAB 业务包含无线承载（RB）业务和 Iu 承载业务。RAB QoS 需求映射到 RB，依靠 RB 提供底层传输功能。为了能够支持不同的错误保护机制，UTRAN 和 MT 需要能够将用户流根据 RAB 业务需求分割/重组成不同的子流。RB 业务根据子流的可靠性要求处理属于这个子流的用户流信息。RAB 在 UTRAN 中通过多个 RAB 子流予以识别，这些子流对应于具有不同 QoS 特性（如可靠性等）的 NAS 业务数据流。RAB 子流随着 RAB 的建立而建立，随着 RAB 的释放而释放。

2. 无线接入承载的建立

UE 要完成 RRC 的连接建立后，才能建立 RAB。根据无线资源状态，RAB 的建立过程有如下情形。

（1）DCH-DCH，RRC 使用 DCH，RAB 准备使用 DCH。

（2）RACH/FACH-RACH/FACH，RRC 使用 CCH，RAB 准备使用 CCH。

（3）RACH/FACH-DCH，RRC 使用 CCH，RAB 准备使用 DCH。

下面以 DCH-DCH 同步情况为例，介绍 RAB 的建立过程，如图 4-12 所示。

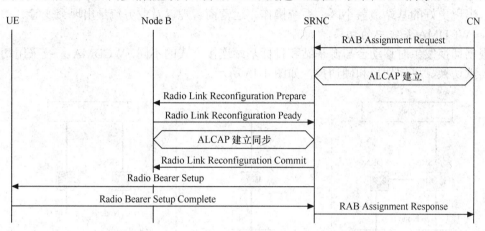

图 4-12　DCH—DCH 同步情况下 RAB 的建立过程

RAB 建立的基本过程如下。

① CN 向 UTRAN 发送 RAB 指配请求消息（Radio Access Bearer Assignment Request），请求建立 RAB。

② SRNC 收到 RAB 建立请求后，SRNC 发起建立 Iu 接口（ALCAP 建立）与 Iub 接口的数据传输承载。

a. SRNC 向 Node B 发送 NBAP 协议的无线链路重配置准备（Radio Link Recongiguration Prepare）消息，请求 Node B 在已有的无线链路上增加承载 RAB 的 DCH。Node B 分配资源后，向 SRNC 返回无线链路重配置准备完成（Radio Link Recongiguration Ready）消息。

b. SRNC 与 Node B 间完成 Iub 接口的用户传输承载的建立过程，建立 ALCAP 同步。

c. SRNC 向 Node B 发送无线链路重配置执行（Radio Link Reconfiguration Commit）消息。

③ SRNC 向 UE 发起 RB 建立请求（Radio Bearer Setup）消息，UE 完成 RB 建立后，向 SRNC 返回 RB 建立完成（Radio Bearer Setup Complete）消息。

④ SRNC 向 CN 返回 RAB 指配响应（Radio Access BearerAssignment Response）消息，结束 RAB 的建立过程。

4.2　WCDMA 系统中的切换

4.2.1　切换

1. 切换的概念

切换通常指越区切换，移动台从一个基站覆盖的小区进入到另一个基站覆盖的小区的情况下，为了保持通信的连续性，将移动台与当前基站之间的通信链路转移到移动台与新基站之间的通信链路的过程称为切换。根据切换方式不同，通常分为硬切换和软切换2种情况。

硬切换过程中，移动台先中断与旧基站的连接，然后再进行与新基站的连接，通信链路有短暂的中断时间。硬切换在空中接口过程中是先断后通，当切换时间较长时，将影响用户通话；软切换是指移动台在载波频率相同的基站覆盖小区之间的信道切换。软切换过程中，移动台既维持与旧基站的连接，同时又建立与新基站的连接，同时利用新、旧链路的分集合并技术来改善通信质量，与新基站建立了可靠连接之后，再中断旧的连接。软切换在空中接口过程中是先通后断，没有通信暂时中断的现象。

引起切换的原因很多，常见的原因有上、下行链路质量的变化、用户位置或应用业务的变化、出现更好的基站覆盖小区、系统操作、运营商管理以及业务流量出现突变等。

2. WCDMA 系统中的切换

根据切换发生时移动台与源基站和目标基站连接方式的不同，WCDMA 系统采用切换方式有：软切换、更软切换和硬切换，如图 4-13 所示。

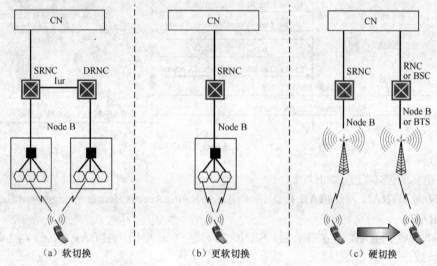

（a）软切换   （b）更软切换   （c）硬切换

图 4-13 WCDMA 系统中的切换

软切换同时与多个小区保持通信，接收端利用宏分集技术降低了接收信号衰落的概率，减少了移动台发射功率，在小区边缘采用软切换有助于降低掉话率。更软切换是软切换的一种特殊情况，这种切换发生在同一基站的具有相同频率的不同扇区之间。

软切换和更软切换的区别在于，更软切换发生在同一个 Node B 范围内，分集信号在 Node B 做最大增益合并，而软切换发生在 2 个 Node B 之间，分集信号在 RNC 做选择合并。

软切换可以应用于具有相同频率的直扩 CDMA 系统信道之间。软切换的作用具有矛盾性，一方面软切换在 2 个基站覆盖区的交界处起到了业务信道的分集作用，减少移动台发射功率和频繁切换造成的掉话。另一方面，由于占用多个信道资源增加了系统的复杂性，对上行链路和下行链路的性能会造成影响。尽管如此，软切换仍是 WCDMA 系统的核心技术之一。

WCDMA 系统中硬切换包括同频、异频和异系统之间 3 种情况。如果目标小区与原小区同频率，属于不同的 RNC，并且 RNC 之间没有 Iur 接口，就会发生同频硬切换，同一小区内部码字间切换也是硬切换。异频间硬切换指 WCDMA 系统内不同载频间的切换。异系统硬切换包括FDD模式和TDD模式之间的切换，WCDMA 系统和 GSM 系统之间的切换，WCDMA和 cdma2000 之间的切换，以及与采用其他无线接入技术的系统之间的切换。异频和异系统之间的硬切换需要应用压缩模式进行异频和异系统的测量。

3. 切换过程

（1）切换过程简介

切换过程通常分为无线测量、网络判决、系统执行 3 个步骤。

① 在切换测量阶段，移动台要测量下行链路的信号质量、该移动台所属的小区及临近小区的信号质量，基站需要测量上行链路的信号质量。

② 在切换判决阶段，测量结果与预定义的门限值比较，以决定是否执行切换，同时要进行接纳控制，防止由于新用户的加入而降低已有用户的质量。

③ 在执行阶段，移动台进入软切换状态，与一个新的基站或小区建立通信链路或释放旧的通信链路。

移动台周期性地测量服务基站和相邻基站导频信道的信号强度，并把测量结果通知RNC。RNC 根据测量结果判决切换的目标小区，并通知移动台完成切换。切换是在 UE 辅助下完成的。测量是由 UE 和 Node B 完成的，判决在 RNC 中进行，执行在 UE，Node B 和 RNC共同协作下完成。在 WCDMA 系统的切换过程中，除了硬切换外，主要是软切换过程。

（2）切换过程常用术语

① 激活集。正在与移动台软切换/更软切换相连接的基站（小区）形成的集合。

② 监测集（相邻集）。移动台对于列在该集里的小区要进行测量和报告，但是导频强度还没有强到可以增加到激活集里。当其中某个小区的信号强度升高到某种程度时，UE 发出的测量报告将触发 UTRAN，将该小区放入到激活集中。

③ 检测集。不包括在激活集和监测集中但能被 UE 检测到的小区。UE 可以发送这些小区的测量报告，触发 UTRAN，将它们放入到激活集或监测集中。前提是这些小区必须是当前激活集内某个小区的邻区，才可以加进激活集，否则需要重新优化邻区列表。

（3）WCDMA 系统软切换过程

WCDMA 系统软切换原理示意如图 4-14 所示。图中报告门限值是软切换中要加入或删除激活集中的小区门限；ΔT 是留给动作触发的时间；导频的 E_c/I_o 是经测量后导频的信号强度；WCDMA 系统中一个典型的软切换过程如下。

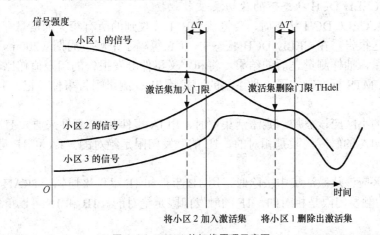

图 4-14　WCDMA 软切换原理示意图

移动台首先搜索所有小区导频并测量其强度，移动台合并计算导频的所有多径分量的E_c/I_o 来作为该导频的强度。当该导频强度 E_c/I_o 达到激活集里小区门限强度，并持续 ΔT 时间，如果此时激活集没有满，它就向原基站发送 1 条导频测量消息，通知原基站，原基站将移动台的报告送往网络，网络则让新的基站安排 1 个业务信道给移动台，并且原基站发送 1 条消息指示移动台开始切换。当收到来自原基站的切换指示消息后，移动台将新基站纳入激活集（图中小区 2），开始对新基站和原基站的业务信道同时进行解调。接着移动台会向基站发送一条切换完成消息，通知基站自己已经根据命令开始对 2 个基站同时接收、解调，该过程也被称为无线链路增加。

随着移动台的移动，可能激活集中 2 个基站的某一方的的导频强度 E_c/I_o 弱到最小，并持续 ΔT 时间，移动台将发送导频测量消息。2 个基站接收到导频强度测量消息后，将此消息送至网络，网络再返回相应切换指示消息，然后基站发切换指示消息给移动台，移动台将达不到激活集门限的信号移出激活集（图中小区 1）。此时移动台只与目前激活集内的导频所代表的基站保持通信，同时会发一条切换完成消息告诉基站，表示切换已经完成，该过程也被称为无线链路释放。

4.2.2 软切换/更软切换

软切换/更软切换可以在呼叫建立时和 UE 处于 CELL_DCH 状态时发生。UE 根据激活集、监测集和检测集中导频信号质量的变化，动态地添加或删除小区。

1. 呼叫建立时的软切换/更软切换

呼叫建立时，UE 根据 SIB11 中的测量信息来执行测量并和 RRC 连接请求消息一起通过 RACH 发送。测量信息包括测量和报告的内容、邻小区的信息以及通过 RACH 进行报告的最大小区数量。邻小区信息包括 UE 所驻留的当前小区的邻区使用的下行主扰码。UTRAN 定义了可报告的小区数量，最大为 6 个邻小区加上当前小区。通常建议报告当前小区和两个最好的邻小区。然而，大多数实际情况下，通过 RACH 报告的只有当前小区。

针对 UE 发来的测量报告，UTRAN 将使用特定的准则来判断所报告的小区是否可以在呼叫建立时加入到激活集。

当 UE 从空闲模式、CELL_PCH 或 URA_PCH 状态转换为 CELL_DCH 状态时，有可能直接进入软切换/更软切换。

2. UE 在 CELL_DCH 状态下的软切换/更软切换

当 UE 进入 CELL_DCH 状态时，会将从 SIB11 接收到的所有相关的信息存储起来，继续执行测量和发送报告。在 CELL_DCH 状态中，UE 每隔 1 个测量周期（200ms）做 1 次同载频内的抽样测量，抽样测量之后的结果，将和定义事件触发报告的门限值作比较，判断是否执行软切换。UMTS 标准制定了 6 种主要的同载频 FDD 测量报告事件，记为 1A，1B，1C，1D，1E 和 1F。

当一个新的小区应该被加入到激活集中时，用 1A 事件和 1E 事件来通知 UTRAN。1A 和 1E 的区别在于 1A 的触发门限是相对的，1E 的触发门限是绝对的。1A 和 1E 可以单独使用，也可以联合使用。

当一个小区应该从激活集中去除时，用 1B 事件和 1F 事件来通知 UTRAN。1B 和 1F 的区别在于 1B 的触发门限是相对的，1F 的触发门限是绝对的。1B 和 1F 可以单独使用，也可以联合使用。

当一个激活集中的小区应该被另一个小区替换时，用 1C 事件来通知 UTRAN。

1D 事件对软切换作用不大，通常可以用在对 UE 所处位置的定位、同频硬切换及 HSDPA 最佳小区变更上。下面分析不同的触发报告事件。

3. 同载频 FDD 测量报告事件

我们将以 CPICH E_c/I_o 作为测量和报告为例，详述 1A，1B，1C，1E 和 1F 报告事件。

CPICH E_c/I_o 定义为接收到的码片的能量与带内噪声功率密度之比。CPICH E_c/I_o 的参考点是 UE 处的天线连接器，测量在基本 CPICH 上进行。CPICH E_c/I_o 除用于切换评估外，还可用于小区选择和重选，是评估小区信号质量的重要指标。

（1）1A 报告事件

当一个小区的主 CPICH 满足式（4-1）时会触发 1A 报告事件，这个小区便被加入到激活集中。

$$10\log M_{New} + CIO_{New} \geqslant W_{1A}10\log \sum_{i=1}^{N_A} M_i + (1-W_{1A})10\log M_{Best} - (R_{1A} - H_{1A}/2) \tag{4-1}$$

其中，M_{New} 是进入报告范围的小区导频的测量结果。

CIO_{New} 是小区进入报告范围的小区特定偏置值。

W_{1A} 是个权重常数，取值范围为 0.0～2.0，步长为 0.1。

M_i 是激活集小区导频的测量结果。

N_A 是当前激活集中影响报告范围的小区个数。

M_{Best} 是激活集中最强小区的导频测量结果。

R_{1A} 是 1A 事件的报告范围常数，单位为 dB。

H_{1A} 是 1A 事件的迟滞值，单位为 dB。

迟滞值和小区特定偏置值为对测量报告事件进行调整的参数。

1A 事件发生的例子如图 4-15 所示，假设激活集的大小为 3，权重常数为 0。开始时，UE 处于 2 路软切换，P-CPICH 1 和 P-CPICH 2 处于激活集。当 P-CPICH 3 进入报告范围时，UE 检测到 1A 事件。当过了触发时间后，P-CPICH 3 一直在报告范围内，接着 UE 报告 1A 事件给 UTRAN。

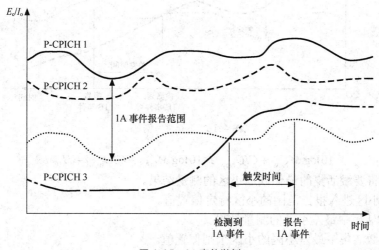

图 4-15　1A 事件举例

（2）1B 报告事件

当一个小区的主 CPICH 满足式（4-2）时会触发 1B 报告事件，这个小区会从激活集中去除。只有在当前的激活集的小区数大于 1 的时候才会发生 1B 事件。

$$10\log M_{\text{Old}} + CIO_{\text{Old}} \geqslant W_{1B}10\log\sum_{i=1}^{N_A} M_i + (1-W_{1B})10\log M_{\text{Best}} - (R_{1B} - H_{1B}/2) \qquad （4-2）$$

其中，M_{Old} 是离开报告范围的小区导频的测量结果。

CIO_{Old} 是小区离开报告范围的小区特定偏置值。

W_{1B} 是个权重常数，取值从 0.0～2.0，步长为 0.1。

M_i 是影响激活集小区的导频报告范围的测量结果。

N_A 是当前激活集中影响报告范围的小区个数。

M_{Best} 是激活集中最强小区的导频测量结果。

R_{1B} 是 1B 事件的报告范围常数，单位为 dB。

H_{1B} 是 1B 事件的迟滞值，单位为 dB。

1B 事件发生的例子如图 4-16 所示，假设激活集的大小为 2，权重常数为 0。开始，UE 处于 2 路软切换，P-CPICH1 和 P-CPICH 2 处于激活集。当 P-CPICH 2 离开报告范围时，UE 检测到 1B 事件。当过了触发时间后，UE 报告 1B 事件给 UTRAN。接收到 UE 送来的测量报告后，UTRAN 将 P-CPICH 2 从激活集中去除，此时 UE 不再处于软切换。

（3）1C 报告事件

如果激活集已满，当监控集小区的主 CPICH 满足式（4-3）时会触发 1C 报告事件，这时，最弱的主 CPICH 会从激活集中去除，而较强的主 CPICH 会加入到激活集。

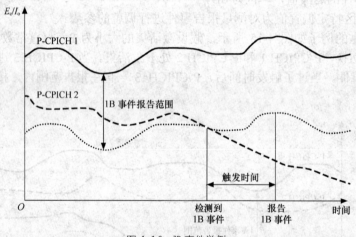

图 4-16　1B 事件举例

$$10\log M_{\text{New}} + CIO_{\text{New}} \geqslant 10\log M_{\text{InAS}} + CIO_{\text{InAS}} + H_{1C}/2 \qquad （4-3）$$

其中，M_{New} 是将要激活集的最佳候选小区的测量结果。

CIO_{New} 是小区进入报告范围的小区特定偏置值。

M_{InAS} 是激活集中最差小区的测量结果。

CIO_{InAS} 是激活集中最差小区的小区个别偏置值。

H_{1C} 是 1C 事件的迟滞值，单位为 dB。

1C 事件发生的例子如图 4-17 所示，假设激活集的大小为 3。最初，P-CPICH 1，P-CPICH2 和 P-CPICH 3 处于激活集中，UE 处于 3 路软切换中。当 P-CPICH 4 的信号强于 P-CPICH 3 时，UE 检测到 1C 事件。当过了触发时间后，UE 报告 1C 事件给 UTRAN。接收到 UE 送来的测量报告后，UTRAN 用 P-CPICH 4 取代激活集中的 P-CPICH 3。

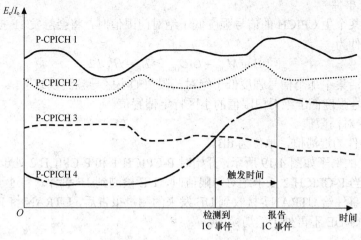

图 4-17　1C 事件举例

（4）1E 报告事件

当某个主 CPICH 的信号强度超过一个绝对门限值时，将会触发 1E 报告事件。1E 报告事件的触发条件为

$$10\log M_{\mathrm{New}} + CIO_{\mathrm{New}} \geqslant T_{1E} + H_{1E}/2 \tag{4-4}$$

其中，M_{New} 是信号强度超过绝对门限值的小区导频测量结果。

CIO_{New} 是信号强度超过绝对门限值的小区的特定偏置值。

T_{1E} 是一个绝对门限值。

H_{1E} 是 1E 事件的迟滞值，单位为 dB。

1E 事件发生的例子如图 4-18 所示，开始时激活集有两个导频，P-CPICH 1 和 P-CPICH 2，UE 处于 2 路软切换。当 P-CPICH 3 的信号超过绝对门限值时，UE 检测到 1E 事件。当过了触发时间的时候，UE 报告 1E 事件给 UTRAN。接收到 UE 发来的测量报告后，UTRAN 将 P-CPICH 3 加入到激活集中，此时 UE 将处于 3 路软切换。

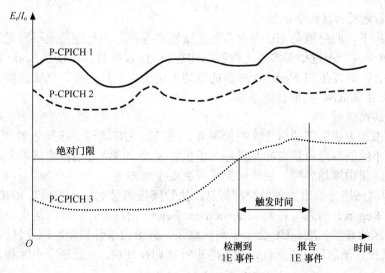

图 4-18　1E 事件举例

（5）1F 报告事件

当激活集的某个主 CPICH 的信号强度低于绝对门限值时，将会触发 1F 报告事件。IF 报告事件的触发条件为

$$10\log M_{\text{Old}} + CIO_{\text{Old}} \geq T_{\text{1F}} - H_{\text{1F}} / 2 \tag{4-5}$$

其中，M_{Old} 是激活集中那个信号强度低于绝对门限值的小区导频测量结果。

CIO_{Old} 是信号强度低于绝对门限值的小区特定偏置值。

T_{1F} 是一个绝对门限值。

H_{1F} 是 1F 事件的迟滞值，单位为 dB。

1F 事件发生的例子如图 4-19 所示，开始时 P-CPICH 1 和 P-CPICH 2 处于激活集，UE 处于 2 路软切换。当 P-CPICH 2 低于绝对门限值时，UE 检测到 1F 事件。当过了触发时间的时候，UE 报告 1F 事件给 UTRAN。接收到 UE 发来的测量报告后，UTRAN 将 P-CPICH 2 从激活集中去除，此时 UE 不再处于软切换中。

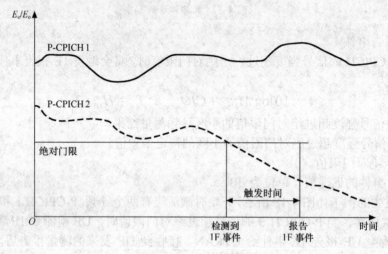

图 4-19　1F 事件举例

4. 软切换/更软切换信令流程

软切换状态下，网络侧与 UE 会有多条无线链路存在，上行连路上不同无线链路的信号可以在 RNC 测合并。不过如果多条无线链路均在 Node B 接收，可以在 Node B 进行无线信号的最大比合并，只发生在 Node B 内部的软切换定义为更软切换，更软切换不需要为新的链路建立 Node B 和 RNC 间的传输承载。

（1）更软切换流程

更软切换添加无线链路的信令流程如图 4-20 所示。UE 通过上报同频测量事件 1A 来通知网络方 1 个小区的信号质量变好并且进入了报告范围，网络方根据测量报告，执行更软切换流程，在激活集中增加导频。更软切换流程主要步骤如下。

① UE 根据网络方给出的测量控制信息，执行同频测量动作。UE 向 RNC 发测量报告（Measurement Report）消息。在此 Measurement Report 消息中，包括激活集中的小区和 6 个最强监视集小区的导频强度。UE 会上报测量结果，并给出事件类型，以及目标小区的扰码。RNC 收到测量报告消息后，根据软切换策略进行软切换判决，决定哪个小区加入到激活集还是从激活集删除。

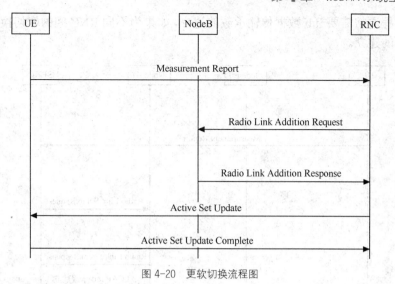

图 4-20　更软切换流程图

② 如果 RNC 决定增加一条无线链路，RNC 向 Node B 发送无线链路增加请求（Radio Link Addition Request）消息。在 Radio Link Addition Request 消息中，包括无线链路 Id、小区 Id、帧偏置、码片偏置、下行链路码字信息及发射功率。

③ Node B 根据无线链路增加请求（Radio Link Addition Request）消息中的信息分配无线信道资源。在分配信道资源后，Node B 将发送无线链路增加响应（Radio Link Addition Response）消息给 RNC。

④ 在网络方的资源已经准备好之后，RNC 将发激活集更新（Active Set Update）消息给 UE，通知添加新的无线链路。UE 根据网络方给出的信息，开始使用新的无线链路，将新的小区添加到激活集中。

⑤ UE 向 RNC 发送激活集更新完成（Active Set Update Complete）消息，指示更软切换过程结束。接着 RNC 通过测量控制消息重新给 UE 下发新的小区配置参数。

（2）软切换流程

软切换是指在同频小区、不同 Node B 间的切换过程，Node B 可以在同一 RNC 中，也可以在不同 RNC 中。下面介绍同一 RNC 中的软切换流程，如图 4-21 所示，主要步骤如下。

① UE 根据网络方给出的测量控制信息，执行同频测量动作。UE 向 RNC 发测量报告（Measurement Report）消息。

② 如果 RNC 决定建立一条无线链路，RNC 向 Node B 发送无线链路建立请求（Radio Link Setup Request）消息。在 Radio Link Setup Request 消息中，包括无线链路 Id、小区 Id、帧偏置、码片偏置、下行链路码字信息及发射功率等。

③ Node B 根据无线链路建立请求（Radio Link Setup Request）消息中的信息分配无线信道资源。在分配信道资源后，Node B 将发送无线链路建立响应（Radio Link Setup Response）给 RNC。

④ RNC 使用 ALCAP 协议在 Iub 接口上启动 Iub 数据传输承载建立过程。

⑤ 在网络方的资源已经准备好之后，RNC 将发激活集更新（Active Set Update）消息给 UE，通知添加新的无线链路。

⑥ UE 向 RNC 发送激活集更新完成（Active Set Update Complete）消息，指示软切换过程结束。接着 RNC 通过测量控制消息重新给 UE 下发新的小区配置参数。

软切换过程通常需要 Iub 数据传输承载的建立，如果为不同 RNC 间的软切换，还需要 Iur 数据传输承载的建立。

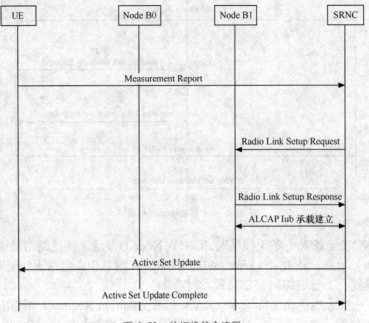

图 4-21　软切换信令流程

4.2.3　压缩模式

压缩模式，也称为时隙化模式，是指一种传输模式，信息传输在时域上被压缩而产生出一个传输间隔。压缩模式也可以认为通过传输时间的压缩或减少来产生一段传输间隔，UE 的接收机可以利用这段间隔调谐到另外一个载频上进行测量。

压缩模式在载频间和不同系统间测量中起着很重要的作用。传输间隔的长度是用无线帧的时隙来衡量的。图 4-22 所示是一个压缩模式传输的例子。在压缩模式传输期间，被压缩的无线帧的瞬时功率将有所增加以保证传输质量不受处理增益（扩频因子）降低的影响。功率增加的大小是由压缩的方式来决定的。

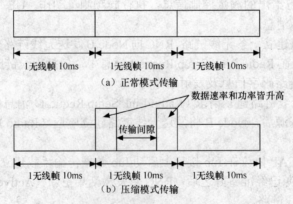

图 4-22　压缩模式传输的例子

由于 1 个终端一般只有 1 套收发信机，所以在切换过程中工作频率发生改变时，UE 就要通过压缩模式来测量目标频率小区或目标异系统小区的信号质量。在压缩模式下，UE 可测量另一载频而不丢失在服务小区的专用信道上传输的任何数据。

1. 压缩模式实现方法

UMTS 系统设计中定义了 3 种实现压缩模式的方法，包括高层协议调度、减少扩频因子和打孔方式。

（1）高层协议调度

协议高层根据终端压缩模式来调整调度信息，降低来自高层的数据速率。通过限制允许的传输格式组合，实质上产生一个传输间隔。这个方法可用于上、下行链路，适用于分组数据传输，因为分组数据传输本身就是突发传输方式。但是这种方式不适用于电路交换的情形。

（2）减少扩频因子

被压缩的无线帧上的扩频因子将减小一半，以便在更少的时间内传输同样数量的比特，产生出一段时隙不需要发射信号。它可用于上、下行链路，一般要求扩频因子大于 4。

（3）打孔方式

通过物理层复用过程中的打孔技术来降低数据速率，因此必须抽掉足够的物理信道比特以产生传输间隔。打孔方式的优点是对小区信道码的使用没有影响，但抽掉过多的物理信道比特会导致信息丢失。这种方法只应用于下行信道。

压缩模式实际上是由 RRC 层控制的，通过配置传输层和物理层有关参数来实现。

2. 传输间隔式样序列

如果 UE 采用压缩模式来进行载频间和不同系统间测量，UTRAN 必须提供传输间隔式样序列（Transmission Gap Pattern Sequence，TGPS）。1 个传输间隔式样序列包含 2 种交替的传输模式 1 和 2。每种模式在 1 个传输间隔式样长度（Transmission Gap Pattern Length，TGPL）内提供 1 个或 2 个传输间隔。传输间隔式样序列采用传输间隔式样序列标识（Transmission Gap Pattern Sequence Identifier，TGPSI）来识别。图 4-23 所示是一个传输间隔式样序列的例子，包含的参数描述如下。

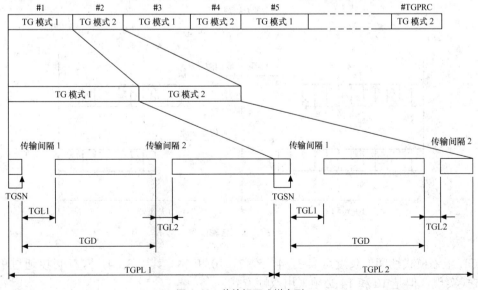

图 4-23　传输间隔式样序列

① 传输间隔连接帧号（TGCFN）是在 TGPS 内的第一个传输间隔式样 1 中的第一个无

线帧，用于 Node B 和 UE 的压缩模式同步。

② 传输间隔式样重复数目（Transmission Gap Pattern Repetition Count，TGPRC）是传输间隔式样序列中的传输间隔式样的重复数目。

③ 传输间隔起始时隙号（TGSN）为在传输间隔式样第一个无线帧内的第一个传输间隔的时隙号。

④ 传输间隔长度 1（TGL1）是在传输间隔式样内的第一个传输间隔的长度，用时隙数来表示。传输间隔长度 2（TGL2）是在传输间隔式样内的第二个传输间隔的长度，也用时隙数来表示。如果高层没有明确指明，则 $TGL2=TGL1$。

⑤ 传输间隔式样长度（Transmission Gap Pattern Length，TGD）是同一传输间隔式样内 2 个连续传输间隔起始时隙的时间差，用时隙数来表示。如果高层没有为该参数设值，则在传输间隔式样将只有 1 个传输间隔。

3. 传输间隔

WCDMA 网络设计中，传输间隔的长度不能大于 14 个时隙，即传输间隔的最大长度是 9.33ms。而且，每个无线帧中可能的传输间隔时隙数最大是 7。因此，如果一个传输间隔大于 7 个时隙，它必须占用 2 个连续的无线帧。可以将传输间隔设置在物理帧的不同位置。图 4-24 和图 4-25 所示分别表示单帧和双帧传输间隔例子。

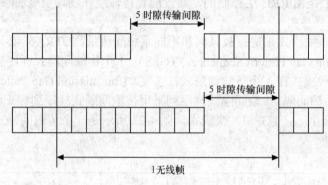

图 4-24 单帧传输间隔

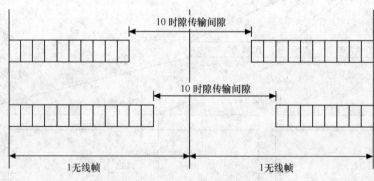

图 4-25 双帧传输间隔

TGL 压缩模式期间的长度可取 3，4，5，7，10 和 14。其中 3，4，5，7 可以通过单帧或双帧方式实现，但是 10 和 14 必须采用双帧方式。

用 N_{first} 代表连续空闲时隙的起始时隙号，其取值范围为 0～14。并且，用 N_{last} 代表间隔的最后空闲时隙号。在压缩模式中，在传输间隔长度内，从时隙 N_{first}～N_{last} 不能用作数据传输。

如果 $N_{first} + TGL \leqslant 15$，则 $N_{last} = N_{first} + TGL - 1$，这就叫单帧传输间隔。

如果 $N_{first} + TGL > 15$，则 $N_{last} = (N_{first} + TGL - 1) \bmod 15$（在下 1 无线帧），这就叫双帧传输间隔。对于双帧传输间隔，N_{first} 和 TGL 的选择必须保证在每个无线帧中至少 8 个时隙不是空闲的。

4.2.4　载频间切换

对于获得 3G 牌照的运营商而言，一般不会仅使用 1 个载频，需要多个载频进行扩容。对于载频间切换，仅仅测量同频小区是不够的。UTRAN 会在测量控制消息中发送载频间测量报告信息。UE 需要测量异频小区并发送导频测量报告。对于异频小区，除了同频测量报告准则以外，还备有载频间测量报告准则。

1. 载频间切换

载频间切换由 2A～2F 载频间报告事件触发。这些报告事件是基于载频信号质量估计结果。载频信号质量评估的定义为

$$Q_{\text{frequency } j} = 10 \log M_{\text{frequency } j} = W_j 10 \log \left\{ \sum_{i=1}^{N_{Aj}} M_{ij} \right\} + (1 - W_j) 10 \log M_{\text{Best } j} \tag{4-6}$$

其中，$Q_{\text{frequency } j}$ 是载频 j 的虚拟激活集的信号评估质量的 dB 数值。

$M_{\text{frequency } j}$ 是载频/虚拟激活集的信号评估质量的其他表示方法的数值。

W_j 是 UTRAN 发送给 UE，供载频 j 使用的参数。

M_{ij} 是载频 j 的虚拟激活集里的小区 i 的测量结果。

N_{Aj} 是载频 j 虚拟激活集里的小区的数目。

$M_{\text{best } j}$ 是载频 j 虚拟激活集里的最强小区的测量结果。

在载频信号质量评估的计算过程中，使用激活集中的小区评估现用载频信号的质量，并使用虚拟激活集中的小区评估新载频信号的质量。

所有的载频间测量都采纳虚拟激活集的概念，虚拟激活集是指非使用中的载频（以下简称未用载频）的一套最佳小区集，可以理解为在未使用载频上虚拟的激活集。虚拟激活集可以由 UE 自主更新或由 UTRAN 更新。

根据小区负荷和其他准则，UTRAN 可决定将 UE 切换到未用载频。对新载频的小区使用同载频 1A，1B 和 1C 报告事件。站在新载频的立场，虚拟激活集现在成了激活集。针对虚拟激活集的小区定义了 1A 和 1B 事件的报告范围。当有不在虚拟激活集的小区强于虚拟激活集的某个小区时，便触发 1C 事件。

2. 载频间报告事件

载频间报告事件包括 2A～2F 的报告事件，适用范围、触发条件及其参数含义见表 4-3。

表 4-3　　　　　　　　　　　　　　载频间报告事件

报告事件	适用范围	触发条件及参数含义
2A	用于更换最佳载频	$Q_{\text{NotBest}} \geqslant Q_{\text{best}} + H_{2A} / 2$ 式中，Q_{NotBest} 是该未用载频的评估质量 Q_{Best} 是现用载频的评估质量 H_{2A} 是 2A 事件的迟滞值
2B	现用载频的评估质量低于一定的门限值而且有一个未用载频的评估质量高于一定的门限值的时候	$Q_{\text{Non used}} \geqslant T_{\text{Non used } 2B} + H_{2B} / 2$ $Q_{\text{Used}} \leqslant T_{\text{used } 2B} - H_{2B} / 2$ 式中，$Q_{\text{Non used}}$ 是高于绝对门限值的未用载频的评估质量

报告事件	适用范围	触发条件及参数含义
2B	现用载频的评估质量低于一定的门限值而且有一个未用载频的评估质量高于一定的门限值的时候	$T_{\text{Non used 2B}}$ 是未用载频的绝对门限值 H_{2B} 是事件的迟滞值 Q_{Used} 是现用载频的评估质量 $T_{\text{Used 2B}}$ 是现用载频的绝对门限值
2C	某个未用载频的评估质量高于一定的门限值时	$Q_{\text{Non used}} \geqslant T_{\text{Non used 2C}} + H_{2C}/2$ 式中，$Q_{\text{Non used}}$ 是未用载频的信号质量估计值 $T_{\text{Non used 2C}}$ 是未用载频的绝对门限值 H_{2C} 是 2C 事件的迟滞值
2D	现用载频的评估质量低于一定的门限值时	$Q_{\text{Used}} \leqslant T_{\text{Used 2D}} - H_{2D}/2$ 式中，Q_{Used} 当前使用频率的信号质量估计值 $T_{\text{Used 2D}}$ 是 2D 事件现用载频的绝对门限值 H_{2D} 是 2D 事件的迟滞值
2E	未用载频的评估质量低于一定的门限值时	$Q_{\text{Non used}} \leqslant T_{\text{Non nsed 2E}} - H_{2E}/2$ 式中，$Q_{\text{Non used}}$ 是未用载频的信号质量估计值 $T_{\text{Non used 2E}}$ 是未用载频的绝对门限值 H_{2E} 是事件 2E 的迟滞值
2F	现用载频的评估质量高于一定的门限值	$Q_{\text{Used}} \geqslant T_{\text{Used 2F}} + H_{2F}/2$ 式中，Q_{Used} 当前使用频率的信号质量估计值 $T_{\text{Used 2F}}$ 是现用载频的绝对门限值 H_{2F} 是事件 2F 的迟滞值

4.2.5 系统间切换

系统间切换是指将 UE 与 UTRAN 的连接转到另一种无线接入技术（如 WCDMA 系统和 cdma2000，TD-SCDMA，GSM 等系统之间的切换），或者将 UE 与其他无线技术之间的连接转到 UTRAN 上。本节将介绍 WCDMA 和 GSM 间的系统间切换。

1. 系统间切换

执行系统间切换的首要条件是 UE 是双模手机，具备系统间切换的能力。UTRAN 在测量控制消息中发送一个包含有关系统间切换测量信息单元。UE 在测量控制消息中定义了 GSM 相邻小区，系统间测量报告事件的触发准则。当触发条件满足时，UE 将执行系统间切换过程。对于 WCDMA 到 GSM 的切换，需要使用压缩模式来进行系统间测量。

UE 在比较 UTRAN 信号质量和其他系统小区的信号质量时，载频的信号质量定义为

$$Q_{\text{UTRAN}} = 10\log M_{\text{UTRAN}} = W10\log\left\{\sum_{i=1}^{N_A} M_i\right\} + (1-W)10\log M_{\text{Best}} \tag{4-7}$$

其中，Q_{UTRAN} 是当前 UTRAN 载频的评估质量的 dB 数值。

M_{UTRAN} 是当前 UTRAN 载频的评估质量的其他表示法数值。

W 是 UTRAN 发送给 UE 的参数。

M_i 是激活集中小区 i 的测量结果。

N_A 是激活集中小区的数目。

M_{Best} 是激活集中最强小区的测量结果。

2. 触发事件

系统间报告事件包括 3A～3D 的报告事件，适用范围、触发条件及其参数含义见表 4-4。

表 4-4   系统间报告事件

报告事件	适用范围	触发条件公式及其参数含义
3A	现 UTRAN 载频的评估质量低于一定的门限值，并且其他系统载频的评估质量高于一定的门限值	$Q_{Used} \leqslant T_{Used} - H_{3A}/2$ 且 $M_{Other RAT} + CIO_{Other RAT} \geqslant T_{Other RAT} + H_{3A}/2$ 式中，Q_{used} 是 UTRAN 载频信号质量的估计值 T_{Used} 应用于 UTRAN 载频上的信绝对门限值 H_{3A} 是与测量事件 3A 相关的迟滞值 $M_{Other RAT}$ 是其他系统（如 GSM）上信号质量估计值 $CIO_{Other RAT}$ 是其他系统小区的小区特定偏置 $T_{Other RAT}$ 是应用与其他系统的绝对门限值
3B	其他系统载频的评估质量低于一定的门限值	$M_{Other RAT} + CIO_{Other RAT} \leqslant T_{Other RAT} - H_{3B}/2$ 式中，$M_{Other RAT}$ 是其他系统（GSM）上信号质量估计值 $CIO_{Other RAT}$ 是其他系统小区的小区特定偏置 $T_{Other RAT}$ 是应用与其他系统的绝对门限值 H_{3B} 是与测量事件 3B 相关的迟滞值
3C	其他系统载频的评估质量高于一定的门限值	$M_{Other RAT} + CIO_{Other RAT} \geqslant T_{Other RAT} + H_{3C}/2$ 式中，$M_{Other RAT}$ 是其他系统（如 GSM）上信号质量估计值 $CIO_{Other RAT}$ 是应用与其他系统的绝对门限值 $T_{Other RAT}$ 是应用与其他系统的绝对门限值 H_{3C} 是与测量事件 3C 相关的迟滞值
3D	其他系统中的最佳小区发生改变	$M_{New} \geqslant M_{Best} + H_{3D}/2$ 式中，M_{New} 是其他系统（如 GSM）上新小区的质量测量值 M_{Bset} 是其他系统上已有小区的质量测量值 H_{3D} 是与测量事件 3D 相关的迟滞值

3. 系统间切换信令流程

WCDMA 向 GSM 的电路域切换信令流程如图 4-26 所示。

当 WCDMA 所处的载频的信号强度低于某个门限值时，UE 会向网络侧发送测量报告。RNC 决定执行系统间测量，会启动压缩模式，并把压缩模式相关的参数发送给 Node B 和 UE。WCDMA 向 GSM 的切换信令流程如下。

① 在得到网络侧压缩模式指令后，UE 会测量相邻 GSM 小区的相关参数，如载频 RSSI，频段指示和 BSIC 标识等，并向 RNC 发送测量报告（Measurement Report）消息。

② 如果 GSM 小区的信号超过一个给定的门限，而 WCDMA 小区信号不满足条件，则 RNC 决定执行 WCDMA 向 GSM 的系统间切换。RNC 会向核心网发送一个 RANAP 重定位请求（Relocation Required）消息，其中会包含系统间切换参数。

③ 核心网将系统间切换消息转发给目标 GSM BSS，GSM BSS 将预留系统间切换所需要的资源，然后发送切换命令（Handover Command）给核心网，GSM BSS 已经为切换分配专用信道资源，核心网会将切换命令通过 RNC 转发给 UE。

④ UE 根据 RNC 信息在 GSM BSS 接入，并在接入成功后发送一个切换完成（Handover Complete）消息给 GSM BSS，GSM BSS 将切换完成消息发送给核心网。

⑤ 核心网向 UTRAN 发送 Iu 释放命令（Iu Release Command）消息用于拆除所有 UTRAN

和 Iu 接口上与 UE 呼叫相关的专用资源，UTRAN 回应 Iu 释放完成（Iu Release Complete）消息给核心网。在 UTRAN 侧的专用资源被成功释放。

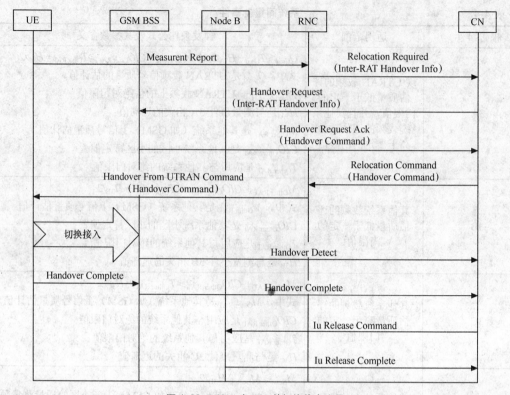

图 4-26　WCDMA 向 GSM 的切换信令流程

WCDMA 系统中，GSM 和 WCDMA 系统间切换不仅包括电路域的双向切换，还包括分组域的双向切换。实际应用中可以根据覆盖情况采用不同的切换策略。

4.3　WCDMA 系统安全

移动通信系统的安全除了与有线通信系统相同的部分外，重点需要考虑移动通信系统特殊的部分——空中接口部分的安全问题，即网络接入的安全问题。WCDMA 系统的安全机制继承了 GSM 系统的安全架构，同时对 GSM 的安全机制进行了改进。WCDMA 系统的接入安全主要包含以下几个方面。

① 临时身份标识（TMSI）的使用。

② 系统中用户与网络的相互鉴权。

③ 空中接口信令数据的完整性保护。

④ 空中接口数据的加密。

临时身份标识（TMSI）的使用是为了满足用户标识的保密性而引入的，即要求保证在空中接口链路上不暴露用户的永久身份标识（IMSI）。为了达到此要求，用户的身份标识通常在访问网络（Visited Network）中使用一个 TMSI，尽可能少地使用 IMSI。在 CS 域中，用户的临时身份标识是 TMSI。在 PS 域中，用户的临时身份标识是 P-TMSI。如果在 UE 中 TMSI 和 P-TMSI 都不可用，则 UE 需要使用 IMSI 作为自己的身份标识来进行和网络方的信令交互，一旦网络给用户分配了新的 TMSI，则 UE 将使用 TMSI。

　　TMSI 的含义与 GSM 网络类似，只在给定的位置区范围内有意义。位置区使用 LAI 来标识，TMSI 需要与 LAI 同时使用来标识用户的临时身份，取代 IMSI 在无线信道中传输。如果用户从一个位置区漫游到另一个位置区中，需要进行位置更新。通常用户的 TMSI 至少会在用户变更位置区后被重新分配一次。在分配完 TMSI 后，UE 会将新的 LAI 和 TMSI 保存在 USIM 中，即使 UE 关机，LAI 和 TMSI 信息也不会丢失。

　　与 TMSI 类似，P-TMSI 只在路由区范围内有意义，路由区使用 RAI 来标识。如果用户从一个路由区漫游到另一个新的路由区，则需要执行路由区更新过程，同时会分配新的 P-TMSI。USIM 中同样会保存新的 RAI 和 P-TMSI。

　　WCDMA 系统鉴权、加密和信令的完整性保护的实现需要使用特定的算法，而算法又需要相关的参数。WCDMA 安全性机制中使用的一些重要算法和重要参数分别见表 4-5 和表 4-6，一些算法和参数的具体应用将在随后介绍的安全过程中介绍。

表 4-5　　　　　　　　　　　　　WCDMA 安全中使用的主要算法

算法	功能描述	算法输出
f0	产生鉴权使用的随机数	*RAND*
f1	网络鉴权功能	*MAC-A/XMAC-A*
f1*	网络鉴权功能的重新同步	*MAC-S/XMAC-S*
f2	用户鉴权功能	*RES/X-RES*
f3	产生加密键 CK	*CK*
f4	产生完整性保护键 IK	*IK*
f5	产生匿名键 AK	*AK*
f5*	在鉴权重同步过程中产生 AK	*AK*
f8	UMTS 中的加密算法	密文
f9	UMTS 中的完整性保护算法	*MAC-I/XMAC-I*

表 4-6　　　　　　　　　　　　　WCDMA 安全中使用的主要参数

参数	定义	比特长度
K	在 USIM 中和 AuC 中预先存储的键值	128
RAND	AuC 中产生的随机数	128
SQN	序列号	48
AK	匿名键	48
AMF	鉴权管理参数	16
MAC	消息鉴权码	64
CK	加密键	128
IK	完整性保护键	128
RES	用户响应	32～128
XRES	网络方希望移动台给出的响应	32～128
AUTN	鉴权参数	128 = 16 + 64 + 48
AUTS	鉴权重同步参数	96～128
MAC-I	用于数据完整性保护的消息鉴权码	32

4.3.1　鉴权过程

WCDMA 中的安全认证过程完全是双向的，这样做使整个安全认证过程更加严密，提高了系统的可靠性。空中接口加密和完整性保护相应算法所需要的加密键（Cipher Key，CK）和完整性保护键（Integrity Key，IK）是在安全认证过程中产生的，这样使空中接口的加密和安全性保护过程建立在成功安全认证的基础之上，从而使整个安全机制更加合理和严密。

用户与网络交互的过程中，鉴权功能在以下情况下可能被调用。

① 当用户在网络中第一次注册时，网络方必须触发一个鉴权过程，以实现网络和用户的双向身份认证。

② 在呼叫处理过程中，位置更新、GPRS 的附着、GPRS 去附着等过程中也可以触发鉴权过程。

1. 鉴权过程功能

鉴权过程是几乎所有移动通信系统必须具备的功能，没有鉴权也就没有合法身份的验证。WCDMA 的鉴权过程具有如下功能。

① 网络方检查移动台发送的身份标识是否合法。

② 提供鉴权参数五元组中的随机数数组。

③ 向移动台提供新的加密键（CK）。

④ 向移动台提供新的完整性保护键（IK）。

⑤ 允许移动台验证网络方的合法性。

2. 鉴权中心鉴权参数的生成

（1）五元组包括的鉴权参数

① *RAND*（Random Challenge），随机数。

② *XRES*（Expected User Response），网络方希望移动台给出的响应。

③ *AUTN*（Authentication token），鉴权参数。

④ *CK*（Cipher Key），加密键。

⑤ *IK*（Integrity Key），完整性保护键。

（2）鉴权参数的生成

在归属网络鉴权中心产生鉴权参数五元组的原理如图 4-27 所示。

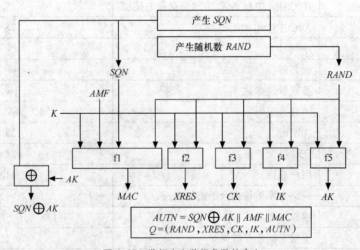

图 4-27　鉴权中心鉴权参数的产生

鉴权参数的生成过程中用到的参数如下。

① K 是一个保存在 USIM 中和 AuC 中的 128bit 的二进制数。

② SQN 是一个 48bit 的序号，在生成一个鉴权参数时，AuC 总是要使用新 SQN，有关 SQN 是否更新的确认是在 USIM 端来完成的。

③ AMF 为 16bit 二进制数。

④ $RAND$ 由伪随机序列发生器生成。

其他鉴权参数的计算公式为

$$XRES = f2_K (RAND)$$
$$CK = f3_K (RAND)$$
$$IK = f4_K (RAND)$$

$AUTN$ 的生成还与 SQN 有关

$$MAC = f1_K (SQN \parallel RAND \parallel AMF)$$
$$AK = f5_K (RAND)$$
$$AUTN = SQN \oplus AK \parallel AMF \parallel MAC$$

消息鉴权码（MAC）用于用户对网络进行鉴权，终端用户会通过收到的鉴权参数自己计算一个 $XMAC$，并将 $XMAC$ 与收到的 MAC 值进行比较，以此来检查网络的合法性。

最后得到鉴权五元组（Quintets）$Q =$（$RAND$，$XRES$，CK，IK，$AUTN$）。

3. USIM 中的鉴权及鉴权参数的生成

USIM 中的鉴权过程如图 4-28 所示。

移动台在接收到来自网络的鉴权请求消息后，移动台会根据其中的 RAND 和 AUTN 参数作以下处理。

① USIM 计算匿名键 AK

$$AK = f5_K (RAND)$$

接着根据 AK 值恢复 SQN

$$SQN = (SQN \oplus AK) \oplus AK$$

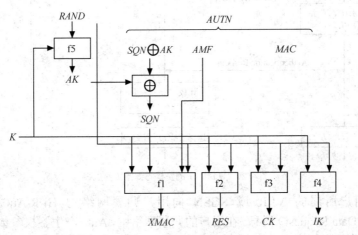

图 4-28　USIM 中的鉴权过程

② USIM 计算 $XMAC$ 值

$$XMAC = f1_K (SQN \parallel RAND \parallel AMF)$$

③ 在 USIM 侧的鉴权过程中也需要计算 CK，IK，RES 几个参数

$$CK = \text{f3}_K(RAND)$$
$$IK = \text{f4}_K(RAND)$$
$$RES = \text{f2}_K(RAND)$$

USIM 将 $XMAC$ 值和从网络方接收到的 MAC 进行比较，如果二者不相同，则移动台向 VLR/SGSN 发送鉴权拒绝消息，指示网络鉴权不成功，同时，VLR/SGSN 也可能发起一个新的身份检查或者鉴权过程；如果二者相等，则表明已经通过网络方的合法性认证。

USIM 中也会确认恢复出的 SQN 值是否在正确范围。如果 SQN 超出了有效数值范围，则 USIM 会发送鉴权拒绝消息，指示网络鉴权不成功；如果对 SQN 的检查通过，将回复用户鉴权响应消息。

4. WCDMA 中的鉴权与键值协商过程

鉴权的前提条件是用户和网络方都拥有一个鉴权参数 K，K 是一个 128bit 的二进制数，每个用户使用不同的 K，K 只在用户的 USIM 中和用户归属网络中的鉴权中心（AuC）保存。WCDMA 中的鉴权与键值协商过程如图 4-29 所示。

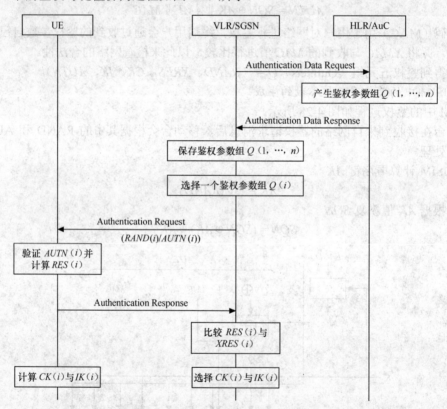

图 4-29 WCDMA 中的鉴权与键值协商过程

① 移动用户所属的 VLR 或 SGSN 向用户归属网络的 HLR/AuC 发送鉴权请求（Authentication Data Request）消息。在用户的归属网络中，AuC 产生鉴权参数组后，HLR/AuC 向 VLR/SGSN 发送鉴权响应（Authentication Data Response）消息。在此消息中包含用户的 1 个或多个鉴权参数组，最多的鉴权参数组为 5 个。

② VLR/SGSN 在收到鉴权参数组消息后，将所有鉴权参数组保存在本地的数据库中。然后 VLR/SGSN 会从来自归属网络 HLR/AuC 的鉴权参数组中选择一个特定的鉴权参数组 $Q(i)$，并将 $Q(i)$ 中的 2 个参数 $RAND$ 和 $AUTN$ 通过 1 个 NAS 层消息发送至移动台侧。在移动

台侧检查 *AUTN* 的正确性，通过这一机制来完成用户对网络测合法性的检查。

③ VLR/SGSN 在收到用户的 *RES* 参数后，会与已经保存的 *X-RES* 参数进行比较，如果二者一致，则表示通过了网络方对用户的鉴权，至此双向鉴权过程已经完成。

④ 最后网络方和用户方将会选择相应的 *CK(i)* 和 *IK(i)*，这 2 个参数分别作为加密算法和完整性保护算法的输入参数。

在键值的生成过程中，*CK* 和 *IK* 这 2 个主要参数并没有在空中接口中进行传输，而是通过约定的方法保证双方拥有相同的数值。加密和完整性保护功能都是在 RNC 和 UE 两端完成的，VLR/SGSN 还会通过 Iu 接口的 RANAP 消息来通知 RNC 使用的 *CK*，*IK* 参数、加密算法和完整性保护算法。

4.3.2 信令和业务数据的加密

无线通信系统中空中接口数据传输的开放性使得网络与终端的发射数据更容易被截获、进而被恶意攻击，通过对空中接口数据的加密过程可以有效地提高整个系统的安全性。WCDMA 在空中接口无线链路的加密主要包括以下内容。

① 加密键的生成。

② 加密算法的实现。

③ 用户数据的加密。

④ 信令的加密。

加密键的生成是在鉴权过程中完成的，而加密算法的实现则是通过安全模式信令过程来完成的。用户数据的加密和空中接口信令的加密是双向的，分别在 RNC 和 UE 中完成，SRNC 和 UE 需要保存和加密相关的上下文（如 CK 等）。

根据传输模式的不同，信令和业务数据的加密功能可以在 RLC 子层或 MAC 子层来完成。如果无线承载使用非透明的 RLC 模式（有应答方式或者无应答方式），加密在 RLC 子层完成；如果无线承载使用透明 RLC 模式，则加密在 MAC 子层完成。

图 4-30 所示为使用加密算法 f8 得到加密用的键流数据块，并通过这个加密用的键流数据块与未加密的明文数据流进行异或运算，从而得到在空中接口传送的密文。非法用户即使得到了空中接口传送的密文，由于缺少恢复明文所需的加密用的键流数据块，同样不能正确读出明文的内容。在接收端，通过一组同样的参数可以得到加密时使用的加密用的键流数据块，这样通过加密用的键流数据块与密文进行异或操作，就可以将明文恢复出来，完成业务数据的解密。

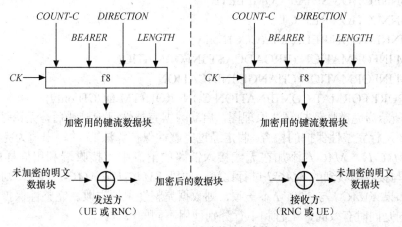

图 4-30 WCDMA 空中接口加密算法

产生"加密用的键流数据块"的输入参数如下。

① 加密键（*CK*），鉴权过程中生成。

② 加密序列号（*COUNT-C*），为与时间有关的参数，与时间的相关性通过 RRC 消息的序号 *SN* 来实现。

③ 无线承载标识（*BEARER*），为了避免所有的无线承载使用同一组加密参数而引入的参数，保证每个无线承载有一个 *BEARER*。

④ 加密数据的传输方向（*DIRECTION*），为了避免上、下行加密键流不同而引入的参数。

⑤ 键流长度（*LENGTH*），用于指示需要生成的键流数据块的长度。

4.3.3　数据完整性保护

数据的完整性保护是指在数据的收端和发端之间检验数据是否正确传输的一种机制。通常在发送端根据完整性保护算法将完整性检查的信息加入到数据中进行发送，在接收端根据接收到的数据中含有的完整性保护信息对接收到的数据进行检查。

WCDMA 系统在用户端和网络间传输的多数控制信令信息需要数据的完整性保护，并且数据完整性保护过程是双向的，即在用户端和网络端都需要进行完整性保护。根据 3GPP 的规定，只对信令数据进行完整性保护，完整性保护主要包含以下内容。

① 完整性保护键的生成。

② 完整性保护算法的实现。

完整性保护键的生成是在鉴权过程中完成的，完整性保护算法的实现是通过安全模式协商信令过程来完成的。

作为 WCDMA 系统安全性的一部分，UE 和 SRNC 需要对空中接口的 RRC 消息实行完整性保护（完整性保护仅限于信令消息，对于业务数据，不需要进行完整性保护）。除以下信令消息外，所有的信令消息都需要完整性保护。

HANDOVER TO UTRAN COMPLETE

PAGING Type 1

PUSCH CAPACITY REQUEST

PHYSICAL SHARED CHANNEL ALLOCATION

RRC CONNECTION REQUEST

RRC CONNECTION SETUP

RRC CONNECTION SETUP COMPLETE

RRC CONNECTION REJECT

RRC CONNECTION RELEASE (CCCH only)

SYSTEM INFORMATION (BROADCAST INFORMATION)

SYSTEM INFORMATION CHANGE INDICATION

TRANSPORT FORMAT COMBINATION CONTROL (TM DCCH only)

图 4-31 所示为完整性保护算法原理图，启动数据完整性保护算法后，无论是在 UE 侧还是网络侧都要进行完整性保护的检查。假定经过完整性保护算法 f9 的输出值为完整性保护消息鉴权码（*MAC-I*），*MAC-I* 添加在无线接入链路的消息中。接收端利用同样的方法计算 *XMAC-I*，并与接收端收到的 *MAC-I* 进行比较。如果 *XMAC-I* 与 *MAC-I* 一致，则通过数据完整性保护；如果 *XMAC-I* 与 *MAC-I* 不一致，则数据完整性保护失败。完整性保护功能对于上行和下行方向是同时有效的，上行和下行分别使用不同的参数。

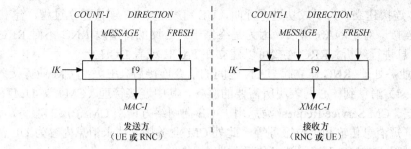

图 4-31　完整性保护算法

完整性保护算法中的主要输入参数如下。

① 完整性保护键值（IK），鉴权过程中产生。

② 加密序列号（COUNT-I），为与时间有关的参数，与时间的相关性通过 RRC 消息的序号 SN 来实现。

③ RNC 中产生的随机数（FRESH），每个用户只有 1 个随机数，通过使用 FRESH，保证每次完整性保护时使用新的参数。

④ 加密数据的传输方向（DIRECTION），为了避免上、下行完整性保护算法的不同而引入的参数。

⑤ MESSAGE 为信令数据。

4.4　WCDMA 系统中呼叫的建立过程

WCDMA 系统可以完成多种类型的呼叫业务，主要包括电路域的语音业务、视频业务，分组域的数据业务，语音和数据的并发业务等。语音业务采用自适应多速率（AMR）业务的形式。下面分别介绍 AMR 语音业务、视频业务和分组数据业务的呼叫流程。

4.4.1　电路域呼叫过程

1. 电路域语音呼叫过程

（1）移动用户主叫

移动用户主叫（MOC）。移动用户 AMR 语音业务主叫过程如图 4-32 所示。主要过程如下。

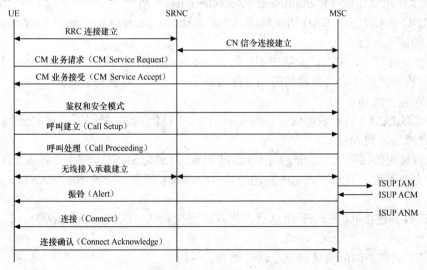

图 4-32　移动用户主叫过程

① RRC 连接建立。为了成功进行呼叫，UE 将发起 RRC 连接建立过程，建立起与 RNC 之间的信令连接。对于 NAS 协议，因为是终结于核心网的，所以 RNC 不对 RRC 消息中承载的 NAS 消息进行解析。RRC 连接可以建立在 FACH 或者 DCH 上。

② CM 业务处理。RNC 建立起与 CN 之间的信令连接后。UE 发起 CM 业务接入请求（CM Service Request）消息到核心网表明所需要的服务，其中连接管理（CM）为 UMTS 电路域非接入层的子层。CM Service Request 消息用于 UE 向网络方请求 CM 子层的服务，包括 CS 域连接的建立、短消息传输和定位服务等。此处 CM 业务接入请求消息内容为 UE 需要建立移动用户主叫过程，SRNC 直接将消息传送到核心网。

UE 和核心网间的信令交互需要建立专用的信令连接。在空中接口上，使用 RRC 连接用于传输 NAS 信令消息，Iu 接口上通过 SCCP 连接来实现，RANAP 消息通过 SCCP 消息来承载。系统接受 CM 业务接入请求（CM Service Request）消息后，回传 CM 业务接入接受（CM Service Accept）消息，接着系统发起鉴权和加密过程。

③ 鉴权和安全模式。鉴权过程需要完成网络和 UE 之间相互的鉴权认证、UE 和核心网之间和安全性算法相关的键值的更新（IK，CK）、安全模式的设定等。实现核心网、SRNC、UE 间有关系统完整性保护、加密需要的参数、算法的协商。

④ 呼叫控制。UE 向 MSC 发送呼叫控制（Call Control，CC）建立（Setup）消息，在 Setup 消息中主要包括主叫号码信息、被叫号码信息、呼叫需要的传输承载资源信息（语音、传真等）等。Setup 消息也可以用于其它通信系统，如 Q.931、GSM 系统等。

核心网向 UE 回送呼叫处理（Call Proceeding）消息，用于指示核心网已经确认 UE 发出的被叫号码正确与否，如果正确核心网将按照 UE 的呼叫请求进行路由处理。

⑤ RAB 建立。CN 响应 UE 的业务请求，要求 RNC 建立相应的 RAB，以提供业务所需的 QoS 和用户面信息。

a. CN 向 UTRAN 发送 RAB 指配请求（RAB Access Bearer Assignment Request）消息，请求建立 RAB。

b. SRNC 收到 RAB 建立请求后，SRNC 发起建立 Iu 接口（ALCAP 建立）与 Iub 接口的数据传输承载。

c. SRNC 向 UE 发起 RB 建立请求（Radio Bearer Setup）消息，UE 完成 RB 建立后，向 SRNC 返回 RB 建立完成（Radio Bearer Setup Complete）消息。

d. SRNC 向 CN 返回 RAB 指配响应（Radio Access BearerAssignment Response）消息，结束 RAB 的建立过程。

RAB 建立过程中，SRNC 会给出 UE 所有与 RB 有关的 RLC 层、逻辑信道、传输信道、物理层的参数等，还会给出参数间的相互配合关系和空中接口资源的分配。

⑥ 呼叫建立成功。

MSC 发送 IAM（初始地址信息）到被叫局方，IAM 含被叫号码等。对方分配 ACM（发送地址完成消息）到 MSC。

a. 来自被叫的振铃（Alerting）消息通过 MSC 发送给 SRNC，SRNC 转发至 UE。

b. 对方应答后，被叫方向主叫回送连接（Connet）消息和应答响应（ANM），表示可以接收呼叫。

c. UE 收到连接（Connet）消息后，将发送连接确认（Connet Acknowledge）消息作为应答。

至此，主叫和被叫间成功建立了语音通路。

（2）移动用户被叫

移动用户作为被叫时，假定用户已经附着在网络上，即 UE 通过 IMSI 附着过程完成了注册过程，移动用户处于空闲（Idle）状态，那么核心网络需要通过发送寻呼消息来请求 UE 建立相应的连接。接收到寻呼消息后，UE 将启动相应的连接建立过程，其过程与移动用户作为主叫的流程大致类似，如图 4-33 所示。下面假设被叫所在的 MSC 接收到来自主叫 MSC 的 IAM（初始地址消息），其中包含被叫移动用户的号码等信息。移动用户被叫（MTC）呼叫过程如下。

① 寻呼过程。由于 UE 处于空闲模式，所以 MSC 需要通过 RANAP 寻呼（Paging）消息，由 UTRAN 发起寻呼过程。Paging 消息中包括 CN 域指示，NAS UE 号，可选参数如临时 UE 号码、寻呼区域、寻呼原因、DRX 周期长度系数等。UE 在不同的 RRC 状态下，具有不同的寻呼过程。

② RRC 连接。如果不存在 RRC 连接，UE 需要首先发起 RRC 连接建立过程。

RRC 连接建立完成后，UE 发送寻呼响应（Paging Response）消息到 MSC，此时 Iu 信令建立完成。Iu 信令连接建立完成后，如果存在 NAS UE 号（如 IMSI），则 MSC 将发送 Common ID 消息。此过程用于在 RNC 中创建起 UE 号与 UE 所使用的 RRC 连接之间的关系，以便协调 CS 或 PS 域的寻呼信息。

③ 鉴权和安全模式。实现核心网、SRNC、UE 间有关系统完整性保护、加密需要的参数、算法的协商。

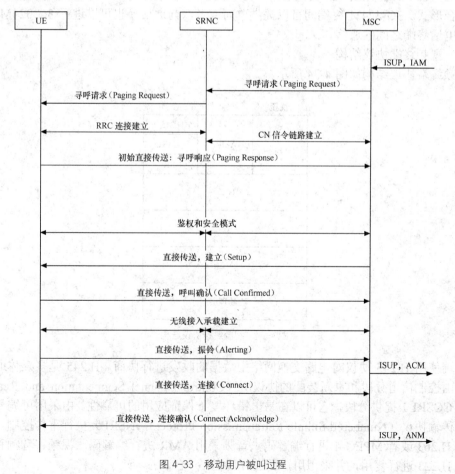

图 4-33 移动用户被叫过程

④ 呼叫控制。MSC 向 UE 发送呼叫控制（Call Control，CC）建立（Setup）消息，在 Setup 消息中主要包括承载特性、进程指示、Alert（振铃）、优先权等。

UE 向 MSC 回送呼叫证实（Call Confirmed）消息，消息中主要包括承载特性、流标识 SI（用于进行 RAB 与话务信道之间的关联）等。接收到 Call Confirmed 消息后，MSC 将启动 RAB 建立过程。

⑤ RAB 建立。RAB 建立过程同移动用户主叫过程。

⑥ 呼叫成功。

a. 如果 Setup 消息中包含 Alerting 单元，则话务信道分配完成后，UE 侧发送振铃（Alerting）消息。

b. MSC 收到振铃消息后，发送地址完成消息（Address Complete Message，ACM）到主叫 MSC。UE 发送连接（Connect）消息，表示可以接收呼叫。

c. 接收到 Connect 消息，话务信道设定和连接完成后，MSC 发送连接确认（Connect Acknowledge）消息到 UE。MSC 发送应答（Answer Message，ANM）到主叫 MSC。

至此，主叫和被叫间成功建立了语音通路。

2. 电路域视频呼叫过程

3GPP 对 ITU-T H.324 以及其附录 C 和附录 H 规范进行了适当修改，保证在电路交换网络中提供视频电话业务。3G-324M 终端就是指采用 H.324 协议修改版的终端或者其他各种类型的终端，在 3GPP 无线电路交换网络中可以提供实时视频、语音、数据业务或者这几种业务的组合形式。3G-324M 终端间可以提供单向或者双向通信，也可以进行 3G-324M 与其他多媒体电话终端之间的通信。

（1）视频终端协议结构

视频终端协议结构如图 4-34 所示。

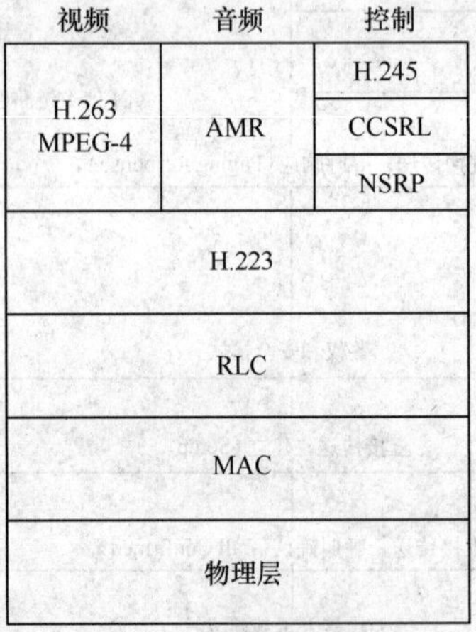

视频	音频	控制
H.263 MPEG-4	AMR	H.245
		CCSRL
		NSRP
H.223		
RLC		
MAC		
物理层		

图 4-34 视频终端协议结构

终端使用 H.245 协议对电路交换网络中数据的收发进行协商。H.245 是多媒体通信控制协议，由控制信道分段和重新装配的协议层（Control Channel Segmentation and Reassembly Layer，CCSRL）提供分段，它可以在易出错环境下保证应用的可靠性。由采用可编号选项的简单再传输协议（Numbered Simple Retransmission Protocol，NSRP）执行重传控制。视频数据采用 H.263 或者 MPEG-4 进行编解码，音频采用 AMR 进行编解码。视频、音频和控制消息都由 H.223 进行复用，并采用用户面进行传送。

（2）视频终端主要协议

① H.245 定义了终端间的带内控制消息和过程，用于实现主/从判决、特性交换、H.223 复用表传送、逻辑信道的建立和释放等功能，它还提供大量通用控制和指示消息，适用于多数的终端和应用类型，因此 3G-324M 终端只适用 H.245 中的部分消息，这些消息可以分为 4 类，即请求（需要响应）、响应（对请求的回应）、命令（需要执行动作）和指示（仅提供信息）。H.245 消息由 H.223 复用器中采用单个逻辑信道予以承载，其带宽可以根据视频和音频呼叫按需分配，但 H.245 中不提供错误控制。

② H.324 最早设计用于 V.34 调制解调器，目前也支持 ISDN 和无线网络应用，因此它可以作为 3GPP 多媒体编解码的基础。为了作用于无线网络，H.324 定义了系统整体体系结构，并引入了控制（H.245）、复用（H.223）、视频（H.261 和 H.263）、文本（T.140）和音频（G.273.1）。

③ H.261 的视频编码标准出现在 1990 年的 ITU.H.261，是基于 ISDN 上视频会议的标准，引进了诸如动画预报和块传输等特性，这些都为生成高质图片奠定了基础，但 H.261 在动画信息的处理总量上有所限制。H.261 的格式有 2 种，分别有不同的解析度，QCIF 为 176×144 和 CIF 为 352×288。CIF 全名为 Common Intermediate Format，主要是为了要支援各种不同解析度的电影而被定义出来，例如 NTSC，PAL 电视系统。而 QCIF 则是 Quarter-CIF，也就是 CIF 解析度的一半。H.261 可以提供 64kbit/s 以及更高的视频质量。由于 H.261 一开始是架构在 ISDN B 上面，而 ISDN B 的传输速度为 64 kbit/s，所以 H.261 也被称为 Px64（x = 1 to 30）。由于 H.261 对带宽的需求也很大（64kbit/s 到 2Mbit/s），所以主要定位在电路交换网络系统。

④ H.263 是 H.261 的扩展，其最初版本中定义了 4 个附属规范，用以提供增强编码的模式操作。规范 F 为高级预测模式（Advanced Prediction Mode）；规范 D 为无限制运动向量（Unrestricted Motion Vectors）；规范 E 为算术编码（Arithmetic Coding），用以替代可变长度编码；规范 G 为 PB 帧（PB-frames），用以支持类似 MPEG 的双向预测。H.263 + 为新版本，增加了考虑高误差环境下的问题，因此更适合于 3GPP 多媒体编解码的应用。

⑤ MPEG-4 Visual（ISO/IEC 14496.2）是通用视频编解码规范，它的高效性和低错误率使得它更适合于 3G-324M 的应用。MPEG-4 提供多种格式的输入，它与 H.263 相兼容。

⑥ G273.1 用于多媒体业务中语音和其他音频信号的低速压缩，其速率为 5.3kbit/s 和 6.3kbit/s。

⑦ AMR 编解码使用 8 种源速率，分别为 12.2kbit/s，10.2kbit/s，7.95kbit/s，7.40kbit/s，6.70kbit/s，5.90kbit/s，5.15kbit/s 和 4.75kbit/s，更适合 3GPP 无线环境的变化和要求。

（3）视频呼叫流程

3G-324M 终端之间的呼叫过程与 AMR 语音建立过程类似，只是其中的无链路重配置、RAB 建立、呼叫建立（Setup）等消息具体内容有所不同，体现出视频数据业务的特性。其中包括信息传送特性、信息传送速率为 64kbit/s、传送模式为电路模式、速率适配（H.223/H.245）、主被叫号码等。3G-324M 终端之间视频主被叫呼叫流程如图 4-35 所示。

4.4.2　分组域呼叫过程

分组域呼叫与电路域呼叫一样，也可以分为移动用户主叫和移动用户被叫 2 种情况。呼叫过程主要包括如下子过程。

① RRC 连接的建立。

② GPRS 附着/业务请求过程。

③ 鉴权和安全模式。

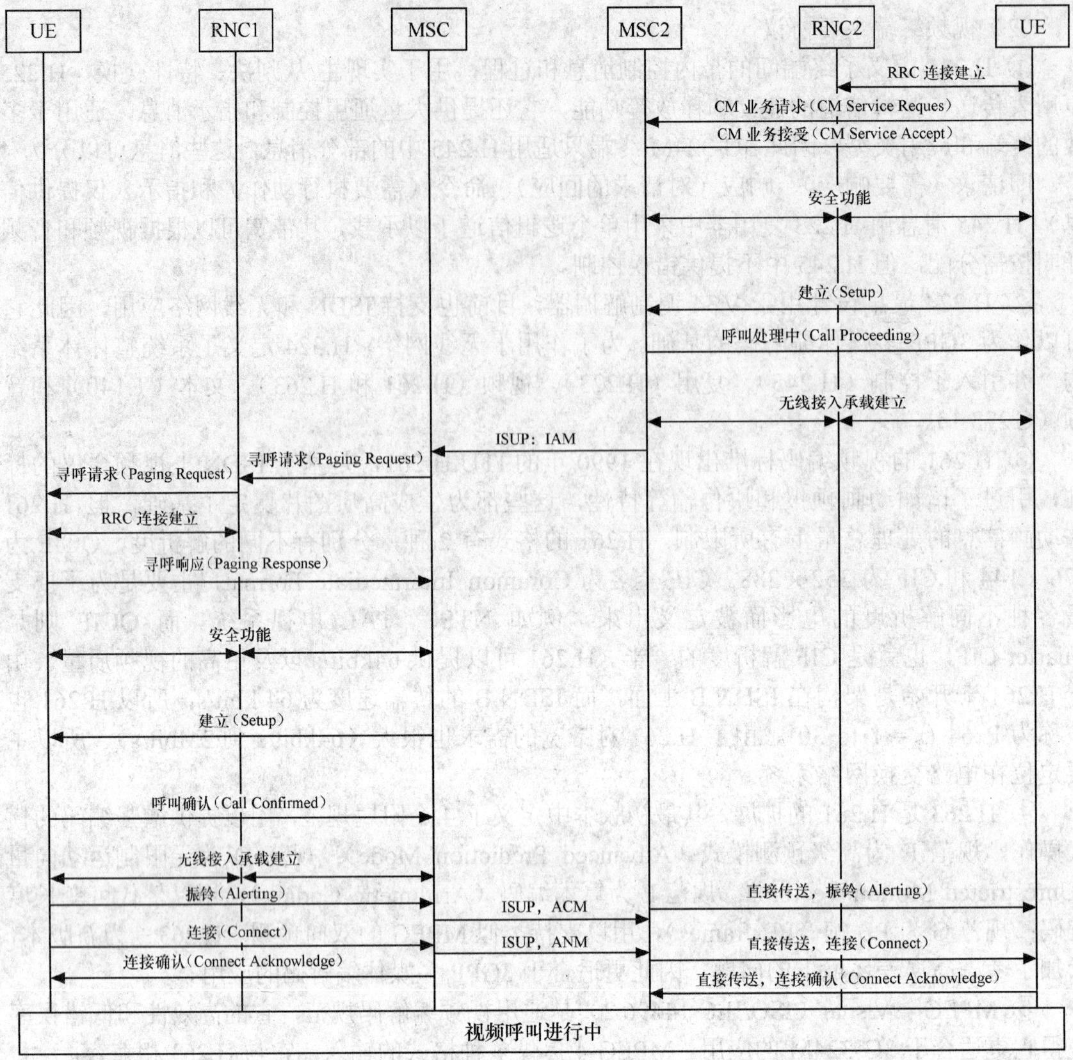

图 4-35　视频呼叫流程

④ PDP 上下文激活过程。

⑤ RAB 建立。

RRC 连接的建立、鉴权和安全模式、RAB 建立的应用在电路域的呼叫过程中已经进行了分析，本节将介绍 GPRS 附着/业务请求过程和 PDP 上下文激活过程，最后简单介绍分组域呼叫过程。

1. GPRS 附着/业务请求过程

（1）GPRS 附着过程

移动台进行 GPRS 附着后才能够获得分组业务的使用权。下面以 GPRS 网络的附着过程为例，也就是说，移动台如果通过 GPRS 网络接入 Internet 或查看电子邮件，首先必须使移动台附着 GPRS 网络，准确地说即与 SGSN 网元相连接。在附着过程中，MS 将提供身份标识（P-TMSI 或者 IMSI）、所在区域的 RAI 以及附着类型。GPRS 附着完成后，MS 进入 PMM 状态，并在 MS 和 GSGN 中建立起 MM 上下文，然后才可以发起 PDP 上下文激活过程。附着类型包括 GPRS 附着、IMSI 附着后的 GPRS 附着、GPRS/IMSI 联合附着。GPRS 附着过程也可以用于开机注册、位置更新过程等。

GPRS 附着通过 SGSN 进行，下面介绍分组域 GPRS 附着过程，如图 4-36 所示。图中假定 RRC 连接已建立，由终端发起附着过程。

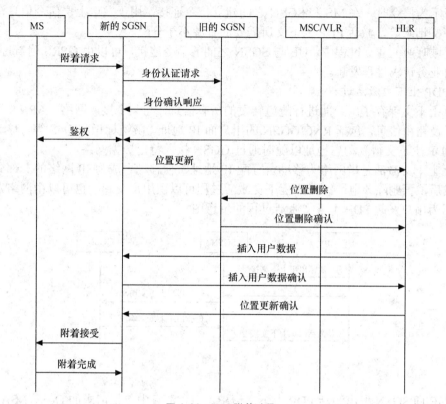

图 4-36　GPRS 附着过程

① 首先移动台向新的 SGSN 发送附着请求消息，消息中包括 P-TMSI（没有 P-TMSI 时用 IMSI）、旧的 RAI、附着类型、旧的 P-TMSI 签名等参数。

② 新的 SGSN 收到附着请求消息后，向旧的 SGSN 发出身份认证请求，消息中包括 P-TMSI（没有 P-TMSI 时用 IMSI）、旧的 RAI、附着类型、旧的 P-TMSI 签名等参数。旧的 SGSN 若能识别该移动台，将向新的 SGSN 发送身份确认响应消息，消息中包括移动台的 IMSI 和鉴权参数。

③ 新的 SGSN 取得移动台的标识和鉴权参数后，将完成鉴权加密程序，完成安全模式设置。

④ 通过 HLR 获得用户签约信息，在终端、HLR 与 SGSN 内部形成用户的移动管理上下文（MM Context）。

⑤ 如果新的 SGSN 接受了移动台的附着请求，向移动台发送附着接受消息，消息中包括新的 P-TMSI，P-TMSI 签名等。移动台向新的 SGSN 发回附着完成消息。

终端在未进行附着之前脱离 UMTS 网络，处于 PMM 空闲状态（PMM-Idle），不能处理数据业务。附着之后进入 PMM 连接（PMM-Connected）状态，可以进行 PDP 上下文激活过程，进行 IP 地址的申请。

（2）业务请求过程

业务请求过程（Service Request）过程可以用处于 PMM-Idle 状态的 3G UE 建立与 3G

SGSN 之间的安全连接，Service Request 流程也可以用处于 PMM-Connected 状态的 3G UE 为激活的 PDP 上下文预留专用资源。业务请求的原因可以为信令或者数据。当业务类别指示为数据时，在移动用户和 SGSN 之间建立信令连接，且分配激活 PDP 上下文所需的资源。当业务类别指示为信令时，在 MS 和 SGSN 之间建立信令连接，用于发送上层信令信息，如激活 PDP 上下文请求等，激活 PDP 上下文所需要的资源不予分配。

分组域呼叫的建立过程中，UE 与 SGSN 之间的信令连接，可以由 GPRS 附着过程发起，也可以由业务请求过程发起。

2. PDP 上下文激活过程

PDP 上下文保存了用户面进行隧道转发的所有信息，与某个接入网络 (APN) 相关的地址映射以及路由信息，包括 RNC/GGSN 的用户面 IP 地址、隧道标识和 QoS 等。移动用户通过激活 PDP 上下文得到动态地址以随时通过 GGSN 接入特定数据网络。

PDP 上下文激活是指网络为移动台分配 IP 地址，使移动台成为 IP 网络的一部分，数据传送完成后，再删除该地址。PDP 上下文激活过程可以由用户发起，也可以由网络发起。图 4-37 所示为用户发起 PDP 上下文激活过程的示意图。

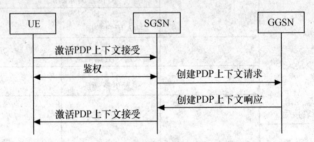

图 4-37 UE 发起的上下文激活

① UE 向 SGSN 发出激活 PDP 上下文请求消息，消息中包括请求的 QoS、NSAPI、PDP 地址、PDP 配置选项和 APN 等。

② SGSN 根据收到的激活 PDP 上下文请求消息内容，完成鉴权加密程序。

③ SGSN 根据收到的 APN 消息，解析出 GGSN 地址。SGSN 创建一个从 GGSN 到 SGSN 的 GTP 隧道，传送分组数据，用 TID 标识。SGSN 向 GGSN 发出"创建 PDP 上下文请求"消息，消息内容包括 APN、TID、PDP 地址和请求的 QoS。接着 GGSN 将向 SGSN 返回创建 PDP 上下文响应消息，消息内容包括 TID、PDP 地址和协商的 QoS 等。

④ SGSN 收到创建 PDP 上下文响应消息后，将在 PDP 上下文中插入相应新的消息。向 MS 返回激活 PDP 上下文接受消息，该消息中包括 LLC SAPI、协商的 QoS、PDP 地址和无线优先权等。

移动台收到激活 PDP 上下文接受消息后，即进入 PDP 激活状态，表明 UE 与 GGSN 间可以进行分组数据传输。

3. 分组域呼叫建立过程

分组主叫呼叫建立过程过程如图 4-38 所示。

(1) RRC 连接的建立

如果 RRC 连接不存在，则首先需要建立 RRC 连接。

(2) GPRS 附着过程/业务请求过程

UE 可以通过初始 UE 消息发送 NAS Service Request 消息到 SGSN，其中包括 P-TMSI、RAI、密钥序列号 (CKSN) 和业务类别等内容。

UE 也可以通过 GPRS 附着过程接入分组域核心网，进而发起 PDP 上下文激活过程。

（3）鉴权和安全模式

完成核心网与 UE 之间的鉴权过程，在分组核心网、SRNC、UE 间实现键值与安全模式的协商。

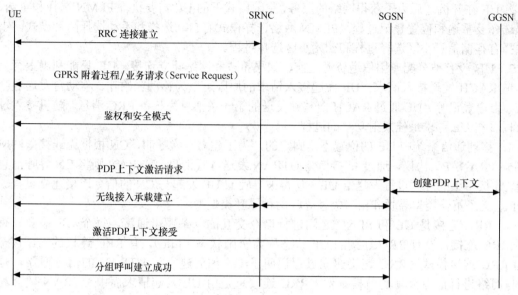

图 4-38　分组域呼叫建立过程

（4）PDP 上下文激活请求

如果网络在 PMM-Connected 模式，UE 将发送 PDP 上下文激活请求消息到 SGSN，包括请求的 NSAPI、QoS、PDP 地址、APN 消息协议配置选项等。

（5）创建 PDP 上下文

GGSN 检查 UE 的 PDP 上下文是否已经存在，并根据 APN 信息为用户分配 IP 地址，或者执行可选的网络鉴权（如 Radius）过程。如果所请求的 QoS 不支持，GGSN 可以拒绝 PDP 请求，然后，GGSN 回应 Activate PDP context Response 消息到 SGSN。

（6）无线接入承载（RAB）建立

SGSN 还将发送 RAB 建立请求消息对每个激活的 PDP 上下文重新建立 RAB，包括 NSAPI、RAB 号、TEID、QoS 特性、SGSN 地址等。

（7）激活 PDP 上下文接受

SGSN 发送 Activate PDP Context Accept 消息到 UE。包括协商的 QoS，无线优先权，可选的 PDP 地址和 PDP 类别等。UE 接收到 Activate PDP Context Accept 消息后，如果网络协商后的 QoS 特性与 UE 所请求的 QoS 不同，则 UE 可以接受此 QoS，也可以重新发起 PDP 激活过程。如果 UE 接受网络侧的 QoS，则 PDP 激活过程完成，UE 就可以进行数据收发。

至此，完成了分组域主叫呼叫的建立过程。

小　　结

1. 小区的系统信息广播是 UE 获得系统参数的方式。UE 通过对小区广播信息的监听，读取该小区的系统广播信息。系统信息消息由信息单元构成，携带着接入层和非接入层的信息。系统信息单元以系统信息块的方式传达给 UE，每个系统信息块包含有一个或多个系统信息单元。系统信息块有主信息块（MIB）、调度块（SB）和普通系统信息块（SIB）3种类型。

2. UE 在开机之后为了获得网络的服务，空闲模式下的 UE 需要执行 PLMN 选择和重选、小区选择及重选和位置登记过程。PLMN 网络选择模式有自动选择和手动选择两种模式。小区选择有存储信息小区选择过程和初始小区选择过程。

3. UE 没有被分配专用信道资源之前，如果希望和网络建立连接，UE 只能利用上行公共信道 RACH 发送接入请求。UE 发起接入请求的原因可以为移动台始呼、移动台发送寻呼响应、用户登记等。UE 通过 RACH 向基站发送的第一条消息为一条 RRC 消息。随机接入过程可以看作 UE 寻求最佳发射功率的过程。

4. 移动通信系统中 UE 的位置不是固定的，为了建立一次呼叫，CN 根据无线接入网应用部分（RANAP）协议，通过 Iu 接口向 UTRAN 发送寻呼消息，UTRAN 则将 CN 寻呼消息通过 Uu 接口上的寻呼过程发送给 UE，使得被寻呼的 UE 发起与 CN 的信令连接建立过程。3GPP 定义了第一类型寻呼和第二类型寻呼两种寻呼类型。

5. RRC 连接是 UE 和 SRNC 之间进行信令交互的一条逻辑通路，每个 UE 最多只有一个 RRC 连接，没有 RRC 连接的 UE 状态称为空闲状态（Idle），有 RRC 连接的 UE 状态称为 RRC 连接模式。RRC 连接建立过程说明了 UE 如何建立与 UTRAN 的信令通路，是 UE 与网络进行信令交互的前提条件。RRC 连接总是由 UE 发起请求而由 UTRAN 建立和释放。

6. UMTS 应用层端到端的业务使用底层网络所提供的承载业务，它可以分为 TE/MT 本地承载业务、UMTS 承载业务和外部承载业务。UMTS 承载业务由无线接入承载（RAB）业务和核心网络承载业务组成。RAB 业务包含无线承载（RB）业务和 Iu 承载业务。RAB QoS 需求映射到无线承载（RB），依靠无线承载（RB）提供底层传输功能。

7. 切换通常指越区切换，移动台从一个基站覆盖的小区进入到另一个基站覆盖的小区的情况下，为了保持通信的连续性，将移动台与当前基站之间的通信链路转移到移动台与新基站之间的通信链路的过程称为切换。根据切换方式不同，通常分为硬切换和软切换两种情况。WCDMA 系统采用切换方式有：软切换、更软切换和硬切换。切换过程通常分为以下三个步骤：无线测量、网络判决、系统执行。

8. 软切换状态下，网络侧与 UE 会有多条无线链路存在，上行连路上不同无线链路的信号可以在 RNC 侧合并。不过如果多条无线链路均在 Node B 接收，可以在 Node B 进行无线信号的最大比合并，只发生在 Node B 内部的软切换定义为更软切换，更软切换不需要为新的链路建立 Node B 和 RNC 间的传输承载。

9. 压缩模式是信息传输在时域上被压缩而产生出一个传输间隔。UE 的接收机可以利用传输间隔调谐到另外一个载频上进行测量。在载频间和不同系统间测量中起着很重要的作用。UMTS 系统设计中定义了 3 种实现压缩模式的方法，包括高层协议调度、减少扩频因子和打孔方式。

10. 对于载频间切换，UTRAN 会在测量控制消息中发送载频间测量报告信息。UE 需要测量异频小区并发送导频测量报告。对于异频小区，除了同频测量报告准则以外，还备有载频间测量报告准则。载频间切换由 2A～2F 载频间报告事件触发。这些报告事件是基于载频信号质量估计结果。

11. 系统间切换是指将 UE 与 UTRAN 的连接转到另一种无线接入技术，或者将 UE 与其他无线技术之间的连接转到 UTRAN 上。系统间报告事件为 3A～3D 的报告事件。WCDMA 系统中，系统间切换不仅包括 GSM 和 WCDMA 间电路域的双向切换，还包括分组域的双向切换。实际应用中可以根据覆盖情况采用不同的切换策略。

12. WCDMA 系统的安全机制继承了 GSM 系统的安全架构，同时对 GSM 的安全机制进行了改进。WCDMA 系统的接入安全主要包含临时身份标识（TMSI）的使用、系统中用户与网络的相互鉴权、空中接口信令数据的完整性保护、空中接口数据的加密。

13. WCDMA 中的安全认证过程完全是双向的。空中接口加密和完整性保护相应算法所需要的加密键（CK）和完整性保护键（IK）是在安全认证过程中产生的，这样使空中接口的加密和安全性保护过程建立在成功安全认证的基础之上，从而使整个安全机制更加合理和严密。

14. 无线通信系统中空中接口数据传输的开放性使得网络与终端的发射数据更容易被截获、进而被恶意攻击，通过对空中接口数据的加密过程可以有效地提高整个系统的安全性。WCDMA 在空中接口无线链路的加密主要包括加密键的生成、加密算法的实现、用户数据的加密、信令的加密。

15. 数据的完整性保护是指在数据的收端和发端之间检验数据是否正确传输的一种机制。通常在发送端根据完整性保护算法将完整性检查的信息加入到数据中进行发送，在接收端根据接收到的数据中含有的完整性保护信息对接收到的数据进行检查。完整性保护主要包含完整性保护键的生成和完整性保护算法的实现。

16. 电路域语音呼叫时，移动用户主叫（MOC）过程主要包括 RRC 连接建立、CM 业务处理、鉴权和安全模式、呼叫控制、RAB 建立、呼叫建立成功子过程。移动用户作为被叫时，接收到寻呼消息后，UE 将启动相应的连接建立过程，其过程与移动用户作为主叫的流程大致类似。

17. 3G-324M 终端就是指采用 H.324 协议修改版的终端或者其他各种类型的终端，在 3GPP 无线电路交换网络中可以提供实时视频、语音、数据业务或者这几种业务的组合形式。3G-324M 终端间可以提供单向或者双向通信，也可以进行 3G-324M 与其他多媒体电话终端之间的通信。3G-324M 终端之间的呼叫过程与 AMR 语音建立过程类似，只是其中的无线链路重配置、RAB 建立、建立（Setup）等消息具体内容有所不同，体现出视频数据业务的特性。

18. 分组域呼叫与电路域呼叫一样，也可以分为移动用户主叫和移动用户被叫两种情况。呼叫过程中 RRC 连接的建立、鉴权和安全模式、无线接入承载（RAB）建立与电路域的呼叫过程近似，不同的是增加了 GPRS 附着/业务请求过程和 PDP 上下文激活过程。

练 习 题

1. 描述 PLMN 网络选择的过程，说明不同选择方式的特点。
2. 描述小区选择/重选的过程。
3. 物理随机接入过程的作用是什么？请描述物理随机接入过程。
4. 寻呼过程的作用是什么？两种寻呼类型各自的特点如何？
5. RRC 连接建立的作用是什么？描述 RRC 连接建立过程。
6. RAB 的作用是什么？描述 RAB 的建立过程。
7. WCDMA 系统中采用了哪些切换技术？不同的切换技术各自特点如何？

8．同载频 FDD 测量报告事件有哪些？描述各自的适用范围、触发条件及其参数含义。

9．分析 WCDMA 系统向 GSM 系统的电路域切换流程。

10．WCDMA 系统的接入安全包括哪些方面？

11．描述 WCDMA 系统中的鉴权与键值协商过程。

12．WCDMA 系统中信令和业务数据的加密是如何实现的？

13．描述 WCDMA 系统中电路域移动用户语音呼叫的主叫过程。

14．WCDMA 系统中电路域视频呼叫过程和语音呼叫过程有何异同？

15．描述 WCDMA 系统中分组域移动用户的主叫过程。

第 5 章　HSPA 网络技术

为了在移动网络基础上以最大的灵活性提供高速数据业务，移动通信领域新技术层出不穷，本章主要介绍如下内容。

- HSDPA/HSUPA 网络的特点及演进
- HSDPA/HSUPA 对 R99/R4 版本无线网络结构的影响
- HSDPA 的关键技术及空中接口的变化
- HSUPA 的关键技术及空中接口的变化
- HSPA+的主要目标、网络结构和采用的主要技术

5.1　概述

国际电信联盟 1998 年提出了第三代移动通信系统的标准化要求，主要目标就是希望第三代移动通信系统能同时提供电路交换业务和分组交换业务，最高传输速率为 2Mbit/s。随着信息社会对无线 Internet 业务需求的日益增长，2Mbit/s 的传输速率已远远不能满足需求，第三代移动通信系统正逐步采用各种速率增强型技术。第三代移动通信系统高速数据传输解决方案具有非对称性、峰值速率高、激活时间短等特点，可以有效利用无线频谱资源，增加系统的数据吞吐量。

cdma2000 lx 系统增强数据速率的下一个发展阶段称为 cdma2000 lxEV，其中 EV 是 Evolution（演进）的缩写，意指在 cdma2000 lx 基础上的演进系统。cdma2000 lxEV 不仅要和原有系统保持后向兼容，而且要能够提供更大的容量，更佳的性能，满足高速分组数据业务和语音业务的需求。cdma2000 lxEV 又分为 2 个阶段，即 cdma2000 lxEV-DO 和 cdma2000 lxEV-DV。相关内容将在第 7 章介绍。

WCDMA 和 TD-SCDMA 系统增强数据速率技术为 HSDPA/HSUPA，HSDPA/HSUPA 统称 HSPA。文中如不特别说明，HSDPA/HSUPA 均指 WCDMA 系统采用的速率增强技术，下面依次介绍基于 WCDMA 系统和 TD-SCDMA 技术的 HSPA 技术。

1. HSPA 的概念

（1）HSDPA

3GPP 在 2002 年 3 月发布的 R5 版本中引入了高速下行链路分组接入（High Speed Downlink Packet Access，HSDPA）技术，HSDPA 技术通过使用在 GSM/EDGE 标准中已有的方法来提高分组数据的吞吐量，这些方法包括自适应调制和编码技术（Adaptive Modulation and Coding，AMC）、混合自动重传请求技术（Hybrid Automatic Repeat on Request，HARQ）。HSDPA 业务信道使用 Turbo 编码，可以在 2ms 内进行动态资源共享，包括共享码道资源和功率资源。HSDPA 增加了物理信道，并采用多码传输方式、短传输时间间隔、快速分组调度

技术和先进的接收机设计等，使小区下行峰值速率达到 14.4Mbit/s。

为了实现 HSDPA 的功能特性，在物理层规范中引入了 1 个传输信道和 3 个物理信道。

① 高速下行共享信道（High Speed Downlink Shared Channel，HS-DSCH）。承载下行链路用户数据的传输信道，信道共享方式主要是时分复用和码分复用，最基本的方式是时分复用，即按时间段分给不同的用户使用，这样 HS-DSCH 信道化码每次只分配给一个用户使用。另一种方式就是码分复用，在码资源有限的情况下，同一时刻，多个用户可以同时传输数据。传输时间间隔（TTI）或交织周期恒定为 2ms。HS-DSCH 扩频因子固定为 16，考虑到预留可用的信道码，最多可映射到 15 个物理信道。除了 QPSK 调制外，引入了高阶的 16QAM 调制。HS-DSCH 可以根据信道条件快速适配传输格式，采用快速调度技术、增量冗余的 HARQ 技术等。

② 高速下行物理共享信道（High Speed Physical Downlink Share Channel，HS-PDSCH）。HS-DSCH 与 HS-PDSCH 互相映射。15 个 HS-PDSCH 信道用于承载 HS-DSCH 信道，连续 15 个 OVSF 信道码可用于 15 个 HS-PDSCH。TTI 为 2ms，扩频因子固定为 16。

③ 高速下行共享控制信道（High Speed Shared Control Channel for HS-DSCH，HS-SCCH）。承载 HS-DSCH 上用来解码的物理层控制信令，传输 HS-DSCH 信道解码所必需的控制信息。HS-SCCH 参数包括信道码和调制方式的信息、传输块尺寸和 HARQ 参数的信息。如果 HS-DSCH 没有承载数据，就不需要发送 HS-SCCH。每个 UE 最多支持 4 个 HS-SCCH。TTI 为 2ms，扩频因子为 128。

④ 高速上行专用物理控制信道（High Speed Dedicated Physical Control Channel for HS-DSCH，HS-DPCCH）。承载上行链路的控制信令，主要是 HARQ ACK/NACK 信息以及下行链路质量的反馈信息（CQI）。TTI 为 2ms，扩频因子为 256。

在 R6 版本中新增了一种物理信道，部分专用物理信道（Fractional Dedicated Physical Channel，F-DPCH），当所有下行业务都已经由 HS-DSCH 承载时，可以启用 F-DPCH。

（2）HSUPA

3GPP 在 2004 年 12 月发布的 R6 版本中引入了增强型上行链路技术，初期是在增强型上行链路专用信道（E-DCH）的项目下启动的，又可以称为高速上行链路分组接入（High Speed Uplink Packet Access，HSUPA）技术，考虑到上行链路的特点，HSUPA 对如下技术进行了深入研究。

① 上行的物理层快速混合自动重传请求（HARQ）。

② 上行的基于 Node B 的快速调度技术。

③ 更短的传输时间间隔。

④ 上行采用高阶调制。

⑤ 快速的专用信道建立。

E-DCH 的定义中引入了 5 条新的物理信道。

① 增强专用物理数据信道（E-DCH Dedicated Physical Data Channel，E-DPDCH）。负责承载 E-DCH 传输信道，传输用户数据。E-DPDCH 采用复帧结构，由 5 个 2ms 传输时间间隔（TTI）的子帧构成，总帧长为 10ms，与 R99 版本相同，可依据不同情况选择合适的帧长。

② 增强专用物理控制信道（E-DCH Dedicated Physical Control Channel，E-DPCCH）。负责传输与 E-DPDCH 有关的控制信息。E-DPCCH 与 E-DPDCH 码分复用构成一个码分复用传输信道（CCTrCH），为 Node B 解码 E-DPDCH 提供相关信息。

③ 绝对授予信道（E-DCH Absolute Grant Channel，E-AGCH）。承载了调度产生的用于

直接指定 E-DCH 传输速率的绝对分配信令。

④ 相对授予信道（E-DCH Relative Grant Channel，E-RGCH）。承载了调度产生的用于相对调整 E-DCH 传输速率的相对分配信令。

⑤ HARQ 确认指示信道（E-DCH HARQ Acknowledgement Indicator Channel，E-HICH）。供 Node B 将 HARQ ACK /NACK 消息反馈给 UE。E-HICH 的功能与 HSDPA 的 HS-DPCCH 类似，即用来提供 HARQ 反馈信息。但它不包含 CQI 消息，因为 HSUPA 不支持自适应调制与编码。

HSUPA 技术可提高上行链路容量和数据业务传输效率，使小区上行峰值速率能达到 5.76Mbit/s。HSUPA 后向兼容 R99/R4/R5 版本，但 HSUPA 不依赖 HSDPA，没有升级到 HSDPA 的网络可以直接引入 HSUPA。

HSDPA/HSUPA 不是一个独立的功能，其运行需要 R99/R4 中的基本过程，如小区选择、同步、随机接入等基本过程保持不变，改变的是从用户终端设备到 Node B 之间传送数据的方法。HSDPA/HSUPA 技术是对 WCDMA 技术的增强，不需对已存的 WCDMA 网络进行较大的改动。也可以越过 WCDMA 网络，直接部署 HSDPA/HSUPA 网络。采用 HSDPA/HSUPA 技术可以提供上、下行的高速数据传输，满足高速发展的多媒体业务的需求。

3GPP 引入无线系统的高速解决方案（HSPA）是一些无线增强技术的集合，可以在现有技术的基础上使上、下行峰值速率有很大的提高，并不针对具体的空中接口技术。HSPA 技术同时适用于 WCDMA FDD、UTRA TDD 和 TD-SCDMA 3 种不同模式。其在不同系统中的实现方式是十分相似的。由于空中接口技术的不同，导致不同模式间存在具体的差异，比如具体的时隙格式、扩频因子等。下面介绍 TD-SCDMA 系统中 HSPA 技术特点。

2. TD-HSPA

（1）TD-HSDPA

对 TD-SCDMA 和 WCDMA 而言，HSDPA 采用的关键技术是基本一致的，实现方式也非常相似，两者不同的地方主要体现在如下几点。

① 帧结构不同。由于 WCDMA 和 TD-SCDMA 2 种制式本身帧结构的不同导致 W-HSDPA 和 TD-HSDPA 帧结构的不同，W-HSDPA 子帧是 2ms，而 TD-HSDPA 子帧是 5ms。W-HSDPA 允许用户在较短的持续时间内把数据分配到 1 个或多个物理信道，使网络能在时域和码域重新调整它的资源分配。

② 信道结构不同。W-HSDPA 和 TD-HSDPA 都有传输信道 HS-DSCH。HS-DSCH 信道共享方式为时分复用+码分复用。W-HSDPA 中的扩频因子为 16，最多映射 15 条物理信道。TD-HSDPA 扩频因子为 1 或 16，最多映射 16 条物理信道。

HSDPA 引入的物理信道总共有 3 类。W-HSDPA 物理层引入了 HS-PDSCH，HS-SCCH 和 HS-DPCCH3 个信道。TD-HSDPA 物理层引入的信道有 HS-PDSCH，HS-SCCH 和高速共享信息信道（High Speed Shared Information Channel，HS-SICH）三个信道。HS-DSCH 与 HS-PDSCH 互相映射，承载下行业务数据。

虽然 W-HSDPA 和 TD-HSDPA 都使用 HS-SCCH，调制方式都是 QPSK，但扩频因子不同，分别为 128 和 16。W-HSDPA 使用的 HS-DPCCH 是一个专用信道，扩频因子为 256，它在上行链路方向承载 HARQ 确认（ACK/NACK）信息和信道质量指示（CQI）信息。而 TD-HSDPA 中与 W-HSDPA 对应的上行控制信道是 HS-SICH，该信道的扩频因子为 16，它是一个共享信息信道。

③ TD-SCDMA 的 N 频点特性。W-HSDPA 理论峰值速率可达 14.4Mbit/s。而对于 3GPP R5 中定义的 TD-SCDMA HSDPA，1.6MHz 带宽上理论峰值速率可达到 2.8Mbit/s。因此，与

W-HSDPA 相比，TD-SCDMA HSDPA 单个载波上可提供的下行峰值速率偏低，难以满足用户对更高速率分组数据业务的需求。

TD-SCDMA 在已经发布的基于 3GPP R4 的第一版行业标准中，引入 N 频点特性。2005 年，业内提出了将 N 频点特性和 HSDPA 特性有机结合起来，通过多载波捆绑的方式提高 TD-SCDMA HSDPA 系统中单用户峰值速率，即所谓的多载波 HSDPA 方案。

多载波 HSDPA 方案的主要技术原理是发送给一个用户的下行数据需在多个载波上同时传输，由位于 Node B 的 MAC-hs 协议层对数据进行分流，即将数据流分配到不同的载波，各载波独立进行编码映射、调制发送。UE 接收时，则需要有同时接收多个载波数据的能力，各个载波独立进行译码处理后，由 UE 内的 MAC-hs 协议层进行合并。多个载波上的 HS-PDSCH 物理信道资源为多个用户终端以时分或者码分的方式共享，1 个用户终端可同时分配 1 个或者多个载波上的 HS-PDSCH 物理信道资源。

采用 N 个载波的多载波 HSDPA 方案，理论上可以获得 N 倍 2.8Mbit/s 的峰值速率，如 3 载波的 HSDPA 方案理论的峰值速率可以达到 8.4Mbit/s。

（2）TD-HSUPA

2003 年 6 月，3GPP RAN 第 20 次全会上，对 TDD 上行链路增强的可行性研究被列为研究项目（Study Item）。研究目的是考察 Node B 快速调度、HARQ 和 AMC 等上行链路增强技术对提高上行链路的覆盖和吞吐量，降低时延的可行性和性能。

HSUPA 的引入对无线网络协议框架的影响，主要包括需引入新的增强型上行传输信道（Enhanced Uplink Channel，E-UCH）以及新的 MAC 功能实体。

3. HSPA 的演进

HSPA 的演进（HSPA+）是在 HSPA 基础上的演进，在关键技术上，它保留了 HSPA 的特征，快速调度、混合自动重传（HARQ）、下行短帧（2ms）、上行可变帧长（10ms/2ms）、自适应调制和编码，同时保留了 HSPA 的所有信道及特征，HS-PDSCH，HS-SCCH，HS-DPCCH，E-DPCCH，E-DPDCH，E-RGCH，E-AGCH，E-HICH，F-DPCH 等。因此，它向下完全兼容 HSPA 技术，但为了支持更高的速率和更丰富的业务，HSPA+也引入了更多的新技术。

① MIMO 技术。
② 分组数据连续传输技术。
③ 上下行均采用更高阶调制。
④ 接入网架构的优化。

HSPA+由 3GPP R7 版本定义。通过采用新技术，HSPA+能够实现 28Mbit/s 的高速数据传输。与使用 OFDMA 技术的 LTE 不同，HSPA+和目前的 WCDMA 一样都是基于 CDMA 技术。

HSPA+是一个全 IP、全业务网络，同时它后向兼容原有 R99/HSPA 网络以及相应的终端，因此 HSPA+的网络部署不会带来旧用户终端的更换，较好地保护了用户的原有投资。它与 LTE 不具有兼容扩展性，同时它们的标准进度基本相似。因此，运营商是选择直接部署 LTE 还是选择某种过渡阶段的 HSPA+技术，最终取决于业务的发展、频率的规划等问题。

5.2　HSPA 网络结构

5.2.1　引入 HSPA 对 R99/R4 版本无线网络结构的影响

HSPA 叠加在 WCDMA 网络之上，既可以与 WCDMA 共享一个载波，也可以部署在另一个载波上。在两种方案中，HSPA 和 WCDMA 可以共享核心网和无线网的所有网元，包括基站（Node B）、无线网络控制器（RNC）、GPRS 服务支持结点（SGSN）以及 GPRS 网关支持结点（GGSN）等。WCDMA 和 HSPA 还可以共享站址、天线和馈线。从 WCDMA 到 HSPA 需要进行软件升级，基站和无线网络控制器还需要更新一些硬件。

1. 引入 HSDPA 对 R99/R4 版本无线网络结构的影响

引入 HSDPA 对 R99/R4 版本无线网络结构的影响示意图如图 5-1 所示。图中灰色部分为 R99/R4 版本无线网络结构升级为 HSDPA 网络（R5 版本）需变化的内容。

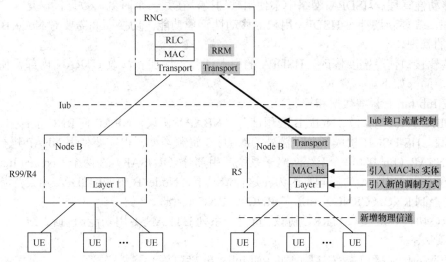

图 5-1　引入 HSDPA 对 R99/R4 版本无线网络结构的影响示意图

基于 R99/R4 版本无线网络结构引入 HSDPA 功能，对 Node B 改动比较多，对 RNC 主要是修改算法协议软件，硬件影响很小。

如果在 R99/R4 版本设备中已考虑了 HSDPA 功能升级要求（如 16QAM、缓冲器及处理器的性能等），那么实现 HSDPA 功能不需要硬件升级，只要软件升级即可。现在很多厂家都可通过软件升级支持 HSDPA 功能。

（1）对 Node B 的影响

① MAC 层增加了新的 MAC-hs 实体，实现 HARQ 和快速调度。

② 增加了新的传输信道（HS-DSCH）与物理信道（HS-PDSCH，HS-SCCH 和 HS-DPCCH）。

③ 引入 16QAM 调制解调方式，对射频功放提出更高要求。

④ 支持 Iub 接口数据的流量控制。

（2）对 RNC 的影响

① RRM 算法增强。最基本的无线资源管理（Radio Resource Management，RRM）算法包括接纳控制、资源分配和移动性管理。

a. 接纳控制。接纳控制主要用来判决 HSDPA 终端的新用户是否允许接入小区，是否使用 HSDPA 提供的服务，由 RNC 完成。

由于 HS-PDSCH 物理信道是共享信道，因此 HSDPA 接纳控制与 R99/R4 不同。在接纳控制时需要充分考虑流类、交互类和背景类业务自身的特点以及 HS-DSCH 的工作特点进行调度，充分发挥 HS-DSCH 共享信道的高速特性。RNC 实施接纳判决时需要考虑功率资源、HSDPA 承载数据吞吐量、HSDPA 业务用户数、Node B 和 UE 的功能等因素。

b．资源分配。资源分配一般指为 HSDPA 分配功率和码字的功能。如果系统规划适当，那么接入控制和分组调度可以尽量避免过载，但也不能排除无线环境恶化情况下用户的功率突发升高导致系统过载的情况。因此，无线资源管理需要通过负载控制手段使系统快速恢复到稳定状态。

HSDPA 的负载控制与 R99 的区别只是在下行，HSDPA 中下行降低负载的策略有，降低 HSDPA 可用的总功率；减少分组业务的数据吞吐量；强制切换到另一个载频或 GSM 系统；强制某些低优先级用户掉话。

c．移动性管理。HSDPA 网络中不使用软切换，在某一个时刻，数据仅仅是从一个小区传送到 UE，需要新增针对 HSDPA 用户的移动性管理功能，切换期间需要对 Node B 缓冲区进行有效的管理。

② 传输接口信令需要修改。HSDPA 的引入还要求增加和修改 UTRAN 内部所使用的控制面协议，简介如下。

a．在 Iub/Iur 上新增数据和控制帧。

b．NBAP（Iub 接口）。Node B 应用部分（NBAP）协议，NBAP 使 RNC 能够管理 Node B 上的资源。HS-DSCH 构成了一种额外的 Node B 资源类型，也需要使用 NBAP 进行管理。

c．RNSAP（Iur 接口）。无线网络子系统应用部分（RNSAP）在两个 RNC 的 Iur 接口上实现，也受到了 HSDPA 的影响，因为在这种情况下，Node B 中的 HSDPA 相关资源由不同 Node B 的控制 RNC（CRNC）和服务 RNC（SRNC）管理。

d. RRC 协议（Uu 接口）。RRC 协议，负责一系列 UTRAN 专用功能，包括无线承载（Radio Bearer）管理等。

③ 相应的传输接口带宽需要增加（如 Iub、Iu 接口等）。

（3）HSDPA 对 UE 的影响

① 要求 UE 新增 MAC-hs 层。

② 对基带处理能力进行增强，使其可处理多码并传。

③ 新增对 16QAM 解调的支持。

④ 要求终端具有更大的内存。

⑤ 对更先进的接收机和接收算法的支持。

⑥ 提供 12 类 HSDPA 终端。

HS-PDSCH 的扩频因子固定为 16（$SF = 16$），采用不同调制方式（QPSK 或 QAM）时，12 类 HSDPA 终端特性见表 5-1。

表 5-1　　　　　　　　　　　　　　12 类 HSDPA 终端特性

HS-DSCH 类别	可接受最大的 HS-P DSCH 码数	最小 TTI 间隙	调制方式	最大峰值速率 /Mbit/s
类别 1	5	3	QPSK&16-QAM	1.2
类别 2	5	3	QPSK&16-QAM	1.2
类别 3	5	2	QPSK&16-QAM	1.8
类别 4	5	2	QPSK&16-QAM	1.8
类别 5	5	3	QPSK&16-QAM	3.6
类别 6	5	1	QPSK&16-QAM	3.6
类别 7	10	1	QPSK&16-QAM	7.3

续表

HS-DSCH 类别	可接受最大的 HS-P DSCH 码数	最小 TTI 间隙	调制方式	最大峰值速率 /Mbit/s
类别 8	10	1	QPSK&16-QAM	7.3
类别 9	15	1	QPSK&16-QAM	10.2
类别 10	15	1	QPSK&16-QAM	14.4
类别 11	5	2	QPSK	0.9
类别 12	5	1	QPSK	0.0018

2. HSUPA 对 R99/R4 版本网络结构的影响

HSUPA 的目标是在上行方向改善容量和数据吞吐量，降低专用信道的延迟。3GPP 规范提供的主要增强功能是定义了一条新的传输信道，成为增强专用信道（E-DCH）。与 HSDPA 一样，E-DCH 同样依赖于物理层和 MAC 子层的改进。但其中的区别在于 HSUPA 并没有引入新的调制方式，而是使用 WCDMA 中现有的调制方式 QPSK。因此，HSUPA 中并没有实现 AMC；与 HS-DSCH 不同，E-DCH 支持软切换，MAC 子层在 Node B 和 RNC 之间的变化不同，Node B 负责 HARQ 处理和调度等即时功能，位于 RNC 中的相关 MAC-es 实体则负责顺序传送 MAC-es 帧，这些帧可能来自目前为 UE 服务的不同 NodeB；E-DCH 与 HS-DSCH 还有一个显著差异是，E-DCH 可以同时支持 2ms 和 10ms 的 TTI（HS-DSCH 要求 2ms 的 TTI）。具体要求使用哪个 TTI，取决于 UE 的类型。

引入 HSUPA 对 R99/R4 版本网络结构的影响与 HSDPA 类似，简介如下。

（1）对 Node B 的影响

① MAC 层增加了新的 MAC-e 实体，实现 HARQ 重传和调度功能。

上行调度类似于一种非常快的功率控制机制。由于 WCDMA 的扩频作用，UE 的发射功率与发送信息的数据速率直接关联。高数据速率低扩频因子 UE 的发射功率要高于高扩频因子低码元速率 UE 所要求的发射功率。由于 E-DCH 是一条专用信道，因此极有可能各个 UE 同时传输数据，因此会在 Node B 上引入干扰。所以，Node B 必须调节 E-DCH 中发射信号的各个 UE 的功率电平，以避免达到功率极限。

HSUPA 的上行调度的目的与 HSDPA 中的不同，HSDPA 中调度器的目的是为多个用户分配 HS-DSCH 资源（时隙和码字），而 HSUPA 中上行调度器的目标是为各个 E-DCH 用户分配所需要的尽可能多的容量（发射功率），以保证 Node B 不会产生功率过载。

② 增加了新的物理信道（E-DPDCH，E-DPCCH，E-AGCH，E-RGCH 和 E-HICH）。

③ 支持 Iub 接口数据的流量控制。

（2）对 RNC 的影响

① MAC-es 实体在 RNC 中实现，完成分组数据的重排。

由于 HSUPA 的软切换和 HSUPA 物理层重传会导致分组数据顺序的错乱，因而 RNC 中也增加了新的功能实体。当多个 Node B 接收到数据后，由于软切换的原因，从不同 Node B 到达的分组的顺序可能发生改变，为了对同一分组流的顺序进行重排，就需要在 MAC-es 中添加重排功能。这样新添加的 MAC-es 的"顺序传送"功能可以保证从终端发送出来的数据以正确的顺序提供给上层。如果排序功能由 Node B 来处理，由于对于丢失的分组，Node B 必须等待激活集中其他 Node B 的正确接收，因此 Node B 中便会引入不必要的时延。

② 最基本的 RRM 算法包括接纳控制、资源分配和移动性管理等需要改进。

③ 传输接口信令需要修改，相应的传输接口带宽需要增加（如 Iub，Iu 接口等）。

（3）HSUPA 对 UE 的影响

① 要求 UE 新增 MAC-e 和 MAC-es 层。

② 对基带处理能力进行增强，使其可处理多码并传。

③ 要求终端具有更大的内存。

④ 增加上行调度功能。

⑤ 提供 6 类 HSUPA 终端。

不同类型终端之间的主要区别在于终端的多码能力和对 2ms TTI 的支持，见表 5-2。

表 5-2　　　　　　　　　　　　　　　HSUPA 终端特性

类型	E-DPDCH 最大数量和最小扩频因子	支持的 TTI/ms	最大数据速率/Mbit/s	
			10msTTI	2msTTI
1	1×SF4	10	0.72	N/A
2	2×SF4	2，10	1.45	1.45
3	2×SF4	10	1.45	N/A
4	2×SF4	2，10	2	2.91
5	2×SF2	10	2	N/A
6	2×SF4+2×SF4	2，10	2	5.76

5.2.2　HSPA 的用户协议结构

R99/R4 协议层的基本功能对 HSPA 来说均是有效的。其无线接口协议结构如图 5-2 所示。详细功能已在 3.4 节介绍过。

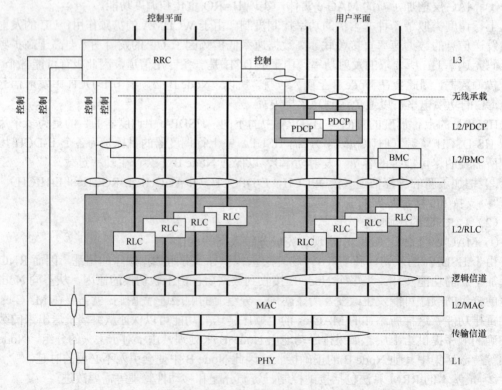

图 5-2　R99/R4 无线接口协议结构

HSDPA 和 HSUPA 在用户协议结构中都引入了新的组件。图 5-3 所示为 HSDPA 和 HSUPA 用户数据在无线接口中的结构，对处理用户数据的新协议实体用阴影显示。控制面信令可以简单地连接到 RLC 并通过 DCH 或者 HSPA 来承载信令。图中给出了多个 PDCP 和 RLC 实体，表示可以允许多个并行业务。

1. HSDPA 用户面协议结构

HSDPA 用户面协议结构如图 5-4 所示，图中给出了 HSDPA 中特定的增加部分以及它们在网元中的位置。RNC 保留了 MAC-d 实体，但是除了保留传输信道转换功能外，其他所有功能，例如调度和优先级处理都转移到了新协议实体 MAC-hs。RLC 层基本没有变化。

但是在 R6 版本的非确认模式（UM）RLC 中引入了一些对业务（例如 VoIP 业务）的优化。如果工作在确认模式（AM）RLC 中，当物理层传输失败或者发生不同移动性事件（例如服务 HS-DSCH 小区的改变）时，物理层的重传仍然由 RLC 子层处理。

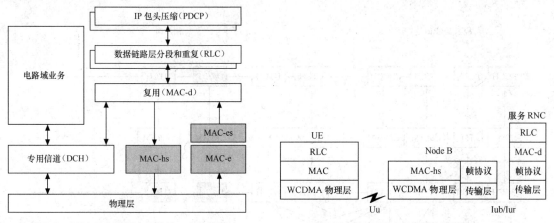

图 5-3 HSPA 用户数据在无线接口中的架构   图 5-4 HSDPA 用户面协议结构

MAC 层新增了 MAC-hs 实体位于 Node B 而不位于 RNC，其作用主要是负责处理与 HS-DSCH 有关的第二层功能，具体功能如下。

① 处理 HARQ 协议，产生 ACK/NACK 消息。

② 对子帧进行重新排序。

③ 多个 MAC-d 流被复用成 1 个 MAC-hs 流，并从 1 个 MAC-hs 流解复用为多个 MAC-d 流。

④ 下行分组调度。

2. HSUPA 用户面协议结构

HSUPA 用户面协议结构如图 5-5 所示，HSUPA 在 NodeB 中同样增加了类似的新 MAC 实体，即 MAC-e。虽然控制信息来自 RNC，而能力请求是从 UE 发送到 Node B，由于调度能力已经移到了 Node B 上，所以终端（UE）中也包含了新的 MAC 实体（MAC-es/s）。

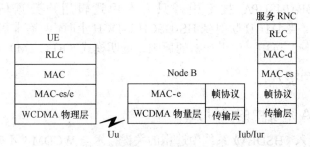

图 5-5 HSUPA 用户面协议结构

UE、Node B 和 SRNC 引入了新的 MAC 实体，其具体功能如下。

① MAC-e 同时在 UE 和 NodeB 中出现，处理 HARQ 重传和调度。这是一个低阶 MAC-e 层，与物理层非常近。

② MAC-es 实体在 UE 和 SRNC 中实现。在 UE 中，它在一定程度上负责把多条 MAC-d 流量复用到同一条 MAC-es 流上。在 SRNC 中，该实体负责顺序传送 MAC-es PDU，解复用 MAC-d 流，并根据 QoS 特点对这些流进行分类。这些 MAC-d 流可能在 Iu-PS 接口上与具有不同 QoS 要求（如流媒体型业务和后台型业务）的各种 PDP 上下文对应。

与 HSDPA 类似，如果物理层传输失败且超过了最大的重传次数或者发生了移动性事件，那么 HSUPA 中的 RLC 子层将参与分组的重传。

3. 传输信道到物理信道的映射

HSPA 中新增传输信道和物理信道关系示意如图 5-6 所示。

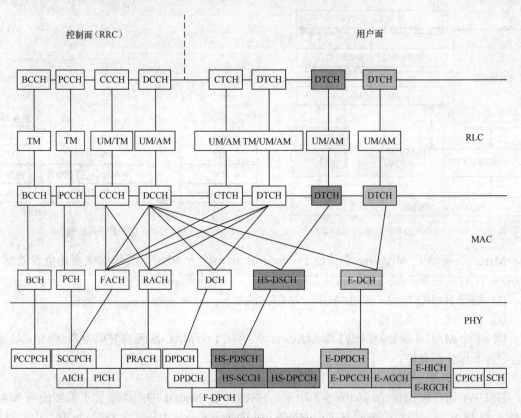

图 5-6　HSPA 中新增传输信道和物理信道关系示意图

在目前的 HSDPA/HSUPA 技术中，只有专用逻辑用户数据信道可以被映射到 HS-DSCH/E-DCH 上。当 DTCH 映射到 HS-DSCH/E-DCH 上时，只有非确认模式（RLC UM）和确认模式（RLC AM）可用，由于加密的原因，透明模式（RLC TM）不可用。

5.3　高速下行分组接入

5.3.1　HSDPA 系统中的关键技术

高速下行分组接入（HSDPA）系统中选用的关键技术与 WCDMA 不完全一致，WCDMA

的重要特征——可变扩频因子（SF）、软切换技术和快速功率控制不再适用。取而代之的关键技术是自适应调制与编码技术（AMC）、混合自动重传请求技术（HARQ）、快速调度、码分配与复用、功率分配和支持多种不同 UE 能力等。

1. AMC

AMC 是根据无线信道的变化和终端能力自动选择合适的调制和编码方式，网络端根据用户瞬时信道质量和目前资源占用状况选择最合适的下行链路调制和编码方式，使用户达到尽量高的下行数据吞吐量。当无线信道条件好或干扰弱时，用户数据发送可以采用高阶调制和高速率的信道编码方式，从而得到高的峰值速率；而当无线信道条件不好或干扰强时，网络侧则选取低阶调制方式和低速率的信道编码方案来保证通信质量。

AMC 的工作原理示意如图 5-7 所示。Node B 基于每次 UE 上报的无线信道质量指示（Channel Quality Indicator, CQI）和相关信道的传输功率测量结果决定调制和编码方案。可以通过调整 Turbo 码编码器的编码速率、速率匹配的速率、调制方式和多码传输的码字数量来改变传输速率，但必须保证最后的码片速率为 3.84Mchip/s。

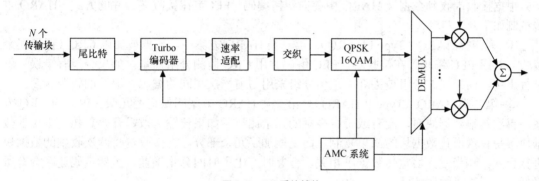

图 5-7　AMC 系统结构

由于 AMC 不是通过调整发射功率，而是通过调整调制和编码来进行信道适应，系统中的干扰变化不那么剧烈。AMC 的应用也有局限性，AMC 对测量错误和时延很敏感，调度器必须清楚信道的质量；信道估计错误会导致调度器选择错误的数据速率，移动信道的多变性导致信道测量报告的延迟，增加了测量的错误干扰。

2. HARQ

数据传输的可靠性是通过重传来实现的，当前一次尝试传输失败时，就要求重传分组数据，这样的传输机制就称之为自动请求重传（Automatic Repeat on Request, ARQ）。ARQ 具有高可靠性、低复杂度的特点，但它的效率低、时延大，不适合无线传播环境；前向纠错编码技术（Forward Error Correction, FEC）有效性较高，但可靠性比 ARQ 低，复杂度也较高；将二者结合起来，优势互补，就产生了混合型 ARQ，即 HARQ 技术。ARQ 协议或实现机制主要有选择重复（Selective Repeat, SR）、停止等待（Stop and Wait, SAW）和 N 通道停止等待 3 种。

（1）ARQ 协议

① SR。一般对时延不敏感，对接收到有错误的数据块进行重传。要求传送端必须对每一个它发送的数据块进行序号标识。UE 必须存储传送窗口内每个传输块的样本，需要存储的传输块数目越多，相应地 UE 存储空间也要求越大。接收端准确无误地确定每个传输块的传输序列号，对包含传输序列号的信令的传输提出了很高的要求。

② SAW。发送方只在发送的数据块被正确接收之后才开始对下一个数据块进行操作，

系统只需 1bit 的序列号用来区分当前的数据块和下一个待传输的数据块，所需的控制开销较小。用于指示传输块是否被正确解码的确认信息也只需简单的 1bit，所需的确认信息开销也较小。在同一时间内只传输 1 个数据块，所以对 UE 内存的要求也较低。不过 SAW 也存在相应的问题，发送端在发送下一个数据块之前必须等待接收到确认消息，在等待确认信息期间，信道处于空闲状态，浪费了系统资源。

③ N 通道 SAW。在 1 个信道上同时并列执行 N 个 SAW 协议，当下行链路被某个 SAW 用于传输数据块时，上行链路可用于传输其他 SAW 的确认信息，充分利用系统资源，但是要求接收端必须能够存储 N 个传输块的信息。

通常 R99/R4 系统选用 SR 协议，HSDPA 采用 N 通道 SAW 协议。R99/R4 采用了传统的 ARQ 方法，重传功能在 RLC 实现，传输信道都连接到 RNC，由 RNC 控制重传。HSDPA 技术将重传放到物理层，重传可以由 Node B 直接控制，加快了响应时间，减小数据传输的时延。

（2）HARQ 重传机制

根据接收端收到数据及 HARQ 中前向纠错编码（FEC）在接收端合并的方式，HARQ 重传机制如下。

① 第一类 HARQ（Type I HARQ）。第一类 HARQ 方案中，数据被加以 CRC（循环冗余校验）并用 FEC 编码。在接收端，FEC 解码并用 CRC 监测分组质量。如果分组有错误，就进行重传，而错误的分组被丢弃，重传分组采用与前一次相同的编码，浪费的资源较多。

② 第二类 HARQ（Type II HARQ）。第二类 HARQ 方案叫做递增冗余（IR）的 ARQ 方案。首次传输数据块时，没有或带有少量的冗余比特，如果传输失败，开始重传。重传的数据块不是首次所传数据块的简单复制，而是增加了冗余部分。在接收端将两次收到的数据块进行合并。相当于先后重传数据不相关，合并时产生了时间分集增益，虽然编码速率会有所降低，但提高了编码增益。

③ 第三类 HARQ（Type III HARQ）。第三类 HARQ 方案也属于增量冗余（IR）方案，它与第二类 HARQ 不同的是重传数据块不仅包含冗余比特，还有系统比特，重传数据具有自解码能力。因此接收端可以直接从重传码字当中解码以恢复数据，也可以将出错重传码字与已有缓存的码字进行合并后解码，可以克服信道快速变化对系统性能的影响。

3. TTI

R99/R4 版本中，无线帧长固定为 10ms，而传输时间间隔（TTI）可以为 10ms，20ms，40ms 和 80ms。在每个无线帧的边界，物理层可以请求 MAC 子层发送数据。当 TTI 大于 10ms 时，数据必须分割成 10ms 长的数据片断，每个 10ms 的数据片断会复用到码复合传输信道（CCTrCH）的 1 个 10ms 的无线帧上。

在 HSDPA 系统中，传输时间间隔固定为 2ms，包含 3 个时隙。也就是说，HSDPA 在 2ms 的子帧上传输。每一 2ms 的 TTI 内，HSDPA 业务信道上的码字数量、编码速率和调制方式都可以重新选择。HSDPA 系统在传输信道上没有任何复用。在每个 2ms 的 TTI 中，信道都采用固定的扩频因子 16。

4. 快速分组调度技术

调度即是对系统有限共享资源进行合理分配，使资源利用率达到最大化。调度算法控制着共享资源的分配，在很大程度上决定着整个系统的行为。在 HSDPA 中，分组调度功能从 RNC 转移到了 Node B，这样就大大加速了数据分组的调度速度。下行分组传输调度按照 UE 反馈的信道质量来执行。调度由 Node B 完成，与 RNC 无关。每隔 2ms 执行 1 次调度。不同的调度算法对系统性能影响很大，常用的调度算法有轮询调度、最大载干比（C/I）调度算法、比例公平算法等。

（1）轮询调度

轮询调度以循环分配资源的方式保障用户间的公平性。从算法的复杂性考虑，由于轮询调度无优先级指标，不需排序，因此它是复杂度最低的简易算法。但是，由于轮询调度没有考虑无线信道的质量，也没有利用终端（UE）上报的无线信道质量信息，因此轮询算法不能达到较高的系统容量。

（2）最大载干比调度算法

最大载干比（C/I）调度算法在每一帧都选择载干比最高的 UE 进行服务，因此使系统在每一帧都能够尽量选择高阶调制方式，从而可以达到尽可能高的数据传输速率和高的系统容量。从算法的复杂度来看，由于该算法需要对 C/I 进行排序，因此该算法的复杂度要比轮询算法的复杂度高。但是由于最大载干比调度算法没有考虑用户间的公平性，在实际的网络中，通常距离 Node B 较近的 UE 会获得较好的无线信道质量，因为 C/I 较高，而在小区边缘的 UE，其 C/I 往往会很低，在这种情况下，如果使用最大 C/I 调度算法，那么在小区边缘的 UE 很可能长时间无法得到相应的服务。

（3）比例公平调度算法

比例公平调度算法在轮询算法和最大载干比之间提供了折中，根据用户的瞬时可达数据速率和平均服务数据速率的比值来调度用户，使每个用户具有相等的被服务的概率。该算法在系统吞吐量和公平性之间提供了很好的平衡。

此外对于不同 QoS 的实现，将会给调度器带来新的约束，用户的公平性主要由 QoS 的需求来决定。

5.3.2 HSDPA 的物理层

1. HSDPA 新引入的物理信道

为了实现 HSDPA 的功能特性，R5 版本在物理层规范中引入了 1 个传输信道高速下行共享信道（HS-DSCH）和 3 个物理信道，即高速物理下行共享信道（HS-PDSCH）、HS-DSCH 的共享控制信道（HS-SCCH）和 HS-DSCH 的专用物理控制信道（HS-DPCCH）。HS-DSCH 是 HSDPA 用来承载实际用户数据的传输信道。HS-DSCH 在物理层被映射到 HS-PDSCH。此处重点介绍 HS-PDSCH 的特性。

为了承载 HSDPA 业务，不仅需要 HS-PDSCH、HS-SCCH、HS-DPCCH 信道，而且还需要 A-DPCH（Associated Dedicated Physical Channel）信道，即 R99 中的 DPCH。A-DPCH 对于 HSDPA 业务来说是必需的，用于传输 RRC 信令，并且 DL-DPCH 可以辅助 HS-SCCH 信道的功率控制，UL-DPCH 可以辅助 HS-DPCCH 信道的功率控制。

在 R6 协议中，为了节省码资源，新引入了部分专用物理信道如 F-DPCH。F-DPCH 并不是取代 A-DPCH，在 R6 协议中两信道是同时存在的，当 HSDPA 用户接入时，网络侧既可以选择 F-DPCH 信道，也可以选择 A-DPCH 信道为 UE 服务。

下面依次介绍 3 个物理信道，HS-PDSCH，HS-SCCH，HS-DPCCH 的基本特点。

（1）HS-PDSCH

① HS-PDSCH 的帧结构。HS-PDSCH 信道是下行物理信道，用于承载传输信道 HS-DSCH，扩频因子固定为 16，理论上，可用的码字数量最多为 16，不过考虑到公共信道和伴随的 DCH 需要占用码资源，最大可用码字数量为 15，这些码字可以供单用户使用，也可以供多用户共享。调制方式可以是 QPSK 或 16QAM，信道编码采用 1/3 Turbo 编码，包含两级速率匹配。HS-PDSCH 的帧结构如图 5-8 所示。

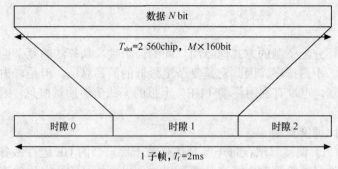

图 5-8　HS-PDSCH 的帧结构

图 5-8 中 M 为每个调制符号所代表的比特数。对于 QPSK 而言，$M=2$，在 2ms TTI 内物理信道比特数为 960bit，也就是 480kbit/s；对于 16QAM 而言，$M=4$，在 2ms TTI 内物理信道比特数为 1 920bit，也就是 960kbit/s。

图 5-9 所示是 HS-PDSCH 信道在 2ms 内传输最大传输块时的编码过程，在 2ms TTI 内可以传输的最大的 MAC-hs PDU 为 27 952bit，最大的物理信道比特数为 15（HS-PDSCH 的码道数）×1 920bit（每码道的物理信道比特数）=28 800bit。所以如果 15 个码道并行传输，并且采用 16QAM 进行调制，HS-PDSCH 可传的最大的 MAC-hs 速率为 27 952bit/2ms=13.9Mbit/s，而最大的物理信道速率为 28 800bit/2ms = 14.4Mbit/s。

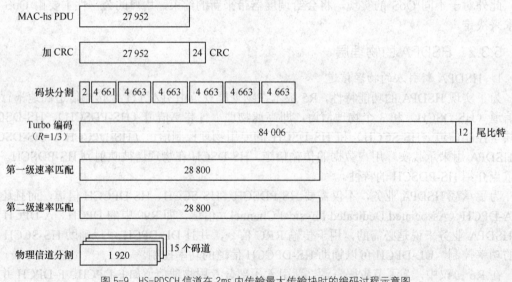

图 5-9　HS-PDSCH 信道在 2ms 内传输最大传输块时的编码过程示意图

② HS-PDSCH 的编码过程。HS-PDSCH 的编码过程比 R99 简单，因为它不需要处理 DTX 或压缩模式。由于某一时刻只有 1 个激活的传输信道（HS-DSCH），省掉了传输信道复用和解复用的操作。HSDPA 相对于 R99 所特有的新功能有比特扰码、16QAM 星座重排和 HARQ 功能。HS-PDSCH 的编码过程如图 5-10 所示。

a. CRC 功能是为了检测传输块传输的正确与否。

b. 比特扰码功能是为了避免长时间的出现连"1"或连"0"序列，使终端难以估计 HS-DSCH 的功率，因为长时间的连"1"或连"0"会使 16QAM 解调时幅度估计非常困难。所有用户的物理层都引入物理层扰码操作，可以保证解调具有良好的信号特性。

　　c.编码块分割功能将大于 5 114bit 的数据块分成若干段，使每段长度小于或等于 5 114bit，然后输入到 Turbo 编码器分别进行编码，使输入 Turbo 编码器的最大传输块为 5 114。

　　d. 信道编码采用码率为 1/3 的 Turbo 码。

　　e. HARQ 功能由两级速率匹配功能组成，完成 Turbo 编码器输出比特到物理信道比特的映射。HS-PDSCH 的速率匹配分为 2 级，第一级完成 Turbo 编码器输出比特到 HARQ 虚拟缓冲器的映射；第二级速率匹配在冗余参数的控制下完成第一级输出的比特到物理信道比特的映射。速率匹配的引入是为了使传输块编码速率的粒度更小，更精确适应信道条件，同时也使重传可以采用与第一次相同或不同的传输格式。

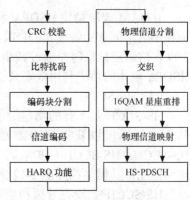

图 5-10　HS-PDSCH 的编码过程

　　f. 物理信道分割功能将速率匹配之后的数据按照码道数进行分段，然后输入到各个物理信道交织器中。每个物理信道分别进行交织，对于 QPSK 使用单交织器，16QAM 使用两个交织器。

　　g. 16QAM 星座重排功能是 16QAM 特有的，用于比特间可靠度的平衡。

　　h. 完成 HS-PDSCH 的编码过程。

　　③ HS-PDSCH 引入新的调制技术。HS-PDSCH 的调制技术与 R99 DPCH 不同，除了采用 QPSK 外，还引入了高阶调制技术 16QAM。QPSK 和 16QAM 的星座图如图 5-11 所示。

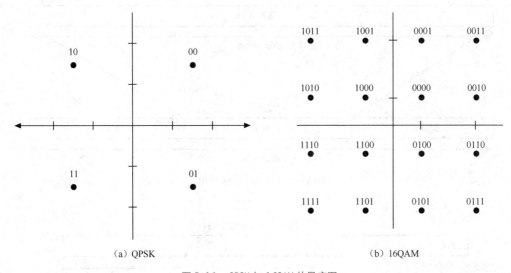

图 5-11　QPSK 与 16QAM 的星座图

　　由于 QPSK 星座图只有 4 个星座点，所以 1 个符号代表 2 个比特，而 16QAM 星座图有 16 个星座点，所以 1 个符号代表 4 个比特。HSDPA 的引入并没有改变码片速率，也就是每载波的带宽不变，所以 16QAM 的频谱效率与 QPSK 相比提高一倍。

　　高阶调制 16QAM 需要的信噪比 QPSK 高，还将引入新的判决边界。16QAM 不仅要求进行幅度估计，而且还要求更精确的相位估计。在下行链路，相位估计可以直接由 CPICH 信道进行估计，不需要额外的用户导频开销，但要求 CPICH 具有较好的信号质量。幅度估计需要对接收到的 CPICH 与 HS-PDSCH 的功率差进行估计。这样在使用 16QAM 调制时，基站侧每个 TTI 内 HS-PDSCH 的发射功率是不能改变的。

16QAM 调制是使 HSDPA 系统容量提高的重要技术。通过在小区附近区域使用 16QAM，而在小区中间和边缘使用 QPSK，可以充分利用信道条件，显著提高信道质量好时的吞吐率。R99 在信道质量好时是通过减少功率来适应链路的，把省下来的功率给小区边缘的用户使用，HSDPA 整体的功率利用效率高于 R99。

（2）HS-SCCH

HS-SCCH 是下行的物理信道，它的引入是为了承载译码 HS-PDSCH 所需的物理层信令，从而使终端可以获得解调需要的正确码字，所以 HS-DSCH 工作过程中总是要伴随着 HS-SCCH。HS-SCCH 的扩频因子为 128，调制方式为 QPSK，信道编码为卷积码，采用一级速率匹配，其帧结构如图 5-12 所示，每个时隙可以传送 40bit 的信息。

HS-SCCH 上没有导频和功率控制信息，其相位参考与 HS-DSCH 是一致的，HS-SCCH 和 HS-PDSCH 的定时关系如图 5-13 所示，HS-SCCH 承载的信令包含 2 部分。

① 第一部分（时隙 0），包括解扩正确的码字和相应的调制信息，具体为信道化码、调制方式。UE 将在时隙 2 的开始时刻启动 HS-PDSCH 解扰解扩过程，避免 UE 侧码片级的数据缓存；

② 第二部分（时隙 1 和时隙 2），包括传输块大小指示、HARQ 进程号、版本参数（RV）、新数据指示等。第二部分信息将会在时隙 2 结束后的一段时间内解出来，在没解出之前，要缓存 HS-PDSCH 解码后的符号级数据，第二部分信息解出之后进行 HS-PDSCH 的速率匹配、软比特合并、Turbo 译码等操作。

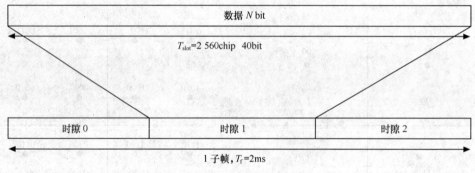

图 5-12　HS-SCCH 的帧结构

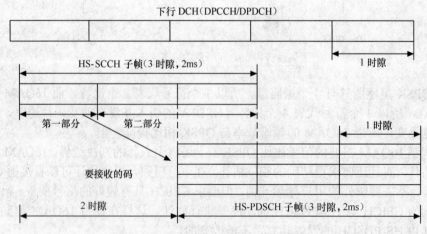

图 5-13　HS-SCCH 和 HS-PDSCH 的定时关系

根据码复用所支持的最大用户数，UTRAN 分配相应数目的 HS-SCCH。每个终端最多可以监控 4 条 HS-SCCH。对于 1 个小区来说，HS-SCCH 数量可能大于 4 条。

在 HSDPA 中，小区中配 1 条 HS-SCCH 码道时，多用户只能通过时分复用的形式共享 HS-PDSCH，在某一时刻只有 1 个用户接收数据。

而当配置多条 HS-SCCH 码道时，通过码字复用，在 1 个 TTI 内可以有多个用户，在 1 个 TTI 内调度的用户数最多为分配给 HS-SCCH 的码道数。根据信道质量、剩余功率、剩余码道、用户数据量等情况决定每个用户的数据速率。

（3）HS-DPCCH

HS-DPCCH 是上行的物理信道，用于承载终端到 Node B 的上行反馈信息以保证链路自适应和物理层重传，承载信息包括 HS-PDSCH 译码信息（ACK/NACK）和 CQI。HS-DPCCH 的扩频因子固定为 256。引入 HS-DPCCH 后 DPCH 的信道结构保持不变。引入 HS-DPCCH 之后的负面影响是 UE 的峰均值比（PAR）增加，导致 UE 的有效发射功率降低，同时也会影响上行覆盖。HS-DPCCH 的帧结构如图 5-14 所示，主要包括 2 部分。

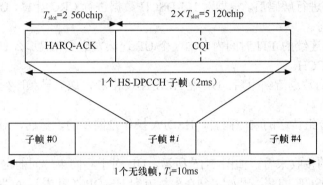

图 5-14 HS-DPCCH 的帧结构

① 第一部分。ACK/NACK 域，指示 HS-PDSCH 的译码结果，通知基站分组数据是否被正确解码。基站检测采用三值检测算法，如果译出的是 ACK 则说明下行 HS-SCCH 译码正确，HS-PDSCH 译码正确；如果译出的是 NACK，则说明下行 HS-SCCH 译码正确，但 HS-PDSCH 译码错误；如果译出的是 DTX，则说明下行 HS-SCCH 译码错误，HS-PDSCH 没有译码。

② 第二部分。CQI 域，指示 UE 的信道质量，告知基站调度程序终端在某一特定时间内预计能够接收的数据速率。在设计 CQI 对应传输格式时，还必须考虑终端的能力限制，当 CQI 超过最大传输格式时，要通过功率缩减因子告知 Node B 减少发射功率。CQI 的传输受 CQI 的上报周期和 CQI 的重复因子控制。

HS-DPCCH 在 R6 中已经得到了增强，通过在 ACK/NACK 前后增加 PRE/POST 的方案，使原来的 3 值检测变为 2 值检测，并且由原来的 1 个 TTI 检测变为多个 TTI 检测。明显地降低 HS-DPCCH 的峰值功率，从而降低 UE 的峰均值比，提高 UE 的功率效率，同时增加上行覆盖。

2. HSDPA 物理层处理流程

当有 1 个或者多个用户使用 HS-DSCH 时，HSDPA 物理层便开始执行如下的物理层处理过程，接着数据会在 Node B 的缓存中暂存。HSDPA 物理层处理流程如下。

① Node B 中的调度器每 2ms 对在缓存中有数据的每个用户评估信道状况、缓存状态、最后一次传输的时间、挂起的重传等。调度器的调度准则由制造商自己定义实现。

② 当 UE 决定在一个特定的 TTI 中发起业务时，Node B 会识别必需的 HS-DSCH 参数，包括码字数目、是否使用 16QAM 和 UE 能力。

③ Node B 在相应 HS-DSCH 的 TTI 之前 2 个时隙开始发送 HS-SCCH。假设在前面的 HS-DSCH 帧中没有该用户的数据，那么 HS-SCCH 的选择（最多从 4 个信道中选）是任意的。如果前面的 HS-DSCH 帧中有该用户的数据，必须使用相同的 HS-SCCH。

④ UE 监测由网络给定的特定 HS-SCCH 集（最多有 4 个 HS-SCCH），如果 UE 对属于该用户的 HS-SCCH 的第一部分进行了正确译码，那么该 UE 将对 HS-SCCH 的剩余部分进行译码，并将 HS-DSCH 中的必要码字进行缓存。

⑤ UE 对 HS-SCCH 的第二部分译码后，就可以决定数据应属于哪一个 ARQ 过程，并确定是否与缓存中的数据进行合并。

⑥ 在 R6 中，前导频序列代替了原来的 ACK/NACK 域，如果网络中对该功能进行了配置（以前 TTI 中没有分组数据），该前导频序列的发送是基于 HS-SCCH 译码，而不是针对 HS-DSCH。

⑦ 对组合数据进行解码后，根据对 HS-DSCH 数据进行 CRC 计算，UE 在上行方向发送 ACK /NACK 指示符。

⑧ 如果网络在连续的 TTI 时间内向同一个 UE 连续发送数据，那么 UE 将使用与前一个 TTI 内相同的 HS-SCCH。

⑨ 在 R6 中，当数据流结束后，UE 在 ACK/NACK 域发送后导频序列，前提是网络启用了该功能。

就 UE 对下行分组传送的响应而言，HSDPA 操作是同步的。然而，对重传的分组来说，网络侧是异步的。

从 HS-SCCH 的接收来看，如图 5-15 所示，UE 对于不同事件间的定时信息的定义是非常准确的，从 HS-DSCH 的解码开始，到在上行方向 HS-DPCCH 发送 ACK/NACK 结束。从 HS-DSCH 的 TTI 结束到 ACK/NACK 传输开始有 7.5 时隙的反应时间。7.5 时隙的值是准确的，任何变化都是为了上行 HS-DPCCH 和上行 DPCCH/DPDCH 码元的对准，因而定时值应在 256chip 的窗口内变化。

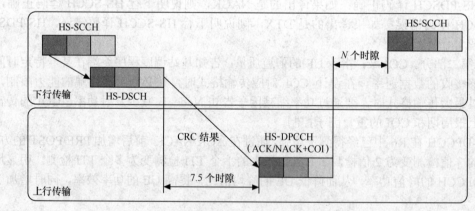

图 5-15　单 HARQ 过程中物理信道的定时关系

在 R6 中，前导频序列和后导频序列的使用对于定时是没有影响的，但是第一个分组的 ACK/NACK 时隙用于前导频序列，如图 5-16 所示。相应的，当传输结束时（或者至少 UE 无法检测到 HS-SCCH 时），后导频序列将在 ACK/NACK 的位置传输。

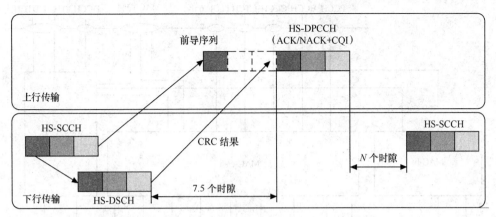

图 5-16 R6 中具有前/后导频序列的工作模式

5.3.3 HSDPA 的 MAC 子层结构

1. MAC 子层结构

引入 HSDPA 技术对高层的影响主要体现在 MAC 子层，MAC 子层新增 MAC-hs 实体，实体位于 Node B 和 UE 侧，使得 MAC-hs 直接面对空中接口的物理层，控制 HSDPA 用户共享资源的分配和数据调度。相关 HS-DSCH 的 MAC 子层操作都是在这里完成的。除了必要的流控和优先级处理外，还要完成 HARQ 协议的相关操作，包括调度、重传和重排等。HSDPA 系统 UTRAN 和 UE 侧的 MAC 子层结构如图 5-17 和图 5-18 所示。在 MAC-hs 和 MAC-d 或 MAC-c/sh 之间，增加了数据流控和数据传输功能，MAC-d 的数据流通过 Iur/Iub 接口，经过 MAC-c/sh 流控后透传给 MAC-hs，或经过 Iur/Iub 接口直接传送到 MAC-hs，MAC-hs 通过 Iur/Iub 接口由 RLC 不断载入新的数据。

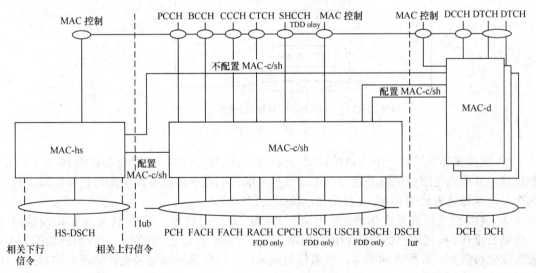

图 5-17 UTRAN 侧的 MAC 层结构

2. UTRAN 侧的 MAC-hs 结构

UTRAN 侧的 MAC-hs 结构如图 5-19 所示，包括流控实体、调度/优先级处理实体、HARQ 实体和传输格式和资源合并（Transport Format Resource Combination，TFRC）选择实体。

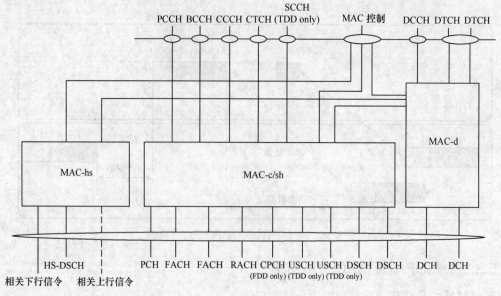

图 5-18　UE 侧的 MAC 子层结构

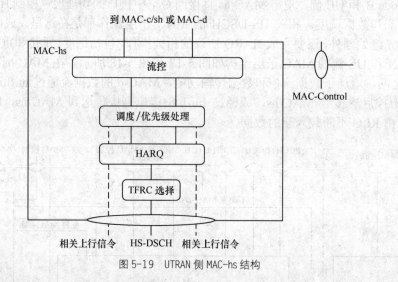

图 5-19　UTRAN 侧 MAC-hs 结构

① 流控实体通过对空中接口传输能力执行动态检测，控制来自 MAC-d 和 MAC-c/sh 的数据流，从而满足空中接口的能力。通过流据流的控制减小数据链路层的时延和拥塞。对于每个具有单独优先级的 MAC-d 数据流，流控是独立的。

② 调度/优先级处理实体协调数据流和 HARQ 之间的资源，根据 ACK/NACK 反馈情况决定是否重传，根据用户优先级和调度策略，以及信道质量指示确定用户传输数据块的大小，设置优先级队列、数据块的编号。按照信道质量好的用户尽量满足最大传输速率的方式，使小区吞吐量达到较高的水平。

③ HARQ 实体处理 HARQ 进程，支持 SAW 协议，实现 HSDPA 用户多进程的数据传输，每用户协议支持最大 8 个进程。每个 TTI 传输的 HS-DSCH 数据对应一个 HARQ 进程。

④ TFRC 选择实体根据信道情况和资源情况选择合适的 TFC，分配 HS-SCCH 和 HS-PDSCH 信道码，选择调制方式。

3. UE 侧的 MAC-hs 结构

UE 侧的 MAC-hs 结构如图 5-20 所示，UE 侧的 MAC-hs 直接和 MAC-d 相连，MAC-d 同时和 MAC-c/sh 也有连接，但是协议规定，在 1 个 UE 内部，MAC-d 只能同时和 MAC-hs、MAC-c/sh 中的 1 个连接。UE 侧的 MAC-hs 结构主要包括 HARQ 实体、重排队列分发实体、重排和拆分实体。

① HARQ 实体负责处理 HARQ 协议，接收各个进程解调后的 MAC-hs PDU 数据包，并根据 CRC 校验，验证接收到的 MAC-hs PDU 是否正确，随后产生 ACK/NACK 反馈给上行信道 HS-DPCCH。

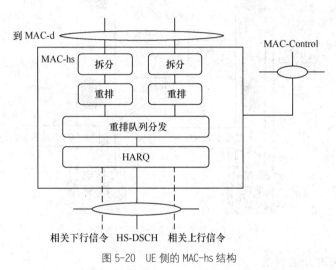

图 5-20 UE 侧的 MAC-hs 结构

② 重排队列分发实体根据 MAC-hs PDU 数据包头中的队列号信息，将 MAC-hs PDU 数据包分送到对应队列的重排实体中，并按顺序依次送至高层。在 UE 侧，每个优先级和传输信道都有 1 个重排序实体。

③ 重排和拆分实体，负责拆分 MAC PDU 数据包，将 MAC-hs 包头去掉，填充比特去掉后，将 MAC-d PDU 上传给 UE 的 MAC-d 实体。

5.4 高速上行分组接入

为了提高上行链路数据传输速率、增大覆盖范围、同时减小时延，HSUPA 系统结合上行链路的特点，借鉴了 HSDPA 中采用的物理层的快速 HARQ、快速分组调度、短的传输时间间隔等技术，同时上行链路中引入了新的扩频因子和软切换技术。在 HSUPA 系统中，新增了一个增强型专用信道（E-DCH）传输 HSUPA 业务。下面简要介绍 HSUPA 关键技术、物理层和 MAC 层的新变化。

5.4.1 HSUPA 关键技术

1. 上行链路快速 HARQ

采用 HSUPA 技术后，上行链路使用了快速物理层数据包 HARQ，数据的重传在移动终端和 Node B 间直接进行。上行链路快速 HARQ 的原理允许 Node B 在没有正确接收上行链路分组数据时要求终端设备重传。而且，Node B 可以利用不同的方法来合并单个分组的多次重传，因而降低了各次传输需要的接收 E_c/N_0。图 5-21 所示为上行链路 HARQ 重传方式与 R99 RLC 级别的重传机制的比较。

HSUPA系统中的Node B收到终端发送的数据包后，通过空中接口向终端发送ACK/NACK消息，如果Node B接收到的数据包正确，将发送ACK消息；如果Node B接收到的数据包不正确，将发送NACK消息。移动终端根据ACK/NACK消息，可以迅速重传发错的数据包。由图5-21中可见，对于HSUPA重传技术，由于数据没有在Iub接口传输，还使用了软合并（SC）和增量冗余（IR）技术，保证了重传数据包的传输正确率。

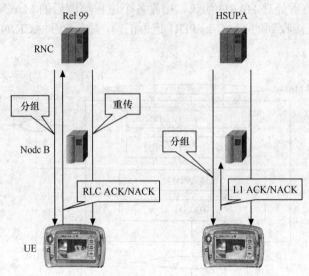

图5-21　R99与增强型上行链路的重传机制

2. 上行链路快速分组调度

R99/R4系统中上行链路调度是基于RNC的。RNC根据来自各Node B的上行链路负荷测量报告和来自各UE的业务测量报告，向UE发送TFC信息，控制上行数据速率。因为结点间需要更高层的信令，调度延迟和调度周期需要花费时间。

HSUPA系统中，上行链路调度基于Node B。用Node B的物理层调度方案，大大减小了调度信令回路时延，调度周期比较短，而且Node B已有的物理层测量信息可以用来作为调度的基础。这确保更及时地进行调度决策，以及更有效地利用上行链路空中接口可用的容量，更好地利用链路资源，提高系统的吞吐量。

在HSUPA系统的调度过程中，为了保证Node B发出准确的调度指令，确定用户的上行数据传输速率和发送功率，UE周期性地向Node B报告调度信息。当UE向Node B发出申请后，Node B调度器根据收到的调度信息，采用不同的调度算法准则，算出各个用户的优先级，并对各用户排队，参考用户申请的传输速率，对队列中的用户确定分配的传输速率。

由于HSUPA系统中调度周期明显缩短，对上行链路空中接口的容量可以进行更多的动态控制。只要某个UE停止发送，或者降低它的传输数据速率，该UE空闲的容量就迅速而有效地被分配给其他UE。这样做的好处是，上行链路负荷的目标工作点可以接近于最大的负荷水平，而不会增加过负荷的概率。

3. 短帧长

HSUPA的帧大小有2种选择，即2ms和10ms。

在HSDPA下行链路中引入2ms TTI的想法是由于HS-PDSCH传输没有采用功率控制。而在上行链路引入2ms的TTI的想法是希望降低HARQ的重传延迟，可以更好地配合HARQ

和快速调度的实施，提高网络和终端的吞吐量。采用 2ms 的 TTI 可以提高响应速度，使系统提供实时视频、流媒体等多媒体业务成为可能，可以提高终端用户的服务质量。

2ms 的 TTI 面临的是因为终端有限的功率资源而导致的上行链路覆盖问题。当每个 TTI 中含有同样多的数据时，2ms 内发射的能量可能比 10ms 少。另外，当 TTI 降为 2ms 时，交织增益也会减少。HSUPA 中保留了 10ms 的 TTI，用于处于小区边缘和信道条件较差的环境。

4. 软切换

由于移动台终端发射功率有限，上行链路增强型技术的 HSUPA 使用了软切换技术，可以带来软切换增益。处于软切换状态时，1 个 UE 和多个 Node B 进行通信，相应带来 Node B 接收数据包的合并、HARQ、调度、信令、时延控制等的复杂处理，出现在 HSDPA 系统中不会出现的复杂因素。比如对于 HARQ 技术，HSUPA 在 UE 端和 RNC 端需要对多个 Node B 的数据包进行合并，多个 Node B 的数据包都将回复 ACK/NACK 信息。软切换的增益来自一个 Node B 正确接收数据包，而另一个 Node B 无法正确接收数据包。因此一个 Node B 给 UE 发送肯定的确认，而另一个 Node B 给 UE 发送否定的确认的情况下，网络已经接收到了该数据，UE 便不应该再发送同样的分组，如图 5-22 所示。

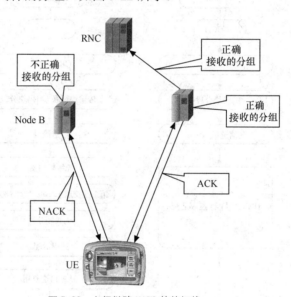

图 5-22 上行链路 HARQ 的软切换

5.4.2 物理层信道结构的变化

HSUPA 对物理层结构作了一些改进,在上行链路中引入增强型专用信道所带来的基本问题是 R99 的信道结构会受到影响。上行链路数据传输可以保持不变,但是信令给物理层提出了一些新的要求。HSUPA 新增的上行信道有, 增强的专用传输信道（E-DCH）、增强上行专用物理信道（E-DPDCH）、上行控制信令物理信道（E-DPCCH）。下行控制信令物理信道包括 E-DCH HARQ 确认指示信道（E-DCH HARQ Acknowledgement Indicator Channel, E-HICH）、E-DCH 相对授权信道（E-RGCH）和 E-DCH 绝对授权信道（E-AGCH）。

与 HSDPA 一样，Node B 中加入了 1 个用于 HSUPA 的上行调度器。但是，调度功能的目的与 HSDPA 中的不同，HSDPA 中调度器的目的是为多个用户分配 HS-DSCH 资源（时隙和码字），而 HSUPA 中上行调度器的目标是为各个 E-DCH 用户分配所需要的尽可能多的容量（发射功率），以保证 Node B 不会产生功率过载。

HSUPA 中，E-DCH 传输信道终止于 Node B，Node B 端新增加了 MAC-e 实体，可以执行快速调度、基于物理层的重传机制，缩短了传输时延。而 R99 版本中上行传输信道 DCH 终止于 RNC，数据的调度和重传须由 RLC 执行，传输时延较大。表 5-3 给出 E-DCH 与 DCH 信道特点的比较。

表 5-3　　　　　　　　　　　　E-DCH 与 DCH 对比

技术指标	E-DCH	DCH
重传机制	L1 层的 HARQ	RLC 层的 HARQ
信道编码	Turbo 编码	Turbo 编码和卷积编码
TTI	2ms 或 10ms	10ms

E-DCH 映射到 E-DPDCH 的过程如图 5-23 所示。图中同时给出 R99/R4 版本中 DCH 的映射过程。

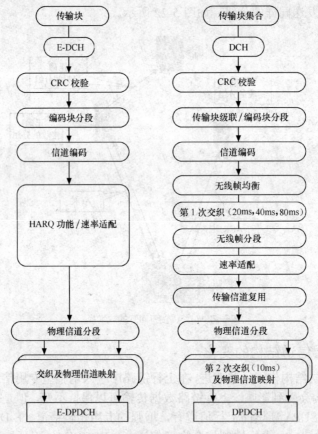

图 5-23　E-DCH 传输信道映射到物理信道的过程

① CRC 校验。E-DCH 的 CRC 校验总是把 1 个 24bit 的 CRC 添加到从 MAC 子层接收的传输块上。而 DCH 的 CRC 长度可以配置为 0bit，8bit，12bit，16bit 或 24bit。

② 编码块分段。E-DCH 的编码块分块模块将输入块分段为 5 114bit 的编码块。而 DCH 编码块的最大尺寸取决于所使用的编码（Turbo 码为 5 114bit，卷积码为 5 041bit）。

③ 信道编码。E-DCH 的信道编码采用 1/3 码率的 Turbo 码。DCH 的信道编码可以是 1/2、1/3 码率的卷积码，也可以是 1/3 码率的 Turbo 码。

④ HARQ 功能/速率适配。E-DCH 的物理层 HARQ 功能/速率适配模块，将信道编码输出比特与可利用的物理信道比特相适配，并产生增量冗余 HARQ 所需的不同冗余版本。

⑤ 物理信道分段。E-DCH 的物理信道分割模块在多个 E-DPDCH 之间分配信道比特。在 DCH 处理流程中的相应模块也具有相同功能。

⑥ 交织及物理信道映射。E-DCH 对无线帧的比特进行交织，将要传输的数据比特映射到物理信道（E-DPDCH）。

下面依次介绍 HSUPA 新增的上行物理信道特点及功能。

1. E-DPDCH

E-DPDCH 是一个新的上行物理信道，映射 E-DCH 传输信道的处理结果，用于实现从终端到基站的数据传输。E-DPDCH 与 3GPP R5 中所有上行专用信道（DPDCH，DPCCH 和 HS-DPCCH）并行共存，HS-DPCCH 用于 HSDPA 反馈信息的传送。这样引入 HSUPA 后，在上行方向最多可以同时传输 5 种不同类型的专用信道。

（1）E-DPDCH 的信道结构特点

① 支持 OVSF，通过调整扩频因子达到实际传输的数据比特需求。通过支持多条信道并行传输达到比 1 条物理数据信道更高的数据速率。DPDCH 和 E-DPDCH 支持的数据速率是不同，见表 5-4。二者都支持扩频因子 256，128，64，32，16，8 和 4，在单 OVSF 码传输情况下，相应的比特速率为 15kbit/s，20kbit/s，60kbit/s，120kbit/s，240kbit/s，480kbit/s，960kbit/s。对于 E-DPDCH 来说，最大的不同是其支持的最小扩频因子是 2，而 DPDCH 最小的扩频因子是 4，这样 E-DPDCH 每个码字传送的信道比特就是 DPDCH 的 2 倍。

表 5-4   DPDCH 和 E-DPDCH 物理信道的数据速率

信道比特速率/Mbit/s	DPDCH	E-DPDCH
0.015～0.96	SF256-SF4	SF256-SF4
1.92	2×SF4*	2×SF4
2.88	3×SF4*	—
3.84	4×SF4*	2×SF2
4.8	5×SF4*	—
5.76	6×SF4*	2×SF4+2×SF2

* 实际应用中 DPDCH 不支持多码传输

② 使用 BPSK 调制以及相同的快速功率控制技术。

③ E-DPDCH 支持快速物理层 HARQ 和基于 Node B 的快速调度。

④ E-DPDCH 支持 2ms 的 TTI。而 DPDCH 仅支持 10ms 的无线帧，当使用 2ms TTI 时，10ms 的无线帧必须分成 5 个独立的子帧。

（2）E-DPDCH 的帧结构

E-DPDCH 的帧结构如图 5-24 所示。当使用 10ms 的 TTI 时，E-DPDCH 无线帧使用 15 个时隙用于传输 E-DCH 传输信道所处理的传输块。在 2ms 的 TTI 时候，每个 2ms 子帧传输 1 个 E-DCH 传输块。

E-DPDCH 工作时需要 DPCCH 的支持。DPCCH 中的导频用于信道估计和 SIR 计算，功率控制比特用于下行的功率控制。为了保证接收机清楚 E-DPDCH 使用的传输格式，需要新控制信道（E-DPCCH）发送传输格式信息，E-DPCCH 与 E-DPDCH 信道必须配合使用，不能独立存在。

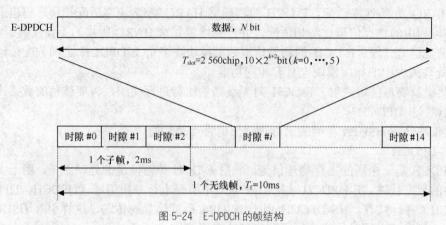

图 5-24　E-DPDCH 的帧结构

2. E-DPCCH

E-DPCCH 是一条新的上行物理信道，用于从终端向基站传输 E-DPDCH 的控制信息，也就是说用于传输相应数据信道的解码信息。与 E-DPDCH 一样，E-DPCCH 与 3GPP R5 所有的上行专用信道并存，并且总是与 E-DPDCH 成对出现。

E-DPCCH 具有与 E-DPDCH 相同的帧结构，使用固定扩频因子 $SF=256$，在 2ms 的子帧时间内能够传送 30 个信道比特。

3. E-HICH

E-HICH 是一条新下行物理信道，具有固定扩频因子 $SF=128$，E-HICH 信息采用 BPSK 调制，具体调制方式取决于发送 E-HICH 的小区，用于发送上行数据包传输确认或否认信息。如果 Node B 正确接收 E-DPDCH 的分组数据，则反馈接收正确数据的确认信息（ACK），否则将反馈错误数据的确认信息（NACK）。

E-HICH 的帧结构如图 5-25 所示。HARQ 确认指示符通过 3 个或 12 个连续时隙进行发送。3 个和 12 个时隙周期分别用于 E-DCH TTI 被设置为 2ms 和 10ms 的情况。

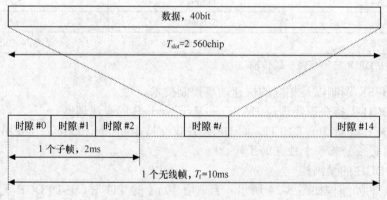

图 5-25　E-HICH/E-RGCH 帧结构

4. E-RGCH

E-RGCH 是一条新的固定速率的下行物理信道，$SF=128$，用于传输服务 Node B 的调度授权信息，即发送调度命令以调整最大允许的 E-DPDCH/DPCCH 的功率比，进而调整 E-DPDCH

的发射功率，实现对 UE 传输速率的调整。

E-RGCH 的帧结构同 E-HICH 的帧结构。相对授权在 3 个、12 个或 15 个连续的时隙中传送。3 个和 12 个时隙时长可用于控制小区为 E-DCH 服务小区且 E-DCH TTI 分别为 2ms 和 10ms 的 UE。15 时隙时长用于控制小区不在 E-DCH 服务小区中的 UE。

5. E-AGCH

E-AGCH 是一条新的固定速率下行公共物理信道，$SF=256$，用于传输 Node B 调度机制判决的绝对授权值。绝对授权值指示 UE 使用数据信道传输（E-DPDCH）所允许的相对发送功率，即在当前的传输中所采用的业务与导频的功率比，从而等效地告诉 UE 可以使用的最大传输数据速率。

E-AGCH 的帧结构如图 5-26 所示。如果 E-DCH 的 TTI 为 2ms，E-AGCH 的 TTI 也为 2ms。如果 E-DCH 的 TTI 为 10ms，E-AGCH 发出的绝对授权指示将在 5 个子帧里重复。

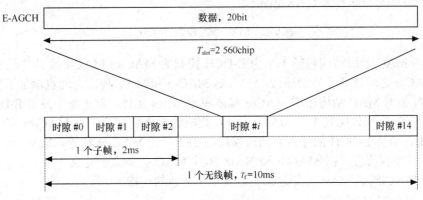

图 5-26　E-AGCH 的帧结构

5.4.3　HSUPA 的 MAC 子层结构

1. MAC 子层结构

在 HSUPA 中，为了支持增强型上行专用传输信道（E-DCH），在 UE 侧和 UTRAN 侧引入了新的 MAC 子层实体 MAC-es 和 MAC-e，负责处理 E-DCH 的标准功能，如图 5-27 和图 5-28 所示。

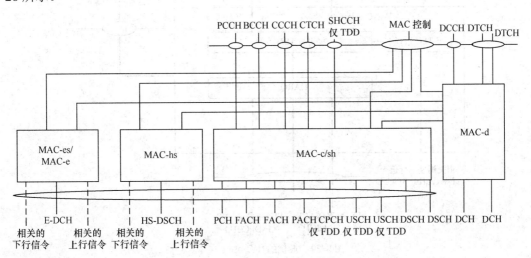

图 5-27　UE 侧的 MAC 子层结构

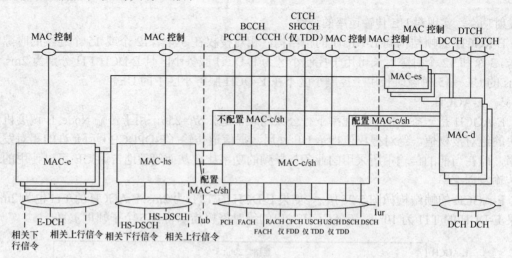

图 5-28　UTRAN 侧的 MAC 子层结构

UE 侧的 MAC 子层结构包括 1 个由 E-DCH 控制的 MAC-es/MAC-e 实体。从 MAC-d 到 MAC-es/MAC-e 之间建立了新的连接，MAC-es/MAC-e 和 MAC 控制之间也增加了新的连接。

UTRAN 侧的 MAC 结构新增 MAC-e 实体和 MAC-es 实体。对于每个使用 E-DCH 的 UE 来说，每个 Node B 应该配置 1 个 MAC-e 实体，相应的 SRNC 配置 1 个 MAC-es 实体。MAC-e 位于 Node B，负责 E-DCH 的接入，同时保持与 SRNC 的 MAC-es 相连，MAC-es 与 MAC-d 相连接。对于控制信息，在 MAC-e 和 Node B 的 MAC 控制之间定义了 1 个新的连接，在 MAC-es 和 SRNC 侧的 MAC 控制之间也定义了 1 个新的连接。

2. UE 侧的 MAC-es/e

UE 侧的 MAC-es 和 MAC-e 的功能不再细分，MAC-es/e 主要完成 E-DCH 的处理。在 UE 侧的 MAC-es/e 由 HARQ 实体、复用与传输序列号（Transmission Sequence Number，TSN）设置实体和 E-DCH 传输格式合并（E-DCH Transport Format combination，E-TFC）选择实体组成，如图 5-29 所示。

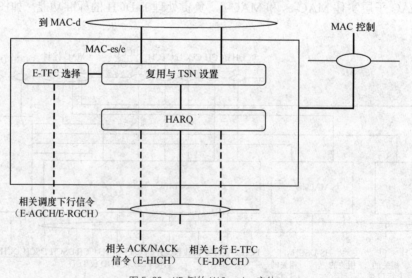

图 5-29　UE 侧的 MAC-es/ e 实体

（1）HARQ 实体

HARQ 实体负责处理与 HARQ 协议相关的 MAC 功能，负责存储 MAC-e PDU 数据并对其进行重传。HARQ 协议的具体配置由 MAC 控制 SAP 上的 RRC 提供。HARQ 实体提供 E-TFC、重传序号（RSN）和物理层使用的功率偏置。HARQ 传输的冗余版本参数（RV）由物理层从 RSN、连接帧号（Connection Frame Number，CFN）和子帧号导出。RRC 信令也可以配置每次传输都使用 $RV=0$。

（2）复用与 TSN 设置实体

复用和 TSN 设置实体负责将来自 1 个 MAC-d 流的多个 MAC-d PDU 合并入同一 MAC-es PDU 中，将 1 个或多个 MAC-es PDU 复用到同一 MAC-e PDU 中，并在下 1 个 TTI 中传输发送。此外该实体还负责基于每个逻辑信道为每个 MAC-es PDU 管理和设置 TSN。

（3）E-TFC 选择实体

在每个 TTI 中，UE 将根据从 Node B 中收到的调度信息，由 MAC 层从中选择一个最合适的传输格式，传输格式包括当前 TTI 传输的传输块大小以及复用该传输块中的各个 RLC 缓冲区中的数据量。E-TFC 选择实体负责根据从 UTRAN 接收到调度信息（相对授予和绝对授予）选择 E-TFC，并负责在映射到 E-DCH 的不同流之间做出判决。E-TFC 实体的具体配置由 MAC 控制 SAP 上的 RRC 提供。

3. Node B 的 MAC-e

Node B 中为每个 UE 提供了 1 个 MAC-e 实体和 1 个 E-DCH 调度器功能。Node B 中 MAC-e 和 E-DCH 调度器处理 HSUPA 相关功能。MAC-e 和 E-DCH 调度器组成实体如图 5-30 所示。

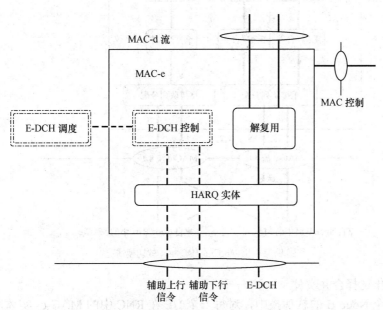

图 5-30　Node B 的 MAC-e 实体

（1）E-DCH 调度实体

该功能管理 UE 之间的 E-DCH 小区资源，根据调度请求，确定和发送调度授权。

（2）E-DCH 控制实体

E-DCH 控制实体负责接收调度请求，发送调度授权给当前的 HSUPA 用户。

（3）解复用实体

解复用实体负责 MAC-e PDU 的解复用，将 MAC-es PDU 前转到相应的 MAC-d 流。

（4）HARQ 实体

同一 HARQ 实体可以支持多个 HARQ 进程。每个进程负责产生指示 E-DCH 传输状态的 ACK 或 NACK，HARQ 实体处理 HARQ 协议所需的所有任务。

4. RNC 的 MAC-es

对于每个 UE，RNC 中有 1 个 MAC-es 实体，专门负责 E-DCH 的处理。MAC-es 子层处理 Node B 中 MAC-e 实体上传的数据流，UTRAN 侧的 MAC-es 组成实体如图 5-31 所示。

（1）重排队列分配实体

重排队列分配实体基于 RNC 配置，将 MAC-es PDU 路由到相应的重排序缓存区中。

（2）重排序实体

来自不同的 MAC-d 数据流中的数据在不同的重排序队列中被重排。每个逻辑信道有 1 个重排队列。重排序实体根据所接收到的 TSN 和 Node B 标记（CFN、子帧号）对接收到的 MAC-es PDU 重新排序。重排实体的数量由 RNC 控制。

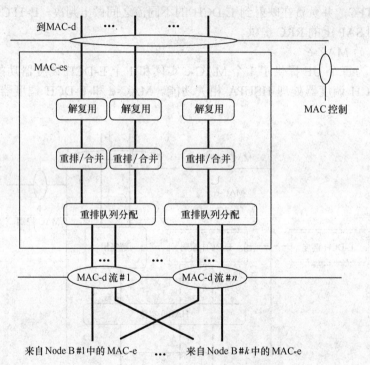

图 5-31　UTRAN 侧的 MAC-es（软切换情况）

（3）宏分集选择合并实体

在涉及多个 Node B 的软切换中，对每一个 UE 在 RNC 中的 MAC-es 实体，将接收来自不同 Node B 的 MAC-es PDU，MAC-es 实体可以根据每个 TTI 的帧质量来进行选择。该功能在 MAC-es 中实现（同一个 Node B 内的软合并在该 Node B 中实现），也意味着重排功能从 E-DCH 激活集中的每个 Node B 接收 MAC-es PDU。3GPP 规范中没有规定具体实现。

（4）解复用实体

解复用实体负责分解 MAC-es PDU。对 MAC-es PDU 进行分解时，将 MAC-es 头部删除，提取 MAC-d PDU，然后传送到 MAC-d。

5.5 HSPA 技术演进

随着全球移动通信的快速发展，HSPA 网络的大量部署，如何保护 HSPA 阶段对网络的投资，在尽可能不改变现有系统的基础上，通过一些增强技术的引入，在相同带宽下达到接近 LTE 的性能是 HSPA 技术演进（HSPA+）阶段需要解决的问题。HSPA+是由拥有较多 HSDPA、HSUPA 专利的厂商、已部署或即将部署 HSDPA 网络的运营商希望 3G 拥有一个较长的生命周期而提出的技术方案。

1. 设计目标

HSPA+的设计目标如下。

① HSPA+要在 5MHz 内达到与 LTE 一样的频谱效率。

② HSPA+要尽可能实现与 LTE 共享部分资源，如 LTE 的核心网等。

③ 简化或减少网络节点数量。

④ HSPA+要作为一个仅仅使用高速数据信道（HS-DSCH，E-DCH）的分组网络。

⑤ HSPA+网络应该后向兼容 R99/HSPA 的终端。

⑥ 希望能在现有的 3G 网络上进行小规模的升级即可支持 HSPA+的功能。

2. HSPA 网络结构的演进方案

HSPA+对网络结构进行了扁平化处理，将 RNC/Node B 合二为一，不改变原有的 Iu 接口，只是对无线侧进行简单的软件升级，增加了容量，缩短了时延。

HSPA 的引入没有改变原有 WCDMA R99 网络结构，只是进行了软件升级。HSPA+与 HSPA 网络结构具有如下异同。

① 可共享核心网络，Iu 接口没有改变。

② Node B+（HSPA+中的 Node B）具有 RNC 的功能，消除了 Iub，增加了 Iur 处理量。

③ 降低了用户面时延，HSPA+用户面协议终止于 Node B+，而 HSPA 终止于 RNC。

④ 降低了控制面时延，HSPA+控制面协议终止于 Node B+，而 HSPA 终止于 RNC。

⑤ 由于移动而导致的信令处理量加大。

⑥ HSPA+网络兼容 HSPA 下的 UE，但是对于基于 CS 域的语音需要转移到原有的 SRNC 下进行处理。

⑦ 由于引入频繁的 SRNC 重定位，移动性变弱。

3. HSPA+引入的新技术

HSPA+是在 HSPA 基础上的演进，在关键技术上，它保留了 HSPA 的如下特征：快速调度、HARQ、下行短帧 2ms、上行 10ms/2ms、自适应调制和编码，同时保留了 HSDPA/HSUPA 的所有信道及特征等。HSPA+完全兼容 HSPA 技术，但为了支持更高的速率和更丰富的业务，HSPA+也引入了更多的新技术。

（1）MIMO 技术

MIMO 技术是指在发射端和接收端分别使用多个发射天线和接收天线，从而提高数据速率，减少误比特率，改善无线信号传送质量。MIMO 技术的工作原理将在第 8 章介绍。

（2）分组数据的连续传输

分组数据的连续传输用于优化 HSPA+网络上的分组数据传输，使得用户可以长时间地保持连接状态，而不是频繁地终止、建立连接，使得用户可以感受到的连接时延减小，从而提供一种"永远在线"的用户体验。

为保持数据连接的可持续性，需要对每个用户都分配并保持控制信道的连接，而业务信道则是偶尔通过控制信令进行分配。由于业务信道采用共享信道，分配是十分迅速的。但是为了保证业务信道的快速分配，所需的控制信道将长期占用系统资源。从网络的角度来看，上行控制信道将会引起上行的噪声增加，干扰到其他用户的传输，减小覆盖范围。从用户的角度来看，也会造成 UE 的电池消耗。因此，有必要对控制信道进行优化，减少其负荷。采用的技术有上行的非连续传输（DTX）、下行的非连续接收（DRX）和对 HS-SCCH 的修订。

（3）引入高阶调制

为进一步提高速率，HSPA+在下行引入 64QAM，1 个符号代表 6bit，同时它与 MIMO 的有效配合，将使下行峰值速率达到 42Mbit/s。HSPA+在上行引入了 16QAM 的调制方案，使上行峰值速率从 HSUPA 时的 5.76Mbit/s 提升到 28Mbit/s。高阶调制方式涉及 L1/L2/L3 三层以及 Iub/Iur 接口规范的修订。

（4）增强的 CELL_FACH 状态

UE 处于何种状态与 UE 在哪个信道上进行传输/接收及 UE 所执行的任务相关。其中逻辑信道中的 DCCH 和 DTCH 只在 CELL_DCH 和 CELL_FACH 下使用。在 R5 和 R6 中定义的 HSDPA 和 HSUPA 只在 CELL_DCH 状态下使用。而在 HSPA+中，"增强的 CELL_FACH 状态"不仅使得 HSDPA 可以用于 CELL_FACH，还包括 URA_PCH 和 CELL_PCH 状态。主要改进内容如下。

① 通过 HSDPA 的使用增加 UE 在 CELL_FACH 状态下的峰值速率。

② 通过增大高层数据速率，减小 CELL_FACH，CELL_PCH 及 URA_PCH 信道用户面/控制面时延。

③ 减小 CELL_FACH，CELL_PCH 及 URA_PCH 状态到 CELL_DCH 状态的转换时延。

④ 通过 DTX 不连续传输减小 CELL_FACH 状态下的 UE 功率消耗。

（5）增强的 L2 层协议

L1 层新技术的引入极大地提高了下行的峰值速率，但是 HSDPA 在 RLC 层的峰值速率受限于 RLC PDU 的大小以及 RLC 窗尺寸。因此 L2 层主要改动如下。

① 通过引入可变大小的 RLC PDU 模式、MAC-hs 的复用和 MAC-hs 的分割增加对高速数据链路层的支持。

② 提供两套协议格式，保证新旧系统的平滑演进。

③ 增加 MAC-d 复用及 RLC 级联。

④ 新增 MAC-ehs 实体，与原有的 MAC-hs 实体协同工作。

HSPA+是一个全 IP、全业务网络，同时它后向兼容原有 R99/HSPA 网络以及相应的终端，HSPA+的网络部署不会带来旧用户终端的更换，较好地保护了用户的原有投资。它与 LTE 不具有兼容扩展性，同时它们的标准进度基本相似。那么，运营商是选择直接部署 LTE 还是选择过渡阶段的 HSPA+技术，最终取决于业务的发展、频率的规划等问题。

小　　结

1. HSDPA 网络采用的技术包括自适应调制和编码技术（AMC）、混合自动重传请求技术（HARQ）。HSDPA 业务信道使用 Turbo 码，可以在 2ms 内进行动态资源共享。HSDPA 增加了物理信道，并采用多码传输方式、短传输时间间隔、快速分组调度技术和先进的接收机设计等，使小区下行峰值速率达到 14.4Mbit/s。

2. HSDPA 和 HSUPA 在用户协议结构中都引入了新的组件。HSDPA 中 RNC 保留了 MAC-d 实体，但是除了保留传输信道转换功能外，其他所有功能都转移到了新协议实体 MAC-hs，RLC 层基本没有变化。MAC 子层新增了 MAC-hs 实体位于 Node B，其作用主要是负责处理与 HS-DSCH 有关的第二层功能。HSUPA 在 Node B 中同样增加了类似的新 MAC

实体，即 MAC-e。由于调度能力已经移到了 Node B 上，所以终端（UE）中也包含了新的 MAC 实体（MAC-es/s）。

3．基于 R99/R4 版本无线网络结构引入 HSDPA 功能，对 Node B 改动比较多，对 RNC 主要是修改算法协议软件，硬件影响很小。如果在 R99/R4 版本设备中已考虑了 HSDPA 功能升级要求（如 16QAM、缓冲器及处理器的性能等），那么实现 HSDPA 功能不需要硬件升级，只要软件升级即可。

4．HSUPA 系统结合上行链路的特点，借鉴了 HSDPA 中技术，采用物理层的快速 HARQ 技术，数据的重传在移动终端和 Node B 间直接进行。上行链路调度基于 Node B 物理层快速分组调度方案，减小了调度信令回路时延。采用 2ms 的 TTI 可以提高响应速度，保留了 10ms 的 TTI，用于处于小区边缘和信道条件较差的环境。同时上行链路中引入了新的扩频因子和软切换技术。

5．对 TD-SCDMA 和 WCDMA 而言，HSDPA 采用的关键技术是基本一致的，实现方式也非常相似，两者不同的地方主要体现在帧结构不同、信道结构不同。

6．TD-HSDPA 单个载波上可提供的下行峰值速率偏低，难以满足用户对更高速率分组数据业务的需求。在已经发布的基于 3GPP R4 的第一版行业标准中，引入 N 频点特性。通过多载波捆绑的方式提高 TD-HSDPA 系统中单用户峰值速率，即所谓的多载波 HSDPA 方式。

7．TD-HSUPA 中通过使用 AMC、HARQ 及快速调度等技术获得增强的上行用户速率和系统吞吐量；在 UE 和 Node B/RNC 的 MAC 子层引入了 MAC-e/MAC-es 实体，完成相关调度、优先级处理、反馈、重传等功能，可以显著地提高调度和传输/重传的速度，减少数据传输的整体时延。

8．HSUPA 引入了新的增强专用信道（E-DCH）和对应的 E-DCH 上行物理信道（E-PUCH）。同时，为了完成相应的控制、调度和反馈，HSUPA 在物理层引入了 E-DCH 随机接入上行控制信道（E-RUCCH），E-DCH 绝对授权信道（E-AGCH）和 E-DCH HARQ 指示信道（E-HICH）。与 HSDPA 类似，HSUPA 最终将采用多载波方式，并使 N 频点特性和 HSUPA 特性有机结合。

9．HSPA+是在 HSPA 基础上的演进，在关键技术上，它保留了 HSPA 的如下特征，快速调度、混合自动重传（HARQ）、下行短帧（2ms）、上行可变帧长（10ms/2ms）、自适应调制和编码，同时保留了 HSPA 的所有信道及特征。因此，它向下完全兼容 HSPA 技术，但为了支持更高的速率和更丰富的业务，HSPA+也引入了更多的新技术，如 MIMO 技术、分组数据连续传输技术、上/下行均采用更高阶调制、接入网架构的优化等。

练 习 题

1．什么是 HSPA？介绍 HSPA 技术的演进过程。
2．简述引入 HSDPA 对 R99/R4 版本无线网络结构的影响。
3．介绍 TD-HSDPA 和 W-HSDPA 的异同。
4．介绍 HSDPA 主要采用了哪些关键技术。
5．描述 HSDPA 中新增信道的名称和功能。
6．介绍 HSUPA 主要采用了哪些关键技术。
7．描述 HSUPA 中新增信道的名称和功能。
8．描述 TD-HSDPA 中新增信道的名称和功能。
9．描述 TD-HSUPA 中新增信道的名称和功能。
10．比较 HSPA+和 HSPA 的异同。

第6章 LTE 关键技术

随着 LTE 商用网络的日益普及，深入了解 LTE 移动通信系统的关键技术变得更加必要。LTE 移动通信系统的功能实现应归功于移动无线技术的进步。本章将介绍 LTE 移动通信系统空中接口的基本技术。主要内容如下。

- OFDM 技术原理及应用
- MIMO 技术原理及应用
- 调度的策略和实现
- 链路自适应和 HARQ
- 常用的干扰抑制技术
- 自动化网络技术的功能和实现
- 载波聚合技术和载波聚合协议
- 无线中继技术及应用。

6.1 OFDM 技术

6.1.1 概述

OFDM 是一种特殊的多载波调制（Multi-Carrier Modulation，MCM）技术，能够有效地减少多径效应对信号的影响。

OFDM 技术起源于 20 世纪 60 年代的军事通信系统，当时并没有大范围的商用，主要是由于当时没有先进的电子电路技术和先进的信号处理器。在 20 世纪 80 年代，基于快速傅里叶变换（Fast Fourier Trasnsorm，FFT）的数字调制器的使用，人们又重新对 OFDM 技术产生了兴趣，OFDM 曾经被 GSM 考虑过，也被作为 UMTS 的一种候选方案，但是实际上一直没有被用到移动通信中，主要是由于当时的信号处理速度还是不够快，另外即使有了合适的处理芯片，又由于价格太昂贵并且功耗较高不太适于移动终端。

摩尔定律使得数字处理技术大幅进步，并且芯片价格不断地降低，OFDM 技术又重新得到了大家的重视。OFDM 作为保证高频谱效率的调制方案已被一些规范及系统采用，如数字音频广播（DAB）、数字视频广播（DVB-T）、IEEE 802.11a 及 HIPERLAN/2（高性能本地接入网）、IEEE 802.16d/e 等等。OFDM 也成为 LTE 移动通信系统中特别是下行链路的最优调制方案之一，OFDM 技术和传统多址技术结合成为 LTE 移动通信系统多址技术的应用方案。在介绍 OFDM 原理和应用前，首先了解 OFDM 技术的优缺点。

1. OFDM 技术优点

① 由于 FFT 技术的使用，使得 OFDM 信号的产生和处理变得非常容易，较窄的子载波

带宽使得均衡非常容易。

② 较长的 OFDM 符号周期，更容易对抗由于多径引起的频率选择性衰落，保护时间的引入有效减少了子载波间的干扰。

③ 正交子载波极大地提高了频谱利用率。

④ 子载波采用更有利于频谱利用的灵活性，如可以给用户分配不同的子载波数量。

⑤ 可以灵活地利用那些没有分配的频谱资源，尤其是那些在低频段的频率资源，低频率能够覆盖更大的小区范围。

⑥ 在下行信道中采用了反馈机制，基站就可以在信噪比较好的子载波上采用更高的调制方式来获得更大的信息传送速率，为用户提供最优的信息传送速率，这也就是信息论中的注水定理，即好的信道传送更多的信息，差的信道少传送或不传送信息。

⑦ 可以通过连续使用几个低复杂度的 FFT 来减少单个 FFT 的复杂度。

⑧ 相对于单载波信号的另一个优点就是 OFDM 能够更加容易地对抗频率和相位失真，不管是由于发射端引起的损伤还是由于信道的不理想。因为 OFDM 信号是在频域中通过子载波的相位和振幅来表示的，通过在子载波中添加一些预先定义的幅度和相位的参考符号（相当于其他系统中的导频信号），那么在接收端解调前可以比较容易地纠正由于频域内引起的信号损伤。参考符号在那些高阶调制的信号中尤其重要（如 16QAM，64QAM），即使在相位和幅度上很小的差错，也会导致解调后出现判决错误。

⑨ 由于有参考符号，OFDM 系统在频域上处理信号的幅度和相位非常容易。另一种 LTE 移动通信的关键技术 MIMO 也需要在频域内处理信号，所以 OFDM 和 MIMO 技术可以非常好地结合。

2. OFDM 技术缺点

① 峰均比较高。随着子载波数量的增加，峰均比也较高（峰值功率/平均功率）。假设使用低阶调制如 QPSK，在 QPSK 中每个调制符号的功率是相同的，也就是说单个子载波在发射信号时的功率基本不变。必须注意到在实际的 OFDM 系统中，每个子载波是分配给不同的移动终端使用，而这些移动终端距离基站的位置可能并不相同，那么基站就会调节不同子载波的发射功率，这就导致 OFDM 系统中的每个子载波的平均功率并不相同，随着子载波数量的增加，峰值功率和平均功率的比值必然会增加，另外 OFDM 中的有些子载波可能处于空闲状态，并没有发射信号，这样峰均比还会提高。而子载波如果采用 16QAM、64QAM 的高阶调制方式，在这2 个调制方式中，首先每个调制符号的功率并不相等，不同调制方式的星座图如图 6-1 所示。

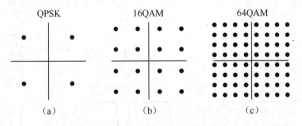

图 6-1　不同调制方式星座图

如果从一个单载波的角度来看，峰值功率和平均功率的比值就不为 1（不像 QPSK，单载波的峰均比为1），所以调制阶数越大峰均比也就越高。峰均比越高导致功率放大器成本、体积和功耗增加，尤其是在终端更不现实。虽然目前提出了一些降低峰均比的技术，但是这些技术都有一些局限性，而且需要更多的处理功率，并且降低了信号的质量。

② 另一个缺点就是子载波的间隔引起的问题，如为了减少循环前缀带来的开销，有效的

方式就是增加符号的周期，即更小的子载波间隔。除了需要增加 FFT 的处理能力外（子载波数量越多，需要的 FFT 处理能力越高），子载波间的正交性也会由于频率偏移导致正交性的丢失，同时峰均比还会增加。

由于多载波传输有一些缺点，主要就是高峰均比（峰值功率/平均功率），不太适于上行信道。与下行 OFDM 将数据符号独立调制到每个子载波不同，上行信道采用宽带单载波传输作为多载波传输的替换方法。上行时每个子载波上的调制符号是同一时刻所有子载波上传输数据符号的线性合并。相当于所有的子载波都携带了每一个数据符号的分量，使得上行具有单载波系统的特性，故我们也经常说上行采用单载波 OFDM 技术（SC-OFDM，Single Carrier OFDM）。

6.1.2 OFDM 基本原理

OFDM 的主要思想：将信道分成若干正交子信道，将高速数据信号转换成并行的低速子数据流，调制到每个子信道上进行传输。正交信号可以在接收端采用相关技术分离，这样可以减少子信道之间的相互干扰。每个子信道上的信号带宽小于信道的相关带宽，因此每个子信道上可以看成平坦性衰落，从而可以消除符号间干扰。而且由于每个子信道的带宽仅仅是原信道带宽的一小部分，信道均衡变得相对容易。OFDM 可以与分集、空时编码、干扰和信道间干扰抑制以及智能天线技术等相结合，最大限度地提高系统性能。

1. 多载波传输

在介绍 OFDM 信号的生成前，先介绍多载波传输技术。

（1）多载波传输

多载波传输，就是将宽带信号分成一些带宽较窄的信号并行传输，多载波传输方案示意图如图 6-2 所示。

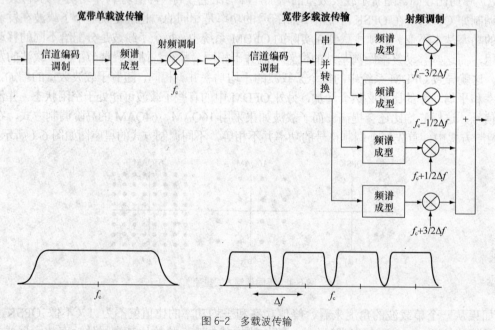

图 6-2　多载波传输

通过在同一个无线信道中并行地传送 M 路信号，总的信息速率就会相应地增加 M 倍，这样频率选择性衰落的影响就会限制在每个子载波，而不是整个带宽，在子载波中进行均衡就会大大地降低均衡的复杂度。这样的多载波传输有两个明显的缺点：

① 每个子载波之间需要留有一定的保护带宽来避免子载波间干扰,这样就会降低频谱效率。

② 由于多个子载波并行传输,瞬时功率的变化范围会很大,导致了功率放大器效率的下降,又增加了设计功率放大器的成本。由于发射平均功率的降低,小区的覆盖范围也随之减少,这就意味着多载波传输更适于下行链路(基站到移动终端),而不适合上行链路(在手机中功率放大器的效率是最重要的)。

多载波传输的优点就是能够支持目前的移动系统平滑的演进(不用更换现行移动设备和频谱,使用现行的技术来支持高速信息传送),尤其是对下行链路,如可以在 WCDMA 中同时使用 4 路 5MHz 带宽来为用户提供 20MHz 带宽。

(2)OFDM 子载波与多载波传输的主要区别

① 子载波的数量非常多,子载波的带宽较窄,而前面介绍的多载波传输的子载波的数量很少,子载波的带宽相对较大。例如在 WCDMA 中,在 20MHz 的带宽内进行多载波传输,只包含 4 个子载波,每个子载波带宽为 5MHz。而在 OFDM 中,在同样的带宽内可能会包含几百个子载波。

② 如图 6-3 所示,OFDM 的子载波间有一些重叠(但是它们之间是正交的),这就意味着 OFDM 的频谱效率要高于多载波传输技术。

③ 由于 OFDM 中子载波的数量非常多,每个子载波的带宽很小,那么就能很好地对抗频率选择性衰落,并且均衡的复杂度较低,在子载波带宽较窄时甚至可以不用均衡。

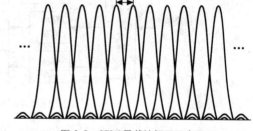

图 6-3 OFDM 子载波间隔示意图

2. OFDM 信号的生成

(1)OFDM 原理

无线多媒体业务即要求数据传输速率较高,同时又要求保证传输质量,要求所采用的调制解调技术既要有较高的信源速率,又要有较长的码元周期。OFDM 是一种多载波调制技术,通常可以被看作是一种调制技术,有时也被当作一种复用技术。多载波传输把数据流分解成若干子比特流,这样每个子数据流将具有低得多的比特速率,用低比特率形成的低速率多状态符号再去调制相应的子载波,就构成多个低速率符号并行发送的传输系统。正交频分复用是多载波调制的一种特例,它的特点是各子载波相互正交,所以扩频调制后的频谱可以相互重叠,不但减小了子载波间的相互干扰,还可以大大提高频谱利用率。选择 OFDM 的一个主要原因在于该系统能够很好地对抗频率选择性衰落和窄带干扰。在单载波系统中,一次衰落或者干扰会导致整个链路失效,但是在多波系统中,某一时刻只会有少部分的子信道受到深衰落的影响。OFDM 原理示意如图 6-4 所示。

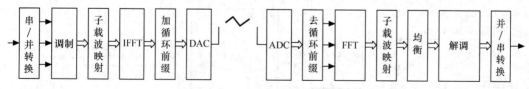

图 6-4 OFDM 原理示意图

输入数据信源的速率为 R,经过串并转换后,分成 M 个并行的子数据流,每个子数据流的速率为 R/M,把每个子数据流中的若干个比特分成一组,每组的数目取决于对应子载波上的调制方式,按照星座点进行基带调制。M 个并行的子数据编码交织后进行离散傅里叶逆变换（IDFT）或快速傅里叶逆变换（IFFT）变换，将频域信号转换到时域，IFFT 块的输出是 N 个时域的样点，为了消除 ISI 的影响，经过并/串转换，插入保护间隔后，再经过数/模转换后形成 OFDM 调制后的信号发射。接收端接收到的信号是时域信号，经过模/数转换后，去掉保护间隔来恢复子载波之间的正交性，再经过串/并转换和离散傅里叶变换（DFT）或快速傅里叶变换（FFT）后，恢复出 OFDM 的调制信号，再经过并/串转换后还原出输入的信号。

（2）OFDM 调制实现原理

OFDM 调制的基本原理如图 6-5 所示，如果不使用数字处理技术（如 FFT），那么 OFDM 的系统需要非常多的调制器，而且每个设备基本上不能复用，这将导致系统非常昂贵，并且耗电量也是非常大的，这也决定了早期的 OFDM 系统只能用在军方通信，而不能用于民用通信。

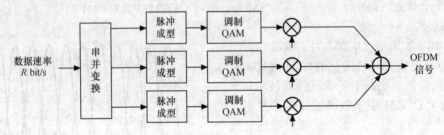

图 6-5　OFDM 调制的基本原理

由于 OFDM 的特殊结构，子载波间隔 Δf 等于每个子载波的符号速率 $1/T_u$，OFDM 信号非常适于用傅里叶变换（FFT）来实现。假设一个 OFDM 信号的采样频率 f_s 是子载波间隔的 N 倍，即 $f_s = 1/T_s = N\Delta f$，N 的选择要满足抽样定理，而且 $N_c\Delta f$ 为 OFDM 的信号带宽，所以 N 要大于 N_c。

OFDM 信号的 IFFT 实现如图 6-6 所示。通过串并变换的信号通过插入 0，长度扩展到 N。这样 OFDM 信号就可以通过 IDFT（IFFT），然后通过数模转换设备生成。IDFT（IFFT）的使用使得 OFDM 的生成大大简化。特别是如果选择 IDFT 的长度 N 等于 2^m（m 为整数），这样就可以通过计算非常有效的 IFFT 来进行处理。N/N_c 可以被看为是 OFDM 信号的过采样率，通常它并不是一个整数。如在 3GPP 的 LTE 中，10MHz 的带宽包含 600（N_c）个子载波，IFFT 的长度（N）可以选为 1 024 点，相应的采样率为 $f_s = N\Delta f = 15.36\text{MHz}$，LTE 的子载波间隔 Δf 为 15kHz。

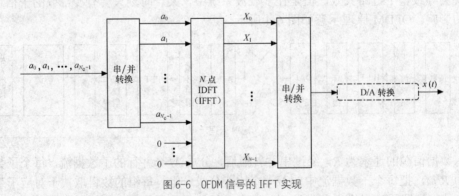

图 6-6　OFDM 信号的 IFFT 实现

理解通过 IDFT（IFFT）实现的 OFDM 信号，更确切地说是 IDFT（IFFT）的长度是非常重要的，它决定了 OFDM 信号发射端的设计，而这些是不会在无线接入标准中提到的。

与 OFDM 信号的 IFFT 实现相对应，高效的 FFT 可以用于 OFDM 解调，如图 6-7 所示。采样率 $f_s = 1/T_s$，DFT/FFT 点数为 N。

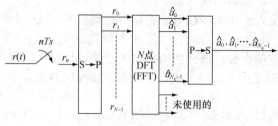

图 6-7　OFDM 信号的 FFT 解调

3. 保护时间和循环前缀

由于 OFDM 子载波间采用了正交的方式，那就意味在接收端，如果信号没有受到干扰，就能完全地解调而不受到任何子载波间的干扰。但是实际环境中这种理想条件是不存在的，如图 6-8 所示，由于多径效应的影响，造成了码间干扰，为了消除码间干扰，需要在 OFDM 每个符号中插入保护时间，只要保护时间大于多径时延扩展，则一个符号的多径分量就不会干扰相邻的符号。

多径效应可以引起子载波间不能完全正交。完全正交是指子载波同时到达，但是在移动环境中由于多径效应，一般是不满足这个条件的，从而引入子载波间干扰（ICI），主要由于两个子载波的周期不再是整数倍，从而不能保证正交性，如图 6-9 所示。

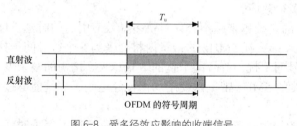

图 6-8　受多径效应影响的收端信号

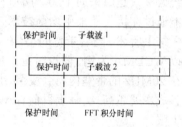

图 6-9　子载波间干扰

为了解决上述问题，OFDM 引入了循环前缀技术，如图 6-10 所示。循环前缀就是复制 OFDM 信号的后面一部分信号插入到最前面的保护时间中，循环前缀的插入增加了 OFDM 信号的周期，从 T_u 增加到 $T_u + T_{CP}$，T_{CP} 为循环前缀，循环前缀也相应地减小了 OFDM 的符号速率，降低了频谱利用率。例如在 LTE 系统中，OFDM 信号的符号长度为 66.7μs，循环前缀长度为 4.69μs，那么就意味着有 7%（4.69/66.7）的容量损失。显然保护时间内的冗余信息也可以复制 OFDM 信号的前面一部分信号。实际上循环前缀是在 IFFT 之后进行插入的，信息块的长度就从 N 增加到 $N + N_{CP}$。

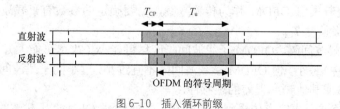

图 6-10　插入循环前缀

循环前缀的插入对 OFDM 信号是非常有用的，它使得接收端可以通过循环卷积非常容易地解调 OFDM 信号中的每个子载波。从数学上来看，OFDM 将带宽分成 N 份子载波，每份子载波传送的信号速率降低为原来的 $1/N$，在保持正交性的前提下，子载波间隔非常接近，如果子载波的带宽非常小，那么均衡就会非常简单。

只要循环前缀的长度大于由于多径效应引起的时延扩展，就不会造成载波间干扰。循环前缀的另一个缺点就是接收到的信号只有一部分功率 $T_u/(T_u+T_{CP})$ 能被用作 OFDM 信号的解调，也就意味着在解调端会有一部分的功率损失。要减少循环前缀带来的开销，可以增加 OFDM 的符号周期 T_u，但是由于 $\Delta f = 1/T_u$，意味着子载波的带宽减少，更容易受到多普勒频移的影响。

实际上保护时间（循环前缀）不一定要大于多径效应引起的最大时延扩展，虽然理论上要求是这样。通常需要在由于保护时间（循环前缀）引起的功率损失和由于保护时间小于时延扩展所引起的码间干扰和子载波干扰之间找到一个平衡点。在某种程度上来说，通过增加循环前缀的长度来减少信号的损伤是不合适的，因为同时也增加了功率的损失。

在其他移动通信系统中一般来说是不采用循环前缀技术的，例如，在 OFDM 系统设计中要求符号周期要大于多径效应引起的时延扩展，符号周期和子载波的带宽成倒数关系，LTE 中采用 15kHz 的子载波间隔，相应的符号周期为 66.7μs。在单载波系统中，如 GSM 采用 200kHz 的带宽，270.833kbit/s 符号速率，相应的符号周期为 3.69μs，比 LTE 的符号周期小了 18 倍。在 WCDMA 系统中采用 5MHz 的带宽，码速率为 3.84Mbit/s，相应的符号周期为 0.26μs，比 LTE 系统的符号周期小了 256 倍。在这两个系统中是不适于插入循环前缀的。因为如果插入的话，那么 GSM 系统效率会下降一半以上，而在 WCDMA 系统中插入 4.69μs 循环前缀的话，系统效率只是原来的 1/20。所以在这些符号周期较短的系统中是不适于采用循环前缀的，而只能通过在接收端采用均衡技术来对抗多径效应。

综上所述，随着带宽的增加，单载波的系统越来越不容易对抗多径效应引起的时延扩展，如以 WCDMA 为例，假设时延扩展为 1μs，那么在 5MHz 的带宽内将会受到 5 个符号间干扰，而在 20MHz 的带宽内将会受到 20 个符号间干扰。符号间干扰的数量越大，均衡的复杂度和设备成本就越高，实际上目前在 WCDMA 的 5MHz 带宽内使用均衡已经达到了系统能够接受的上限。

通过保护时间可以计算出可以对抗的最大时延扩展。如在 LTE 中，标准的保护时间为 4.69μs，那么系统能处理的最大时延扩展为 8.4km（4.69μs×光速），需要说明的是 8.4km 并不是小区的半径，而是表明由于信号在不同路径反射长度的最大差别。

在 LTE 系统中，采用 15kHz 的子载波带宽，每个子载波的符号速率为 15kbit/s，假设要在 20MHz 的带宽内传送 18Mbit/s 的数据（需要 1 200 个子载波和 18MHz 带宽），使用 64QAM 的调制方式（LTE 中最复杂的调制方式），每个符号代表 6bit 信息，能够得到的容量为 108Mbit/s。

4. LTE 中的 OFDM 应用

（1）OFDM 基本参数选择

移动通信系统若采用 OFDM 作为传输方案，需要确定的参数有子载波间隔 Δf、子载波数目 N_c 和循环前缀长度 T_{CP}。

① OFDM 子载波间隔。OFDM 子载波间隔应尽可能小（T_u 尽可能大），以使循环前缀相对开销 $T_{CP}/(T_u+T_{CP})$ 最小。但 OFDM 子载波间隔不宜过小，过小的子载波间隔会增加 OFDM 传输对多普勒频移或其他频率误差的敏感性。

OFDM 信号经过无线信道传播到达接收端后，要保证 OFDM 子载波的正交性必须满足信道瞬时特性在解调相关时间 T_u 内不能有显著变化。当信道显著变化时，比如由高多普勒频移引起的显著变化，子载波间会丧失正交性，从而导致子载波间干扰。在实际应用中，可容忍的子载波间干扰量在很大程度上取决于提供的业务类型以及接收信号的失真程度，这个失真可以是由于噪声或其他损害造成的。

② 子载波数目 N_c。子载波数目 N_c 与子载波间隔共同决定了 OFDM 信号的传输总带宽。OFDM 信号的基本带宽为 $N_c \Delta f$，即子载波数目乘以子载波间隔。

基于传播环境，如预期的多普勒频移和时间色散等，子载波间隔可以确定下来。子载波个数的确定是基于可用的频谱宽度以及可接受的带外泄漏。由于基本 OFDM 信号的实现选用了矩形脉冲成型，单个子载波旁瓣衰减相对较慢，从而引起了较大的带外泄漏。在实际应用中采用直接滤波或者时域加窗来抑制大部分的 OFDM 带外泄漏。OFDM 信号一般需要 10% 的保护带宽。比如，配置的频谱为 5MHz 时，基本 OFDM 带宽 $N_c \Delta f$ 可能只有 4.5MHz 左右，如果 LTE 的子载波间隔为 15kHz，与 5MHz 相应的子载波数目应该为 300。

③ 循环前缀长度 T_{CP}，它与子载波间隔 $\Delta f = 1 / T_u$ 共同决定了总的 OFDM 信号时间 $T = T_{CP} + T_u$，也就是说，共同决定了 OFDM 信号速率。通常为了在不同的环境中达到最优的性能，OFDM 系统支持不同长度的循环前缀。短的循环前缀用在较小的小区中，使循环前缀的开销最小。长的循环前缀用于时间色散严重的环境。

（2）LTE 系统的 OFDM 应用

LTE 系统的 OFDM 技术有很大的灵活性，频点带宽的变化范围从最大 20MHz 到最小 1.4MHz，共定义了 6 种，这 6 种带宽分别是 20MHz，15MHz，10MHz，5MHz，3MHz 和 1.4MHz。

LTE 系统不同的频点宽度对应不同的子载波数量。例如，在 20MHz 带宽下，可支持 1 200 个子载波，子载波的最高频率为 18MHz，留下的 2MHz 是作为频点间的保护带。在 LTE 规范中，20MHz 带宽的 LTE 频点提供了 1 320 个子载波，也就是说按照 19.8MHz 来定义的。

LTE 系统的普通 CP 定义了 2 种时长，一种是 4.7μs，另外一种是 5.2μs。LTE 系统的 CP 的平均时长为 4.76μs，CP 的平均开销仅仅为 6.67%。子载波间隔是 CP 开销比例和频偏敏感性间的折中。15kHz 的子载波间隔足够允许高移动性并避免对频率调整的需求。

LTE 系统的 CP 分为普通 CP 和扩展 CP 两种，扩展 CP 的时长远大于普通 CP。扩展 CP 的设计是为确保即使在郊区和农村较大的小区，时延扩展也应该包括在 CP 持续时间内，然而这种做法的代价是 CP 带来的更大开销，消耗了一定比例的总传输资源。这对支持多小区广播传输模式非常有用，称为多媒体广播单频网（Multimedia Broadcast Single Frequency Nettwork，MBSFN）。该模式下 UE 接收和合并来自多个小区的同步信号。在这种情况下，若为避免符号间干扰（ISI），来自多个小区的相对定时偏差必须在 CP 持续时间内被 UE 接收机全部接收，从而需要相当长的 CP。

在 LTE 未来版本中的 MBSFN 传输中，MBSFN 可能在一专用载波上而非与单播数据共享载波传输（这在当前 LTE 版本中是不可能的），为此定义了另一套参数集合，子载波间隔减半到 7.5kHz；这也允许 OFDM 符号长度加倍。这是以增加对移动性和频率误差的敏感性为代价的。

普通情况下，LTE 系统的子载波间隔为 66.7μs，也就是符号时长为 66.7μs。

LTE OFDM 符号和循环前缀长度关系如图 6-11 所示。当 LTE 用 CP 长度配置时，在每 0.5ms 间隔内第一个 OFDM 符号的 CP 长度要比接下来的 6 个要长一点（即 5.2μs 相比于 4.7μs）。这种特征是为了适应在每 0.5ms 间隔内 OFDM 符号数是整数的需要即为 7，并假定 FFT 块长度为 2048。

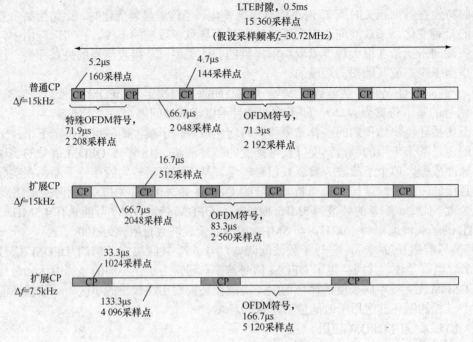

图 6-11　LTE OFDM 符号和循环前缀长度

　　LTE 下行链路中 FFT 大小和采样频率规范中并没有规定。图 6-11 所示中的参数设计与 30.72Mz 采样频率兼容。

　　LTE 规范中规定了时间的基本单位为 $T_s=1/30.72\mu s$，其他多种时间区间是这一基本单位的倍数。这一设计与 UMTS 后向兼容，UMTS 的码片速率为 3.84MHz，正好是假定 LTE 采样频率的 1/8。

　　基于普通 CP 的 LTE 系统中 OFDM 的主要参数见表 6-1。

表 6-1　　　　　　　　　　　　　　　　　OFDM 主要参数

频点带宽	20MHz	15MHz	10MHz	5MHz	3MHz	1.4MHz
IFFT 阶数	2 048	1 536	1 024	512	256	128
子载波间隔	15kHz	15kHz	15kHz	15kHz	15kHz	15kHz
符号时长	66.7μs	66.7μs	66.7μs	66.7μs	66.7μs	66.7μs
采样频率	30.72MHz	23.04MHz	15.36MHz	7.68MHz	3.84MHz	1.92MHz
子载波数量	1 200	900	600	300	150	72
平均保护时长 CP	4.76μs	4.76μs	4.76μs	4.76μs	4.76μs	4.76μs
OFDM 符号率	14ksps	14ksps	14ksps	14ksps	14ksps	14ksps
CP 开销	6.67%	6.67%	6.67%	6.67%	6.67%	6.67%

6.1.3　DFTS-OFDM

　　LTE 上、下行物理层有许多相似的地方，考虑到上、下行的兼容，LTE 上行也采用 OFDMA，但是 LTE 的上行物理层需要面临与下行不同的问题。

　　在上行信道上采用 OFDMA 技术，要求从不同终端发射的 OFDM 信号要同时到达基站，更准确地说就是从不同终端发射的 OFDM 信号到达基站的时延差不能大于保护时间（循环前缀的长度），子载波间才能保持正交，避免子载波间干扰。

由于不同的移动终端到基站的距离不同，相应的传播时间也不相同。传播时延差可能远远大于 OFDM 的保护时间，因此有必要控制不同终端发射信号的时间，通过对不同终端的发射时间进行控制，使得不同的终端信号到达基站的时间基本一致。当终端在小区内移动时，传播时间也随之变化，那么发射时间控制也要随之动态变化，总之就是要保证小区内所有终端的发射信号基本同时到达基站，保证子载波间的正交性。

即使通过发射时间控制，使得不同终端发出的信号到达基站的时间基本一致，但是仍然会由于频率误差导致子载波间干扰。在上行信道上还要控制不同手机的发射功率，使得基站能够接收到大致相同的信号功率。因为不同的移动终端离基站的距离不同，信号的传播损耗也不相同。如果使用同样的功率发射信号，基站会接收到强弱信号不同的信号，那么强信号就会对弱信号产生强干扰，除非子载波间能够完全地正交，但是在上行信道中是很难做到完全正交的。

与下行 OFDM 将数据符号独立调制到每个子载波不同，上行信道采用宽带单载波传输作为多载波传输的替换方法。上行时每个子载波上的调制符号是同一时刻所有子载波上传输数据符号的线性合并，相当于所有的子载波都携带了每一个数据符号的分量，使得上行具有单载波系统的特性，故也经常说上行采用单载波 OFDM 技术（SC-OFDM，Single Carrier OFDM）。上行采用的 OFDM 技术常称为 DFTS-OFDM，接下来介绍 DFTS-OFDM 信号的实现原理。

1. DFTS-OFDM 原理

（1）DFTS-OFDM 信号的生成

DFTS-OFDM（DFT-Spread OFDM）是基于 OFDM 的一项改进技术，从频域的角度理解，等效为带有 DFT 预编码的普通 OFDM。如图 6-12 所示。DFTS-OFDM 具有单载波的特性，因而其发送信号峰均比较低，在上行功放要求相同的情况下，可以提高上行的功率效率，降低系统对终端的功耗要求。

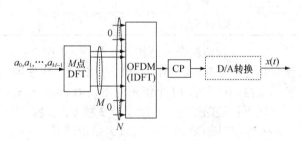

图 6-12 DFTS-OFDM 信号的生成

DFTS-OFDM 信号的生成第一步是对 M 个调制符号进行 M 点 DFT 操作。接着将 DFT 的输出作为大小为 N 的 IDFT 的连续的输入（其中 $N>M$），并将未使用的 IDFT 的输入设置为零。使得 DFT 大小和 N 个子载波的 OFDM 调制器相匹配。补零以后的 DFT 输出信号映射到 N 个子载波上，补零的位置决定了 DFT 预编码后的数据所映射的子载波。

通常，选择 IDFT 的点数 N 为 $N=2^n$（n 为某整数），以便于通过计算效率高的基 2 的 IFFT 来实现 IDFT。与 OFDM 相似，最好也为每个发射块插入循环前缀。

如果 DFT 的大小 M 等于 IDFT 的大小 N，那么级联的 DFT 块和 IDFT 块将相互完全抵消。如果 M 小于 N 且 IDFT 的其余输入被设置为零，那么 IDFT 的输出将成为具有"单载波"性质的信号，即信号功率变化小并且带宽依赖于 M。假设 IDFT 输出处的采样速率为 f_s，那么发射信号名义上的带宽将使 $BW=M/N \cdot f_s$。通过改变块大小 M 可以改变发射信号的瞬时带宽，这样就可以实现灵活带宽分配。

实际应用中为了在瞬时带宽中获得高度的灵活性，M 可以表示成 2^m（m 为某整数），M 也可以被表示成相对较小的素数的乘积，DFT 就仍然可以用相对低复杂度的非基 2 的 FFT 处理来实现。例如，大小 $M=144$ 的 DFT 可以通过结合基 2 和基 3 的 FFT 处理来实现（$144=3^2 \times 2^4$）。

（2）DFTS-OFDM 信号解调

DFTS-OFDM 信号解调原理如图 6-13 所示。基本上是 DFTS-OFDM 信号产生的逆过程，即大小为 N 的 DFT（FFT）处理、去除与将要接收的信号不对应的频率样点，以及大小为 M 的 IDFT 处理。

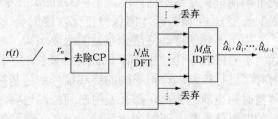

图 6-13　DFTS-OFDM 信号解调

2. LTE 中的 DFTS-OFDM 参数

LTE 上行链路的 OFDM 技术与下行链路有相似的参数应用，如相同的载波间隔、给定带宽中占用子载波数量及 CP 长度等。适用于 FDD 和 TDD 的 LTE 上行链路 DFTS-OFDM 物理层参数见表 6-2。这为上、下行链路提供了最大化的通用性。

表 6-2　　　　　　　　　　　LTE 上行 DFTS-OFDM 物理层参数

参数	值	备注
子帧持续时间	1ms	
时隙持续时间	0.5ms	
子载波间隔	15kHz	
符号时间	66.67μs	
CP 持续时间	常规 CP	每时隙第一个符号里为 5.2μs 所有其他时隙为 4.69μs
	扩展 CP	所有符号里为 16.67μs
每 RB 子载波数	12	

上、下行传输资源结构基本相同，1 个 10ms 的无线帧被分成 10 个 1ms 的子帧，每个子帧包括 2 个 0.5ms 的时隙。与下行链路一样使用 15kHz 的子载波间隔，一个 RB 包含 1 个时隙间隔内频域上的 12 个资源元素（Resource Element，RE）。

同下行链路一样，系统支持 2 种 CP 长度，即 4.69μs 间隔的普通 CP 以及 16.67μs 间隔的扩展 CP。扩展 CP 对于具有较大信道时延扩展特点的部署以及大的小区是有益的。

LTE 上行链路与下行链路一样，支持可扩展的系统带宽，为 1.4～20MHz，具有相同载波间隔和符号间隔。LTE 第一个发布版本对上行链路带宽扩展的支持见表 6-3。

表 6-3　　　　　　　　　　　DFTS-OFDM 主要参数

	载波带宽/MHz					
	1.4	3	5	10	15	20
FFT 大小	128	256	512	1 024	1 536	2 048
采样率，$M/N \times 3.84$MHz	1/2	1/1	2/1	4/1	6/1	8/1
子载波数	72	180	300	600	900	1 200
RB 数	6	15	25	50	75	100
带宽效率/%	77.1	90	90	90	90	90

用于 LTE 上行链路的 DFTS-OFDM 传输方案的重要特性是源于它具有单载波特点同时又有类似于 OFDM 的多载波结构。基于多载波的结构使 LTE 上行链路能获得和 LTE 下行链路一样的对抗 ISI 的健壮性，通过 CP 实现低复杂度的频域均衡。在不同 UE 之间，LTE 上行链

路设计为频域内正交，因此实际上就消除了 CDMA 中存在的小区内干扰现象。

6.2 MIMO 技术

6.2.1 MIMO 技术介绍

1. 多天线技术发展

多天线技术就是移动通信系统可以在接收端或发射端使用多天线，也可以在接收端和发射端同时使用多天线的技术。根据收发两端天线数量，可以分为普通的单输入单输出（Single-Input Single-Output，SISO）系统和多输入多输出（Multiple-Input Multiple-Output, MIMO）系统。MIMO 还可以包括单输入多输出（Single-Input Multiple-Output，SIMO）系统和多输入单输出（Multiple-Input Single-Output，MISO）系统。另外需要说明的是，在多天线系统中或多或少的都需要使用高级的数字信号处理技术。相比单天线系统，多天线通信系统的设备复杂度和成本也会相应提高。虽然有这些缺点，但是多天线系统能够带来的好处也是非常多的。多天线系统提高了系统的容量和系统的覆盖范围，同时可以提高业务质量，提高用户信息传送速率等。特别在无线频谱资源非常缺乏和昂贵情况下，用户对高速信息传送要求越来越高，MIMO 的这些优点无疑是非常吸引人的，所以 MIMO 成为 LTE 移动通信系统关键技术之一。

移动通信中信道传输条件较恶劣，调制信号在到达接收端前常常经历了严重衰落，接收信号的质量和信息判决的精确率都会剧烈下降。MIMO 技术是在衰落环境下实现高数据传输速率和提高系统容量的重要途径。

MIMO 技术最早是在 1908 年由 Marconi 提出的，它利用多天线来抑制信道衰落。MIMO 技术充分开发空间资源，利用多个天线实现多发多收，在不需要增加频谱资源和天线发送功率的情况下，MIMO 的最大容量随最小天线数的增加而线性增加，因此，MIMO 技术对于提高系统的容量具有极大的潜力。MIMO 的指导思想就是对多个发射天线和多个接收天线形成的空间维进行开发利用，利用收发天线形成的多个数据通道提高信号的传输速率，也可以通过发射或接收分集来改善信号的传输质量。

图 6-14 所示是 MIMO 系统示意图，MIMO 系统将 1 个单数据符号流通过一定的映射方式（图中的 ∏ 完成数据处理功能，比如调制、编码等）生成多个数据符号流，相应的接收端通过反变换（图中的 ∏⁻¹ 完成数据处理功能，解调、译码等）恢复出原始的单数据符号流。

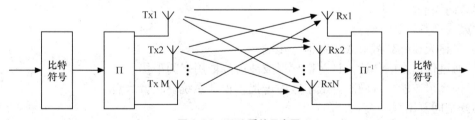

图 6-14　MIMO 系统示意图

如图 6-14 所示，通过在发射端和接收端分别设置多副发射天线和接收天线，改善了用户的通信质量，提升了用户峰值速率或提升了通信系统的吞吐率。

多天线系统的信道容量增加的实质为 MIMO 信道等效为多个正交并行的子信道。MIMO 信道容量具有如下特征。

① MIMO 技术利用空间的纬度来提升系统的极限容量。

② MIMO 系统的极限容量等于多个并行子信道容量之和。

③ MIMO 系统的极限容量和空间相关性有关，空间相关性越高，MIMO 信道容量越小。

2. 多天线技术

MIMO 系统增益是通过在发射和接收两端使用多个天线来建立多入多出无线链路，在不增加额外发射功率的前提下，就能够获得很高的频谱效率，而且也能改善链路性能，主要指标有分集增益、阵列增益（也称波束赋形增益）以及复用增益。其中阵列增益和分集增益并不是 MIMO 系统独有的，它们也存在于 SIMO 和 MISO 系统中，而复用增益则是 MIMO 系统所独有的特性。

（1）分集增益

在无线信道中信号的功率会产生随机波动，而分集则是一种克服这种无线链路传输中随机产生的深度衰落的强有力的技术。分集增益主要是依赖于多个（在时间、频率或者空间上）独立的衰落路径来传输信号。空间分集相比时间和频率分集更有优势，因为它不会占用宝贵的时间和频率资源。只要发射端进行合理的信号设计，即使不知道信道状态，信息也能够使得接收机获得空间分集增益，这种技术就是 MIMO 系统的空时编码技术。

通过在发射端和接收端部署多天线，可以获得分集增益来对抗信道衰落，这主要是由于信号在不同的路径中传输，受到的衰落也不相同，如在一条路径上衰落比较严重，而在另一条路径上可能没有衰落，那么在接收端通过相应处理，就可以提高信号的信噪比。在这种情况下，天线之间距离就要较远才能获得较好的分集增益，或者是采用不同的极化方式。

发射分集具有如下特点。

① 多路信道传输同样的信息。

② 提高系统的可靠性和覆盖。

③ 适用需要保证可靠性或覆盖的环境。

（2）阵列增益

阵列增益（波束赋形增益）是通过对发送端或者接收端的多维信号进行相干合成以提高信号与干扰噪声比（SINR）来得到的。要想获得发送或接收阵列增益，则发射机和接收机都必须要知道信道状态信息，而且也依赖于发射和接收的天线数。一般来说，信道信息对于接收端容易获得，而对于发射机来说则要相对困难一些。

通过在发射端和接收端部署多天线，采用波束成型技术，使得发射天线发出的波束对准接收天线，或是接收天线能够对准发射天线发出的波束，那么就可以使得接收天线或发射天线获得方向增益。

波束成型具有如下特点。

① 多路天线阵列赋形成单路信号传输。

② 通过信道准确估计，针对用户形成波束降低用户间干扰。

③ 提高覆盖能力，同时降低小区内干扰，提升系统吞吐量。

（3）空间复用

空间复用的基本思想是，在丰富的散射环境中，MIMO 系统相当于在空间建立几个独立的并行传输数据通道，数据可在这些通道中同时传输，进而提高了传输速率，导致系统容量的显著增长。空间复用增益即是指那种在不同的天线上传输独立的数据信号流而带来的增益。复用增益是 MIMO 信道所独有的特性，不过空间复用增益依赖于 MIMO 衰落信道条件，只有在富散射条件下，接收才能充分分离不同的信号，以使得容量得以线性增长。

与在发射端或是接收端部署多天线相比，通过在接收端和发射端同时使用多天线技术能够进一步地提高 SINR，并且能够提供额外的增益来对抗信道的衰落，这种技术也被称为空间复用，除了上述优点外，还可以极大地提高信息传输速率。不管是在发射端还是在接收端部署多天线，都可以提高信噪比，这主要是通过多天线技术能够提供分集增益（波束成型也会提供增益）。一般来说如果发射端采用 N 个天线，接收端采用 M 个天线，那么信噪比的提高是与 NM 成比例的。信噪比的提高，相应地也提高了信息的传输速率，在频谱效率小于 1 时，这种提升非常明显，但是当频谱效率大于 1 时，信噪比的提升所带来的信息速率的提升并不明显，除非增加带宽。

香农定理提供了一个基本的理论工具来确定最大的信息速率，也被称之为信道容量，它确定了在加性高斯白噪声的无线信道的最大信道容量，信道容量 C 定义为

$$C = BW \log_2\left(1 + \frac{S}{N}\right) \tag{6-1}$$

其中，BW 为信道的可用带宽、S 为接收到的信号功率，N 为加性高斯白噪声功率。从式（6-1）可以看出，有 2 个因素决定了信道的容量，一是接收到的信号的功率，更一般地说是信噪比，另一个是信道的可用带宽。式（6-1）可以改写为

$$\frac{C}{BW} = \log_2\left(1 + \frac{S}{N}\right) \tag{6-2}$$

其中，C/BW 为频谱效率，在高等数学中，当 x 较小时 $\log_2(1+x) \approx x$，意味着信噪比较低时，信道容量的增长与信噪比成比例，而当 x 较大时 $\log_2(1+x) \approx \log_2 x$，信道容量的增长与信噪比的对数成比例。

在发射端和接收端都采用多天线时，假设 $N_L = \min(N_R, N_T)$，那么在空间上就可以看成有 N_L 个并行的信道，假设功率平均分发在 N_L 个空间信道上，那么接收信号的信噪比为 $N_R \cdot (S/N_L)$，每个并行信道的信道容量为

$$\frac{C}{BW} = \log_2(1 + \frac{N_R}{N_L}\frac{S}{N}) \tag{6-3}$$

因为有 N_L 个并行信道，每个并行信道的容量如式（6-3）所示，所以信道总容量为

$$\frac{C}{BW} = N_L \log_2(1 + \frac{N_R}{N_L}\frac{S}{N}) = \min(N_R, N_L)\log_2(1 + \frac{N_R}{\min(N_R, N_L)}\frac{S}{N}) \tag{6-4}$$

通过式（6-4）可以看出，多天线系统的信道容量与天线的数量成正比，即天线的数量越多容量越大。

在通常情况下，多天线系统可以看成是空间复用，空间复用的并行信道数至少为 $\min(N_L, N_R)$。从发射端来看，N_T 个发射天线，最多可以发射 N_T 路不同的信号，那就意味着从空间上看，最多有 N_T 路空间复用信道。从接收端来看，N_R 个接收天线，每个接收天线接收的信号是相互独立的，每个接收天线最多可以抑制 $N_R - 1$ 路信号，那就意味着接收端最多可以有 N_R 路空间复用信号。

然而在大多数情况下，空间复用的信道数要小于 N_L。例如，如果信道的传输质量非常差，接收端的信噪比非常低，采用空间复用就不会带来很大的增益，这时多天线系统应该采用波束成型的方式来提高接收信号的信噪比，才能提高信道的容量。

多天线技术就是通过多个天线发射信号，由于发射天线的位置不同，而这些信号在空间上可以看成是经过不同的空间传送到接收端，并且通过采用一些数字处理技术（如空时编码等），使得接收端能够区分这些信号，实际上就是空间复用。

空间复用具有如下特点。

① 多路信号同时传输不同的信息。

② 理论上成倍提高峰值速率。

③ 适合密集城区信号散射多的地方。

6.2.2 空时编码

1. 空时编码综述

因特网和多媒体应用在下一代无线通信中的集成，可以为用户提供高速数据传输、因特网访问、移动视频等，宽带高速数据通信服务的需求正在不断增长。由于可用无线频谱资源的有限性，高数据速率只能通过高效的信号处理技术来实现。信息论领域的研究表明，在无线信道中使用多输入多输出（MIMO）系统可以显著提高通信容量。在无线链路两端设置多元素天线阵列就构成了 MIMO 信道，可以利用不同的空间信道来同时传输多数据流来增加数据率。不严格地讲，接收分集用以区分不同的数据流，而发射分集可以提高性能。因而从某种意义上讲，多入多出天线信道增加了无线信道的有效带宽。

在 MIMO 信道中，空时编码是可以使信息容量接近理论容量的一种较实用的编码。空时编码的基础理论最早由 Winter 于 1987 年提出。V.Tarokh 于 1998 年将其内容进行了极大丰富，把编码和分集技术整体考虑，提出了针对不同衰落信道获取满分集增益和高编码增益的系列设计准则，引起了广泛的关注，并带动近几年对空时码的系列研究。将空时编码与 Turbo 码和低密度校验码（LDPC）等相结合的联合编码方案方兴未艾。

空时编码就是将空间域上的发射分集和时间域上的信道编码相结合的联合编码技术。空间域上的编码可以用空间冗余实现分集，克服信道衰落，提高系统性能。空时编码可以分为空时网格码（Space-Time Trellis Code，STTC）、空时分组码（Space-Time Block Code，STBC）、分层空时码（Layer Space-Time Code，LSTC）、差分/酉空时码（Differential/Unitary Space-time Modulation，D/USTM）、级联空时码（Concatenated Space-Time Code）等。在 MIMO 技术基础上发展起来的各种空时码，综合了空间分集和时间分集的特点，可以同时提供分集增益和编码增益。

2. 空时网格码

空时网格码（Space-Time Trellis Code，STTC）的概念是由 Tarokh, Seshadri 和 Calderbank 等人在他们的著作中最先提出的，他们把 Ungerbock 提出的模型扩展到了空间范围。空时网格编码不像 Undgerbock 的模型那样使用大星座的互割方法，而是采用了各种空间变换星座，也可以说，它用格形结构使向量调制在某个特定的时间进行。

空时网格编码在不牺牲系统带宽的情况下获得满分集增益和高编码增益，从而得到高传输速率及低误码率性能。空时网格编码系统示意图如图 6-15 所示。

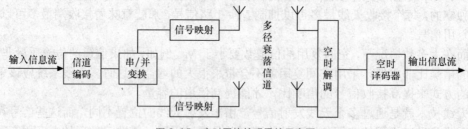

图 6-15 空时网格编码系统示意图

输入信息流经过信道编码（通常为卷积编码），然后经过串并变换、信号映射和调制后，在多天线上同时发送出去。在接收端，首先经过空时接收解调，送到空时译码器，若发送端采用卷积编码，则接收端采用 Viterbi 译码实现最大似然译码。不过空时网格码的译码复杂度较高。

若采用 2^b 个信号点的星座图，在保证最大分集增益的前提下，空时网格编码可达到的频带利用率最大为 b bit/s/Hz，不再随着天线的增加而增加。与其他编码方案相比，空时网格编码一个显著特点是它在各种环境下均有较好的性能。空时网格编码好码的设计是一个难点，在状态数很大的情况下，好码的格图设计十分困难，目前多用计算机搜索来完成。

空时网格编码也可以描述为在时延分集的基础上，与 TCM (Trellis-Coded Modulation) 编码结合得到的，是一种改进的传输分集方式。空时网格编码的频带利用率不随着天线数目增加而增加，它的译码复杂度随着分集增益和频带利用率呈指数增长，一般来说，译码都比较复杂。近年来有不少研究工作，以改进最初的空时网格编码的性能，主要集中在新码字的构造，搜索不同的卷积空时网格编码系统，或是对最初设计标准的改进。但是，这些方法都只能获得边缘增益，不能大量提高增益。

3. 空时分组码

空时分组码（Space-Time Block Code，STBC）是一种低复杂度的空时二维编码技术，它在发端采用正交编码的方式在各个天线上同时发送信号，这样不仅能够保证最大的分集增益，而且还可以降低译码复杂度。在 Alamouti 提出一种基于双发射天线的空时分组码方案以后，Tarokh 等人利用正交设计原理，将这种两天线的空时分组码推广至更多发射天线的情况，并且证明了编码准则和码的存在准则：对于实符号条件下，满速率或者正交设计只当发射天线数为 2、4 和 8 时才存在，而对于复符号条件下，则只有当发射天线数为 2 时才存在（即为 Alamouti 空时分组码）。

STBC 的一个特点是各根天线发射的信号是正交的，满足正交性的 STBC 可以获得最大的分集增益。但是，这是以编码增益和部分频带利用率为代价得到的，当然，也可以牺牲正交性来获得速率为 1 的码字（$N > 2$）。

空时分组码在空间相关信道下具有很好的鲁棒性，缺点是数据吞吐量低。目前 Alamouti 码已经被一些无线标准采用，例如 cdma2000、WCDMA 等。图 6-16 给出了 Alamouti 编码器的原理图。

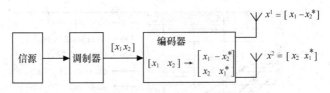

图 6-16　Alamouti 编码器的原理图

假设使用 M 阶调制。在 Alamouti 空时编码器，首先对每组 m 个信息比特进行调制，其中 $m = \log_2^M$。接着编码器提取已调制的一组符号 x_1 和 x_2，按照给定的码矩阵：

$$X = \begin{bmatrix} x_1 & -x_2^* \\ x_2 & x_1^* \end{bmatrix} \tag{6-5}$$

映射到发射天线，编码器的输出从两个发射天线连续发射。将两天线的输出分别表示为：

$$\boldsymbol{x}^1 = \begin{bmatrix} x_1 & -x_2^* \end{bmatrix}$$
$$\boldsymbol{x}^2 = \begin{bmatrix} x_2 & x_1^* \end{bmatrix} \tag{6-6}$$

其内积：

$$\boldsymbol{x}^1 \cdot \boldsymbol{x}^2 = x_1 x_2^* - x_2^* x_1 = 0$$

表明两天线发射的信号是正交的。码矩阵具有如下特性：

$$\boldsymbol{X} \cdot \boldsymbol{X}^H = \begin{bmatrix} |x_1|^2 + |x_2|^2 & 0 \\ 0 & |x_1|^2 + |x_2|^2 \end{bmatrix}$$

$$= (|x_1|^2 + |x_2|^2)\boldsymbol{I}_2 \tag{6-7}$$

$\boldsymbol{I}_2$ 为 2×2 的单位阵。

选用一个接收天线的原理图如图 6-17 所示。

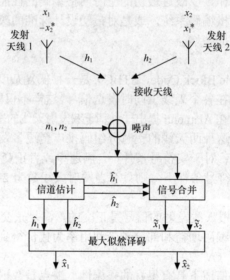

图 6-17　Alamouti 接收机

仿真性能如图 6-18 所示。

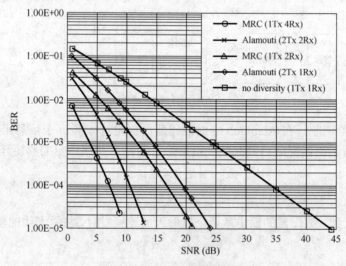

图 6-18　Alamouti 分集方案对比

图 6-18 所示为每个接收天线的信噪比变化时，不同的分集方案的性能对比，采用 BPSK 调制，假定两个天线的发射功率与一个天线的发射功率相等。仿真结果表明，两个发射天线、一个接收天线的 Alamouti 方案和一个发射天线、两分支的最大比合并（MRC）接收方

案的曲线斜率是一样的，即分集增益一致，但 Alamouti 方案信噪比差 3dB。同理，两个发射天线、二个接收天线的 Alamouti 方案和一个发射天线、四分支的最大比合并（MRC）接收方案的曲线斜率是一样的。一般情况下，两个发射天线、n_R 接收天线的 Alamouti 方案和一个发射天线、$2n_R$ 分支的最大比合并（MRC）接收方案有同样的分集增益，不过 Alamouti 方案信噪比差 3dB。因为 Alamouti 方案单个天线的发射功率是最大比合并（MRC）接收方案中发射天线的二分之一。

4. 分层空时码

分层空时结构（Layer Space-Time Code，LSTC）或者叫空间复用最早是由贝尔实验室的 G.J.Foschini 提出的，基本思想是在不同的天线上发射不同的数据流，采用 MIMO 结构实现并行数据无线传输，常称为 BLAST（Bell－laboratories Layered Space－Time Architecture）。因此，为了完成符号检测，接收端一般要利用多用户检测技术从混合的数据流中将不同的发射数据流分开。

其基本原理是将输入的信息比特流分解为多个比特流，独立地进行编码，然后映射到多根发射天线，接收端利用各个子信道因多径衰落而产生的不同特性来提取信息。根据信源消息与发射天线之间的映射关系，可以将分层空时码（LSTC）分为水平、垂直和对角三类。分层空时码（LSTC）在解码时只利用了信道信息，它的性能在很大程度上依赖于信道的衰落环境和对信道衰落特性的估计。虽然分层空时码（LSTC）的频带利用率较高，但是这是以部分分集增益为代价换来的。分层空时码（LSTC）要求接收天线至少等于发射天线数，这在实际中是一个难题。

实际上，在分层空时结构中，多发射天线用来实现高数据速率，多接收天线用来进行空间多路信号的干扰抵消。

6.2.3　LTE 中的 MIMO 方案

1. LTE 系统中的天线

LTE 系统的多天线具有如下特征。

① 设备的天线数量组合多。

② 基站的发射方式多。

③ 基站的发射方式可变。

LTE 系统基站配置的天线数量与双工方式有关，如果是 TDD 工作方式，可以配置 1，2，4 或 8 根天线。其中除了 4 天线在中国没有应用，其余的 3 种都在中国应用了；如果是 FDD 工作方式，可以配置 1 或 2 根天线。此外，LTE 系统终端配置的天线与终端的种类有关。

GSM 系统、WCDMA 系统和 TD-SCDMA 系统的基站通常只有 1 种发射方式，比如 GSM 系统、WCDMA 系统的基站实施单发双收，TD-SCDMA 系统的基站实施波束赋形。LTE 系统的基站支持多种基站发射方式，涵盖了波束赋形、发射分集和空间复用等方式。还可以改变这些发射方式。

（1）FDD LTE 系统中的天线

FDD LTE 系统中的天线通常都是双极化天线，1 副天线由两根极化方向垂直的天线组合而成，天线的物理端口和逻辑端口的数量都是 2。在实际应用中，为了节省天线的数量，LTE 网络还可能采用多频段的双极化天线，如天线的一个频段为 900MHz，支持 GSM/WCDMA 移动通信系统。天线的另外一个频段为 2GHz，支持 GSM/WCDMA/LTE 移动通信系统。不过这样的天线对 LTE 系统而言，还是 1 个 2 端口的天线。

物理端口就是天线真实的端口，而逻辑端口是在处理多天线业务时用到的术语，可以理解为对应一路 OFDM 信号的输入。

（2）TD-LTE 系统中的天线

TD-LTE 系统与 TD-SCDMA 系统之间有密切的联系，不过与 TD-SCDMA 网络只使用八天线不同，TD-LTE 网络中可以采用 2 天线或 8 天线，目前这两种天线在中国移动的 TD-LTE 网络中都有应用。

TD-LTE 网络也沿用 TD-SCDMA 网络中对天线的描述方式，2 天线又称为 2 通道天线，8 天线又称为 8 通道天线。通道其实就是功放。由于功放的数量不同，因此 RRU 也是不同的，2 通道天线采用 2 通道的 RRU，8 通道天线采用 8 通道的 RRU。

2. 下行 MIMO 模式

LTE 系统下行由 Node B 决定某一时刻某个终端的传输模式（Transmisson Mode，TM），传输模式是针对单个终端的，同一小区不同终端可以采用不同的传输模式。

TM 是 LTE 多天线技术中最关键的一个术语。在 R8 规范中，定义了 7 种 TM；在 R9 规范中增加了模式 8，达到了 8 种。LTE 基站可采用的 8 种 TM 类型及应用场景见表 6-4。

表 6-4　　　　　　　　　　　　　　　　LTE 下行传输模式

下行 MIMO 模式		应用场景
模式 1	单天线传输	室内站
模式 2	发射分集	信号条件不好，如小区边缘
模式 3	开环空间复用	信道质量高且空间独立性强时
模式 4	闭环空间复用	信道质量高且空间独立性强时，终端静止时性能好
模式 5	多用户 MIMO	信道相关性高
模式 6	单层闭环空间复用	可采用闭环反馈时
模式 7	单流波束赋形	主要用于 TD-LTE 系统
模式 8	双流波束赋形	

模式 1。信息通过单天线进行发送，GSM，WCDMA 采用的单发射方式。这种方式仅用于室内分布系统，或者是出现故障的情况。

模式 2。同一信息通过多个衰落特性相互独立的信道进行发送，即发射分集方式。

模式 3。终端不反馈信道信息，发射端根据预定义的信道信息来确定发射信号。即空间复用，也就是 MIMO。在 LTE 系统中，基站最多支持 4×4 的空间复用，不过目前商用系统只采用了 2×2 的空间复用。这种空间复用无须终端反馈信息，称为开环（Open Loop，OL）。

模式 4。需要终端反馈信道信息，发射端通过该信息进行信号预处理以产生空间独立性，也就是闭环空间复用。所谓闭环（Close Loop，CL）是指需要终端反馈信息，终端反馈的是空间的层数以及传播特性。空间的层数用秩（Rank）来描述，而传播特性用码本（Code Book）来描述。模式 4 由于需要终端的配合，而且当终端的运动速度较快时也无法及时反馈，基于这些原因，当前的商用系统普遍没有部署模式 4。

模式 5。基站使用相同时频资源将多个数据流发送给不同的用户。即空分多址，也指多用户 MIMO（MU-MIMO）。这种发射模式目前还处于测试中。

模式 6。终端反馈秩指示（Rank Indicator，RI）为 1 时，发射端采用单层预编码，使其适应当前信道；是 FDD 模式的波束赋形，有时也称为 Rank=1 的模式 4。当前的商用系统没有引入这种发射模式。

模式 7。发射端利用上行信号估计下行信道的特征，在下行信号发射时，每个天线乘以相应的特征权值，使其天线发射信号具有波束赋形的效果；是 TDD 模式的波束赋形，也就是继承了 TD-SCDMA 系统实施的波束赋形。

模式 8。结合复用和智能天线技术，进行多路波束赋形发送，以提升用户的信号强度，从而提高用户的峰值和均值速率；双流的波束赋形，是模式 7 的演进，是 R9 中新增的发射模式。双流就是同时发送两路数据流，类似于空间复用。

模式 7 和模式 8 只用于 TDD，都是基于 8 通道天线的，也就是如果采用两通道天线，模式 7 和模式 8 无效。尽管 LTE 规范中定义了多种发射模式，但真正在实际的系统中得到普遍应用的发射模式并不多，FDD 只有 TM2 和 TM3 两种，TDD 只有 TM2，TM3，TM7 和 TM8 四种。

3. 上行 MIMO 工作方式

LTE 上行 MIMO 工作方式主要包括单天线传输、发送天线选择分集和上行多用户 MIMO。发送天线选择分集目前有开环和闭环两种方式，具体使用哪种方式由网络侧配置。各自技术特点如下。

① 单天线传输，信息通过单天线进行发送。

② 发送天线选择分集。

a. 开环天线选择分集，FDD LTE 系统中终端交替使用不同的天线进行传输以获得一定的天线分集增益。TD-LTE 系统利用信道互易性获得上行信道质量的信息选择合适的天线进行传输。

b. 闭环天线选择分集，网络侧通过物理下行控制信道（Physical Downlink Control Channel，PDCCH）承载的下行控制信息中的相关信息通知终端采用特定天线进行上行传输。

③ 上行多用户 MIMO，网络侧根据信道条件变化自适应的选择多个终端共享相同的物理上行共享信道（Physical Uplink Shared Channel，PDCCH）时频资源进行上行传输。

4. LTE 多天线的数据处理过程

在 LTE 的多天线处理过程中，正确理解流、秩和层很重要。

（1）流、秩与层

① 流，即数据流，处理过程中的业务数据以数据流为单位，数据流用码字（Code Word）来标识。LTE 的数据流可支持差错控制，也就是 RLC 层的重发机制和 HARQ 的重发机制，需要终端的反馈，因此并发的数据流的数量也不能太多，LTE 规范中定义最多支持两个并发数据流。

② 秩（Rank），传播矩阵都有秩，相当于能解出的未知数的个数。终端需要向基站反馈检测到的秩。基站会产生一个秩指示（RI），作为多天线业务数据处理过程中的一个关键输入。

③ 层，就是空间中可用的不相干传输通道，其数量小于等于收发天线数的最小值。在 LTE 系统中，层的数量为 1～4。

LTE 系统的容量体现在时频结构中，而时频结构是与层相关的，有多少层，就有多少套时频结构。因此，层数越多，系统的容量越大。理论上，层的数量应该等于 RI，不过由于基站有多种发射方式，只有在空间复用的情况下，也就是采用 TM3 或 TM4 时，层的数量才会等于 RI。如果在发射分集 TM2 的情况下，RI 是 1，但是层数可以是 2 层或者 4 层。

（2）数据流的处理过程

数据流经过编码、调制后，映射为层上的符号流，再经过预编码后，映射为天线逻辑端口上的符号流，再进行 OFDM 信号的发生，如图 6-19 所示。

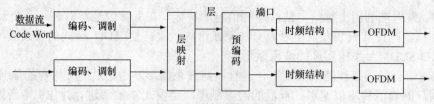

图 6-19　数据流的处理过程

在 LTE 规范中，数据流、层和天线逻辑端口的数量可以不同，保持了很大的灵活性，但是数据流的数量最小，层的数量次之，天线逻辑端口的数量最多这个关系是不变的。

① 编码调制过程是加扰过程，加扰与其它移动通信系统中采用技术相同。加扰采用的扰码是根据无线用户的特定标识产生的，确保各个无线用户的数据在空中接口上能够有差别。调制过程就是把二进制比特流转换为符号流的过程，调制方式包括 BPSK，QPSK，16QAM 和 64QAM 等。

② 层映射在进行层映射前，我们先需要知道数据流的数量，数据流的数量等于符号流的数量，与发射模式（TM）和层数都有关。基站选用的层数取决于基站的发射方式，如果是发射分集，层数就等于天线端口的数量；如果是空间复用，层数就小于或等于天线端口的数量。

实际上，基站还是根据天线的数量来确定层数的。比如基站采用了两通道天线，那么就认为层数等于 2；如果是 11 通道天线的话，如果基站支持 TM8，层数等于 2，如果基站只支持 TM7，层数就等于 1。一般地，基站根据 RI 来设置数据流。RI 等于 1 就是单流，RI 等于 2 就是双流。当然，这仅仅在 RI 不超过 2 时有效，超过 2 还是双流。

③ 预编码是对各个层上的符号流进行编码，最后映射到天线端口上。

不同的发射方式的预编码处理过程是不一样的。比如波束赋形，就不需要预编码；发射分集，就用空频编码；而空间复用的预编码通过有限的码本进行，采用 TM4 时基站还可以根据终端的反馈选择合适的码本。

6.3　调度和链路自适应

移动无线信道由于频率选择性衰落的特点造成信道损耗具有快速和随机的变化。慢衰落以及距离相关的路径损耗也将显著影响平均接收信号强度。来自其他小区和其他移动终端的传输信号在接收机所产生的干扰也会影响干扰等级。移动通信系统需要考虑如何解决瞬时信道条件快速波动的影响，并且尽可能对信道质量波动进行合理利用。

移动通信系统中的调度用来解决在不同用户之间（不同移动终端之间）共享系统可用资源的问题，以尽可能实现最有效的资源利用率。这意味着单用户所需资源量最小化，使系统可以在满足服务质量需求的基础上允许尽可能多地接入用户。与调度紧密相关的是链路自适应，用于解决如何对一条无线链路设定传输参数来控制无线链路质量波动的问题。针对无线链路质量波动具有随机性的特点，引入了一种数据传输后控制瞬时无线链路质量波动的机制，对错误接收的数据包进行重传请求的混合自动重传请求（Hybrid Automatic Repeat Request，HARQ）技术。HARQ 作为调度和链路自适应技术的补偿，也用于控制随机错误。

6.3.1　调度

调度负责控制在每个时间间隔内共享资源在各用户间的分配，与链路自适应技术密切相关。调度与链路自适应通常可被视为一个联合功能。调度的原则以及在用户间进行资源共享是基于无线接口特征区别对待的，例如考虑是上行链路还是下行链路，以及不同用户的传输之间是否相互正交等。

1. 调度策略

（1）最大载干比调度

调度器考虑了瞬时的无线链路质量，总是调度具有最佳信道质量的用户技术通常被称为最大载干比（或最大速率）调度。从系统容量角度讲最大载干比调度是最有益的，但是该调度原则在所有情况下都不具有公平性，使信道质量差的用户永远不会被调度。如图 6-20（a）所示，最大载干比调度器用来调度两个具有不同平均信道质量的用户。基本上所有时间内都是相同的用户被调度。尽管此时可以获得最高的系统容量，但从服务质量的角度来看这种情况经常是不能被接受的。

（2）轮询调度

轮询调度如图 6-20（b）所示。轮询调度策略使用户轮流使用共享资源，不考虑瞬时信道条件。从相同调度时间段的相同数量无线资源被分配给每条通信链路的角度上讲，轮询调度可以被视为公平调度。然而，从提供相同服务质量给所有通信链路的角度而言，轮询调度是不公平的。因为必须为具有较差信道条件的通信链路分配更多无线资源和更多时间。轮询调度在调度过程中不考虑瞬时信道条件，所以将导致较低的整体系统性能，但与最大载干比调度相比在各通信链路间将具有更为均衡的服务质量。

（3）比例公平调度

移动通信系统的调度策略应能够利用快速信道变化提供整个小区吞吐量，又可以保障对所有用户实现相同的平均用户吞吐量，或者对所有用户提供一定程度的最低用户吞吐量。调度时需要区分不同类型的服务质量波动。例如与快速多径衰落和干扰等级快速波动相关的服务质量的快速波动，与小区站间距以及阴影衰落差异相关的波动等。满足如上要求的调度器应用实例为比例公平调度器，如图 6-20（c）所示。调度器在最大载干比调度器和轮询调度器之间寻求某种折中，即试图尽可能利用信道条件的快速波动，同时还需满足一定程度的用户间公平性，比例公平调度策略将共享资源分配给带有相对最好无线链路条件的用户。

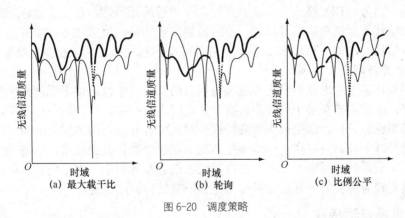

图 6-20 调度策略

调度算法的实现不会在任何标准中进行统一规定。为了支持信道相关调度，需要在标准中进行规范的是信道质量测量和报告，以及动态资源分配应用所需的相关信令。

2. 上、下行链路调度

对于分组数据来说，其业务经常具有很强的突发特性。

上、下行的链路调度有差异，但在很大程度上基本原理是可以复用的。上行链路功率资源是分散在用户之间的，而下行链路中功率资源集中在基站之中。通常单个移动终端的最大上行链路发射功率远远小于基站的输出功率。这对调度策略存在显著影响。与下行链路经常采用纯 TDMA

分配方式的情况不同，由于单个移动终端不可能拥有有效利用链路容量的足够功率，因此，在上行链路调度时通常除了在时域共享资源，还会采用频域和或码域间进行资源共享的方式。

3．频域的链路自适应

频域的链路自适应意味着还要能够获知频域内瞬时信道条件的相关信息，即在极端情况下需要获知每个 OFDM 子载波上的损耗、噪声和干扰等级。为了实现最优化资源利用，可以对各 OFDM 子载波的功率或数据速率进行调节。调度不同子载波用于发送或接收不同移动终端的传输。有效利用频域信道波动所获得的调度增益与从时域信道波动所获得增益的情况类似。显然，信道质量在频域变化显著但时域变化缓慢的情况下，频域进行的信道相关调度可以提高系统容量。

4．信道状态信息的获取

为了获得一个合适的数据速率，需要选择合适的调制方式和信道编码速率，发射机需要获知无线信道条件的有关信息。同时，这类信息也是为实现信道相关调度所需要的。

在基于频分双工（FDD）的系统中，通过接收机可以准确估计无线链路信道条件。

对于下行链路，大多数系统提供一种具有预定义结构的下行链路信号，即下行链路导频或下行链路参考信号。这类信号从基站以恒定功率发射，可以被移动终端用来进行瞬时下行链路信道条件的估计。接着由移动终端上报瞬时下行链路信道条件的相关信息给基站。时域信道波动越快，链路自适应技术的效率越低。

由于移动终端测量信道状况的时间点与该上报值在发射端进行应用的时间点之间不可避免地存在一定时延，通常信道相关调度和链路自适应技术在终端的低移动性条件下可以获得最佳效果。如果移动终端开始以高速移动，测量报告上报到基站时该信息已经过时。此时，通常更倾向采用基于长时平均信道质量的链路自适应技术，依靠带有软合并的 HARQ 技术来实现快速自适应。

在基于时分双工（TDD）的系统中，上行链路和下行链路的通信是在相同工作频段内进行分时复用的。因为 TDD 模式下多径衰落也存在信道的互易性，可以通过移动终端对下行链路的测量来估计上行链路的信号损耗。不过需要注意的是，该方法不可能提供下行链路信道状况的所有信息。例如，TDD 操作模式下移动终端和基站所处的干扰情况是不同的。

5．业务行为与调度

调度器的设计需要考虑获得一定程度服务质量的长时公平性。由于强调公平性会导致系统吞吐量下降，因此需要在公平性和系统吞吐量之间进行折中。在该折中过程中，很重要一点就是需要考虑业务特征，这是因为业务特性会对系统吞吐量与服务质量的折中带来显著影响。当每个调度时刻基站只存在 1 个或某些情况下存在少数待发数据用户的情况下，系统性能差异很小，即低系统负荷情况下不同调度算法的性能差异很小。但不同调度算法在高系统负荷情况下具有较为明显的差异。业务行为也会影响整体调度性能。

6.3.2　链路自适应和 HARQ

1．链路自适应

链路自适应用于解决对一条无线链路如何设定传输参数来控制无线链路质量波动的问题。动态发射功率控制已经被应用到基于 CDMA 技术的移动通信系统之中，如 WCDMA 和 CDMA2000 系统，用于补偿瞬时的信道质量波动。发射功率控制也可被视为一种链路自适应技术。HSPA 和 LTE 中的链路自适应动态地调整信息数据速率，以根据无线信道对每个用户匹配其信道容量。因此链路自适应与使用前向纠错编码的信道方案密切相关。下面介绍功率控制和速率控制。

（1）功率控制

动态功率控制就是动态地调节无线链路发射功率以补偿瞬时信道条件的波动和差异。这些调节的目的是为了在接收端维护一个近似固定的 E_b/N_0，从而保障数据传输的成功，不会带有很高的出错概率。原则上，发射功率控制将在无线链路经历很差的无线条件时提高发射机的发射功率。这导致无论信道如何波动都基本上保持恒定数据速率。对于电路交换语音类业务，具备这点很重要。

（2）速率控制

在移动通信的大多数情况下，特别是在分组数据业务情况下，并不期望在无线链路上提供特定固定数据速率。从用户角度而言期望无线接口上所能提供的数据速率"尽可能高"。对于语音和视频类典型的"固定速率"业务而言，假设在相对较短的时间间隔内进行平均，只要平均速率保持恒定，数据速率的短时波动通常并不成为一个问题。在无需保障恒定数据速率的情况下，发射功率控制的另一种替代方案为采用动态速率控制的链路自适应技术。速率控制的目的不是为了在瞬时信道条件波动时保持无线链路数据速率恒定，而是通过动态调节数据速率以补偿动态的信道变化，使得信道较好的情况下能够提高数据速率。

通常认为速率控制比功率控制更为有效。原则上速率控制意味着功率放大器总是以满功率发射，因此更为有效地利用资源。功率控制导致大多数情况下功率放大器工作在发射功率小于最大值的状态下，并没有实现资源的有效利用。

实质上无线链路数据速率是通过调节调制方式、信道编码速率来实现的。当无线信道质量好时，接收机具有高 E_b/N_0，此时数据速率的主要限制为无线链路的带宽，因此非常适合采用高阶调制方式与较高的速率编码。在无线信道质量较差时，适合采用低阶调制方式与较低的速率编码。通过速率控制的链路自适应技术有时也被称为自适应调制和编码（AMC）。

对于 LTE 移动通信系统，LTE 的下行链路数据传输，eNodeB 将根据下行链路信道条件，选择典型的调制方案和编码率。选择过程的重要输入是上行链路 UE 传输的信道质量指示（CQI）反馈。CQI 反馈指示包括了信道所支持的数据速率、信干噪比（Signal-to-Interference plus Noise Ratio, SINR）和 UE 接收机的特征等信息。eNodeB 可以选择 QPSK，16QAM，64QAM 方案和各种编码率来响应 CQI 反馈。不同调制阶数和编码率的最佳切换点取决于很多因素，包括需要的服务质量和小区吞吐量等。

LTE 上行链路传输的链路自适应处理和下行链路是类似的，在 eNodeB 控制下选择调制方式和编码率方案。上行链路使用相同的信道编码结构，调制方案可以选择 QPSK，16QAM 和 64QAM，与下行链路的主要区别是 eNodeB 能直接通过信道探测对支持的上行数据做出估计。

2. HARQ

链路自适应技术某种程度上可以克服由于接收信号质量波动所引起的错误。然而，接收机噪声以及不期望的干扰波动是无法克服的。无线通信系统都会采用某种形式的前向纠错（FEC）技术。FEC 的基本原理是在传输信号中引入冗余，这可以通过传输前对信息比特添加校验比特来实现，也可以单独发送校验比特实现。校验比特是通过采用编码结构所提供的方式进行计算获得的，这样在无线信道上传输的比特数要大于原始的信息比特数，将会在发射信号内引入一定量的冗余信息。

实际的移动通信系统，包括 LTE 系统，为了控制传输错误，也采用被称为自动重传请求（ARQ）技术。在 ARQ 方案中，接收机采用检错码，通常为循环冗余校验（CRC），来检验接收数据包是否出错。如果接收数据包没有检查出错误，即接收数据被认为是无错的，并通过发送肯定的确认（ACK）来告知发射机。相反，如果检验出错，接收机丢弃接收数据并通过在反馈信道上发送否定的确认（NAK）来告知发射机。作为对于 NAK 的响应，发射机将重新发送相同的信息。

联合采用前向纠错编码与 ARQ 技术的合并机制称为 HARQ。HARQ 采用前向纠错编码来纠正一部分错误并通过检错码来检验不能纠正的错误。错误接收的数据包将被丢弃，同时接收机申请针对坏包的重传。大多数实际的 HARQ 技术是建立在通过 CRC 码进行检错、通过卷积或 Turbo 编码进行纠错的基础上的，但原则上任何检错码和纠错码都可以被采用。

3. 带有软合并的 HARQ

前面讨论的 HARQ 技术采用丢弃出错接收包并请求重传的方式。然而，尽管这些数据包不能被正确解码但其中仍包含了信息，而这些信息会因为丢弃出错包而丢失。这一缺陷可以通过带有软合并的 HARQ 方式来进行弥补。在带有软合并的 HARQ 中，出错接收包被存于缓冲器内存中并与之后的重传包进行合并，从而获得比其组分单独解码更为可靠的单一的合并数据包。对该合并信号进行纠错码的解码操作，如果解码失败则申请重传。

带有软合并的 HARQ 通常可分为跟踪合并与增量冗余，采取哪种方案取决于所需的重传比特与原始传输比特是否完全相同。

（1）跟踪合并

跟踪合并方案中，重传比特与原始传输的编码比特完全相同。每次重传后，接收机采用最大比合并原则对每次接收的信道比特与相同比特之前的所有传输进行合并，并将合并信号发送到解码器。由于每次重传为原始传输的相同副本，跟踪合并的重传可以被视为附加重复编码。由于没有传输新冗余，因此跟踪合并除了在每次重传中增加累积接收 E_b/N_0 外，不能提供任何额外的编码增益，如图 6-21 所示。

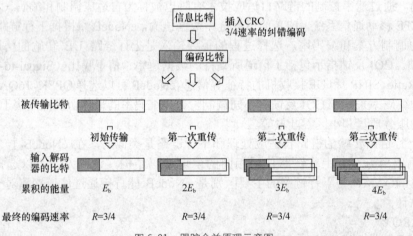

图 6-21 跟踪合并原理示意图

跟踪合并存在几种变体，例如，可以只重传原始传输中被传输比特的 1 个子集，即所谓的部分跟踪合并。此外，尽管通常合并是在解调之后和信道解码之前进行，但只要传输与重传之间的调制方式不变，就可以在解调之前的调制符号级进行合并。

（2）增量冗余

增量冗余（IR）功能指将同样的数据块重复发送直至正确译码为止，接收端将本次接收到的信息与已收到的非成功发送的信息结合用于译码。每多发送 1 次，码速率下降，但增加了成功译码的概率。

增量冗余功能指为了增加成功译码概率重复发送同样数据块中的数据信息。为了在接收端重用非成功发送的信息，解调器输出将被保存，与接收端将收到的新信息组合用于译码。当再一次发送数据块时，将使用不同的打孔方式以确保发送不同的数据信息。显然数据经过重传后，提高了数据块的正确译码概率。

图 6-22 所示从发射端和接收端的角度分析了 IR 原理。假定有 $n$bit 信息在空中接口传送，图中取 $n=4$。首先对原数据进行码速为 1/3 的卷积编码，这样得到 $3 \times n$bit 编码数据。为了提高编码速率，编码数据需要打孔。如果使用 2/3 的打孔方式，将会剩 $n$bit，编码速率为 1。选用的打孔方式保证每次传输的比特位不同。第一次发送，标示为白色的比特位在空中传输，第二次发送，标示为浅灰色的比特位在空中传送，第三次发送，标示为深灰色的比特位在空中传输。这样每次发送，空中接口都将传输 $n$bit 编码数据。

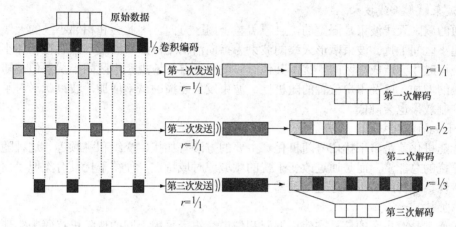

图 6-22　增量冗余（IR）原理示意图

在第一次发送前，编码后的数据被打孔，将其中的 2/3 的数据去掉。打孔后的数据比特在无线接口上传输，接收端将打孔的位置填零。有效的信道编码速率为 1，即发送比特数与原数据比特数相等。如果无线链路质量足够好，则接收机可以解码并恢复原数据。否则，接收机存储解码前的接收比特信息，网络将重发编码后的数据。

第二次发送前，编码数据的打孔方式与第一次发送时不同，接收端将打孔的位置一半填零，另外一半填前次收到的译码前的数据。这样，当接收到第二次传输的信号时，接收机就获得了 2/3 的编码数据信息，在与第一次传输的信息合并后，得到第二次的码速率为 1/2。显然第二次传输正确接收的概率远高于第一次传输的正确接收概率。

如果仍传错，则网络将以第三种打孔方式（包括编码数据剩余的比特）发送数据，接收端将打孔位置填前两次接收到数据。类似地，第三次发送的码速率实际为 1/3，正确接收概率将进一步提高。

无论采用跟踪合并还是增量冗余，带有软合并的 HARQ 都将通过重传间接地导致数据速率降低，因此也被视为间接的链路自适应技术。与基于瞬时信道状况的直接的链路自适应技术相比，带有软合并的 HARQ 基于解码的结果间接地调节了编码速率。

从系统总吞吐量的角度来看，这种间接的链路自适应技术可能会优于直接的链路自适应。这是由于额外冗余只有在被需要的时候才会添加，即当之前的高速率传输不能正确解码的时候。另外，由于不需要对任何信道波动进行预测，因此无论移动终端的移动速度快慢都可以工作得很好。由于间接链路自适应技术可以提供系统吞吐量的增益，因此会产生一个问题，就是为什么还需要直接的链路自适应。其中一个主要原因是直接链路自适应可以降低传输时延。尽管从系统吞吐量的角度来看，可能只采用间接的链路自适应技术已经足够了，但从时延角度来看终端用户的服务质量是不能接受的。

6.4 干扰抑制技术

小区之间干扰（ICI）是蜂窝移动通信系统的一个固有问题，传统的解决办法是采用频率复用。LTE 被设计为单小区频率复用，即频率复用系数为 1，相邻小区都使用相同的频率资源。LTE 系统中，基本的控制信道也被设计为频率复用系数为 1 的部署、信干比相对较低时也能够正常操作。这样小区边缘的干扰会严重影响系统的性能。小区间的干扰抑制技术成为影响 LTE 系统整体性能的关键技术。小区干扰抑制技术主要有波束赋形天线技术、干扰随机化技术、干扰消除技术及小区间干扰协调技术。

1. 波束赋形天线技术

普通的扇区天线波束是固定的，且覆盖整个扇区方向，因此会和相邻小区的天线波束重叠，引起小区间干扰。波束赋形天线的波束为指向活动 UE 的窄波束，只有在相邻小区的波束发生碰撞时才会造成小区间干扰，其他时候就可以有效地规避小区间干扰。但是随着小区中用户数的增加，以及用户位置的随机性，波束发生碰撞的概率增加，波束赋形对于小区间干扰的抑制效果也会降低。

2. 干扰随机化技术

干扰随机化就是将干扰信号随机化。主要的方法有加扰、交织和跳频等。这种随机化不能降低干扰的总能量，而是通过改变干扰的频域或时域特性，使得干扰具有类似"白噪声"的均匀特性，使得终端可以通过处理增益对干扰进行抑制。

（1）加扰

加扰通常是对小区的信号在信道编码和信道交织后采用不同的伪随机扰码来实现，进而获得干扰白化效果。第三代移动通信系统中广泛采用了加扰技术。LTE 移动通信系统也采用了加扰技术。

（2）交织

交织就是对各小区的信号在信道编码后采用不同的交织图案进行信道交织，以获得干扰白化效果。第二代、第三代、第四代移动通信系统中均采用了不同的交织技术方案。LTE 系统中引入了交织多址（Interleaved Division Multiple Access，IDMA）的概念。在 IDMA 方案中，利用伪交织器产生的随机种子为不同的小区产生不同的交织图案，并为每个交织图案设定一个编号。UE 通过通过检测小区的交织图案编号来确定小区的交织图案。交织图案的 ID 和小区编号是一一对应的。UE 只需要在正常的小区搜索过程中确定小区编号，就可以判断小区的交织图案。

（3）跳频

在不同的小区采用不同的跳频图案进行跳频也可以达到干扰随机化的效果。在 GSM 移动通信系统中通过采用跳频技术将干扰白化。

3. 干扰消除技术

小区间干扰消除原理一般指对干扰小区的干扰信号进行一定程度的解调或解码，然后利用接收机的处理从接收信号中消除干扰信号分量。干扰消除技术主要指基于多天线接收终端的空间干扰抑制技术和基于重构/减去的干扰消除技术。

（1）基于多天线接收终端的空间干扰抑制技术

基于多天线接收终端的空间干扰抑制技术不依靠任何额外的发射端配置，仅利用从相邻两个小区到终端的空间信道差异区分服务小区和干扰小区的信号。理论上讲，配置双天线的终端应可以分辨 2 个空间信道。

（2）基于重构/减去的干扰消除技术

基于重构/减去的干扰消除技术是通过将干扰信号解调/解码后，对该干扰信号进行重构，然后从接收信号中键入干扰信号。如果能将干扰信号准确减去，无疑是一种有效的干扰消除技术，但是需要完全解调/解码干扰信号，因此对系统的设计如资源块、信道估计、同步、信令等提出了更高要求或带来了更多限制。

LTE 系统中的干扰消除技术主要是基于交织多址（IDMA）的迭代干扰消除技术。

4. 小区间干扰协调技术

LTE 被设计为单小区频率复用，即同一时间、频率，资源可用于邻近的小区。这可能导致在小区范围内存在相对较大的信干比波动，导致可实现数据速率的变化，使得小区边缘只能获得相对较低的数据速率。

如果允许小区之间的调度协调，系统性能特别是小区边缘用户的质量就可以得到进一步增强。小区间干扰协调就是指在相邻小区存在同时传输的情况下，避免调度去往/来自小区边缘终端的传输，从而避免了最坏的干扰情况。为了支持小区间干扰协调，LTE 不同版本的规范中均进行了约定。

6.5　自动化网络技术

为了降低 LTE 网络部署和运营的成本，充分利用各项关键技术的优势优化系统的整体性能，LTE 系统引入了自优化网络技术（Self-Optimizing Network，SON）的概念，通过无线网络的自配置、自优化和自愈功能来提高网络的自组织能力，减少网络建设和运营人员的高成本人工，从而有效降低网络的部署和运营成本。

自优化网络是一种工具，允许运营商以自动化的方式配置网络，进而减少了集中规划和人为因素的影响，特别是在变化的无线环境情形下，可以在不明显增加成本的情况下得到网络的最佳性能。因此，SON 被赋予很高的优先级，成为 LTE 空中接口、S1 和 X2 接口设计的基石。

R8 版本中引入的 SON 是 LTE 区别于前面蜂窝移动通信系统的主要特征。SON 包括自动邻区关系，eNodeB 和 MME 的自配置功能，S1 和 X2 接口流程中实现物理小区标识的自配置等。R9 版本中为 SON 设计的功能有移动性负载均衡（Mobility Load Balancing，MLB）、健壮性移动优化（Mobility Robustness Optimization，MRO）及随机接入信道优化等。R10 和 R11 版本中为 SON 设计的功能进一步丰富，提升了家庭 eNodeB 和中继节点的自动化网络技术特性。

引入 SON 后，节能也是显著效果之一。节能是一个节约成本并降低对环境影响的措施。无线接入网中的节能是在特定时间节点上根据实际业务需求自动调整网络提供的容量。例如在某些子帧上不调度传输的无线方案、关闭小区发射机或天线的网络方案等，这些方案是在 R10 版本中针对异构网络引入的。异构网络在提供广域覆盖的基础上部署容量提升的小区，而节能功能可以在不同需求情况下激活或关闭这些容量提升小区。

6.5.1　自动邻区关系功能

自动邻区关系功能（Automatic Neighbour Relation Function，ANRF）的目的是减轻运营商人工管理邻区关系的负担。ANRF 利用了 LTE 空口及 UE 的设计特性使得网络能够自我优化。

1. LTE 内的 ANRF

ANRF 依赖于小区广播 E-UTRAN 全球小区标识（E-UTRAN Cell Global Identifier，

ECGI）。ECGI携带公众陆地移动网ID以及对该PLMN内小区进行标识的信息。当用户设备（UE）所处的服务eNodeB发起请求时，包含了UE读取和上报邻小区所广播的ECGI，该ECGI可能已被该UE或其他UE在之前所检测到。

当eNodeB从UE接收到邻小区的物理小区标识（Physical Cell Identity，PCI）作为正常测量的一部分以及eNodeB并未识别该PCI时，eNodeB能指示UE执行一新的专用上报过程，将新发现的PCI作为参数。通过该过程，UE向发起请求的eNodeB读取和上报所检测到的邻小区的某些系统信息，包括ECGI、路由区代码（Tracking Area Code，TAC）以及所有有效PLMN ID。LTE内的ANRF过程如图6-23所示。

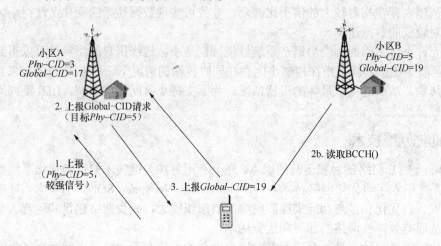

图6-23 LTE内的ANRF过程

通过ANRF，eNodeB能自动为其所控制的小区配置邻区关系表（Neighbour Relation Table，NRT），包含小区所有的邻区关系（Neighbour Cell Relation，NR）。已存在的NR定义为单向的小区到小区的关系，即从eNodeB所控制的一个源小区到所对应的目标小区，包括如下信息。

① ECGI和PCI。

② 在NRT中有一入口，以便从源小区识别目标小区。

③ 在该NRT入口具有相关属性，可由操作维护实体定义或设为缺省值。

在小区配置NRT中，NR可以具有如下属性。

① 无删除标志。通常用于NR是确定的情形，例如由O&M所配置。如果设置该标志，eNodeB将不会从NRT中删除NR。

② 无切换标志。某些特定场景下有用，例如从源小区到目标小区的切换并没有用处，但NR对于交换干扰信息来说很有用。如果检查该标志，NR不会被eNodeB用于切换目的。

③ 无X2标志。通常适用源和目标小区属于不同的PLMN。NR不会使用X2接口发起向控制目标小区的流程。

2. RAT间或频间ANRF

对于无线接入技术（RAT）间或频间ANRF，每一小区将被分配一频间搜寻列表，包含所有可搜寻的频段。ANRF过程如下。

① 在连接状态，eNodeB指示UE搜寻位于目标RAT上的邻小区。

② UE上报检测到的位于目标RAT上小区的PCI，每一RAT具有不同的PCI格式。

③ eNodeB指示UE使用最新发现的PCI作为1个参数，从小区广播信息中读取RAT专用的小区关键识别参数。例如GERAN的CGI和路由区码；UTRAN的CGI、本地区域码（LAC）

和 RAC；cdma2000 的 CGI 等。

④ UE 向 eNodeB 的服务小区报告这些 RAT 专用的小区识别参数。

⑤ eNodeB 更新 RAT 或频间 NRT。eNodeB 在随后的过程中可以使用这个 NR，如切换等。

6.5.2　eNodeB 和 MME 自配置

1. 通过 S1 的 eNodeB/MME 自配置

在 LTE 系统的 S1-flex 功能中，eNodeB 必须向所属池区的每一个移动性管理实体（Mobility Management Entity，MME）结点建立 1 个 S1 接口。池区 MME 结点列表和相应的初始远程 IP 地址由 eNodeB 在部署时直接配置，当然也可使用其他办法。一旦 eNodeB 发起与使用该 IP 地址池区中每一个 MME 相伴随的流控制传输协议（Stream Control Transmission Protocol，SCTP），它们能通过"S1 建立流程"交换一些应用级别的数据，这些对系统运行而言是基本数据。自动配置过程可以节约运营商的手动配置工作，同时也可以减少人为误差。

在 eNodeB 和 MME 间通过 S1 交换的数据包括路由区（TA）标识，不同运营商的 PLMN 列表（因运营商可共享网络，所以不同 PLMN ID 可通过空口广播给各自 UE），以及闭合用户群（CSG）ID 等。

eNodeB 随后更新发送 MME 的配置数据，通过发送"eNB CONFIGURATION UPDATE"消息来完成。在这种情形下，它只发送更新过的配置数据，未包含的数据通过 MME 作为未改变的数据来解释。反过来，MME 也能将其更新的数据发送给 eNodeB，通过"MME CONFIGURATION UPDATE"来完成。更新后的配置数据假定存储于 eNodeB 和 MME 两端，持续时间为 SCTP 事件持续时间或直到进一步的更新发生。

2. IP 地址和 X2 接口的自配置

当需要交换负载、干扰或者切换相关信息时，需要在 1 个 eNodeB 和 1 个相邻的 eNodeB 之间建立 1 个 X2 接口。X2 接口的自动初始化过程如下。

① eNodeB 标识 1 个合适的邻站，通过配置或者使用 ANRF 完成。

② 如果尚未有合适的 IP 地址可用，eNodeB 提取出对这个邻站合适的 IP 地址，并与之建立 1 个 SCTP 的关联；如果接收 eNodeB 同意，则其返回 1 个或者多个 IP 地址用于建立 X2 接口。当这个过程结束时，请求 eNodeB 能通过发送 1 个 SCTP INIT 消息建立与其邻站的 SCTP 关联。在 Release 10 中，为了防止 eNodeB 受到来自未授权的设施的 SCTP INIT 请求，该自配置过程通过在接收 eNodeB 中采用授权的源 IP 地址的接入控制列表（ACL）得到增强。

③ 两个 eNodeB 交换配置数据。类似 S1 接口的自配置期间的数据交换，包含应用层数据。这种情况下，使用"X2 建立"过程来进行数据交换。eNodeB 也可以交换其属于的区域池列表给邻站 eNodeB。如果其共享 1 个公共的区域池，则邻站 eNodeB 可以自动地学习是否需要 S1 或者 X2 切换过程来转移 UE。实际上，如果 eNodeB 不共享 1 个公共的区域池，UE 关联的 MME 必须被重定向到切换，且必须使用 S1 切换。

6.5.3　物理小区 ID 的自动配置

物理小区 ID（PCI）的自配置和自优化有助于 eNodeB 选择 PCI，使得 PCI 避免冲突和小区的混淆。如果 2 个相邻的小区广播相同的 PCI 将发生小区混淆，即 UE 上报测量时不能区别出这 2 个小区。导致服务 eNodeB 不能确定哪个小区是 UE 的切换目标小区。另外小区间干扰也增加了。小区混淆原因是因为 PCI 数值可用有限。

物理小区 ID 的自动配置技术的核心在于 X2 建立过程期间相邻 eNodeB PCI 数值的交换。在"X2 建立请求"和"X2 建立响应"消息中，eNodeB 能包含其使用的小区和这些小区的直接邻站的 PCI 数值列表。小区的直接邻站定义为控制第一个小区的 eNodeB（即使这个小区尚未被任何 UE 上报）相邻的 eNodeB 控制的任何小区。在 X2 接口上的直接邻区 PCI 数值的交换使得 eNodeB 感知到正被其所属的小区簇中的 PCI 数值集合。特别地，eNodeB 可以识别小区簇中的任何冲突，并在必要时决定改变任何其小区的 PCI；如果这样，它将在"eNB 配置更新"消息中将这个变更通知其邻站。然而，eNodeB 支持的 PCI 变更算法未标准化，留待厂商的实现。

6.5.4　R9 新增优化功能

1. 移动性负载均衡优化

移动性负载均衡（Mobility Load Balancing，MLB）优化通过检测任何的业务不均衡，然后采用调整小区重选 / 切换参数等方案实现。移动性负载均衡的目的是提升全系统的容量并降低拥塞，减少相邻小区之间本地业务负载的不均衡。通常分为 LTE 内负载交换和无线接入（RAT）间负载交换。

LTE 内负载交换首先需要在相邻 eNodeB 间通过 X2 接口交换负载信息用于比较。请求方 eNodeB 发送 1 个"资源状态请求"消息请求其邻站的负载报告。接收到请求的邻区在 X2 接口上通过"资源状态响应 / 更新"消息上报请求的负载信息。负载信息交换并检测到本地负载不均衡之后，eNodeB 将采取一些措施，例如，调整切换触发门限，使得由过载小区服务的 UE 找到轻负载的邻小区作为更合适的切换目标。为了避免乒乓切换，会将轻载小区对应的切换门限按照与上述相反方向调整触发门限的方法进行调整。

RAT 间负载交换是 LTE 与其他非 LTE 的 RAT 邻小区之间进行负载信息交换的方法。eNodeB 会对相邻的无线网络控制器（RNC，对 WCDMA 系统）、基站控制器（BSC，对 GSM 系统）或者演进地高速分组接入 Node B（对 HSPA 系统）触发 1 个"小区负载上报请求 / 响应"过程。RAT 间负载上报过程独立于切换过程，允许 1 个 eNodeB 在触发任何负载相关行为前评估 GSM 或 UMTS/HSPA 邻小区的负载状态。

2. 健壮移动性优化

健壮移动性优化（MRO）SON 特性针对检测和防止移动时的连接失败。通常连接失败情况对应无线链路失败（Radio Link Failure，RLF）、切换失败等。失败类型有太迟切换、覆盖空洞、太早切换和切换到不合适的小区。下面简单介绍太迟切换的情形。

太迟切换。当切换过迟时，在服务小区将出现连接失败，UE 将试图在不同 eNodeB 控制的小区中重建无线链路。为了使得在源小区的 eNodeB 改善这种状况，将使用"RLF 指示"消息从 UE 试图重建连接的 eNodeB 报告该事件给源 eNodeB。源 eNodeB 可以使用源小区的安全配置重新计算配置。这个机制可以消除太迟切换的影响。

3. 随机接入信道自动化

随机接入信道（RACH）配置不当会引起 RACH 冲突、低的前导检测概率或覆盖受限，将导致呼叫建立和切换时延。保留给 RACH 的上行资源也影响系统容量。网络运营商需要监测 RACH 参数合理配置，综合考虑 RACH 负载、上行干扰、业务样图和小区覆盖下的人口等因素进行合适的设定。

任何时候发生这种网络配置变更，RACH 自优化特性将自动地采取在所有受影响的小区中相应的 RACH 性能和使用率测量，并确定任何必需的 RACH 参数更新。可以调整的 RACH 参数典型地分为无冲突的接入和基于冲突的接入，RACH 回退参数值或者 RACH 发射功率攀升参数等。RACH 自优化特性推动物理 RACH（PRACH）参数的自动配置以避免与邻小区的前导冲突，自动配置包括 PRACH 资源配置、前导根序列和循环移位配置。PRACH 配置信息包含在"X2 建立"和"eNB 配置更新"过程。因此，任何时候一个新 eNodeB 被初始化且通过 ANR 功能获知其邻站,其可以同时获知邻站的 PRACH 配置。之后可以选择其自身的 PRACH 配置而避免与邻站冲突。一旦识别到冲突,其中一个小区必须改变其配置,但是选择哪个小区必须改变配置以及如何改变的方式和算法并未规范。如有需要,网络运营商也可以结合带手动配置的网络自优化,但是相对于自动 RACH 优化,这样更易于出现错误和消耗更多的时间。

6.6 载波聚合技术

LTE-A 的目标是支持下行 lGbit/s,上行 500Mbit/s 的峰值速率。为了满足这个需求,传输带宽需要达到 100MHz。LTE-A 系统提出可以支持最大 100MHz 的带宽,而在当前频谱资源紧张的情况下,尤其是对于 FDD 系统,找到上、下行对称的连续 100MHz 带宽的频谱资源已无可能,因此只能考虑将非连续频段聚合使用,LTE-A 中采用的载波聚合技术将分散在多个频段上的频谱资源聚合形成更宽的频谱,实现对传输带宽和峰值速率的要求。

6.6.1 载波聚合概述

1. 载波聚合技术的特点

载波聚合(Carrier Aggregation, CA),即通过联合调度和使用多个成员载波(Component Carrier, CC)上的资源,使得 LTE-A 系统可以支持最大 100MHz 的带宽,从而能够实现更高的系统峰值速率。如图 6-24 所示,

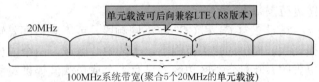

100MHz系统带宽(聚合5个20MHz的单元载波)

图 6-24 载波聚合示意图

将可配置的系统载波定义为成员载波,每个成员载波的带宽都不大于之前 LTE R8 系统所支持的上限(20MHz)。为了满足峰值速率的要求,组合多个成员载波,允许配置带宽最高可高达 100MHz,实现上下行峰值目标速率分别为 500Mbit/s 和 1Gbit/s,与此同时为合法用户提供后向兼容。

载波聚合技术具有如下特点。

① 成员载波的带宽不大于 LTE 系统所支持的上限(20MHz)。

② 成员载波可以频率连续,也可以非连续,可提供灵活的带宽扩展方案。

③ 支持最大 100MHz 带宽,系统/终端最大峰值速率可达 1Gbit/s。

④ 提供跨载波调度增益,包括频率选择性增益和多服务队列联合调度增益。

⑤ 提供跨载波干扰避免能力,频谱充裕时可以有效减少小区间干扰。

2. 载波聚合的方式

LTE-A 中的载波聚合支持聚合一系列不同的 CC 组合,包括在相同频带内相邻 CC 之间的带内连续聚合(lntra-Band, Contiguous),相同频带内不相邻 CC 之间的带内非连续聚合(Intra-Band, Non-contiguous),以及不同频带间的 CC 聚合(lnter-Band),如图 6-25 所示。每个 CC 可以采用任何 LTE R8 支持的传输带宽,也就是 1.4,3,5,10,15 或者 20MHz 的带宽,分别对应 6,15,25,50,75 或者 100 个 RB。

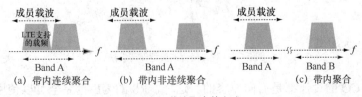

图 6-25 载波聚合的方式

在 FDD 系统中，上、下行的载波数量可以是不同的，这主要取决于 UE 的聚合能力，但是上行载波数量不能超过下行载波数量。而在 TDD 系统的部署中，UE 的上、下行 CC 数量和每个 CC 的带宽都必须是相同。这种灵活性使得网络运营商的一系列离散频谱能够得以聚合。

3. 载波聚合应用场景

典型的异构网络部署包括 1 层高功率宏小区和 1 层低功率小小区，而且至少有 1 个载波是两层公用的。在这种场景下，一个小区的传输将对另一个小区的控制信道造成很大的影响，进而影响调度和信令。采用载波聚合则可以使多个载波被某 1 层小区所用，避免了 2 层小区只能采用不同的载波这种频谱效率低下的方式，而干扰问题可以通过跨载波调度来避免。跨载波调度使得 1 个服务小区 CC 上的物理下行链路控制信道（Physical Downlink Control Channel，PDCCH）可以通过在 PDCCH 消息的最开始增加一个新的 3 比特的载波指示域（Carrier Indicator Field，CIF）来调度指示另一个 CC 上的数据传输。3GPP 协议中，将载波聚合的典型部署场景划分成了 5 类，如图 6-26 所示。为简化考虑，只研究两个 CC 的情况，分别表示为 CC1 和 CC2。

场景 1。CC1 和 CC2 在相同频段，或者频率间隔很近。两种 CC 波束方向相同，提供的覆盖范围基本一致。

场景 2。CC1 和 CC2 在不同频段，或者频谱间隔较远。频点较高的成员载波经历的路径损耗大，提供的覆盖范围小。小区中心区域，两个成员载波提供的覆盖范围重叠，可以提供更大的吞吐量，小区边缘，只有 1 个成员载波提供覆盖。

场景 3。为了提高扇区边缘的吞吐量，或者根据扇区数目部署的不同，不同成员载波对应基站发射天线的角度不同。对于两种成员载波，一种成员载波的扇区中心区域与另一种成员载波的扇区边缘相重合。

场景 4。该场景中，一个成员载波保证宏小区的覆盖，在离基站较远的热点区域放置 1 个远端发射单元（Remote Radio Header，RRH），使用另一个成员载波进一步提高该区域的吞吐量。eNodeB 与 RRH 之间用光纤连接，通过协作实现宏小区和 RRH 小区的频谱聚合。

场景 5。在场景二的基础上，在小区边缘放置 1 个具有频率选择功能的中继器（只使用频点较高的成员载波），从而扩展该成员载波的覆盖范围。

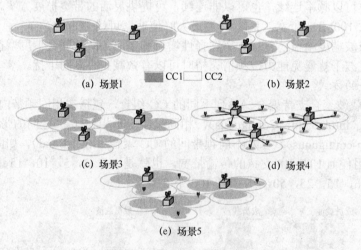

(a) 场景1　　CC1□ CC2　　(b) 场景2

(c) 场景3　　(d) 场景4

(e) 场景5

图 6-26　载波聚合的典型部署场景

R10 中所有 CC 的设计都是后向兼容的。这样，R8 的 UE 也完全可以使用 R10 的 CC，基本的 R8 信道和信令，如主/辅同步信道、每个 CC 特定的系统信息都在对应的 CC 上传输。

后向兼容也带来了在 R10 聚合的 CC 上能够重用 R8 开发的技术这样的好处。这样，在 LTE-A 系统内，支持 CA 的 UE 可以根据其能力同时接收或发送 1 个或多个 CC，获得多个服务小区的服务，而 R8 不具有 CA 能力的 UE 也可以通过接收和发送单个 CC 得到 1 个服务小区提供的服务，解决了 2 种终端在同一系统中共存的兼容性问题。

6.6.2 载波聚合协议

1. 载波管理

从高层上看，CA 就是将多个小区的资源整合在一起为 1 个 UE 服务，为了更好地管理多个小区的资源，引入了主服务小区（Primary Serving Cell，PCell）和辅服务小区（Secondary Serving Cell，SCell）的概念。PCell 的上、下行载波分别对应物理层的上、下行主载波；SCell 的上、下行载波分别对应物理层的上、下行辅载波。每个 CC 都体现为拥有自己小区 ID 的独立小区。一个支持载波聚合的 UE 连接 1 个 PCell 和最多 4 个 SCell。

PCell 定义为在连接建立时初始配置的小区，它在安全、非接入层移动性信息、被配置小区的系统信息和其他一些底层的功能上发挥不可缺少的作用。服务小区可以是指 PCell，也可以是 SCell。PCell 对应的 CC 为上、下行的主 CC，即 PCC。而 SCell 对应的 CC 为上、下行的辅 CC，即 SCC。在一个给定地理位置上的小区，所有可能聚合的 CC 是假设同步且属于同一个 eNodeB 的。

当聚合的载波相对固定时，载波管理主要体现在协议过程中上、下行载波的关联关系。在 R8/R9 中，一个小区上、下行载波之间的关联通过 UE 读取系统信息中的 SIB2 获取的，称为 SIB2 关联。SIB2 在载波聚合的场景中作为很多机制的默认关联关系。

在 LTE 系统内切换情况下，UE 在切换信令完成之后可以立刻开始使用 UE 配置的所有 CC。源 PCell 将所需的所有信息发送给目标 PCell，如 E-UTRAN 无线接入承载属性和 RRC 上下文等。此外，为了保证目标 PCell 也可以来做 SCell 选择，源 PCell 将根据无线质量的降序方式提供质量好的小区列表。目标 PCell 决定切换之后使用哪些 SCell，其中将可能包括源 PCell 指示的小区之外的小区。和之前一样基于网络的控制，UE 在切换时也不会自动释放任何 SCell 的配置。

2. 初始获取和连接建立

在初始的安全激活过程之后，E-UTRAN 将在连接建立 UE 初始配置 PCell 基础上，给 UE 配置一个或者多个 SCell 来支持载波聚合。能配置的服务小区的数目依赖于 UE 的聚合能力。对于每个 SCell，上行资源的使用是在下行资源的基础上可配置的，也就是说一个 UE 配置下行 SCC 数目总是大于等于上行 SCC 数目，不能有 SCell 配置成仅仅支持上行资源。从 UE 的角度来看，每个上行资源只属于一个服务小区。

PCell 提供安全输入、非接入层移动性信息和服务小区的系统信息。UE 与 PCell 建立一条 RRC 连接用来控制所有 UE 配置的 CC。

在与 PCell 的 RRC 连接建立之后，通过 RRC 来实现重配置、增加和删除 SCell。当增加一个新 SCell 时，将用专用 RRC 信令承载发送新 SCell 所有需要的系统信息。当在连接模式下，SCell 系统信息的更改将通过释放和增加这个 SCell 来执行，但是可以在一个 RRC 重配置消息里实现。

在 RRC 连接状态时，因为 UE 不同 CC 上无线条件或者不同 CC 上负载的变化，网络可能更改 UE 的 PCell。

3. 测量和移动性

从移动性的角度来看，UE 对每个 CC 都按照其他载频一样的方式来处理，而且为了可以测量，对于每个 CC 都会设定 1 个测量对象。异频邻小区测量将包括配置成为 CC 之外的所有载频。R8 测量事件适用于配置为载波聚合的 UE，并应用如下准则。

① 每个测量实体最多一个服务小区（PCell 或者 SCell）。

② 对 A1 和 A2 测量事件，事件的服务小区为测量对象对应配置的服务小区（PCell 或者 SCell），也就是说 eNodeB 可能对每个服务小区配置分开的 A1 和 A2 事件。

③ 对测量事件 A3，A5 和 B2，参考的服务小区为 PCell。A3 或 A5 事件链接的测量对象可以是任何频率，而且如果 SCC 是目标对象，对应的 SCell 将在比较中使用。

考虑载波聚合引入新的测量事件 A6。

4．用户面协议

从非接入层角度来看，UE 是与 PCell 相连，PCell 提供切换时的安全密钥，跟踪区更新。其他 CC 仅仅是额外增加的传输资源而已。

载波聚合中的多个 CC 对于 PDCP 和 PLC 层都是不可见的。因此这两层实际上和 R8 相比没有改动，除非需要支持 lGbit/s 的最大速率。在 MAC 层，每个 CC 拥有其独立的 HARQ 实体。从 UE 看来，HARQ 过程的特性和 R8 定义的也没有差别。在没有空间复用的情况下，每个 CC 调度 1 个传输块和 1 个独立的 HARQ 实体，当空间复用时，最多 2 个。

在物理层，每个传输块映射到 1 个服务区的 1 个 CC 上。即使 UE 同时在多个 CC 上被调度，HARQ、调制、编码和资源分配以及对应的信令都是在每个 CC 上独立进行的。

6.7　无线中继技术

6.7.1　无线中继技术概述

1．中继概念及特点

（1）中继的概念

中继是 LTE-A 的一个关键新特性，增加的中继网络节点作为宏蜂窝网络的 eNodeB 增加覆盖或者提升容量的补充。

早期的中继，或称为放大和转发中继，移动通信系统中通常被称为直放站。它简单地放大和转发接收到的模拟信号，作为相当普遍的工具来解决覆盖漏洞。传统上，直放站一旦安装，就将一直不断地转发接收到的信号。直放站无论是对终端还是对基站都是透明的，可以在现有网络上直接使用。一个直放站的基本原则是放大接收到的任何信号，包括噪声和干扰，以及有用的信号，这意味着直放站主要是在高信噪比的环境中有用。直放站与无线接入网络无关。因此对直放站需要独立的操作管理维护（O&M）功能，使得直放站可以通知网络其状态和可能潜在的故障，这样给网络运营商带来了额外的运维费用。

相较于以往的移动通信系统，LTE-A 使用覆盖能力较差的高频载波，还需要支持高数据速率业务的需求，因此可能需要部署更多的站点。如果所有的基站与核心网之间的回程链路仍然使用传统的有线连接方式，会对运营商带来较大的部署难度和部署成本，站点部署灵活性也受到较大的限制。因此 3GPP 在 LTE-A 启动了中继技术的研究来解决上述问题，提供无线的回程链路解决方案。

LTE-A 引入的中继技术称为解码和转发中继，解码和转发中继将接收到的信号转发到送达用户之前解码并重新编码。在这种解码和重新编码过程中不会像直放站那样放大噪音和干扰。因此，他们在低信噪比的环境下也很有用。此外，在基站与中继和中继与终端之间可能需要独立的速率适应和调度。

LTE-A 中的中继结点（Relay Node，RN）对终端透明。也就是说，终端不应该意识到是否链接到中继或传统基站上，这将确保尽管在 R10 中引入了中继，R8/R9 的终端也可以由中继服务。从逻辑上讲，中继就是一个基站，这种基站是利用 LTE 的无线接口链接到无线接入网络的其他部分。需要特别指出的是，虽然在终端看来中继就是一个基站，但它的物理实现相对于传统基站有很大区别。

中继结点（Relay Node，RN）通过无线连接到源 eNodeB（称为施主 eNodeB）。RN 的一个重要特点是其完全在无线接入网络的控制之下，允许和 eNodeB 类似的监测、远端控制能力。与转发器相反的，RN 在转发接收信号之前会处理这些接收的信号，这个可能会涉及层 1、层 2 或者层 3 操作，这样原则上 RN 包括的范围可以从增强转发器到拥有无线回程连接的完整的 eNodeB，与中继有关的名词及部分名词示意图如图 6-27 所示。

① 施主 eNodeB/施主小区。RN 接收的信号源 eNodeB/小区。

② 中继小区。RN 覆盖的区域。

③ 回程链路。施主 eNodeB 和 RN 之间的链路。

④ 接入链路。RN 和 UE 之间的链路。

⑤ 直传链路。施主 eNodeB 和 UE 之间的链路。

⑥ 带内/带外。带内 RN 在回程链路和接入链路上采用相同的载波频率，否则为带外 RN。

⑦ 半/全双工。半双工 RN 不能在回程链路接收信号的同时在接入链路上发射信号，反之亦然；全双工 RN 有足够的天线隔离度可以不受上述的限制操作，这个只是针对带内 RN，带外 RN 一般都是全双工的。

⑧ 施主天线和覆盖天线。在 RN，施主天线是用于回程链路；覆盖天线用于接入链路。在很多情况下，物理施主和覆盖天线可能是一样的。

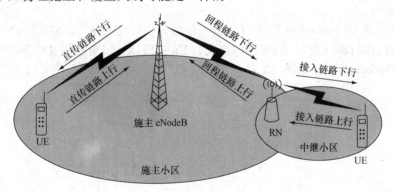

图 6-27　中继名词示意图

（2）中继技术特点

① 通过中继站，对基站信号进行接力传输，可扩展和改善网络覆盖，提高中高数据速率的应用范围。

② 可增加网络容量，提高小区吞吐量，尤其是边缘吞吐量，提升系统频谱效率。

③ 相较于使用传统的直放站，可抑制网络干扰。

④ 部署灵活，不需要光纤与机房。

⑤ 相较于通过小区分裂技术增加基站密度的方法，运营和维护成本低。

2. 应用场景

从应用上看，中继的作用主要体现在扩展覆盖和提高传输速率两方面，其中尤其前者是很多运营商非常看重的，例如对于难以布线的网络盲点或是临时的大容量需求等情况，中继可以以无线的方式非常灵活的实现部署。中继主要的应用场景参见表 6-5。

表 6-5 LTE-A 中继的应用场景

常见应用场景	主要技术优势
密集城区	部署中继提高高速业务覆盖
乡村环境	通过中继扩展网络覆盖，降低对光纤或微波依赖
室内环境	克服穿透损耗，提升覆盖与容量，摆脱光纤制约
城市盲点	解决覆盖补盲，降低网络建设成本
高速铁路	高速率接入，避免终端频繁切换，降低资源开销

6.7.2 LTE-A 中的无线中继技术

现在的无线小区网络不仅要为用户提供高质量的话音业务，还要为用户提供数量庞大的数据业务，这些需要网络具有更大的数据吞吐量和更高的数据传输速率，而传统小区网络不能提供足够高的信干噪比（Signal to Interference and Noise Ratio，SINR）来满足需求。

在 LTE-A 系统中，在原有基站的基础上，通过增加新的中继结点（Relay Node，RN），加大站点和天线的分布密度。新增的中继结点和原有基站可以通过无线的方式连接，由于不需要在站点间提供有线链路的连接以进行"回程传输"，因此 RN 可以更方便的部署。在需要数据传输时，下行数据先到达原有基站，然后再传给 RN，RN 再传至 UE，上行则与之相反，这样相当于拉近了小区边缘用户与基站天线之间的距离，可以有效地改善小区边缘 UE 的链路质量，从而提高系统整体的频谱效率和边缘用户数据速率。上、下行数据也可以不经过中继结点直接与基站进行交互。

1. 中继架构

LTE-A 的中继支持 eNodeB 的所有功能，包括无线协议的终结、Sl 和 X2 接口。与 RN 相关的网络接口如图 6-28 所示。回程接口定义为 Un 接口，通过 Un 接口 RN 连接施主 eNodeB，形成与施主 eNodeB 之间的 Sl 和 X2 接口。

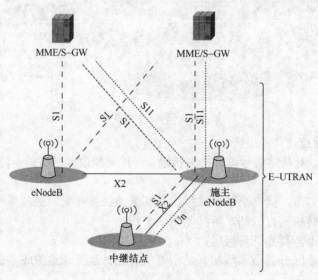

图 6-28 中继架构图

施主 eNodeB 提供 RN 和其他 eNodeB、移动性管理实体（MME）和服务网关（S-GW）之间的 X2 和 Sl 代理功能，如透传 UE 专用的 Sl 和 X2 信令消息、在 RN 关联的 Sl/X2 接口与其他网元关联的 Sl/X2 接口之间的 GPRS 隧道协议（GTP）数据报文。对于 RN 而言，施主 eNodeB 是 MME（针对 Sl 口）、eNodeB（针对 X2 口）和 S-GW。

2. 带内中继的实现

RN 通过 Un 这一修改了 E-UTRAN 的 Uu 空中接口的无线接口与施主结点（Donor eNodeB，DeNB）连接。因此，在施主小区中，DeNB 和 RN 共享无线资源，为 UE 直接提供服务。从回程机制上看，Un 口可以是带内的也可以是带外的，带内是指 eNodeB 和 RN 之间的链路与 RN 和终端之间的链路共享同一段频率，否则称为带外。根据 Un 口的不同，中继也分为带内中继和带外中继。目前标准更关注带内中继的场景，如图 6-29 所示。

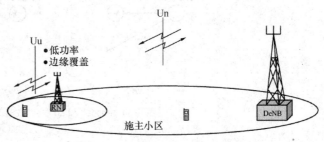

图 6-29　带内中继及空中接口

按照中继执行的功能不同可以分为层 1 中继，层 2 中继和层 3 中继。层 1 中继类似增强的直放站，将下行或上行数据放大后转发给 UE 或 eNodeB，时延小成本低且设备简单，还可以在 UE 直接将中继和基站的数据进行简单合并。不过层 1 中继也会放大噪声和干扰信号，不能提高信噪比。层 2 中继包含了 MAC 层的功能，能够对数据进行解码，再编码转发。它能明显改善信干噪比，使得收发双方都不需要太大的功率，改善小区内的干扰水平，也节约了用户设备的电池消耗。

但是层 2 中继对数据进行处理，会带来很大的延时，对基站和中继间的链路准确性要求很高，设备也更复杂。层 3 中继也称自回传，主要是对接收到的 IP 数据包进行转发，与层 2 中继比较像，却包含了更多功能，主要依靠 Sl 和 X2 信令，对 eNodeB 设计的影响较小。

3. RN 的类型

在 LTE-A 研究过程中，3GPP 按照中继是否具有独立的 Cell ID，是否可以被 UE 识别，区分出两种主要的类型。

（1）类型 1，la 和 lb RN

这些类型的 RN 是层 3 RN，具有独立的 Cell ID，能够发射包括主同步信号/辅同步信号（PSS/SSS）的所有控制和数据信道。UE 从 RN 接收如物理层下行链路控制信道（PDCCH）等调度信息，向 RN 发送如信道状态信息（CSI）和 ACK/NACK 等反馈信息。切换和小区重选过程与 R8 相同，且调度器位于 RN 中以便快速响应 UE 的反馈。

类型 1 的 RN 是带内半双工 RN，而类型 la 是带外 RN。类型 lb 的 RN 在接收和发射信号之间有足够的隔离度可以进行全双工操作，也就是回程和接入链路可以同时激活而无需时分复用。类型 lb 的 RN 的一个例子是，回程天线可能位于建筑物的外部，而覆盖天线位于建筑物内部用于提升对建筑物内部 UE 的支持。天线隔离也可以通过机械或者自适应波束成形来辅助获得。

（2）类型 2 RN

类型 2 RN 是层 2 RN。它们只发射物理下行共享信道（PDSCH），而且调度器存在于 eNodeB 中，不发射控制信道或者没有它们自己的物理层小区标识（Physical Cell Identity，PCI），不能够被 UE 识别。类型 2 RN 可以和 DeNB 以非协作或协作的方式操作。在后者情况下，eNodeB 和 RN 将联合发送和接收 UE 的信号，如图 6-30 所示。从 eNodeB 来的初始传输可以被 RN 和 UE 同时接收到。由于回程链路一般都有较好的无线信道条件，RN 将可更多地接收到正确的数据。对于重传，RN 和 eNodeB 将都向 UE 发送数据，这样 UE 将合并两者的信号。因为对 UE 的控制信令依靠来自 DeNB 的控制信道，因此类型 2 RN 的覆盖必须和 DeNB 的覆盖范围重叠。

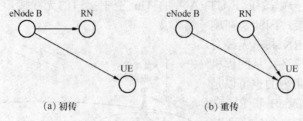

(a) 初传　　　　　　　　　　(b) 重传

图 6-30　eNodeB 和 RN 联合发送和接收 UE 信号

4. 回程链路设计

（1）带外中继的回程链路设计

带外 RN（类型 la RN）在回程和接入链路上采用不同的频率。如果回程和接入链路的频率隔离不够，将会由于带外和杂散带来干扰。只要 RN 接收机可以足够地隔离发射信号的边带信息，理论上在相同频带上的频率隔离是可以通过 eNodeB 动态调度资源，分别分配资源给回程和接入链路实现隔离。简单的实现方法是对回程和接入链路的资源相对静态的配置。

（2）带内中继的回程链路设计

对于带内中继，回程和接入链路使用相同的频率。接入和回程链路在时域上分开的机制是必需的，除非两者之间在其他方面有足够的隔离。时间上的隔离是通过相同频谱下回程和接入链路时分复用来实现的。

R8 规范已经配置了 MBSFN（多媒体广播单频网）子帧。在这种子帧里，UE 认为控制信号和参考信号都只在最先的 1～2 个 OFDM 符号上，且忽略子帧中其他剩余符号。这个机制最先是纯粹为了 MBSFN 传输而引入的，但是这个信令在 R10 中可以被重用于其他用途，如中继，而不会对传统的 R8/9 的 UE 产生影响。因此，尽管实际上并没有发射 MBSFN 信号，在这些 RN 用于下行回程接收的子帧仍看作"MBSFN"子帧，如图 6-31 所示。

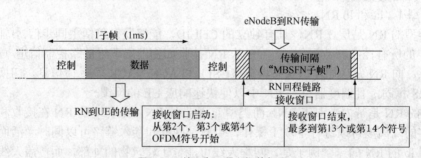

图 6-31　接入和回程之间的复用

图 6-31 所示中，MBSFN 子帧中 RN 接收回程信号的可用 OFDM 符号小于整个子帧长度，主要是为了后向兼容，RN 需要在接入链路的前面 1～2 个 OFDM 符号上发送控制信令。RN 还需要额外的收发转换时间。

RN 回程下行接收窗口的起始符号由 RRC 信令配置为第 2 个、第 3 个或者第 4 个 OFDM 且能因此在 RRC 重配置 RN 的操作中变更。接收窗口的最后一个符号是 eNodeB-RN 回程信号传播时延和 RN 发收转换时间的函数，所有这些都是 RN 实现和部署考虑的，RN 回程下行接收窗口的最后一个符号是接收窗口的最后和倒数第 2 个 OFDM 而不需要被 RRC 信令配置。这样 RN 回程下行接收窗口的 OFDM 符号数目范围为 10～13 个。

本章介绍了 LTE（R8-R10）中采用的关键技术，LTE（R12）第一阶段已于 2013 年 3 月正式冻结。LTE 的演进不会终止，每个新的版本都将进一步增强 LTE 移动通信系统的性能，引进新的技术。

小　结

1. 正交频分复用技术（Orthogonal Frequency Division Multiplexing，OFDM）是一种特殊的多载波调制（Multi-Carrier Modulation，MCM）技术，能够有效地减少多径效应对信号的影响。

2. OFDM 的主要思想是将信道分成若干正交子信道，将高速数据信号转换成并行的低速子数据流，调制到在每个子信道上进行传输。正交信号可以通过在接收端采用相关技术来分开，这样可以减少子信道之间的相互干扰。OFDM 可以与分集，时空编码，干扰和信道间干扰抑制以及智能天线技术等相结合，最大限度地提高系统性能。

3. 移动通信系统若采用 OFDM 作为传输方案，需要确定的参数有子载波间隔 Δf、子载波数目 N_c 和循环前缀长度 T_{CP}。LTE 系统的 OFDM 技术有很大的灵活性，频点带宽的变化范围从最大 20MHz 到最小 1.4MHz，共定义了 6 种，这 6 种带宽分别是 20MHz，15MHz，10MHz，5MHz，3MHz 和 1.4MHz。

4. MIMO 系统将 1 个单数据符号流通过一定的映射方式生成多个数据符号流，相应的接收端通过反变换恢复出原始的单数据符号流。与在发射端或是接收端部署多天线相比，通过在接收端和发射端同时使用多天线技术能够进一步提高信噪比，并且能够提供额外的增益来对抗信道的衰落。

5. LTE 系统的多天线具有设备的天线数量组合多、基站的发射方式多及基站的发射方式可变等特征。

6. 移动通信系统中的调度用来解决在不同用户之间（不同移动终端之间）共享系统可用资源的问题，以尽可能实现最有效的资源利用率。与调度紧密相关的是链路自适应，用于解决如何对一条无线链路设定传输参数来控制无线链路质量波动的问题。

7. 针对无线链路质量波动具有随机性的特点，引入了一种数据传输后控制瞬时无线链路质量波动的机制，对错误接收的数据包进行重传请求的混合自动重传请求（HARQ）技术。HARQ 作为调度和链路自适应技术的补偿，也用于控制随机错误。

8. 小区间的干扰抑制技术成为影响 LTE 系统整体性能的关键技术。小区干扰抑制技术主要有波束赋形天线技术、干扰随机化技术、干扰消除技术及小区间干扰协调技术。

9. 自优化网络技术是指通过无线网络的自配置、自优化和自愈功能来提高网络的自组织能力，减少网络建设和运营人员的高成本人工，从而有效降低网络的部署和运营成本。

10. 自动化网络技术（SON）包括自动邻区关系，eNodeB 和 MME 的自配置功能，S1 和 X2 接口流程中实现物理小区标识的自配置等。R9 版本中为自动化网络技术（SON）设计的功能有移动性负载均衡（MLB）、健壮性移动优化（MRO）及随机接入信道优化等。

11. 载波聚合通过联合调度和使用多个成员载波上的资源，使得 LTE-A 系统可以支持最大 100MHz 的带宽，从而能够实现更高的系统峰值速率。

12. LTE-A 引入的中继技术称为解码和转发中继，解码和转发中继将接收到的信号转发到送达用户之前解码并重新编码。在这种解码和重新编码过程中不会像直放站那样放大噪音和干扰。LTE-A 中的中继结点（RN）对终端透明。

练 习 题

1. 画出 OFDM 的原理示意图，说明 OFDM 技术的优点。
2. 画出 OFDM 信号的 IFFT 实现图，介绍图中参数的含义。
3. 画出 MIMO 的原理示意图，说明 MIMO 信道容量的主要特征。
4. LTE 下行 MIMO 有几种传输模式，介绍每种模式的应用场景。
5. 分析 3 种调度策略的特点。
6. 带有软合并的 HARQ 技术方案有哪两种？介绍不同方案的特点。
7. 请介绍主要的小区间的干扰抑制技术。
8. 自动化网络技术的功能有哪些？
9. 描述载波聚合的实现及特点。
10. 介绍 LTE 移动通信系统中中继概念及特点。
11. 画出并解释中继架构图。

第 **7** 章 LTE 移动通信系统

3G 技术长期演进（Long Term Evolution，LTE）与以往的移动通信系统不同，无线接入网的空中接口技术和核心网的网络结构都发生了较大的变化。本章主要内容如下。

- LTE 和 LTE-A 的主要特点
- LTE 网络结构
- E-UTRAN 的结构，主要网元和接口的功能
- 核心网（EPC）结构，主要网元和接口的功能
- LTE 空中接口的协议结构
- 空中接口协议各层结构及功能
- 物理信道、传输信道、逻辑信道的分类及相互间的映射关系
- 时频结构的基本概念
- 上下行物理层传输
- 小区搜索和随机接入过程
- 寻呼和跟踪区域更新过程

7.1 概述

1. LTE 概念

近年来，在传统蜂窝移动通信技术高速发展的同时，宽带无线接入技术（如移动 WiMAX）也开始提供移动功能，试图抢占移动通信的部分市场。为了保证 3G 移动通信的持续竞争力，移动通信业界提出了新的市场需求，要求进一步加强 3G 技术，提供更强大的数据业务能力，向用户提供更好的服务，同时具有与其他技术进行竞争的实力。因此，3GPP 和 3GPP2 相应启动了 3G 技术长期演进（Long Term Evdution，LTE）和空中接口演进（Air Interface Evolution，AIE），2007 年 2 月，3GPP2 鉴于新的标准与 cdma2000 1xEV-DO 有较大差别，将新的空中接口标准命名为超移动宽带（Ultra Mobile Broadbandx，UMB），并于 2007 年 4 月正式颁布。2008 年底，美国高通公司停止了 UMB 无线技术的研发，专注于 LTE 的开发。至此，全世界关于后 3G/4G 技术的走向，已经基本集中于 LTE。

按照 3GPP 组织的工作流程，3G LTE 标准化项目基本上可以分为 2 个阶段，2004 年 12 月到 2006 年 9 月为研究项目（SI）阶段，进行技术可行性研究，并提交各种可行性研究报告；2006 年 9 月到 2007 年 9 月为工作项目（WI）阶段，进行系统技术标准的具体制定和编写，完成核心技术的规范工作，并提交具体的技术规范。在 2009 年到 2010 年推出成熟的商用产品。

3GPP LTE 地面无线接入网络技术规范已通过审批，被纳入 3GPP R8 版本中，2009 年 3

月的会议上 R8 版本基本上已经完成了。相比于传统的移动通信网络，LTE 在无线接入技术和网络结构上发生了重大变化。

2. LTE 的主要目标

LTE 是 3GPP 主导的一种先进的空中接口技术，被认为是准 4G 技术。LTE 区别于以往的移动通信系统，它完全是为了分组交换业务来优化设计的，无论是无线接入网的空中接口技术还是核心网的网络结构都发生了较大的变化。

（1）LTE 需求

2005 年 6 月魁北克会议上 3GPP 组织最终确定了 LTE 的系统目标，LTE 的主要目标就是定义一个高效的空中接口，这些目标需求主要包括如下几点。

① 系统容量。LTE 要求使用 20MHz 的带宽，下行和上行峰值速率分别达到 100Mbit/s 和 50Mbit/s。相应的频谱效率分别为 5bit/s/Hz 和 2.5bit/s/Hz。支持 FDD 和 TDD 两种模式。除了 20MHz 带宽外，还支持 1.25MHz，1.6MHz，2.5MHz，5MHz，10MHz，15MHz 带宽，灵活的带宽支持可以满足用户对不同业务的速率要求。这里需要说明的是，在 TDD 模式中由于上下行不能同时使用整个带宽发射和接收，所以峰值速率不会到达要求的指标，而在 FDD 模式中由于上、下行使用不同的频率，所以能够达到要求的指标。

② 数据传输时延。在 LTE 中，数据传输时延要求在无负载的情况下小于 5ms，无负载是指整个系统被 1 个用户所使用，没有其他的用户。传输时延包括手机发出信号在空中的传输时延和 LTE 基站的处理时延。对时延的强制要求主要是为了那些实时业务考虑的。在实时业务中，如语音和流媒体，通常人们能够容忍的单方向的最大时延为 400ms，大于 400ms 对语音业务来说是不可接收的。3GPP 标准中对 QoS 要求的传输时延要小于 150ms，这是一个比较理想值。150ms 指的是端到端的时延，即从用户发出信号到接收者收到信号的时延，那么对移动通信系统来说就包括无线链路传输时延、设备处理时延、核心网的传输时延，如果是和非移动用户通信，还包括 PSTN 的处理和传输时延。

③ 终端状态间转换时间。3GPP 中将终端状态间转换时间定义为控制平面时延。在传统的电路交换移动通信系统中，终端一般有两种状态。

a. 空闲状态（IDLE）。在这种状态下，其他终端是可以和这个终端建立通话的，但是终端不能进行数据传输。

b. 激活状态（ACTIVE）。这种状态下的终端可以进行语音通话或是基于电路交换的数据业务传输。

但是在全分组交换业务的 LTE 中，由于数据业务的突发性特点，数据传输并不是均匀的，可能终端在比较长的时间内只有少量的数据传输，但是还是要始终保持连接，如在即时通信（如 QQ）中的好友状态信息。那么就需要定义一种新的状态，这种状态一般称为等待状态（STANDBY）。在等待状态下只有少量的数据传输，并且一直处于连接状态。那么 LTE 中终端的状态就有空闲状态、激活状态和等待状态 3 种。对这 3 种状态间的转换时延要求如下。

c. 从空闲状态转换到激活状态一般要求要小于 100ms，这里不包括移动台发起通话中的寻呼过程，也不是整个的呼叫建立过程，只是移动台从空闲状态转换到激活状态的操作时延，这里的操作主要是指为移动台分配资源的过程。

d. 激活状态和等待状态的相互转换时延要求小于 50ms。

④ 移动性。在 LTE 中要求移动台的移动速度在 120～350km/h 也可以保持正常的通信，在某些频段要求 500km/h 也可以保持通信。

⑤ 覆盖范围。覆盖范围主要是指小区的半径，即基站位置到小区边界上的移动台的距离。要求覆盖范围小于 5km 时，要保证用户的速率要求和移动性要求。在小区半径达到 30km 时，用户速率的轻微下降是可以接受的，但是移动性的要求是不变的。另外对小区半径达到 100km，也是允许的，但是在这种情况下，并没有提出性能要求。

⑥ 增强的多媒体广播和多播业务（MBMS）业务。在 LTE 中要求进一步增强 MBMS 业务，包括广播模式和单播模式。要求的频谱效率要达到 1bit/s/Hz，如果在 5MHz 的带宽内，要能提供 16 个电视业务，每个业务的速率为 300kbit/s。另外要求 MBMS 业务可以使用单独的载波，也可以和其他业务共用载波。

（2）LTE 主要性能指标

3GPP LTE 的主要性能指标描述如下。

① 支持 1.25～20MHz 带宽，提供上行 50Mbit/s、下行 100Mbit/s 的峰值数据速率。

② 提高小区边缘的比特率，改善小区边缘用户的性能。

③ 频谱效率达到 3GPP R6 版本中频谱效率的 2～4 倍。

④ 降低系统延迟，用户面延迟（单向）小于 5ms，控制面延迟小于 100ms。

⑤ 支持与现有 3GPP 和非 3GPP 系统的互操作。

⑥ 支持增强型的广播组播（MBMS）业务。

⑦ 实现合理的终端复杂度、成本和耗电。

⑧ 支持增强的 IP 多媒体子系统（IMS）和核心网。

⑨ 取消 CS（电路交换）域，CS 域业务在 PS（分组交换）域实现，如采用 VoIP。

⑩ 以尽可能相似的技术同时支持成对和非成对频段。

⑪ 支持运营商间的简单邻频共存和邻区域共存。

3. LTE 的基本特点

LTE 的基本特点包括只支持分组交换的结构和完全共享的无线信道。

（1）只支持分组交换的结构

为了更好地理解 LTE 只采用分组交换的结构，这里有必要回顾一下以前和目前的移动通信系统的结构，以 UMTS 系统为例。

在 2G 的早期阶段，移动通信主要是为了语音业务设计的，网络结构比较简单，主要包括无线接入网和核心网。无线接入网的设计主要是为语音业务和低速率的电路交换数据业务，而核心网完全是电路交换。

随着 IP 和 Web 业务的发展，GSM 系统演进到能够有效地支持这类业务。无线接入网中采用了 GPRS 和 EDGE 两种演进方案，增加了分组交换的核心网结构。分组交换核心网的作用和电路交换核心网的作用是一样的，主要是支持分组交换和与互联网互通。新增加的分组交换核心网，不仅需要增加新的结点，而且增加了部署和工程费用。

3G 系统与 2G 系统核心网结构并无太大的差别，因为在核心网中同样包含了电路交换和分组交换。只不过在分组交换的核心网上又增加了 IP 多媒体子系统（IMS），IMS 的主要目标是为 3GPP 无线网络中的各种 IP 业务提供了一个通用的业务平台。在 IMS 中主要使用会话初始化协议（SIP），SIP 由因特网工程任务组（IETF）定义。

LTE 的核心网（SAE）的主要目标就是采用一种简化的核心网结构，即分组交换的核心网结构。在无线接入网中采用为分组交换优化的空中接口技术，即全 IP 业务，既支持非实时业务也支持实时业务。电路交换的核心网被取消，那些电路交换的实时业务也可采用分组交互的方式。

（2）完全共享的无线信道

LTE 的无线信道完全采用共享的模式，即多用户共享同一信道，而不管业务的种类和 QoS 要求。因为系统要保证满足所有的用户的 QoS 要求，共享信道加大了资源的调度难度，但是它大大地降低了网络设计和维护的难度。

4. LTE-Advanced

LTE 移动通信系统相对于 3G 标准在各个方面都有了不少提升，具有相当明显的 4G 技术特征，但并不能完全满足 IMT-Advanced 提出的全部技术要求，因此 LTE 不属于 4G 标准。为了实现 IMT-Advanced 的技术要求，在完成了 LTE（R8）版本后，3GPP 标准化组织在 LTE 规范的第二个版本（R9）中引入了附加功能，支持多播传输、网络辅助定位业务及在下行链路上波束赋形的增强。2010 年底完成的 LTE（R10）版本的主要目标之一是，确保 LTE 无线接入技术能够完全满足 IMT-Advanced 的技术要求，因此增强型长期演进（LTE-Advanced，LTE-A）这个名称常用于 LTE 的第 10 版（R10）。那些构成 LTE-Advanced 的功能正是 LTE 规范第 10 版（R10）的部分内容。R10 版本通过载波聚合增强了 LTE 的频谱灵活性，进一步扩展了多天线传输方案，引入了对中继的支持，并且提供了对异构网络部署下小区协调方面的改进。

LTE-A 关注于提供更高的能力，提升指标如下。增加峰值数据率，下行 3Gbit/s，上行 1.5Gbit/s。频谱效率从 R8 的最大 16bit/s/Hz 提高到 30bit/s/Hz。同一时刻活跃的用户数、小区边缘性能都有很大提高。

LTE-A 系统的几个主要目标如下。

（1）在 LTE 系统设计的基础上进行平滑演进，使 LTE 与 LTE-A 之间实现两者的相互兼容。任何 1 个系统的用户都能够在这 2 个系统接入使用。

（2）进一步增强系统性能。LTE-A 系统能够全面满足 ITU 提出的 IMT-Advanced 的技术性能要求，提供更快的峰值速率和更高的频谱效率，同时显著提升小区边缘性能。

（3）可以灵活配置系统使用的频谱和带宽，充分利用现有的离散频谱，将其整合为最大 100MHz 的带宽供系统使用。这些整合的离散频谱可以在 1 个频带内连续或者不连续，甚至是频带间的频段，这些频段的带宽同时也是 LTE 系统支持的传输带宽。

（4）网络自动化、自组织能力功能需要进一步加强。

LTE 的演进不会终止，每个新的版本都将进一步增强 LTE 移动通信系统的性能。

7.2 LTE 的系统结构

7.2.1 LTE/SAE 的网络结构

LTE/SAE 的整个网络结构如图 7-1 所示。图中不仅包含演进的分组核心网（Evolved Packet Core Network，EPC）和演进的通用地面无线接入网络（Evolved UTRAN，E-UTRAN），还包含了 3G 系统的核心网（CN）和通用地面无线接入网络（UTRAN）。为了叙述方便，结构图只画出了信令接口。在 3G 系统中，电路交换核心网和分组交换核心网分别连接电话网和互联网，IMS 位于分组交换核心网之上，提供互联网接口，通过媒体网关（MGCF）连接公共电话网。E-UTRAN 和 EPC 间主要实体的功能如图 7-2 所示。图中灰色代表逻辑结点中的各层无线协议，其他代表逻辑节点中控制平面的功能实体。

后面将陆续介绍 E-UTRAN 和 EPC 的网络结构、各实体功能、接口及协议栈的特点，最后简单介绍 IMS 与 LTE 网络结构的关系。

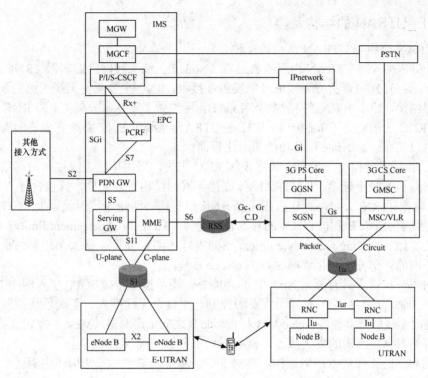

图 7-1　LTE/SAE 的网络结构图

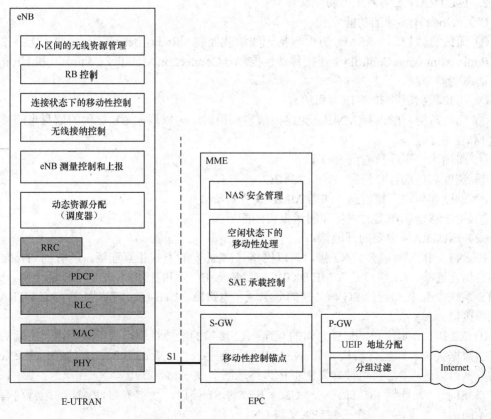

图 7-2　E-UTRAN 和 EPC 间的功能划分

7.2.2　E–UTRAN 的结构及接口

1.　E-UTRAN 结构与 UTRAN 结构的比较

传统的 3GPP 接入网 UTRAN 由无线收发器（Node B）和无线网络控制器（RNC）组成，如图 7-1 所示。Node B 主要负责无线信号的发射和接收，RNC 主要负责无线资源的配置，网络结构为星形结构，即 1 个 RNC 控制多个 Node B，另外为了支持宏分集（不同 RNC 的基站间切换），在 RNC 之间定义了 Iur 接口。这样在 UTRAN 系统中 RNC 必须完成资源管理和大部分的无线协议工作，而 Node B 的功能相对比较简单。

在考虑 LTE 技术架构时，大家一致建议将 RNC 省去，采用单层无线接入网络结构，有利于简化网络结构和减小延迟。E-UTRAN 无线接入网的结构比较简单，只包含 1 个网络结点 eNode B，取消了 RNC，eNode B 直接通过 S1 接口与核心网相连，因此原来 RNC 的功能就被重新分配给了 eNode B 和核心网中的移动管理实体（Mobility Management Entity，MME）或是服务网关实体（Serving Gateway entities，S-GW）。S-GW 实际上是一个边界结点，如果将它看成核心网的一部分，则接入网主要由 eNode B 构成。

LTE 的 eNode B 除了具有原来 Node B 的功能外，还承担了传统 3GPP 接入网中 RNC 的大部分功能，如物理层、MAC 层、无线资源控制、调度、无线准入、无线承载控制、移动性管理和小区间无线资源管理等。eNode B 和 eNode B 之间采用网格（Mesh）方式直接互连，这也是对原有 UTRAN 结构的重大修改。核心网采用全 IP 分布式结构。

LTE 采用扁平的无线接入网络架构，将对 3GPP 系统的未来体系架构产生深远的影响，逐步趋近于典型的 IP 宽带网络结构。

2.　E-UTRAN 主要网元的功能及接口

（1）eNode B 实现的功能

① 无线资源管理（RRM）方面包括无线承载控制（Radio Bearer Control）、无线接纳控制（Radio Admission Control）、连接移动性控制（Connection Mobility Control）和 UE 的上、下行动态资源分配。

② 用户数据流的 IP 头压缩和加密。

③ 当终端附着时选择 MME，无路由信息利用时，可以根据 UE 提供的信息来间接确定到达 MME 的路径。

④ 路由用户平面数据到 S-GW。

⑤ 调度和传输寻呼消息（来自 MME）。

⑥ 调度和传输广播信息（来自 MME 或者 O&M）。

⑦ 用于移动和调度的测量和测量报告的配置。

（2）E-UTRAN 主要的开放接口

在 eNode B 之间定义了 X2 接口，以网格（Mesh）的方式相互连接，所有的 eNode B 可能都会相互连接。S1 接口是 MME/S-GW 与 eNode B 之间的接口，只支持分组交换。而 3G UMTS 系统中 Iu 接口连接 3G 核心网的分组域和电路域。LTE-Uu 接口是 UE 与 E-UTRAN 间的无线接口。

① X2 接口，实现 eNode B 之间的互连。X2 接口的主要目的是为了减少由于终端的移动引起的数据丢失，即当终端从一个 eNode B 移动到另一个 eNode B 时，存储在原来 eNode B 中的数据可以通过 X2 接口被转发到正在为终端服务的 eNode B 上。

② S1 接口，连接 E-UTRAN 与 CN。开放的 S1 接口，使得 E-UTRAN 的运营商有可能采用不同的厂商设备来构建 E-UTRAN 与 CN。

③ LTE-Uu 接口，Uu 是 UE 接入到系统固定部分的接口，是终端用户能够移动的重要接口。

3. E-UTRAN 通用协议模型

E-UTRAN 接口的通用协议模型如图 7-3 所示，这个通用协议模型是 E-UTRAN 接口协议设计的一个总体要求，适用于 E-UTRAN 相关的所有接口，即 S1 和 X2 接口。设计原则继承了 UMTS 系统中 UTRAN 接口的定义原则，各协议层和各平面在逻辑上彼此独立。如果将来需要的话，可以对协议栈和平面的一些部分进行修改。

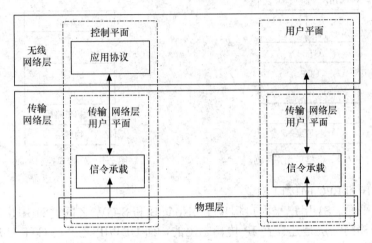

图 7-3 E-UTRAN 通用协议模型

E-UTRAN 通用协议模型由无线网络层和传输网络层 2 个主要层组成。E-UTRAN 功能在无线网络层实现。传输网络层利用标准的传输技术，E-UTRAN 仅仅是选择使用这些标准传输技术进行网络传输。

控制平面供所有 E-UTRAN 控制信令使用，控制平面包括应用协议，比如 S1 接口应用协议（S1 Application Protocol，S1-AP）和 X2 接口应用协议（X2 Application Protocol，X2-AP）以及信令承载。应用协议用来在无线网络层建立承载等。

用户平面负责用户发送和接收的所有信息，即负责数据流的数据承载。在传输网络层，这些数据流是由隧道协议规范化了的数据流。

用户平面的数据承载和控制平面应用协议的信令承载均由传输网络用户平面负责。

4. E-UTRAN 主要接口的协议栈

（1）eNode B 之间的接口 X2

① X2 用户平面。X2 用户平面协议栈如图 7-4 所示。E-UTRAN 的传输网络层是基于 IP 传输的，UDP/IP 之上是利用 GTP-U（GPRS Tunneling Protocol User Plane）来传送用户面协议数据单元（PDU）。GTP-U 应用在 LTE 系统作了扩展。

② X2 控制平面。X2 接口的控制平面协议栈如图 7-5 所示。传输网络层是利用 IP 和流控制传输协议（SCTP），而应用层信令协议为 X2 接口应用协议（X2 Application Protocol，X2-AP）。

流控制传输协议（SCTP）是 IETF 新定义的 1 个传输层协议。作为 1 个传输层协议，SCTP 可以理解为和 TCP 及 UDP 相类似的协议。它提供的服务有点像 TCP，保证可靠、有序传输消息。不过 TCP 是面向字节的，而 SCTP 是针对成帧的消息。如果每个 UE 对应 1 个 SCTP，SCTP 可以提供寻址 UE 上下文的功能。

X2-AP 支持 UE 在激活（ACTIVE）模式下，LTE 无线系统内部的移动性。具体实现功能如下。

  a. 从源 eNode B 到目的 eNode B 之间的上下文传递。

  b. 在源 eNode B 和目的 eNode B 之间用户平面隧道的控制。

  c. 切换管理。

  d. 上行负载管理。

  e. X2 接口的一般管理和错误处理。

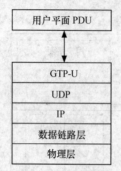

图 7-4　X2 接口用户平面

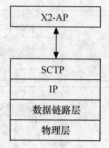

图 7-5　X2 接口控制平面

  （2）eNode B 和 EPC 的接口 S1

  ① S1 用户平面。S1 用户平面接口位于 eNode B 和 S-GW 之间。S1 用户平面协议栈如图 7-6 所示。传输网络层是建立在 IP 传输之上的，而 UDP/IP 之上的 GTP-U 用来携带用户平面的 PDU。

  ② S1 控制平面。S1 控制平面接口位于 eNode B 和 MME 之间。S1 控制平面协议栈如图 7-7 所示。传输网络层是利用 IP 传输，为了可靠地传输信令信息，在 IP 层之上添加了 SCTP。应用层的信令协议为 S1-AP。

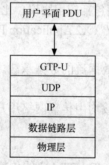

图 7-6　S1 用户平面接口

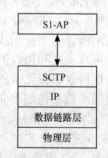

图 7-7　S1 控制平面接口

  S1-AP 类似于 3G UMTS 系统 Iu 接口的 RANAP 协议，具体实现功能如下。

  a. SAE 承载服务的管理，包括承载建立、修改和释放。

  b. 激活（ACTIVE）模式下，UE 的移动性管理，包括 LTE 内部之间的切换、3GPP 内部之间的切换。

  c. S1 接口 UE 上/下文管理功能。

  d. S1 寻呼，在服务 MME 中，根据 UE 上/下文移动性信息，将寻呼请求信息发送到有关的 eNode B 中。

  e. NAS 信令传输，完成 UE 与核心网间非接入层信令的透明传输。

f. S1 接口管理, 包括错误指示等。

g. 网络共享。

h. 漫游与区域限制功能。

i. NAS 结点选择功能。

j. 初始状态时上下文的建立, 就是初始化 UE 所必须建立的上下文。包括 SAE 承载上下文、与安全有关的上下文、漫游信息、UE 能力信息、UE S1 的信令连接标识等, 以及与 MME 有关的初始化上下文。

7.2.3 核心网结构及接口

1. SAE 架构的演进

在 3GPP 的 LTE 标准制定过程中, 初期 SAE 的概念特指核心网的演进。但随着时间的推移, SAE 概念的外延在逐渐扩大, 某种意义上 SAE 的范围已经涵盖了无线接入网络和核心网络。严格说来, SAE 是不包括无线接入网络的。SAE 的具体含义, 要根据具体情况而定。演进的 SAE 架构示意图如图 7-8 所示。

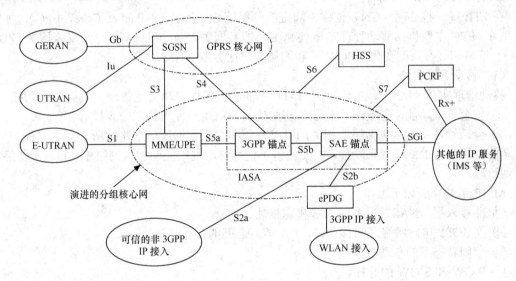

图 7-8 演进的 SAE 架构

（1）SAE 架构的主要网元

① 3GPP 锚点（3GPP Anchor）是用户平面的 1 个支持结点, 支持 UE 在 2G/3G 系统和 LTE 系统之间移动。

② SAE 锚点（SAE Anchor）是用户平面的 1 个支持结点, 支持 UE 在 3GPP 系统和非 3GPP 系统之间移动。

③ 互访锚点（Inter Access System Anchor, IASA）由 3GPP 锚点和 SAE 锚点组成。

④ 演进的分组数据网关（evolved Packet Data Gateway, ePDG）是一个转换实体, 其功能相当于网关。

⑤ 用户平面实体（User Plane Entity, UPE）负责管理和存储 UE 的上/下文。

（2）SAE 架构的参考点

① S1 参考点, 提供对 E-UTRAN 无线资源的接入功能, 负责传输用户平面业务和控制平面业务。S1 参考点可以实现 MME 和 UPE 的分离部署和合并部署。

② S2a 参考点，在可信的非 3GPP IP 接入网络和 SAE 锚点之间提供与控制和移动性有关的用户平面支持。

③ S2b 参考点，在 ePDG 和 SAE 锚点之间提供与控制和移动性有关的用户平面支持。

④ S3 参考点，在 IDLE 和 ACTIVE 模式下，为了实现不同 3GPP 系统之间的移动性，利用该接口进行用户和承载信息的交换。

⑤ S4 参考点，在 GPRS 核心网和 3GPP 锚点之间提供与控制和移动性有关的用户平面支持。

⑥ S5a 参考点，在 MME/UPE 和 3GPP 锚点之间提供与控制和移动性有关的用户平面支持。

⑦ S5b 参考点，在 SAE 锚点和 3GPP 锚点之间提供与控制和移动性有关的用户平面支持。

⑧ S6 参考点，提供认证/鉴权数据的传递，实现对用户接入的鉴权和授权。

⑨ S7 参考点，提供 QoS 策略和计费规则的传输。

⑩ SGi 参考点，在 SAE 锚点和分组数据网络之间提供接口。分组数据网络可以是运营商的公网、私网、或运营商内部的 1 个网络。

2．EPC 主要网元的功能

在 LTE 中，核心网（CN）也称为演进的分组核心（Evolved Packet Core，EPC），如图 7-1 所示。EPC 主要包括移动管理实体（MME）、服务网关（Serving GW）、分组交换网关（PDN GW）、策略和计费规则实体（PCRF）和归属用户服务器（HSS）等。

（1）移动管理实体

移动管理实体（MME）主要负责与用户平面相关的用户和会话管理，具有 3 个功能。

① 安全管理功能，包括用户验证、初始化、协商用户使用的加密算法等。

② 会话管理功能，包括协商相关的链路参数和建立数据通信链路的所有信令流程。

③ 空闲状态的终端管理功能，主要是为了使得移动终端能够加入网络中，并对这些终端进行管理。

MME 主要完成如下工作。

① 非接入层（NAS）信令的加密和完整性保护。

② 在 3GPP 访问网络之间移动时，CN 节点之间的信令传输。

③ 空闲状态下的移动性控制。

④ P-GW 和 S-GW 的选择。

⑤ MME 选择，MME 改变带来的切换。

⑥ 切换到 2G 或者 3G 访问网络的 SGSN 选择。

⑦ 漫游。

⑧ 承载管理，包括专用承载建立等。

（2）服务网关

SAE 网关功能包括终端移动时的用户平面的转换。从功能的角度来看，服务网关（S-GW）相当于数据业务的锚点，当数据业务发生在 eNode B 之间时，数据通过服务网关在相关的 eNode B 之间进行转发，当数据业务是和其他的移动系统或是 PSTN 间传输时，数据通过服务网关路由到分组交换网关。S-GW 具体实现的主要功能如下。

① 3GPP 间的移动性管理，建立移动安全机制。

② 在 E-UTRAN 的 IDLE 模式下，下行分组缓冲和网络初始化。

③ 授权侦听。

④ 分组路由和前向转移。

⑤ 在 UE 和 PDN 间、运营商之间交换用户和 QoS 类别标识的有关计费信息。

（3）分组交换网关

与服务网关类似，分组交换网关（P-GW）主要是充当与外部数据网络交互数据的锚点。P-GW 具体实现的主要功能如下。

① 用户的分组过滤。

② 授权侦听。

③ UE 的 IP 地址分配。

④ 上、下行服务管理和计费。

⑤ 基于总最大位速率（Aggregate Maximum Bit Rate，AMBR）的下行速率控制。

（4）策略和计费规则实体

策略和计费规则实体（PCRF）。策略控制的主要功能是决定如何使用可用的资源，计费规则实体主要负责用户的计费信息管理。

（5）归属用户服务器

归属用户服务器（HSS）是 3G 和 LTE 中的核心结点，主要存储用户的注册信息，由归属位置寄存器（HLR）和鉴权中心（AUC）组成。HLR 中主要存储所管辖用户的签约数据及移动用户的位置信息，可为至某终端的呼叫提供路由信息。AUC 存储用以保护移动用户通信不受侵犯的必要信息。

3. UE/ eNode B /EPC 间主要接口及协议栈

（1）UE/eNode B/MME 的控制平面协议栈

UE/eNode B/MME 的控制平面如图 7-9 所示，NAS 协议支持移动性管理功能，以及用户平面承载激活、修改和解除激活。NAS 也有义务对 NAS 信令加密保护等。E-UTRAN 的 LTE-Uu 接口位于 UE 和 eNode B 之间，空中接口的分析将在空中接口一节专门介绍。

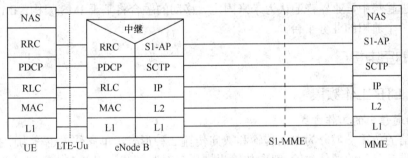

图 7-9　UE/eNode B/MME 的控制平面

在 eNode B（S1）和 MME 之间，使用 SCTP 来保证信令消息的准确传递。eNode B（S1）和 MME 之间协议支持如下功能。

① 控制 E-UTRAN 网络访问的连接和建立网络访问连接的属性。

② 控制建立网络连接的路由。

③ 控制网络资源的分配。

MME/MME 控制平面 S10 接口如图 7-10 所示。SGSN/MME 控制平面 S3 接口、SGSN/S-GW 控制平面 S4 接口、S-GW 和 P-GW 控制平面 S5 或者 S8a 接口、MME/S-GW 控制平面 S11 接口和 MME/HSS 控制平面 S6a 接口。

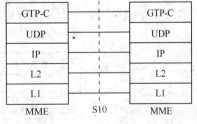

图 7-10　MME/MME 等控制面协议栈

（2）UE/eNode B/网关的用户平面协议栈

UE/P-GW 用户平面如图 7-11 所示，在 eNode B 和 S-GW 之间、S-GW 和 P-GW 之间，利用 GTP-U 协议传送用户数据。访问 3G 的 UE/P-GW 用户平面的 S12 接口、访问 3G 的 UE 和 P-GW 用户平面之间的 S4 接口的用户面协议栈与此相似。

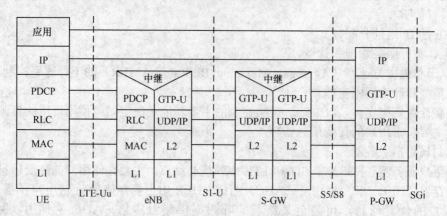

图 7-11　通过 E-UTRAN 的 UE-P-GW 用户平面

4. LTE 网络中的 IP 多媒体子系统

3GPP 对 IMS 的标准化是按照 R5，R6，R7，R8 版本的进程来发布的，IMS 首次提出是在 R5 版本中，然后在 R6、R7、R8 版本中进一步完善。IMS 中主要包括 3 种功能实体，就是呼叫会话控制功能实体（CSCF）、媒体网关控制功能（MGCF）和媒体网关（MGW）。

R8 版本中增强了 IMS 功能，核心网内部的一些边界正在消失，界限逐步变得模糊。在核心网的演进趋势中，业界普遍认为未来固定、移动的融合将基于 IMS 架构，IMS 为多媒体应用提供了一个通用的业务平台。

7.3　LTE 的空中接口

7.3.1　LTE 工作频段

1. 移动通信中的工作方式

无线通信的传输一般分为单向传输和双向传输 2 种形式。单向传输也称为广播式传输。双向传输指带有互动的通信传输。双向传输根据用户对时间和频率的占用情况分为单工通信、双工通信和半双工通信 3 种工作方式。移动通信系统基本选用双向传输的双工通信方式。

（1）单工通信

单工通信指通信双方电台交替地进行收信和发信。根据收、发频率的异同，又可分为同频单工和异频单工。下面以无线电台间的通信为例，如图 7-12 所示。

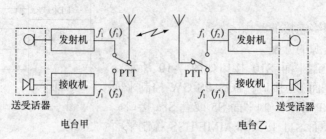

图 7-12　单工通信

同频单工是指通信双方使用相同的频率工作，发送时不接收，接收时不发送。当电台甲要发话时，它就按下送受话器的开关（PTT），同时关掉接收机，将天线接至发射机的输出端，接通发射机开始工作。当确知电台乙接收到载频为 f_1 的信号时，即可进行信息传输。同频单工工作方式的收发信机是轮流工作的，所以收发天线可以共用，收发信机中的某些电路也可共用，因而电台设备简单、省电，且只占用 1 个频点。但是，这样的工作方式只允许一方发送时另一方进行接收。任何一方当发话完毕时，必须立即松开开关，否则将收不到对方发来的信号。

异频单工通信方式是指收发信机使用 2 个不同的频率分别进行发送和接收。同一部电台的发射机与接收机还是轮换进行工作的，这一点与同频单工是相同的。异频单工与同频单工的差异仅仅是收发频率的不同。

（2）双工通信

双工通信是指通信双方可同时进行传输消息的工作方式，有时亦称全双工通信，下面以基站和移动台间的通信为例，如图 7-13 所示。基站的发射机和接收机分别使用一副天线，而移动台通过双工器共用 1 副天线。

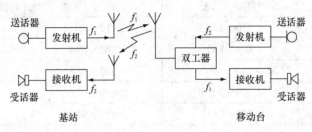

图 7-13　双工通信

双工通信如果使用 1 对频道，称为频分双工（FDD）工作方式。频分双工的原理是在分离的 2 个对称频率信道上，系统进行接收和传送。通常称基站到移动台的链路为下行链路（或者前向链路），而移动台到基站的链路为上行链路（或者反向链路）。采用频分双工的模式，上行链路和下行链路分别采用了不同的频段。FDD 的工作方式具有如下特点。

① 覆盖比较好，适合用来完成全球无缝覆盖。

② 必须采用成对的频率，该方式在支持对称业务时，能充分利用上、下行的频谱。但在非对称的分组数据传输时，频谱利用率则大大降低，由于低上行负载，造成频谱利用率降低约 40%。

③ 小区半径方面，FDD 的小区半径完全由发射功率和传播条件确定，适合用于宏蜂窝，小区半径 2～20km。

④ 支持高速移动的终端，IMT-2000 中，FDD 模式可以支持速率 500km/h 的高速移动。

为减少对系统频带的要求，可在通信设备中采用时分双工（TDD）。时分双工的特点是利用同一频率信道（即载波）的不同时隙来完成接收和发送的工作。即上行链路和下行链路工作在相同的频段，但是采用不同的时隙。TDD 的工作方式具有如下特点。

① 能使用各种频率资源，不需要成对的频段。

② 适用于不对称的上、下行数据传输速率。

③ 上、下行工作于同一频率，对称的电波传播特性使之便于使用智能天线等新技术，达到提高性能、降低成本的目的。

④ 系统设备成本较低，有可能比 FDD 系统低 20%～50%。

但是 TDD 系统也具有一些问题，例如在满足终端的移动性支持方面与 FDD 相比具有很大的差距。在覆盖问题上也明显不如 FDD 模式。

（3）半双工通信，组成与图 7-13 所示相似，移动台采用单工的"按讲"方式，即按下按讲开关，发射机才工作，而接收机总是工作的。

2. LTE 的工作频段

LTE 的工作频段既可以部署在现有的 IMT 频带，也可以部署在可能被识别的其他的频带之上。从规范的角度来看，不同频带的差异主要是更为具体的射频要求的不同，如允许的最大发送功率、允许或限制的带外泄露等。为了使 LTE 可以工作在成对和非成对频谱下，就需要双工操作方式具有一定的灵活性。LTE 同时支持 FDD 和 TDD 的双工方式。

R8 版的 LTE 规范定义了 FDD 和 TDD 频带。分别见表 7-1 和表 7-2。

表 7-1　　　　　　　　　　　　　　　LTE 的 FDD 工作频带

频带	上行范围/MHz	下行范围/MHz	主要区域
1	1 920～1 980	2 110～2 170	欧洲、亚洲
2	1 850～1 910	1 930～1 990	美国、亚洲
3	1 710～1 785	1 805～1 880	欧洲、亚洲（美国）
4	1 710～1 755	2 110～2 155	美国
5	824～849	869～894	美国
6	830～840	875～885	日本（只有 UTRA）
7	2 500～2 570	2 620～2 690	欧亚
8	880～915	925～960	欧亚
9	1 749.9～1 784.9	1 844.9～1 879.9	日本
10	1 710～1 770	2 110～2 170	美国
11	1 427.9～1 447.9	1 475.9～1 495.9	日本
12	698～716	728～746	美国
13	777～787	746～756	美国
14	788～798	758～768	美国
17	704～716	734～746	美国
18	815～830	860～875	日本
19	830～845	875～890	日本
20	832～862	791～821	欧洲
21	1 447.9～1 462.9	1 495.9～1 510.9	日本

表 7-2　　　　　　　　　　　　　　　LTE 的 TDD 工作频带

频带	频率范围/MHz	主要区域
33	1 900～1 920	欧洲、亚洲（不包括日本）
34	2 010～2 025	欧亚
35	1 850～1 910	（美国）
36	1 930～1 990	（美国）
37	1 910～1 930	—
38	2 570～2 620	欧洲

频带	频率范围/MHz	主要区域
39	1 880～1 920	中国
40	2 300～2 400	欧亚
41	2 496～2 690	美国

WRC'07 为 IMT 确定了附加频带，包括了 IMT-2000 和 IMT-A 的额外频带。

① 450～470MHz 用于全球 IMT。已经被分配给全球移动业务，但它只有 20MHz 带宽。

② 698～806MHz 被分配到移动业务，并在一定程度上分配给 IMT 在所有地区部署。与 WRC-2000 确定的 806～960MHz 频带一起，形成了 1 个 698～960MHz 的宽频范围。

③ 2 300～2 400MHz 被指定为 IMT 在全球范围内所有 3 个地区进行部署。

④ 3 400～3 600MHz 被分配给欧洲和亚洲以及美洲一些国家的移动业务。现在也用于卫星通信频带。

3. 中国的 LTE 工作频段

工作在不同频带的 LTE 基本要求本身对无线接口设计并没有什么特殊需求。然而，对射频需求和如何定义存在一些要求。中国的 LTE 工作频段根据不同的运营商和不同的工作方式进行了规划。

（1）中国的 TD-LTE 工作频段

2013 年 11 月 19 日，世界电信展期间，在"TD-LTE 技术与频谱研讨会"上，各家运营商 TD-LTE 的工作频段分配如下。

中国移动，1 880～1 900MHz，2 320～2 370MHz，2 575～2 635MHz。

中国联通，2 300～2 320MHz，2 555～2 575MHz。

中国电信，2 370～2 390MHz，2 635～2 655MHz。

TD-LTE 工作频段的分布如图 7-14 所示。

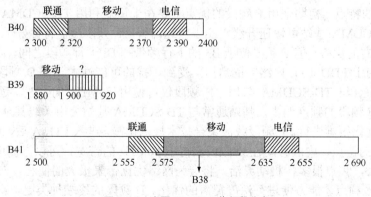

图 7-14 中国 TD-LTE 工作频段分布

（2）中国的 FDD LTE 工作频段

中国 FDD LTE 可供分配的频段都集中在 2GHz 附近，也就是 B1 和 B3 频段，使用情况如图 7-15 所示。

B1 频段，目前用于 3G，其中低端的 20MHz 分配给了中国电信的 3G 网络，中间的 20MHz 分配给了中国联通的 WCDMA 网络，高端的 20MHz 标记为 IMT，代表是未来要分给 FDD LTE 系统或者 WCDMA 系统使用的。标记为卫星 IMT 的用于卫星通信，还不会用于地面通信。

B3 频段，目前用于 2G，其中低端的 15MHz 分配给了中国移动的 GSM1800 网络，中间的 10MHz 分配给了中国联通的 GSM1800 网络，两者之间有 20MHz 没有明确分配，但是已经被各地的移动和联通的 GSM 网络使用了。B3 高端的 30MHz 标记为 IMT，代表是未来要分给 FDD LTE 系统或者 WCDMA 系统使用的。

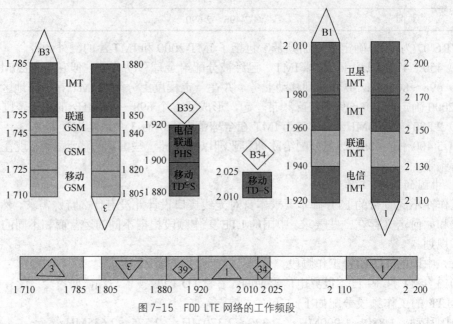

图 7-15　FDD LTE 网络的工作频段

（3）中国移动 TD-LTE 频段的部署方案

中国移动为 TD-LTE 工作频段定义了别名，如图 7-14 所示，B38 称为 D 频段，B39 称为 F 频段，B40 频段称为 E 频段。中国移动部署初期考虑到与 TD-SCDMA 的兼容，部署了 F 频段，后期 TD-LTE 网络的部署选择 D 和 F 频段的双频网络。

① F 频段的特点。初期采用 F 频段的优点主要在于重复利用 TD-SCDMA 基站的站点资源，部分 TD-SCDMA 基站可快速升级，实现快速部署。F 频段覆盖特性好于 D 频段，链路预算有 3 dB 左右的优势。但 F 频段位于 B3 的下行频带和 Bl 上行频段之间，随着 B3 频段高端频率（通常用于 FDD LTE 网络）的启用，受到干扰的可能性大。与 D 频段相比，F 频段的带宽较小，而且与 TD-SCDMA 共用。F 频段仅可使用 20MHz 的带宽，远期最多也只有 40MHz 可用，F 频段的频点偏少，基站通常与 TD-SCDMA 基站公用天线甚至公用 RRU，这样深度覆盖的优化很难进行。F 频段载波聚合技术规范化慢，进入 LTE-A 后，将会明显受限。

② D 频段的特点。中国移动在 D 频段获得了 60MHz 的带宽，可以方便地异频组网。D 频段的带宽很大，频点很多，机动灵活，将会为网络优化带来极大的便利。与 F 频段相比，只有 D 频段的多频点才能方便进行深度覆盖的优化。D 频段的终端种类更丰富。更支持国际漫游。与 F 频段相比，D 频段的载波聚合技术规范化更快，实施载波聚合的扩展余地更大，性能会更好。D 频段夹在中国联通和中国电信的 TD-LTE 频段中，使用中需保证上、下行配置相同，不然很容易产生干扰，这就增加了协调的难度。与 F 频段相比，D 频段的覆盖能力更差。D 频段的基站和天线必须新建，建设成本大，部署速度会慢一些。

7.3.2　空中接口协议

空中接口是指终端和接入网之间的接口，一般称为 Uu 接口。空中接口协议主要是用来建立、重配置和释放各种无线承载业务的。空中接口是一个完全开放的接口，只要遵守接口规范，不同制造商生产的设备就能够互相通信。

LTE 系统的主要无线传输技术的区别体现在物理层。在设计高层时会尽量考虑不同标准的兼容性，对于 FDD 和 TDD 来说，高层的区别并不十分明显，差异集中在描述物理信道相关的消息和信息元素方面。所以本章介绍无线接口协议时不会区分是 FDD 还是 TDD。LTE 系统无线接口协议结构如图 7-16 所示。

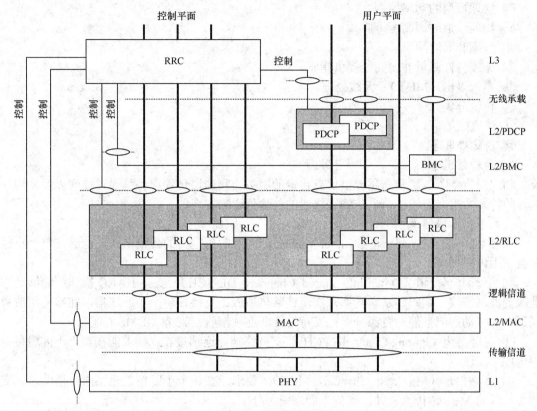

图 7-16　无线接口协议结构

与 R99/R4 协议层的分层结构基本一致，空口接口的协议结构分为两面三层，垂直方向分为控制平面和用户平面，控制平面用来传送信令信息，用户平面用来传送语音和数据；水平方向分为三层。

第一层（L1）为物理层。

第二层（L2）为数据链路层。

第三层（L3）为网络层。

其中第二层又分为几个子层，媒体接入控制（MAC）子层、无线链路控制（RLC）子层、分组数据汇聚协议（PDCP）子层和广播/多播控制（BMC）子层。

下面将依次介绍 LTE 系统空中接口各层的功能，物理信道、传输信道和逻辑信道的概念及相互的映射关系。

7.3.3　物理层

1. 物理层的功能

物理层向高层提供数据传输服务，可以通过 MAC 子层并使用传输信道来接入这些服务。

物理层提供功能如下。

① 传输信道的错误检测并向高层提供指示。

② 传输信道的前向纠错（FEC）编解码。

③ 混合自动重传请求（HARQ）及软合并实现。

④ 传输信道与物理信道之间的速率匹配和映射。

⑤ 物理信道的功率控制。

⑥ 物理信道的调制/解调。

⑦ 频率和时间同步。

⑧ 无线特性测量并向高层提供指示。

⑨ 多入多出（MIMO）天线处理。

⑩ 传输分集。

⑪ 波束赋形。

⑫ 射频处理等。

2. 传输信道

物理层为 MAC 层和高层提供信息传输的服务。物理层传输服务是通过如何以及使用什么样的特征数据在无线接口上传输来描述的传输信道来实现的。

（1）下行传输信道

① 广播信道（Broadcast Channel，BCH）。固定的预定义的传输格式，能够在整个小区覆盖范围内广播。

② 下行共享信道（Downlink Shared Channel，DL-SCH）。支持 HARQ 操作；能够动态地改变调制模式、编码、发送功率来实现链路自适应；支持在整个小区广播；能够使用波束赋形；支持动态或半静态资源分配；支持终端非连续接收；支持 MBMS 传输。

③ 寻呼信道（Paging Channel，PCH）。支持终端非连续接收；要求能在整个小区覆盖范围内广播发送。

④ 多播信道（Multicast Channel，MCH）。要求能在整个小区覆盖范围内广播发送，支持多小区的 MBMS 传输合并；支持半静态资源分配。

（2）上行传输信道

① 上行共享信道（Uplink Shared Channel，UL-SCH）。能够使用波束赋形；能够动态地改变调制模式、编码、发送功率来实现链路自适应；支持 HARQ 操作；支持动态或半静态资源分配。

② 随机接入信道（Random Access Channel，RACH）。承载少量的控制信息；可能发生冲突碰撞。

3. 物理信道

（1）帧结构

LTE 公布了 2 种类型的无线帧结构：类型 1，也称做通用（Generic）帧结构，应用在 FDD 模式和 TDD 模式下；类型 2，也称做可选（Alternative）帧结构，仅应用在 TDD 模式下。

物理层规范中引入了无线帧长度 T_f（Radio Frame Duration）、时隙长度 T_{slot}（Slot Duration）和基本时间单位 T_s（Basic Time Unit）的定义，$T_s = 1/（15\ 000 \times 2\ 048）$ s，$T_f = 307\ 200 T_s$。

① 类型 1 帧结构。类型 1 帧结构如图 7-17 所示。1 个 10ms 的无线帧（Radio Frame）被等分成了 10 个子帧（Sub-frame），由 20 个时隙组成。每个子帧由 2 个时隙（Slot）组成，每个时隙的长度为 0.5ms。每个子帧可以作为上行子帧或者下行子帧来传输。在每一个无线帧的第一和第六时隙处包含同步周期。

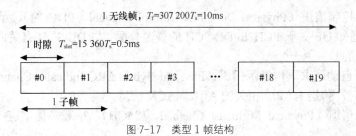

图 7-17 类型 1 帧结构

② 类型 2 帧结构。类型 2 帧结构如图 7-18 所示，一个 10ms 无线帧被分为 2 个 5ms 的半帧（Half-frame），这 2 个半帧是完全相同的。每个半帧分为 7 个子帧，每个子帧（对应于 FDD 模式下的 1 个子帧）为 0.675ms。导频和保护周期包括下行导频时隙（Downlink Pilot Time Slot，DwPTS）、保护周期（Guard Period，GP）和上行导频时隙（Uplink Pilot Time Slot，UpPTS），共 0.275ms。子帧 0 和 DwPTS 总是供下行传输用，子帧 1 和 UpPTS 总是供上行传输用。另外，每个子帧包含 1 个小的空闲周期，可作为上下行切换保护间隔。

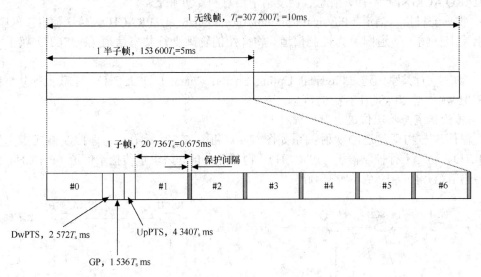

图 7-18 类型 2 帧结构

类型 2 帧结构的最大特点是采用了和 FDD LTE 不同的子帧（时隙）长度，因此导致了 LTE 的 FDD 和 TDD 模式在系统参数设计上有所不同。类型 1 帧结构比较适合那些同时部署 FDD LTE 系统、但没有部署 TDD UTRA 系统的运营商，因为这种设计可以获得更高的与 FDD LTE 系统的共同性，从而获得较低的系统复杂度。但对于那些已经部署了 TDD UTRA 系统的运营商，类型 2 帧结构是更好的选择，因为这种结构可以更容易避免 TDD UTRA 和 TDD EUTRA 系统间的干扰。

（2）物理信道的分类

① 下行物理信道。

a. 物理广播信道（Physical Broadcast Channel，PBCH），承载广播信道（BCH），在 40ms 的间隔里面，将 BCH 传输块映射到 4 个子帧中，终端需要进行盲检测。PBCH 广播终端 UE 接入系统必需的关键系统信息，如下行带宽、天线端口数量等等。

b. 物理控制格式指示信道（Physical Control Format Indicator Channel，PCFICH），通知 UE 关于 OFDM 符号的数量，也就是控制区的大小，供 PDCCH 使用。

c. 物理下行控制信道（Physical Downlink Control Channel，PDCCH），承载下行控制信道（DL-CCH），通知 UE 关于 PCH 和 DL-SCH 的资源分配、与 DL-SCH 有关的 HARQ 信息、上行调度的授权信息。

d. 物理混合自动请求重传指示信道（Physical Hybrid ARQ Indicator Channel，PHICH），在响应上行传输时，传送 HARQ 相关的 ACK/NACK 信息。

e. 物理多播信道（Physical Multicast Channel，PMCH），承载多播信道（MCH），传送 MCH 的有关信息。

上述下行物理信道归类为控制信道，将介绍的物理下行共享信道（PDSCH）属于业务信道。

f. 物理下行共享信道（Physical Downlink Shared Channel，PDSCH），承载下行共享信道（DL-SCH），传送 DL-SCH 和 PCH 有关信息。

② 上行物理信道。

a. 物理上行控制信道（Physical Uplink Control Channel，PUCCH），在响应下行传输时，传送 HARQ ACK/NACK 有关信息、调度请求信息和 CQI 报告。

b. 物理随机接入信道（Physical Random Access Channel，PRACH），传送随机接入序列。

上述上行物理信道归类为控制信道，将介绍的物理上行共享信道（PUSCH）属于业务信道。

c. 物理上行共享信道（Physical Uplink Shared Channel，PUSCH），承载上行共享信道（UL-SCH），传送 UL-SCH 有关的信息。

4. 传输信道与物理信道映射

传输信道与物理信道的映射关系如图 7-19 和图 7-20 所示。物理控制格式指示信道（PCFICH）、物理下行控制信道（PDCCH）、物理混合自动请求重传指示信道（PHICH）无对应的传输信道，图 7-19 所示没有画出。

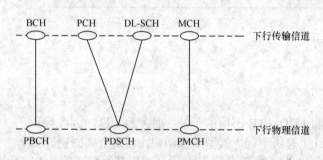

图 7-19 下行传输信道与物理信道映射图

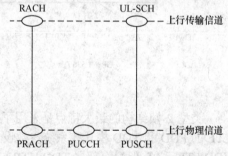

图 7-20 上行传输信道与物理信道映射图

7.3.4 数据链路层

数据链路层（层2）主要由 MAC、RLC 以及 PDCP 等子层组成。层2 标准的制定没有考虑 FDD 和 TDD 的差异。LTE 的协议结构进行了简化，RLC 和 MAC 层都位于 eNode B。

1. 层2 结构

图 7-21 和图 7-22 分别给出了 E-UTRAN 侧和 UE 侧的层2 结构。

图中层与层之间的连接点称为服务接入点（SAP），用圆圈表示。RLC 与 MAC 之间的服务接入点为逻辑信道。MAC 提供逻辑信道到传输信道的复用与映射。

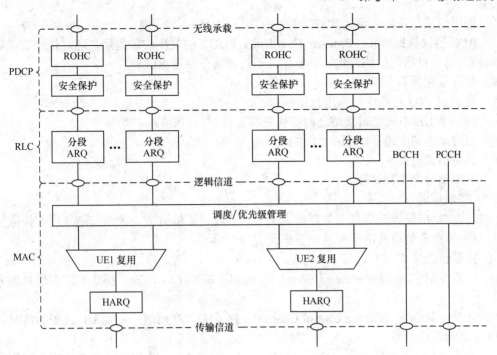

图 7-21　E-UTRAN 侧的层 2 结构

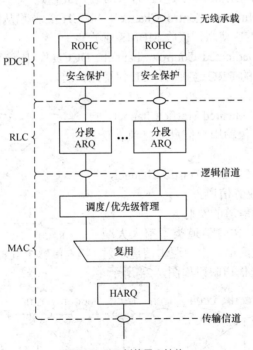

图 7-22　UE 侧的层 2 结构

2. MAC 层

（1）MAC 的功能

MAC 层向高层提供数据传输和无线资源配置服务，可以通过 RLC 子层并使用逻辑信道来接入这些服务，MAC 层提供功能如下。

① 逻辑信道与传输信道之间的映射。

② RLC 协议数据单元（Protocol Data Unit，PDU）的复用与解复用，通过传输信道复用至物理层；对来自物理层的传输块解复用，通过逻辑信道至 RLC 层。

③ 业务量测量与上报。

④ 通过 HARQ 对数据传送进行错误纠正。

⑤ 同一个 UE 不同逻辑信道之间的优先级管理。

⑥ 通过动态调度进行的 UE 之间的优先级管理。

⑦ 传输格式选择。

⑧ 逻辑信道优先级管理。

（2）逻辑信道

逻辑信道是根据传输信息的类型来定义的，一般逻辑信道分为控制信道（用于传输控制平面信息）和业务信道（用于传输业务平面信息）两类。

① 控制信道

a．广播控制信道（Broadcast Control Channel，BCCH）。传输广播系统控制信息的下行信道。

b．寻呼控制信道（Paging control Channel，PCCH）。在网络不知道 UE 位置的情况下传输寻呼信息的下行信道。

c．公共控制信道（Common Control Channel，CCCH）。UE 与网络之间传输控制信息的上行信道。当 UE 没有和网络的 RRC 连接时，UE 使用此信道。

d．组播控制信道（Multicast Control Channel，MCCH）。传输从网络到 UE 的 1 点对多点的 MBMS 控制信息，供 UE 使用，接收 MBMS 业务。

e．专用控制信道（Dedicated Control Channel，DCCH）。传输专用控制信息的点到点双向信道。当 UE 有和网络的 RRC 连接时，UE 使用此信道。

② 业务信道

a．专用业务信道（Dedicated Traffic Channel，DTCH）。专用于 1 个 UE 传输用户信息的点到点双向信道。

b．组播业务信道（Multicast Traffic Channel，MTCH）。点到多点下行业务信道。

（3）逻辑信道与传输信道的映射

LTE 中的逻辑信道与传输信道类型都大大减少，映射关系也变得比较简单，上行逻辑信道映射如图 7-23 所示，下行逻辑信道映射如图 7-24 所示。

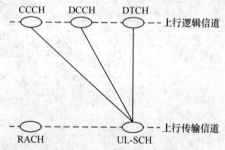

图 7-23　上行逻辑信道与传输信道映射图

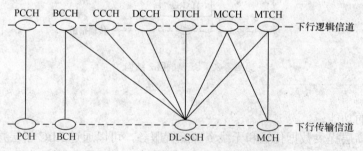

图 7-24　下行逻辑信道与传输信道映射图

3. RLC 层主要功能

① 对上层 PDU 的数据传输支持确认模式（AM）、非确认模式（UM）和透明模式（TM）。

② 通过 ARQ 机制进行错误修正。

③ 根据传输块（TB）大小对本层数据进行动态分段和重组。

④ 实现同一无线承载的多个业务数据单元（SDU）的串接（FFS）。

⑤ 顺序传送上层的 PDU（切换时除外）。

⑥ 数据的重复检测和底层协议错误的检测与恢复。

⑦ eNode B 和 UE 间的流量控制等。

4. PDCP 层主要功能

① 协议头压缩与解压缩，只支持 ROHC 压缩算法。

② NAS 层与 RLC 层间用户面数据传输。

③ 用户面数据和控制面数据加密。

④ 控制面 NAS 信令信息的完整性保护。

7.3.5　RRC 层

1. RRC 层提供的服务与功能

① 广播 NAS 层和接入层（AS 层）的系统消息。

② 寻呼。

③ RRC 连接建立、保持和释放。

④ 安全功能，包括 RRC 消息的加密和完整性保护。

⑤ 点对点无线承载（RB）的建立、修改和释放。

⑥ 移动管理功能，包括 UE 测量报告、为了小区间和网络间移动进行的报告控制、小区间切换、UE 小区选择和重选及控制、eNode B 间上下文的传输。

⑦ QoS 管理。

⑧ 广播/组播业务的通知和控制。

⑨ 用户和网络侧 NAS 消息的传输。

2. RRC 协议状态以及状态迁移

与 UTRAN 系统中 UE 的 5 种 RRC 状态（IDLE、CELL_DCH 状态、CELL_FACH 状态、CELL_PCH 状态和 URA_PCH 状态）相比，在 LTE 中仍然保留了 RRC 的 2 种状态，即空闲状态（RRC_IDLE）和连接状态（RRC_CONNECTED）。

（1）空闲状态的主要特征

① NAS 配置的 UE 特定的非连续接收（DRX）。

② 系统信息广播。

③ 寻呼。

④ 小区重选的移动性。

⑤ UE 具有在跟踪区域范围内唯一的标识。

⑥ 在 eNode B 中没有保存 RRC 上/下文等。

（2）连接状态的主要特征

① UE 具有 E-UTRAN 的 RRC 连接。

② E-UTRAN 拥有 UE 通信上/下文。

③ E-UTRAN 知道 UE 属于哪个服务小区。

④ 网络可以与 UE 间发送/接收数据。

⑤ 网络控制的移动管理（切换）。

⑥ 相邻小区测量等。

（3）RRC 状态转移

和 UTRAN 系统类似，UE 开机后，将会从选定的 PLMN 网中选择合适的小区驻留。当 UE 驻留在某个小区后，就可以接收系统信息和小区广播信息。通常 UE 第一次开机需要执行注册过程，一方面可以互相认证鉴权，另一方面可以让网络获得此 UE 的一些基本信息。之后 UE 将一直处于空闲状态，直到需要建立 RRC 连接。

E-UTRAN、UTRAN 和 GERAN 间状态的转移过程如图 7-25 所示。

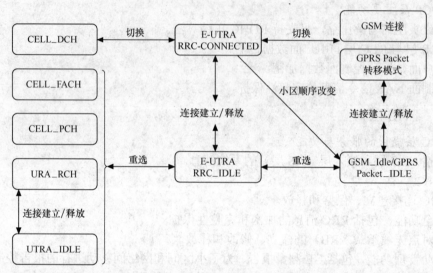

图 7-25　不同系统间 RRC 状态转移

UE 通过建立 RRC 连接才能进入 RRC_CONNECTED 状态。在 RRC_CONNECTED 状态下，UE 可以跟网络之间进行数据的交互。当 UE 释放了 RRC 连接时，UE 就会从 RRC_CONNECTED 状态转移到 RRC_IDLE 状态。

7.4　上下行物理层传输

本书 7.3.3 介绍了物理层的功能、物理信道和传输信道之间的映射关系等。物理层的传输实现是 LTE 实现的基本技术，了解时频结构是学习物理层技术的基础。

7.4.1　时频结构

1．无线帧

LTE 在时间上具有分层结构的特点，如图 7-26 所示。LTE 传输被组织在长度为 10ms 的无线帧内，每个无线帧被分为 10 个同样大小的长度为 1ms 的子帧。每个子帧由 2 个同样大小的时隙构成，每个时隙的长度 T_{slot}=0.5ms，每个时隙由包括循环前缀在内的一定数量的 OFDM 符号组成。图 7-26 所示的 LTE 时间结构适用于 FDD 和 TDD 的工作方式。FDD 和 TDD 的时间结构差异主要体现在子帧结构的不同，已在 7.3.2 中介绍。

无线帧是 LTE 空中接口的定时基础，如广播信息的组织、寻呼睡眠模式周期和信道状态报告的时长等都是以无线帧为基本计时单位的。在更高层面上，LTE 无线帧进行了编号，每个帧由 1 个系统帧号（SFN）进行标识。SFN 周期为 1 024，编号为 0～1 023，SFN 在 1 024 个帧或约 10s 后自行重复。

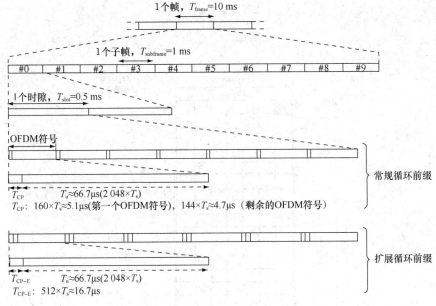

图 7-26 LTE 时间结构

子帧在 LTE 时间结构中非常重要，LTE 系统中与业务相关的资源调度是以子帧为单位进行的，1 个子帧的时长等于 1 个传输时间间隔（TTI）。HARQ 机制、时间提前机制等的定时也是以子帧为时间单位计量的。FDD 和 TDD 的时间结构差异主要体现在子帧结构的不同。

时隙是 LTE 系统的基本时间单位，每个子帧有 2 个时隙组成，每个时隙的时长为 0.5ms。LTE 系统的同步信号、参考信号在无线帧的位置都与时隙相关，控制信息通常放在子帧的第一个时隙内，扰码的初始值也与时隙相关。

OFDM 符号的时长通常也被认为是 LTE 时间结构的时间单位。LTE 系统的参考信号、控制信息等最后都定位到 OFDM 符号级别。

LTE 规范内不同的时间间隔被定义为一个基本时间单位 $T_s=1 /$（$15\,000×2\,048$）的倍数，基本时间单位 T_s 为基于 FFT 定义。FFT 大小等于 $2\,048$ 的发射器、接收器实现的采样时间。OFDM 由多个采样点组成，每个采样点的持续时间是相同的，每个采样点的时长作为 LTE 的最小时间单位。规范中选用 20MHz 频点带宽的采样点时长（32.5ns）作为最小时间单位，称为 T_s。

如图 7-26 所示，时间间隔、帧、子帧和时隙的时长还可以分别表示为 $T_{frame}=307\,200T_s$，$T_{subframe}=30\,720T_s$，$T_{slot}=15\,360T_s$。15kHz 的 LTE 子载波间隔相当于一个有用符号时间，长度为 $T_u=2\,048T_s$，或约 66.7μs。OFDM 总符号时间为有用符号时间与循环前缀长度 T_{CP} 之和。

LTE 定义了 2 种循环前缀长度，而常规循环前缀和扩展循环前缀，分别相应每时隙 7 个和 6 个 OFDM 符号，CP 的时长等于 160 个 T_s 或 144 个 T_s，1 个时隙的时长等于 $15\,360T_s$。需要注意的是，常规循环前缀的情况下，时隙中第一个 OFDM 符号的循环前缀长度比剩余的 OFDM 符号稍微大一点。这样做的原因仅仅是填满整个 0.5ms 时隙，因为每个时隙的基本时间单位 T_s 数量（$15\,360$）不能被 7 整除。

2. 物理资源

OFDM 技术是 LTE 系统最核心的技术，子载波是 LTE 时频结构中频率的基本结构单位，OFDM 是 LTE 时频结构中时间的基本结构单位。时频网格的方法用来描述 LTE 的物理资源，如图 7-27 所示。时间轴位于 X 轴方向，代表 OFDM 符号，频率轴位于 Y 轴方向，代表子载波。

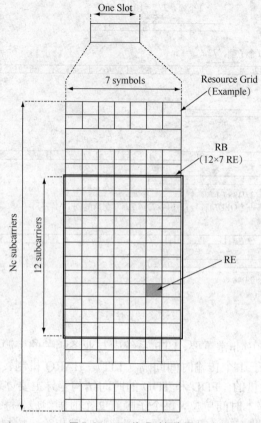

图 7-27 LTE 物理时频资源

1 个资源单元（RE），由 1 个子载波对应 1 个 OFDM 符号组成，是 LTE 的最小物理资源。

1 个时隙中，频域上连续的宽度为 180kHz 的物理资源称为 1 个资源块（RB），每个资源块包含频域的 12 个连续子载波和时域的 1 个 0.5ms 时隙。因此，每个资源块由常规循环前缀情况下的 7×12=84 个资源单元和扩展循环前缀情况下的 6×12=72 个资源单元构成。子载波、资源单元与资源块的关系见表 7-3。

表 7-3 子载波和资源单元关系

子载波间隔	CP 长度	子载波个数	OFDM/SC-FDMA 符号个数	RE 个数
Δf=15kHz	常规 CP	12	7	84
	扩展 CP	12	6	72
Δf=7.5kHz	常规 CP	24	3	72

虽然资源块在一个时隙上进行定义，实际上，LTE 系统为用户分配资源是以调度块（SB）为单位的。LTE 的调度块在时域上的基本单位是 1 个子帧，由 2 个连续时隙组成。这个最小的调度单位，在 1 个子帧内 2 个时间连续的资源块组成，每时隙 1 个资源块，可称为 1 个资源块对。调度块（SB）、资源块（RB）与资源单元（RE）的关系如图 7-28 所示。

LTE 物理层规范允许 1 个载波在频域内包括任何数量的资源块，从最少 6 个资源块到最多 100 个资源块不等，这相当于总传输带宽范围为 1～20MHz，具有非常精细的粒度，从而获得非常高的 LTE 带宽灵活性，带宽与 RB 的关系见表 7-4。

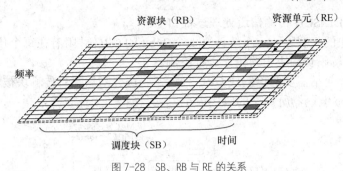

图 7-28 SB、RB 与 RE 的关系

表 7-4　　　　　　　　　　　　　带宽与 RB 的关系

频点带宽/MHz	20	15	10	5	3	1.4
子载波数量	1 200	900	600	300	150	72
RB 数量	100	75	50	25	15	6

资源块定义适用于下行链路和上行链路的传输方向。在上行链路和下行链路之间存在 1 个微小的差别，即载波中心频率在子载波中的位置，如图 7-29 所示。在下行链路，存在 1 个无用的直流子载波，位于载波中心频率。在上行链路，不存在无用的直流子载波，且上行链路的载波中心频率位于 2 个上行子载波之间。

直流子载波不用于下行链路传输的原因是，它可能会经历高干扰，例如由本振泄漏所造成的干扰。在上行方向，位于频谱中心的无用直流子载波的出现可以防止整个小区的带宽分配给单一终端，并保持假定映射成为 OFDM 调制器的连续输入，这是为了获得用于上行数据传输的 DFTS-OFDM 调制器的低立方度量所需要的。

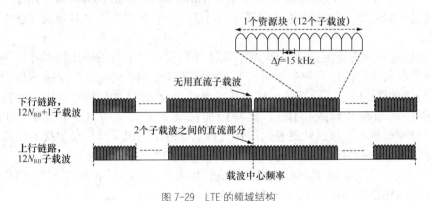

图 7-29 LTE 的频域结构

7.4.2 下行物理层传输

物理层为 MAC 层和高层提供信息传输的服务。物理层传输服务是通过传输信道实现的，传输信道代表了如何以及使用什么样的特征数据在无线接口上传输。传输信道提供了 MAC 层和物理层之间的接口。在 LTE 下行链路，定义了 4 种不同类型的传输通道，分别为下行共享信道（DL-SCH），多播信道（MCH），寻呼信道（PCH）和广播信道（BCH）。本节以下行共享信道（DL-SCH）为例，介绍信息的下行传输过程、参考信号、业务信号和逻辑信道的处理过程等。

1. 下行传输信道处理

图 7-30 给出了 DL-SCH 传输信道处理的过程。在每个传输时间间隔（TTI），即 1 个长度为 1ms 的子帧，有 1 个或 2 个传输块传递到物理层，在 1 个 TTI 内传输的传输块数取决于配

置的多天线方案。DL-SCH 传输信道处理过程如下。

① 每个传输块的 CRC 插入。系统计算 1 个 24bit 的 CRC 并附着在每个传输块后面。CRC 允许在接收侧对被解码传输块中的错误进行检测。

② 码块分割：包括需要的单码块 CRC 插入，码块分割意味着传输块被分割为更小的码块，来匹配为 Turbo 编码器所定义的码块大小。

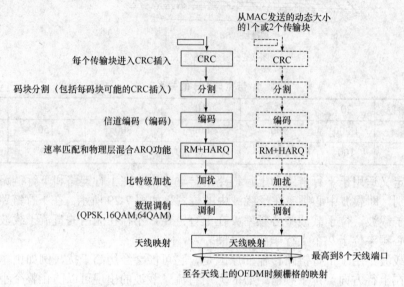

图 7-30　DL-SCH 传输信道处理过程

③ 信道编码：DL-SCH 的信道编码采用了 Turbo 编码，Turbo 编码器复用了 2 个 1/2 速率的，8 状态子编码器，意味整体编码速率为 1/3，与基于积分排序多项式（QPP）的交织联合在一起。

④ 速率匹配和物理层混合 ARQ 功能：对 1 个传输块的所有编码比特操作，从信道编码器发送的包含编码比特的传输块中解析出要在给定 TTI 子帧中传输的准确编码比特集合。

⑤ 比特级加扰：LTE 下行链路加扰意味着通过混合 ARQ 功能发送的编码比特块与 1 个比特级扰码序列相乘（异或操作）。比特级加扰基本上与基于 DS-CDMA 的系统（如 WCDMA/HSPA 系统）扩频后针对复值码片进行下行链路加扰（码片级加扰）的作用相同。LTE 中下行链路加扰应用于所有传输信道，包括下行 L1/L2 控制信令。

⑥ 数据调制：下行数据调制将加扰比特块转化为所对应的复杂调制符号。LTE 下行链路支持的调制方法包括 QPSK，16QAM 和 64QAM。

⑦ 天线映射：对 1 个或 2 个传输块相对应的调制符号进行联合处理，并将结果映射到不同天线端口。

⑧ 资源块映射：将各个天线端口待发送符号映射到一组资源块上的资源单元，即映射到物理资源，OFDM 时间频率格。这些资源块是由 MAC 调度器为传输分配的。资源块中一些资源单元可能是不可用的，因为它们已被用作其他用途，如不同类型的下行参考符号，下行 L1/L2 控制信令等。

2. 下行参考信号的分类

下行参考信号是在时频网格内占有特定资源单元的预先定义的符号。随着 LTE 规范的不断发展，下行参考信号的种类也在增加，主要有小区专用参考信号（CRS）、解调参考信号（DM-RS）、信道状态参考信号（CSI-RS）、MBSFN 参考信号、定位参考信号等。

① 小区专用参考信号（CRS）：也称为公共参考信号，为小区范围内的所有用户服务。在每个下行子帧，在频率域上每个资源块进行传输，因而跨越整个下行小区带宽。小区专用参考信号可以被终端用来获取信道状态信息（CSI）。最后基于小区专用参考信号的终端测试可以用作小区选择和切换决定的基础。

② 解调参考信号（DM-RS）：也称为 UE 专用参考信号，专门用于终端在传输模式 7，8 和 9 中的 PDSCH 的信道估计。每个此类参考信号通常用于为 1 个特定移动台进行信道估计，只在为特定用户的 PDSCH 传输而分配的资源块内进行传输，即解调参考信号嵌入在数据中传输。

③ 信道状态参考信号（CSI-RS）：在解调参考信号用作信道估计时专门给终端作获取信道状态信息（CSI）之用的，不用于数据解调。相比小区专用的参考信号，使用 CSI-RS 可大大降低时频密度，意味着更少的开销。

④ MBSFN 参考信号：专门用于通过 MBSFN 方式的 MCH 传输进行相关解调的信道估计。

⑤ 定位参考信号：在 LTE 版本 R9 中被引入，是为了加强 LTE 的定位功能，更具体地说是支持多个 LTE 小区进行终端测量，以估计终端的地理位置，可嵌入到某些定位子帧中用于 UE 的位置测量。

每一种参考信号都从基站的 1 个天线端口发送，在时频网格中的位置不同，下面以小区专用参考信号为例，介绍小区专用参考信号的结构及产生。

3. 小区专用参考信号的结构及产生

LTE 系统采用了 OFDM 技术，大量的子载波同时工作，为了便于终端评估无线环境的特性，希望小区专用参考信号在每个子载波上都出现，这样会增大系统开销。LTE 系统采用了多天线技术，每个天线端口发送信号的特性是不同的，为了方便终端评估各个天线端口，希望小区专用参考信号在每个天线端口发送。

LTE 系统的设计让小区专用参考信号在时频网格上不连续分布，保证每个调度块分布固定数量的小区专用参考信号。

（1）小区专用参考信号的结构

小区专用参考信号是最基本的下行 LTE 参考信号，R8 版中推出。在小区中可以有 1 个、2 个或 4 个小区专用参考信号，对应 1 个、2 个或 4 个天线端口。

① 单天线端口小区专用参考信号的分布

图 7-31 所示给出了普通 CP 时单天线端口小区专用参考信号的分布，对应 2 个 RB，1 个 SB。图中横向为时间轴，OFDM 符号为单位，共计两个时隙，纵向为频率轴，共计 12 个子载波。时间上看，小区专用参考信号（R_0）出现在每个时隙中第一个和倒数第三个 OFDM 符号位置，即每个时隙需要两个参考信号。频率上看，小区专用参考信号（R_0）间有 6 个子载波的频域间隔，每 3 个子载波间有 1 个参考符号。

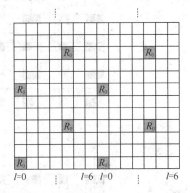

图 7-31 普通 CP 时单天线端口小区专用参考信号的分布

图 7-31 中的 1 个调度块（SB）共有 8 个小区专用参考信号，占用了 8 个资源单元，1 个调度块中有 168 个资源单元（RE），这样小区专用参考信号的开销约为 5%。

LTE 定义了 504 个不同的小区参考符号序列，每个序列对应于 504 个不同物理层小区标识。在小区搜索过程中，移动台检测小区的物理层标识和小区帧定时。自小区搜索过程开始，移动台就知道了小区中所用的参考信号序列，由物理层小区识别给出，以及参考信号序列的起始位置，由帧同步给出。

② 2 个和 4 个小区天线端口的分布结构

图 7-32 所示为普通 CP 时 2 个天线端口小区专用参考信号的分布，第二个天线端口的参考符号与第一个天线端口参考符号进行频率复用，带有 3 个子载波的频域偏置；图 7-32（a）所示 R_0 的分布与图 7-31 所示是一样的，但多了黑色的方块。黑色方块所在的位置恰是图 7-31 所示小区专用参考信号的位置。图 7-32（b）所示黑色方块对应图（a）中小区专用参考信号的位置。黑色方块的位置不承载任何信号，专门予以保留，避免干扰其他端口发送的小区专用参考信号。这样小区专用参考信号的开销就接近 10%。

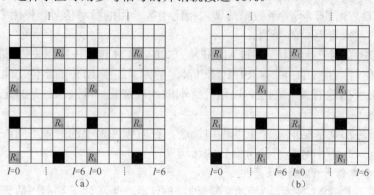

图 7-32　普通 CP 时 2 个天线端口小区专用参考信号的分布

图 7-33 所示为普通 CP 时 4 个天线端口小区专用参考信号的分布，第三个和第四个天线端口的参考符号在每个时隙的第二个 OFDM 符号内进行频率复用和传输，这样就可以和第一、第二个参考信号进行时间复用。4 个天线端口的情况下，第三和第四个天线端口的时域参考符号密度相对第一和第二个天线端口被降低了。因为在一个特定天线端口携带参考符号的资源单元内，不会传输其他天线端口的任何信息。4 个天线端口小区专用参考信号的开销就接近 14%。

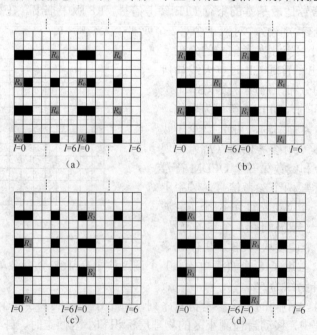

图 7-33　普通 CP 时 4 个天线端口小区专用参考信号的分布

（2）小区专用参考信号产生

小区专用参考信号的生成过程与 LTE 各种信道的通用处理流程类似，如图 7-34 所示，包括加扰、调制、资源映射和 OFDM 信号发生等环节。特别要说的是由于小区专用参考信号不承载信息，因此加扰输出的结果是扰码。LTE 的扰码选用 GOLD 码，即 LTE 的小区专用参考信号是基于 GOLD 序列，扩频角度上，延续了 WCDMA 的技术，但具体实现、应用不同。

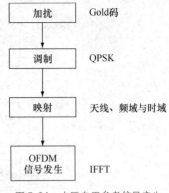

图 7-34　小区专用参考信号产生

4．下行控制信道及业务信道

本书 7.3.3 介绍了 LTE 系统上/下行物理信道的种类、基本功能、与传输信道的映射关系。LTE 下行物理信道包括物理广播信道（PBCH）、物理控制格式指示信道（PCFICH）、物理下行控制信道（PDCCH）、物理下行共享信道（PDSCH）、物理混合自动请求重传指示信道（PHICH）和物理多播信道（PMCH）。下面从时频域的角度介绍物理广播信道（PBCH）和物理下行共享信道（PDSCH）的处理流程。

（1）LTE 时频网格中控制区和数据区的划分

LTE 时频网格中控制区和数据区的划分如图 7-35 所示，每个子帧被分为了控制区域和数据区域。数据区域插入了小区专用参考信号。

控制区域总是占用整数个 OFDM 符号，如图 7-35 所示，1~3 个 OFDM 符号。控制区域的大小，即控制区所跨越的 OFDM 符号数目，可以基于每个子帧进行动态改变。如果对于更窄的小区带宽，控制区域可以占用 2~4 个 OFDM 符号，以允许传输足够的控制信令。在 1 个子帧内只有较少用户被调度的情况下，所需控制信令数量很少而子帧中更大部分可以用来进行数据传输。在载波聚合的情况下，每个载波有 1 个控制区域。

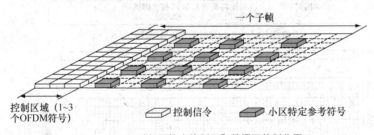

图 7-35　LTE 时频网格中控制区和数据区的划分图

（2）PBCH 的处理流程

① PBCH 的处理过程。PBCH 上广播的内容称为主信息块（MIB）。MIB 是从 WCDMA 系统继承过来的术语。MIB 长度为 24bit，每 40ms（4 个无线帧）广播 1 次。在规范 TS36.331 中定义了 MIB 的格式，包含下行带宽、PHICH 信道的位置和参数、SFN 系统帧号及预留比特等。

PBCH 信道的处理流程如图 7-36 所示。MIB 的内容首先进行 CRC 处理。基站在进行 CRC 处理时，还会把基站的天线端口数量作为 CRC 的掩码、卷积编码、速率适配。速率适配后就是 LTE 系统的通用信道处理过程。数据再进行加扰、调制、资源映射和 OFDM 信号发生过程。PBCH 的扰码与参考信号采用的扰码有一些差别，PBCH 扰码的初始值就是小区的 ID；扰码也不是每个无线帧重置，而是每 4 个无线帧重置，也就是说扰码的周期为 40ms。

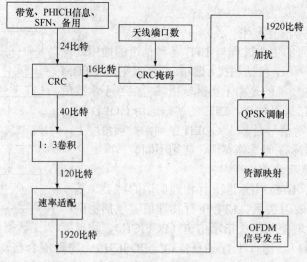

图 7-36　PBCH 的处理流程

② PBCH 信道的时频分布。PBCH 信道的时频分布如图 7-37 所示。从频率上看，PBCH 分布在频点带宽中心的 72 个子载波上，也就是占用 6 个 RB 的带宽。从时间上看，PBCH 分布在每个无线帧的第 0 号子帧的第二个时隙上，占用了从第一个 OFDM 符号到第 4 个 OFDM 符号，每 10ms 出现 1 次。其中必须留出小区专用参考信号的位置。PBCH 为 4 个天线端口的小区专用参考信号留出了位置，

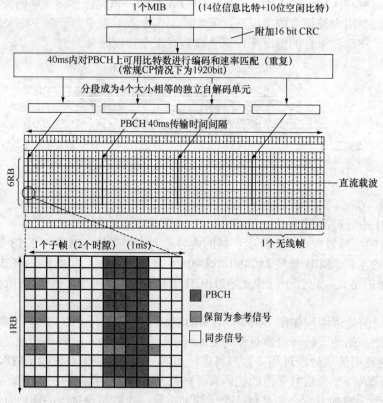

图 7-37　PBCH 时频分布图

（3）PDSCH 的处理流程

① PDSCH 的处理过程。LTE 下行共享物理信道的处理流程如图 7-38 所示，发生在基站的物理层。传输块 TB 由传输信道 SCH 发送给物理层，是物理层处理的基本数据单位。在 LTE 系统中，每个用户同时可以使用 1 个或 2 个传输块 TB。传输块 TB 以 TTI 为工作节拍，每个 TTI 传输信道 SCH 将传输块 TB 送到物理层。

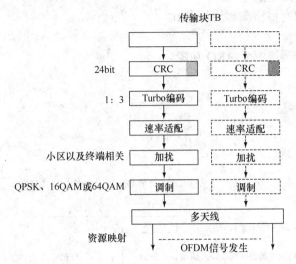

图 7-38 下行 PDSCH 信道的处理流程

物理层接收到 TB 后，开始物理信道的处理过程。每个 TB 对应 1 个处理过程，因此每个用户最多可以并发 2 个处理过程。传输块 TB 的长度是可变的。物理层首先给传输块加上 24bit 的 CRC 冗余校验比特，进行数据分块，Turbo 编码，速率适配，加扰后再经历调制，资源映射，最后发生 OFDM 符号。PDSCH 采用的扰码与参考信号、控制信道采用的扰码一样，也是 Gold 码，生成的方式也是一致的。扰码的主要差别在初始值，PDSCH 上扰码的初始值不光与小区的 ID 相关，还与终端标识的 RNTI 相关。PDSCH 采用的扰码会在每个子帧中重置。

② PDSCH 信道的时频分布。

PDSCH 信道的时频分布如图 7-39 所示，用户的业务数据以调度块的形式映射到时频网格。从频域上看可以灵活分配调度块。从时间上看，每个 TTI 上用户调度块的分配也是灵活可变的，并不一定要求在频域上保持一致。

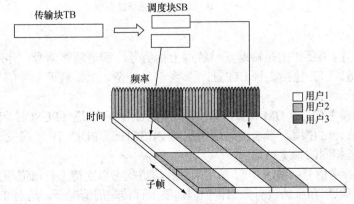

图 7-39 PDSCH 信道的时频分布

7.4.3 上行物理层传输

1. 上行传输信道处理

图 7-40 所示概括了 UL-SCH 物理层处理的不同步骤。DFT 预编码为上行传输特别需要的。其他的处理过程与下行传输信道类似。主要步骤如下。

① 对每个传输块加 CRC。

② 编码块分割和对每个编码块加 CRC。

③ 信道编码。

④ 速率适配和物理层混合 ARQ 功能。

⑤ 比特级扰码。

⑥ 数据调制。

⑦ DFT 预编码。

⑧ 天线的映射。

⑨ 映射到物理资源。

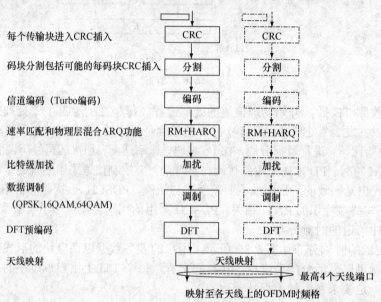

图 7-40　UL-SCH 物理层处理过程

2. 上行参考信号

上行参考信号的主要作用是协助基站解调上行信号，都是随路信号，伴随着上行控制信道或上行业务信道。LTE 包括 2 种 LTE 上行参考信号类型，上行解调参考信号（DM-RS）和上行探测参考信号（SRS）。

① 上行解调参考信号（DM-RS），基站用来对上行物理信道（PUSCH 和 PUCCH）的相干解调进行信道估计时使用。参考信号解调只与 PUSCH 或 PUCCH 一起发送，并且使用与其对应的物理通道相同的带宽传输。

② 上行探测参考信号（SRS）。基站用来估计信道状态以支持上行信道相关的调度和链路自适应。SRS 也可以用在虽然没有数据传输但需要上行传输的情况下。这对 TDD 尤其有利，在 TDD 中下行链路和上行链路在同一载频的操作通常意味着短期下/上行互益程度比 FDD 高。

3. PUCCH 处理流程

上行物理信道包括 PUCCH，PUSCH 和 PRACH。下面介绍 PUCCH 处理流程。

（1）PUCCH 的控制信令消息

PUCCH 信道上承载的信息称为上行控制信息（Uplink Control Information，UCI）。UCI 还可以采用 PUSCH 信道来承载。通常如果终端分配了 PUSCH 信道，UCI 就会在 PUSCH 信道上发送 UCI，只有当终端没有分配到 PUSCH 信道时，终端才会利用 PUCCH 信道来发送 UCI。UCI 内容如下。

① 调度请求（SR），指示移动终端需要上行资源用于 UL-SCH 传输。仅用于通知基站，终端具体的要求，需要等基站分配资源后，终端才能上报。只有当终端没有分配到 PUSCH 信道时，终端才会发送调度请求（SR），这样 SR 总是在 PUCCH 信道上发送。

② HARQ 反馈（ACK/NACK），对于接收到的 DL-SCH 传输块的 HARQ 确认。如果下行数据为 1 个流，终端反馈 1bit。如果下行数据为 2 个流，终端分别反馈 1bit，共 2bit。如果终端已经分配了 PUSCH 信道，HARQ 反馈将在 PUSCH 信道上传送。

③ 信道状态信息（CSI），包括下行信道质量指示（CQI），与 MIMO 反馈相关的 PMI 和 RI。完成下行信道条件相关的信道状态的上报，用于协助下行调度。CSI 除了在 PUCCH 信道上周期传送外，也可以在 PUSCH 信道上传送。

根据控制信息种类的不同，PUCCH 信道分为多种格式，控制信息和 PUCCH 信道格式的对应关系见表 7-5。前 4 种是 PUCCH 的常用格式。R10 中增加了格式 3。

表 7-5　　　　　　　　　　　　　　　　PUCCH 的信道格式

PUCCH 格式	上行控制信息（UCI）
格式 1	调度请求（SR）（未调制波形）
格式 1a	1 比特 HARQ ACK/NACK 有/无 SR
格式 1b	2 比特 HARQ ACK/NACK 有/无 SR
格式 2	CSI（20 编码比特）
格式 2	CSI 和 1 或 2 比特 HARQ ACK/NACK（20 比特）只对扩展 CP
格式 2a	CSI 和 1 比特 HARQ ACK/NACK（20+1 编码比特）
格式 2b	CSI 和 2 比特 HARQ ACK/NACK（20+2 编码比特）
格式 3	载波聚合时多 ACK/NACK，在 48 个编码比特里最大 20 比特的 ACK/NACK 加上可选的 SR

（2）PUCCH 信道的时频资源占用

下行方向上 PDCCH 信道占用了控制区，控制区位于每个子帧的前几个 OFDM 符号，PDCCH 信道可以看成占用了时间资源。在上行方向上，PUCCH 信道没有采用下行的时间占用方式，而是选择了占用频率资源。如图 7-41 所示。LTE 系统把频点带宽的两边留给 PUCCH 信道，位于整个可用带宽的边缘。每一个这样的资源块包括 12 个子载波，长度为 1 个上行子帧的 2 个时隙。这样做可以为上行业务留出连续的带宽，可以方便上行业务的调度，同时也保证了上行业务的最高速率。当需要更多的频率资源时，可以使用接着的下一个资源块。

控制区位于系统带宽的边缘有如下优点。

① 当允许从频带的一边跳变到另一边时，通过频率跳变可实现最大化的频率分集。

② 如果 1 个 UE 在每个时隙只发送 1 个 RB，则相对于多个 RB 的情况，带外泄漏较小。PUCCH 区可以看作相邻载波传输间的一种保护带，能提高共存性能。

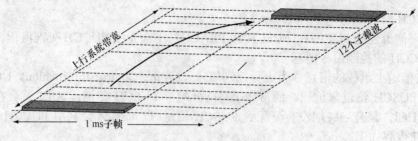

图 7-41　PUCCH 信道的资源占用示意图

③ 在带宽边缘使用控制区可以最大化可用的 PUSCH 数据速率，因为带宽整个中心部分可以分配给 1 个单独的 UE。

④ 带宽边缘的控制区对上行速率调度施加更少的限制。

（3）PUCCH 信道的处理过程

PUCCH 信道处理过程（格式 2）与 PUCCH 信道的格式相关，不同格式的 PUCCH 信道的处理过程是有差别的。格式 2 的 PUCCH 信道处理过程相对简单，如图 7-42 所示。

格式 2 的 PUCCH 信道用于承载 CQI 信息。CQI 信息首先需要经过一个编码、加扰和调制过程。加扰使用的扰码为 Gold 码，与下行方向终端专用参考信号的 Gold 码生成方法相同初始值不同。终端对加扰后数据进行 QPSK 调制，调制符号会逐一映射到 1 个调度块对应的时频网格中，每个调制符号对应 1 个 OFDM 符号。

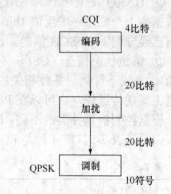

图 7-42　格式 2 的 PUCCH 信道的处理过程

7.5　LTE 系统基本过程

7.5.1　小区搜索

LTE 终端与 LTE 网络能够通信之前，终端必须寻找并获得与网络中一个小区的同步。终端不仅在开机时，即初始接入系统时需要执行小区搜索，接入 LTE 网络后，为了支持移动性，仍需要不断地搜索相邻小区，与之同步并且估计其接收质量。需要不断地对小区系统信息进行接收并解码，比较相邻小区的接收质量与当前小区接收质量，评估以决策是否需要执行切换（对于连接模式下的终端）或者小区重选（对于空闲模式下的终端），进而保证小区内通信和正常操作。

1. 小区搜索的主要内容

LTE 小区搜索的主要内容如下。

① 获得与一个小区的频率和符号同步。

② 获得该小区的帧定时，决定下行链路帧的开始点。

③ 决定该小区的物理层小区标识。

LTE 的小区搜索始于同步过程，同步过程通过在下行链路广播的两个特殊的信号，主同步信号（Primary Synchronization Signal，PSS）和辅同步信号（Secondary Synchronization Signal，SSS）用来辅助小区搜索。两个信号的检测不但使得时间和频率获得同步，也为小区提供了物理标识、循环前缀的长度，通知 UE 该小区使用的工作方式是 FDD 还是 TDD。无论 FDD 还是 TDD 工作方式时 LTE 的同步信号都具有相同的结构，但同步信号在帧中的时域位置略有不同，如图 7-43 和图 7-44 所示。

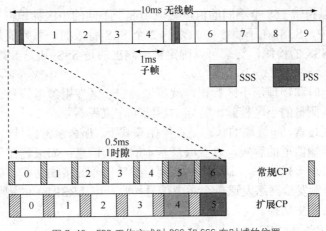

图 7-43 FDD 工作方式时 PSS 和 SSS 在时域的位置

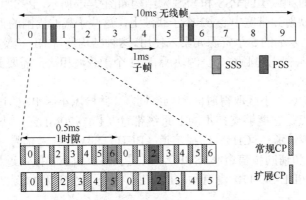

图 7-44 TDD 工作方式时 PSS 和 SSS 在时域的位置

在 FDD 工作方式时，PSS 在子帧 0 和 5 的第一个时隙的最后一个符号内进行发送，而 SSS 则在同时隙的倒数第二个符号内进行发送；在 TDD 工作方式时，PSS 在子帧 1 和 6（即 DwPTS 内）的第三个符号内进行发送，而 SSS 则在子帧 0 和 5 的最后一个符号（即比 PSS 提前 3 个符号）内发送。同步信号位置的不同可用于检测系统采用了 FDD 还是 TDD 工作方式。在一个特定小区内，PSS 在每个发送它的子帧里是相同的，每个无线帧里的 2 个 SSS 相对每个无线帧以指定的方式变化发送，这样使得 UE 可以识别 10ms 无线帧的边界位置。

LTE 共定义了 504 个不同的物理层小区标识，其中每个小区标识对应到一个特定的下行链路参考信号序列。物理层小区标识集合被进一步分为 168 个小区标识群，每群包含 3 个小区标识。

1 个小区的 PSS 可取 3 个值，取决于该小区的物理层小区标识。更准确地说，小区标识群中的 3 个小区总是关联到不同 PSS。因此，终端如果检测到并识别出小区的 PSS，它将获得以下信息。

① 该小区的 5ms 定时，获知 SSS 位置。

② 小区标识群中的小区标识，此时终端还不能检测出小区标识群本身，只是把小区标识的可能数目从 504 降低到 168。

检测出 PSS 就可以知道 SSS 的位置，从而使终端可以获得以下信息。

① 帧定时，给定 PSS 所发现的位置，存在两个不同可选项。

② 小区标识群，包括 168 个可选项。

每个 SSS 都可以携带 168 个不同的值以对应 168 个不同的小区标识群。此外，对 1 个子帧（SSS_1 在子帧 0 中，SSS_2 在子帧 5 中）内的 2 个 SSS 有效的一系列值是不同的，这意味着，来自 1 个单独 SSS 的检测，终端可以确定被检测出的是 SSS_1 还是 SSS_2，从而可以确定帧定时。

终端捕获到帧定时和物理层小区标识，就可以确定小区专用参考信号。根据是初始小区搜索还是为了邻小区测量的小区搜索，终端的后续工作流程不同。

如果是初始小区搜索，即终端的状态是在空闲模式下，那么参考信号会被用作信道估计，以及之后对 BCH 传输信道的解码，以获取最基本的系统信息；如果是在移动性测量的情况下，也就是终端处于连接模式下，那么终端要测量参考信号的接收功率。如果测量满足一个可配置的条件，就会触发给网络发送一个参考信号接收功率（RSRP）的测量报告。基于测量报告，网络决定是否发生切换。

2. 时频域上的 PSS 和 SSS 帧结构

FDD 工作方式时时频域上的 PSS 和 SSS 帧结构如图 7-45 所示。PSS 和 SSS 都是由长度为 62 符号的序列组成，映射到带宽中心 62 个子载波上，这些子载波周围的直流载波未使用，这就意味着每个同步序列末端的 5 个资源元素未使用。这种结构使得 UE 检测 PSS 和 SSS 可使用 64 点 FFT 采样速率，与使用中心 6 个资源块所有 72 个子载波相比，需要更低的采样速率。

3. 小区搜索过程

小区搜索过程是 UE 和小区取得时间和频率同步，并检测小区 ID 的过程。LTE 系统的小区搜索过程的主要特点是它能够支持不同的系统带宽（1.4～20MHz）。小区搜索通过若干下行信道实现，包括同步信道（SCH）、广播信道（BCH）和下行参考信号（RS）。SCH 又分成主同步信道（PSCH）和辅同步信道（SSCH），只用于同步和小区搜索过程；BCH 最终承载在下行共享传输信道（DL-SCH），没有独立的信道。小区搜索过程如图 7-46 所示。

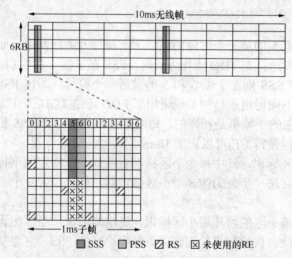

图 7-45 FDD 工作方式时时频域上的 PSS 和 SSS 帧结构

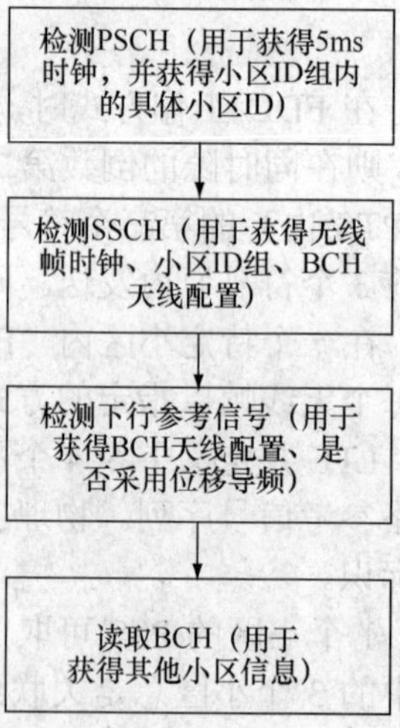

图 7-46 小区搜索过程

7.5.2 随机接入过程

1. LTE 中随机接入的应用场景

任何蜂窝系统都有一个基本需求，终端需要具有申请建立网络连接的能力，通常被称为随机接入。当然前提是终端必须与上行传输时间同步后，才能被调度用于上行传输。在 LTE

系统中，随机接入的常用应用场景如下。

① 从 RRC_IDLE 转移到 RRC_CONNECTED 状态转换，如初始接入时建立无线链接。

② RRC_CONNECTED 状态的终端，切换时建立所需要的对新小区的上行链路同步。

③ RRC_CONNECTED 状态的终端，上行链路不同步时有上行链路或者下行链路数据到达的情况下，需要的上行链路同步。

④ RRC_CONNECTED 状态下针对定位的目的。

⑤ 没有在 PUCCH 上配置专用调度请求资源时作为调度请求。

⑥ 无线链路建立失败后进行无线链路重建。

2. 随机接入前导的结构

随机接入前导的结构示意如图 7-47 所示，包含循环前缀 CP、承载 ZC 序列的 OFDM 符号和保护时间 GT 3 部分，在保护时间 GT 内不发送内容。

CP	OFDM符号（ZC序列）	GT

图 7-47　随机接入前导的结构

（1）随机接入前导的 ZC 序列

PRACH 信道上承载的内容称为随机接入前导，随机接入前导主要由 ZC（Zadoff-Chu）序列组成。ZC 序列也是一种伪随机序列，类似于 Gold 码，性能更优，LTE 系统也因此引入了 ZC 序列。在 LTE 系统中，除了随机接入前导外，同步信号以及上行参考信号也采用了 ZC 序列。

在随机接入前导中，ZC 序列的长度为 839 个码元，连续映射到子载波上，每个子载波上放置 1 个码元，共有 839 个子载波，子载波间隔为 1.25kHz，而不是 15kHz，这样子载波占用的总带宽为 1.05MHz，相当于 6 个连续 RB 的带宽，对应 LTE 频点的最小带宽。各个子载波叠加后得到随机接入序列对应的 OFDM 符号，承载有随机接入序列的 OFDM 符号时长等于 800μs，正好是 LTE 系统的普通 OFDM 符号时长的 12 倍。

ZC 序列的长度还可以选择 139 个码元，OFDM 符号时长为 133μs，子载波占用的总带宽仍旧为 1.05MHz，还是相当于 6 个连续 RB 的带宽，这种 ZC 序列仅用于 TD-LTE 系统。

至于 839 和 139，都是为了配合总带宽而得到的最大质数，以满足 ZC 序列的要求。

（2）随机接入前导的前缀（CP）

不同格式下 CP 和序列的时长是可变的，随机接入前导的 5 种格式见表 7-6。表中 T_{CP} 代表 CP 部分的时长，T_{SEQ} 代表承载 ZC 序列的 OFDM 符号时长，而 T_{SEQ} 等于 1 600μs 时该 OFDM 符号会重复一次，子帧数代表随机接入前导持续多少个子帧。格式 4 仅用于 TD-LTE 的特殊子帧上，这时随机接入前导占用 UpPTS。

表 7-6　　　　　　　　　　　　　　　随机接入前导的结构

格式	码元长度	T_{CP}/μs	T_{SEQ}/μs	总时长	往返延迟/μs	最大覆盖半径/km
0	839	103	800	1 个子帧	48.5	15
1	839	684	800	2 个子帧	258	80
2	839	203	1 600	2 个子帧	98.5	30
3	839	684	1 600	3 个子帧	358	100
4	139	15	133	2 个 OFDM 符号	5	1.4

随机接入前导总时长 T_{PRACH} 与 CP 部分的时长 T_{CP}、保护时长 T_{GT} 及序列部分的时长 T_{SEQ} 关系式为

$$T_{GT} = T_{PRACH} - T_{CP} - T_{SEQ}$$

保护时长 T_{GT} 折半后可以得到最大往返延迟，利用最大往返延迟我们就可以计算出基站的最大覆盖半径。

3. 随机接入前导的处理过程

随机接入前导的处理过程如图 7-48 所示，经过加扰、BPSK 调制、资源映射以及 SC-FDMA 信号发生等处理过程。在上行方向上，理论上发生 SC-FDMA 信号前需要经过 DFT 和 IFFT 两个过程。

4. PRACH 信道的资源映射

PRACH 信道的资源映射分为频域和时域 2 个方面，图 7-49 所示为 PRACH 时频映射的示意图。

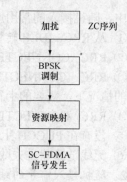

图 7-48　随机接入前导的处理过程

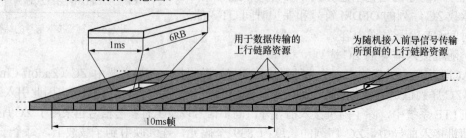

图 7-49　PRACH 时频映射的示意图

在随机接入前导中，子载波间隔为 1.25kHz，而不是 15kHz，这样子载波占用的总带宽为 1.05MHz，相当于 6 个连续 RB 的带宽，对应 LTE 频点的最小带宽，这样即使在最小带宽下也能正常工作。

在 FDD 工作模式下，1 个子帧只能放置 1 个 PRACH 信道；在 TDD 工作模式下，由于上行资源较少，因此允许在 1 个子帧中放置多个 PRACH 信道，这些 PRACH 信道在频率上要错开。在时域上，PRACH 信道以 2 个无线帧（20ms）为周期循环出现，PRACH 信道的数量和位置可以变化。

5. 随机接入过程

随机接入过程分为基于冲突的随机接入和基于非冲突的随机接入 2 个过程，区别在于针对 2 种流程其选择随机接入前导的方式不同。基于冲突的随机接入前导中依照一定算法随机选择 1 个随机前导，如图 7-50 所示；基于非冲突的随机接入是基站侧通过下行专用信令给 UE 指派非冲突的随机接入前导，如图 7-51 所示。

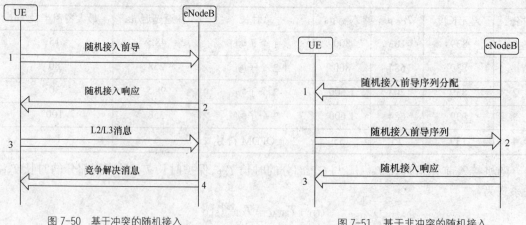

图 7-50　基于冲突的随机接入　　　　　　　　图 7-51　基于非冲突的随机接入

基于冲突的随机接入过程如下。

① UE 在 RACH 上发送随机接入前导信号（Random Access Preamble），上行链路必须同步，否则 UE 就不能发送任何数据，允许基站对 UE 的发射定时进行估计。

② eNode B 的 MAC 层产生随机接入响应（Random Access Response），并在 DL-SCH 上发送，除了建立上行同步外，还会为 UE 分配上行链路资源。

③ L1/L2（Layer 2/Layer 3）消息，UE 的 RRC 层产生 RRC 连接请求（RRC Connection Request），并映射到 UL-SCH 上的 CCCH 逻辑信道上发送，该消息的确切内容取决于移动终端的状态，特别是该信息是否为网络已知。

④ 竞争解决消息（Contention Resolution）由 eNode B 的 RRC 层产生，并在映射到 DL-SCH 上的 CCCH 或 DCCH 逻辑信道上发送。解决了由于多个终端随机接入网络引起的任何竞争。

7.5.3 寻呼

寻呼用于终端在 RRC_IDLE 状态时与网路建立初始连接，也可以用于在 RRC_IDLE 以及 RRC_CONNECTED 状态时通知终端系统信息需要改变，被寻呼的终端知道系统信息会改变。一般不知道终端的位置在哪个小区，所以寻呼信息一般会在跟踪区域上的多个小区上发送。

1. 寻呼周期

有效的寻呼将允许终端大多数时间不需要接收处理而进入休眠，并且在预定义时间间隔内短暂醒来，以监听来自网络的寻呼信息。如果终端检测到寻呼的组标识（P-RNTI），它就处理 PCH 上相对应的下行寻呼消息。寻呼消息包括被寻呼终端的标识。如果一个终端的标识未发现，它将丢弃接收的信息，并基于寻呼周期进入休眠。

终端应当在哪个子帧醒来监听寻呼是由网络进行配置的。寻呼周期的配置见表 7-7，寻呼消息只能在某些子帧上发送，从每 32 帧 1 个子帧到每个帧有 4 个子帧，此时具有很高的寻呼能力。

表 7-7 一个寻呼周期中的寻呼子帧的数目

		一个寻呼周期中的寻呼子帧的数目							
		1/32	1/16	1/8	1/4	1/2	1	2	4
在寻呼帧中的寻呼子帧	FDD	9	9	9	9	9	9	4, 9	0, 4, 5, 9
	TDD	0	0	0	0	0	0	0, 5	0, 1, 5, 6

从网络的角度来看，短的寻呼周期的成本是很小的，因为寻呼没有使用的资源可以用作普通数据的传输而不会被浪费。然而从终端的角度来看，短的寻呼周期会增大功率消耗，因为终端需要频繁醒来以监听寻呼时刻。尽管不是所有的终端都可以在所有的寻呼时刻寻呼，就像它们分布在所有可能的寻呼时刻一样，如图 7-52 所示。

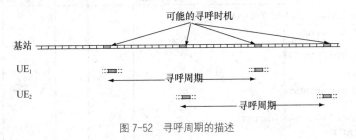

图 7-52 寻呼周期的描述

2. 寻呼过程

寻呼过程如图 7-53 所示。

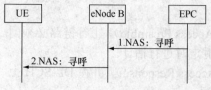

图 7-53　寻呼过程示意图

7.5.4　跟踪区域更新

为了确认移动台的位置，LTE 网络覆盖区将被分为许多个跟踪区（Tracking Area，TA）。TA 是 LTE 系统中位置更新和寻呼的基本单位，用 TA 码（Tracking Area Code，TAC）标识，1 个 TA 可包含 1 个或多个小区，网络运营时用 TAI 作为 TA 的唯一标识，TAI 由 MCC，MNC 和 TAC 组成。当移动台由一个 TA 移动到另一个 TA 时，必须在新的 TA 上重新进行位置登记以通知网络来更改它所存储的移动台的位置信息，这个过程就是跟踪区域更新（Tracking Area Update，TAU）。S-GW 不重定位的 TAU 流程如图 7-54 所示。

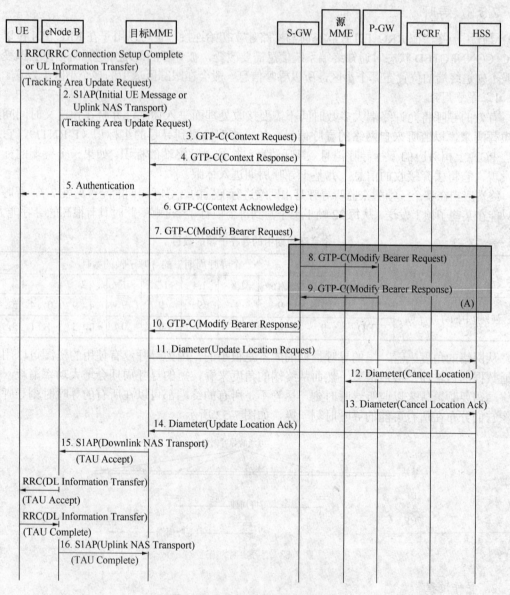

图 7-54　S-GW 不重定位的 TAU 流程

① UE 向 eNodeB 发送"TAU Request"消息，发起 TAU 过程。

② eNode B 向目标 MME 转发"TAU Update Request"消息和小区的 TAI+ECGI。

③ 目标 MME 发送"Context Request"消息给源 MME 得到用户的信息。如果目标 MME 指明 UE 已经通过了鉴权或者源 MME 正确无误地验证了 UE，这时源 MME 要启动一个定时器。

④ 源 MME 响应 1 个"Context Response"消息。此上/下文包括承载上/下文、P-GW 地址、S-GW 地址和 TI。如果在源 MME 中 UE 不可知，或者对于 TAU 的完整性核对失败，源 MME 响应一个错误原因。

⑤ 鉴权。

⑥ 目标 MME 向源 MME 发送"Context Acknowledge"消息。如果鉴权出 UE 不是正确的，那么 TAU 将会被拒绝，同时目标 MME 会向源 MME 发送一个拒绝指示。

⑦ 目标 MME 向 S-GW 发送"Modify Bearer Request"消息，包括新 MME 地址与终端设备标识，协商的 QoS，服务网络标识，RAT 类型等。

⑧ S-GW 向 P-GW 发送"Modify Bearer Request"消息来告知 P-GW。包括 S-GW 地址与无线 RAT 类型等。

⑨ P-GW 更新它的上/下文，向 S-GW 返回 1 个"Modify Bearer Response"消息，包括 P-GW 地址与终端设备标识、MSISDN 等。

⑩ S-GW 更新它的承载上/下文。S-GW 向目标 MME 返回"Modify Bearer Response"消息，包括 S-GW 地址与终端设备标识。

⑪ 目标 MME 检验它是否为 UE 存储签约数据，如果没有，目标 MME 通过向 HSS 发送"Update Location Request"消息来通知 HSS 有关 MME 的改变。

⑫ HSS 向源 MME 发送"Cancel Location"消息，并且取消类型被设为"Update Procedure"。

⑬ 当收到"Cancel Location"消息，如果开始于第 3 步的计时器没有运行时，源 MME 移除 MM 和承载上/下文并向 HSS 返回"Cancel Location Ack"消息。否则，当计时器过期时，上/下文被移除。

⑭ 在源 MME 上/下文被移除完成之后，HSS 通过向目标 MME 返回"Update Location Ack"消息来确认"Update Location"。如果 HSS 拒绝"Update Location"，MME 会拒绝来自 UE 的 TAU 请求，并向 UE 发送"TAU Reject"消息，此消息包含一个合适的原因。

⑮ 目的 MME 向 UE 响应"Tracking Area Update Accept"消息，包括 GUTI，TAI 列表，EPS 承载状态，密钥设置标识 KSI，NAS 序列号等。

⑯ UE 通过 eNode B 向 MME 返回"Tracking Area Update Complete"消息。

小　结

1. LTE 区别于以往的移动通信系统，从网络结构上来看，网络结构向着扁平化的方向发展，取消了原来的基站控制器，整个网络只包括接入网和核心网 2 层结构。从采用的无线接入技术来看，采用了更适合高速数据通信的 OFDM 和 MIMO 技术等。

2. LTE 的主要目标就是定义一个高效的空中接口，这些目标需求主要包括系统容量、数据传输时延、终端的状态转换时间要求、移动性、覆盖范围、增强的 MBMS。

3. LTE 的 eNode B 除了具有原来 Node B 的功能外，还承担了传统的 3GPP 接入网中 RNC 的大部分功能，eNode B 和 eNode B 之间采用网格（Mesh）方式直接互连，这也是对原有

UTRAN 结构的重大修改。核心网采用全 IP 分布式结构。

4. 在 LTE 中，核心网（CN）也称为演进的分组核心（EPC）。演进的核心网（EPC）主要包括移动管理实体（MME）、服务网关（Serving GW）、分组交换网关（PDN GW）、策略和计费规则实体（PCRF）和归属用户服务器（HSS）等。

5. 空中接口是指终端和接入网之间的接口，一般称为 Uu 接口。空中接口协议主要是用来建立、重配置和释放各种无线承载业务的。LTE 系统的无线传输技术的区别体现在物理层。对于 FDD 和 TDD 来说，高层的区别并不十分明显，差异集中在描述物理信道相关的消息和信息元素方面。

6. LTE 公布了 2 种类型的无线帧结构，类型 1，也称做通用（Generic）帧结构，应用在 FDD 模式和 TDD 模式下；类型 2，也称做可选（Alternative）帧结构，仅应用在 TDD 模式下。

7. LTE 下行物理信道包括物理广播信道（PBCH）、物理控制格式指示信道（PCFICH）、物理下行控制信道（PDCCH）、物理下行共享信道（PDSCH）、物理混合自动请求重传指示信道（PHICH）和物理多播信道（PMCH）。上行物理信道包括物理上行控制信道（PUCCH）、物理上行共享信道（PUSCH）和物理随机接入信道（PRACH）。物理信道、传输信道和逻辑信道间有严格的对应关系。

8. 与 UTRAN 系统中 UE 的 5 种 RRC 状态相比，在 LTE 中仍然保留了 RRC 的 2 种状态，空闲状态（RRC_IDLE）和连接状态（RRC_CONNECTED）。

9. OFDM 技术是 LTE 系统最核心的技术，子载波是 LTE 时频结构中频率的基本结构单位，OFDM 是 LTE 时频结构中时间的基本结构单位。时频网格的方法用来描述 LTE 的物理资源。

10. 下行参考信号是在时频网格内占有特定资源单元的预先定义的符号。主要有小区专用参考信号（CRS）、解调参考信号（DM-RS）、信道状态参考信号（CSI-RS）、MBSFN 参考信号、定位参考信号等。

11. LTE 包括两种 LTE 上行参考信号类型，上行解调参考信号（DM-RS）和上行探测参考信号（SRS）。

12. LTE 小区搜索的内容包括与 1 个小区的频率和符号同步、获得该小区的帧定时和决定该小区的物理层小区标识。

13. 任何蜂窝系统都有一个基本需求，终端需要具有申请建立网络连接的能力，通常被称为随机接入。

14. 寻呼用于终端在 RRC_IDLE 状态时与网路建立初始连接，也可以用于在 RRC_IDLE 以及 RRC_CONNECTED 状态时通知终端系统信息需要改变，被寻呼的终端知道系统信息会改变。

15. 当移动台由一个 TA 移动到另一个 TA 时，必须在新的 TA 上重新进行位置登记以通知网络来更改它所存储的移动台的位置信息，这个过程就是跟踪区域更新（TAU）。

练 习 题

1. 简述 3GPP LTE 的主要目标。
2. 画出 LTE/SAE 的系统结构图，描述 E-UTRAN 和 EPC 的功能。
3. 介绍 FDD 和 TDD 的各自特点。
4. LTE 的下行传输信道种类及作用？

5. LTE 的上行物理信道种类及作用？
6. 画出 LTE 的时间结构，最小的时间单位是什么？
7. 描述资源块和子载波的关系。
8. LTE 下行参考信号分为几种？
9. LTE 小区专用参考信号如何产生？
10. 描述 LTE 的小区搜索过程。
11. 介绍随机接入前导的结构。

参考文献

[1] 田日才. 扩频通信. 北京：清华大学出版社，2007

[2] [美] Rodger E.Ziemer，等. 扩频通信导论. 北京：电子工业出版社，2006

[3] 叶银法，陆健贤，罗丽，等. WCDMA 系统工程手册. 北京：机械工业出版社，2006

[4] Harri Holma, Antti Toskala. WCDMA 技术与系统设计：第三代移动通信系统的无线接入 [M]. 3 版. 陈泽强等译. 北京：机械工业出版社，2005

[5] 苏信丰. UMTS 空中接口与无线工程概论 [M]. 朗讯科技（中国）有限公司无线工程组 译. 北京：人民邮电出版社，2006

[6] 姜波. WCDMA 关键技术详解. 北京：人民邮电出版社，2008

[7] 廖晓滨，赵熙. 第三代移动通信网络系统技术、应用及演进. 北京：人民邮电出版社，2008

[8] 张玉艳，于翠波. 移动通信技术. 北京：人民邮电出版社，2015

[9] 叶银法，陆健贤，周胜，蒋晓虞. HSDPA/HSUPA 技术与系统设计. 北京：机械工业出版社，2007

[10] 赵绍刚，周兴围，任树林，陈莹莹. HSDPA 技术及其演进-HSUPA 与 HSPA+. 北京：人民邮电出版社，2007

[11] 张新程，关山，田韬，李坤江. HSUPA/HSPA 网络技术. 北京：人民邮电出版社，2008

[12] 徐志宇，韩玮，蒲迎春. HSDPA 技术原理与网络规划实践. 北京：人民邮电出版社，2007

[13] Stefania Sesia, Issam Toufik and MatthewBaker. 马霓，夏斌 译. LTE/LTE-Advanced 长期演进理论与实践. 北京：人民邮电出版社，2012

[14] 堵久辉，缪庆育 译. 4G 移动通信技术权威指南. 北京：人民邮电出版社，2012

[15] 孙宇彤. LTE 教程：结构与实现. 北京：电子工业出版社，2014

[16] 孙宇彤. LTE 教程：原理与实现. 北京：电子工业出版社，2014

[17] 陈宇恒，肖竹，王洪. LTE 协议栈与信令分析. 北京：人民邮电出版社，2013

[18] Pierre Lescuyer and Thierry Lucidarme. EVOLVED PACKET SYSTEM (EPS) THE LTE AND SAE EVOLUTION OF 3G UMTS. John Wiley & Sons Ltd, The Atrium, Southern Gate, Chichester. 2008

[19] Erik Dahlman, Stefan Parkvall, Johan Sköld and Per Beming. 3G evolution : HSPA and LTE for mobile broadband. Elsevier Ltd. 2007

[20] 3GPP. Specification. http://www.3gpp.org

[21] 3GPP2. Specification. http://www.3gpp2.org